# Photoshop CS6 中文版 全能一本通

罗晓琳 | 编著

中国青年出版社

**图书在版编目（CIP）数据**

中文版Photoshop CS6全能一本通／罗晓琳编著．— 北京：中国青年出版社，2018.11
ISBN 978-7-5153-5237-4
I.①中…　II.①罗…　III.①图象处理软件　IV.①TP391.41
中国版本图书馆CIP数据核字（2018）第186936号

策划编辑　张　鹏
责任编辑　张　军

**中文版Photoshop CS6全能一本通**
罗晓琳 编著

出版发行：中国青年出版社
地　　址：北京市东四十二条21号
邮政编码：100708
电　　话：（010）50856188 / 50856199
传　　真：（010）50856111
企　　划：北京中青雄狮数码传媒科技有限公司
印　　刷：湖南天闻新华印务有限公司
开　　本：787 x 1092　1/16
印　　张：25
版　　次：2019年2月北京第1版
印　　次：2019年2月第1次印刷
书　　号：ISBN 978-7-5153-5237-4
定　　价：89.90元
（附赠独家秘料，含语音视频教学+案例素材文件+海量设计资源）

本书如有印装质量等问题，请与本社联系
电话：（010）50856188 / 50856199
读者来信：reader@cypmedia.com
投稿邮箱：author@cypmedia.com
如有其他问题请访问我们的网站：http://www.cypmedia.com

# Photoshop CS6 中文版 全能一本通

# 前言

现如今，电脑美术设计已经成为现代设计师必备的职业技能。Adobe公司推出的Photoshop图形图像处理软件，在平面设计、图像合成、照片修复、界面设计、包装设计等领域均得到了非常广泛地应用，现已成为全球通用的图像编辑工具，在竞争日益激烈的商业社会中发挥着举足轻重的作用。Photoshop CS6版本以更贴心的界面设计、更智能的图像识别功能以及更完善的图像操控能力，获得了众多专业设计师的青睐。本书在编写过程中根据读者的学习习惯，采用由由浅入深的讲解方式，从Photoshop CS6的基本操作到设计应用，进行了系统地讲解，以帮助读者快速达到理论知识与应用能力的同步提高。

本书结构清晰、内容丰富，分为基础知识篇（第1~12章）和综合案例篇（第13~15章）两部分。

在基础知识篇，详细介绍了Photoshop CS6的快速入门、图像的基本操作、图层的应用、选区的创建与应用、文字的创建与编辑、图像与色彩模式的调整、路径与矢量工具的应用、蒙版与通道的应用、图像的绘制与修饰、路径的应用、动画的创建以及动作自动化的应用等知识。在介绍Photoshop CS6各功能模块应用的同时，通过“设计师点拨”的方式对平面设计的相关知识进行介绍，让读者在熟练掌握软件功能后，可以设计出优秀的平面作品。

在综合案例篇，分别从图像的创意合成、平面广告设计以及包装与封面设计几个方面，对数码相机的创意合成效果、汽车广告创意合成效果、水土流失公益广告创意合成效果、艺术沙发广告设计、葡萄酒广告设计、熊猫人书籍封面设计以及月饼盒包装设计的具体设计过程进行了详细讲解，帮助读者更加灵活地运用Photoshop CS6进行图像处理与效果制作。

随书附赠超值海量实用资源，包含了本书所有实例的素材文件和最终文件，以及超长的丰富实用案例语音教学视频，对本书所有案例的实现过程进行了详细讲解，同时还附赠了平面设计过程中常用的各种设计素材、创意设计小元素、高清材质纹理图片以及海量的笔刷样式。

本书由淄博职业学院罗晓琳老师编写，全书共计约60万字，在编写过程中力求严谨，但由于时间和精力有限，书中纰漏和考虑不周之处在所难免，敬请广大读者予以批评、指正。

编　者

# 目 录

## Part 01 基础知识篇

### 01 Photoshop 基础入门


1.1 Photoshop的应用领域 …… 015
1.1.1 创意合成 …… 015
1.1.2 平面广告 …… 015
1.1.3 包装与封面设计 …… 015
1.1.4 网页设计 …… 016
1.1.5 插画设计 …… 016
1.2 Photoshop CS6新增功能 …… 017
1.3 数字化图像基础 …… 017
1.3.1 像素和分辨率 …… 017
1.3.2 位图和矢量图 …… 018
1.3.3 颜色深度和颜色模式 …… 019
1.3.4 Photoshop支持的图像格式 …… 020
1.4 Photoshop的工作界面 …… 021
1.4.1 菜单栏 …… 021
1.4.2 工具箱 …… 022
1.4.3 属性栏 …… 022
1.4.4 面板组 …… 023
1.4.5 文档窗口 …… 023
1.5 Photoshop工作区 …… 024
1.5.1 预设工作区 …… 024
1.5.2 自定义工作区 …… 024
1.6 首选项设置 …… 025
1.6.1 常规首选项设置 …… 026
1.6.2 其他首选项设置 …… 027
1.7 辅助工具 …… 028
1.7.1 标尺 …… 028
1.7.2 参考线 …… 028
1.7.3 智能参考线 …… 029
1.7.4 网格 …… 029
上机实训 制作雄鹰翱翔合成图像 …… 030
设计师点拨 平面设计的特征 …… 031


### 02 图像的基础操作


2.1 图像文件的基础操作 …… 033
2.1.1 新建图像文件 …… 033
2.1.2 打开文件 …… 033
2.1.3 保存图像文件 …… 035
2.1.4 关闭文件 …… 035
2.1.5 置入文件 …… 036
2.2 画布和图像的基础操作 …… 037
2.2.1 修改画布的大小 …… 037
2.2.2 修改图像的大小 …… 038
2.3 图像的裁剪和裁切 …… 039
2.3.1 图像的裁剪 …… 039
2.3.2 图像的裁切 …… 042
2.4 图像的变换与变形 …… 042
2.4.1 图像的移动 …… 043
2.4.2 图像的缩放 …… 043
2.4.3 图像的旋转 …… 044

2.4.4 图像的斜切……045
2.4.5 图像的扭曲……045
2.4.6 图像的透视……046
2.4.7 图像的变形……047
2.4.8 图像的翻转……048
2.4.9 图像的自由变换……049
2.4.10 图像的操控变形……050

2.5 从错误中恢复……051
2.5.1 “历史记录”面板……051
2.5.2 还原与重做……052

上机实训 制作房间装饰效果图……053
设计师点拨 平面设计流程……055

03 图层的应用

3.1 认识图层……057
3.1.1 图层的概念……057
3.1.2 “图层”面板……057

3.2 图层的基础操作……058
3.2.1 新建和删除图层……058
3.2.2 栅格化图层……061
3.2.3 排序和对齐图层……062
3.2.4 重命名图层……063
3.2.5 显示和隐藏图层……064
3.2.6 合并和盖印图层……064
3.2.7 锁定图层……066
3.2.8 图层的填充和不透明度……066
3.2.9 图层的编组……068

3.3 图层的混合模式……068
3.3.1 组合模式组……068
3.3.2 加深混合模式组……069
3.3.3 减淡混合模式组……070
3.3.4 对比混合模式组……070
3.3.5 比较混合模式组……072
3.3.6 色彩混合模式组……075

3.4 图层的样式……075
3.4.1 添加图层样式……076
3.4.2 “斜面和浮雕”图层样式……077
3.4.3 “描边”图层样式……078
3.4.4 “内阴影”图层样式……079
3.4.5 “内发光”图层样式……080
3.4.6 “光泽”图层样式……081
3.4.7 “颜色叠加”图层样式……082
3.4.8 “渐变叠加”图层样式……083
3.4.9 “图案叠加”图层样式……083
3.4.10 “外发光”图层样式……084
3.4.11 “投影”图层样式……085

上机实训 制作冬日圣诞节装饰画……086
设计师点拨 平面设计中的色彩混合……092

## 04 选区的创建和编辑


4.1 选区的创建……095

4.1.1 认识选区……095

4.1.2 选框工具……095

4.1.3 套索选区工具……097

4.1.4 魔棒和快速选择工具……099

4.1.5 钢笔工具……101

4.2 选区的基础操作……103

4.2.1 选区的移动和取消……103

4.2.2 选区的复制与剪切……104

4.2.3 选区的变换……106

4.2.4 选区的全选与反选……107

4.2.5 选区的运算……108

4.3 选区的编辑操作……110

4.3.1 调整选区边界……110

4.3.2 选区的平滑……110

4.3.3 选区的扩展……111

4.3.4 选区的收缩……111

4.3.5 选区的羽化……111

4.3.6 选区的描边……112

4.3.7 选区边缘的调整……113

上机实训 制作恐龙合成效果……114

设计师点拨 色彩的属性应用……120


## 05 文字的创建和编辑


5.1 “字符”/“段落”面板……123

5.1.1 “字符”面板……123

5.1.2 “段落”面板……124

5.1.3 创建横排/竖排文字……124

5.1.4 创建段落文字……126

5.2 创建特殊文字……127

5.2.1 创建选区文字……127

5.2.2 创建路径文字……128

5.2.3 创建变形文字……130

5.3 编辑文字……131

5.3.1 修改文字属性……131

5.3.2 编辑文本内容……133

5.3.3 切换文字方向……134

5.3.4 查找和替换文字……134

5.4 转化文字……134

5.4.1 栅格化文字……135

5.4.2 将文字转化为形状……136

5.4.3 将文字转化为工作路径……136

上机实训 戏曲宣传设计……137

设计师点拨 平面设计的常用工具……141


## 06 图像的色彩模式和色调调整


6.1 图像的色彩模式……143

6.1.1 灰度模式……143

6.1.2 位图模式……143

6.1.3 双色调模式……144

6.1.4 索引模式……145

6.1.5 RGB颜色模式……146

6.1.6 CMYK颜色模式……146

6.1.7 Lab颜色模式……147

6.1.8 多通道颜色模式……147

6.2 快速调整图像颜色……148

6.2.1 “自动色调”命令……148

6.2.2 “自动对比度”命令……149

6.2.3 “自动颜色”命令……149

6.3 应用颜色调整命令……150

6.3.1 “亮度/对比度”命令……150

6.3.2 “色阶”命令……151

6.3.3 “曲线”命令……152

6.3.4 “曝光度”命令……153

6.3.5 “自然饱和度”命令……154

6.3.6 “色相/饱和度”命令……154

6.3.7 “色彩平衡”命令 155
6.3.8 “黑白”命令 156
6.3.9 “照片滤镜”命令 157
6.3.10 “通道混合器”命令 158
6.3.11 “颜色查找”命令 158
6.3.12 “反相”命令 159
6.3.13 “色调分离”命令 159
6.3.14 “阈值”命令 160
6.3.15 “可选颜色”命令 161
上机实训 制作杂志封面 162
设计师点拨 平面设计的用色艺术 169

07 路径和矢量工具的应用

7.1 认识路径 171
7.1.1 了解绘图模式 171
7.1.2 路径的基础知识 172
7.1.3 锚点的基础知识 173
7.2 使用钢笔工具绘制路径 173
7.2.1 钢笔工具属性栏 174
7.2.2 绘制直线路径 174
7.2.3 绘制曲线路径 175
7.2.4 使用自由钢笔工具 175
7.2.5 使用磁性钢笔工具 176
7.3 使用形状工具绘制路径和形状 176
7.3.1 使用矩形工具 176
7.3.2 使用圆角矩形工具 177
7.3.3 使用椭圆工具 179
7.3.4 使用多边形工具 180
7.3.5 使用直线工具 181
7.3.6 使用自定形状工具 182
7.4 路径的基础操作 186
7.4.1 添加和删除锚点 186
7.4.2 选择和移动锚点 186
7.4.3 调整路径形状 187
7.4.4 变换路径 188
7.4.5 保存和复制路径 188
7.4.6 删除路径 189
7.4.7 填充与描边路径 189
上机实训 制作狗年日历 191
设计师点拨 色彩的构成 197

08 蒙版与通道的应用

8.1 认识蒙版 199
8.2 蒙版的创建和基础操作 200
8.2.1 图层蒙版 200
8.2.2 矢量蒙版 204
8.2.3 剪贴蒙版 206
8.3 认识通道 208
8.3.1 颜色通道 208
8.3.2 Alpha通道 208
8.3.3 专色通道 210
8.4 通道的操作 212
8.4.1 通道的基础操作 212
8.4.2 通道的高级操作 214
上机实训 制作“旅行蛙”海报 217
设计师点拨 关于印刷色 223

09 图像的修复与修饰

9.1 前景色和背景色 225
9.2 颜色的设置 226
9.2.1 使用拾色器选取颜色 226
9.2.2 使用吸管工具选取颜色 227
9.2.3 “颜色”面板 228
9.2.4 “色板”面板 228
9.3 绘画工具 229
9.3.1 “画笔”面板 229
9.3.2 画笔工具 237
9.3.3 铅笔工具 240
9.3.4 颜色替换工具 241
9.3.5 混合器画笔工具 241
9.4 图像修复工具 243
9.4.1 “仿制源”面板 243
9.4.2 仿制图章工具 243
9.4.3 图案图章工具 244
9.4.4 污点修复画笔工具 245
9.4.5 修复画笔工具 246
9.4.6 修补工具 247
9.4.7 内容感知移动工具 247
9.4.8 红眼工具 248
9.5 图像擦除工具 249
9.5.1 橡皮擦工具 249

9.5.2 背景橡皮擦工具……250
9.5.3 魔术橡皮擦工具……251
9.6 图像填充工具……252
9.6.1 渐变工具……252
9.6.2 油漆桶工具……253
9.7 图像润饰工具……254
9.7.1 模糊工具……254
9.7.2 锐化工具……254
9.7.3 涂抹工具……255
9.7.4 减淡工具……255
9.7.5 海绵工具……256
9.7.6 加深工具……256
上机实训 制作啤酒宣传广告……257
设计师点拨 光源色与物体色……260


## 10 滤镜的使用


10.1 认识滤镜……263
10.1.1 滤镜的种类……263
10.1.2 滤镜的使用原则和技巧……263
10.2 特殊滤镜……263
10.2.1 滤镜库概述……264
10.2.2 “自适应广角”滤镜……264
10.2.3 “镜头校正”滤镜……265
10.2.4 “液化”滤镜……266
10.2.5 “油画”滤镜……267
10.3 滤镜组……268
10.3.1 “风格化”滤镜组……268
10.3.2 “模糊”滤镜组……270
10.3.3 “扭曲”滤镜组……274
10.3.4 “锐化”滤镜组……277
10.3.5 “视频”滤镜组……279
10.3.6 “像素化”滤镜组……279
10.3.7 “渲染”滤镜组……281
10.3.8 “杂色”滤镜组……282
10.3.9 “其他”滤镜组……283
上机实训 制作复古风格的促销海报……284
设计师点拨 平面设计的构成要素……287


## 11 动画制作


11.1 动画制作基础……290
11.1.1 认识视频图层……290
11.1.2 认识“时间轴”面板……290
11.2 创建视频文档和图层……291
11.2.1 创建视频文档……291
11.2.2 创建视频图层……292
11.3 编辑视频图层……292
11.3.1 导入视频和图像序列……293
11.3.2 校正像素比例……293
11.3.3 修改视频图层属性……294
11.3.4 插入、复制和删除空白视频帧……294
11.3.5 保存视频文件……294
11.3.6 预览和渲染视频……295
11.4 创建帧动画……295
11.4.1 认识帧模式“时间轴”面板……295
11.4.2 编辑动画帧……296
上机实训 制作闪星动画效果……296
设计师点拨 平面设计的色彩对比……299


## 12 动作和任务自动化


12.1 动作……304
12.1.1 “动作”面板……304
12.1.2 播放和录制动作……304
12.1.3 动作的基础操作……306
12.2 批处理文件……307
12.3 脚本……307
上机实训 批处理照片……308
设计师点拨 出血与纸张开本……312

# Part 02 综合应用篇

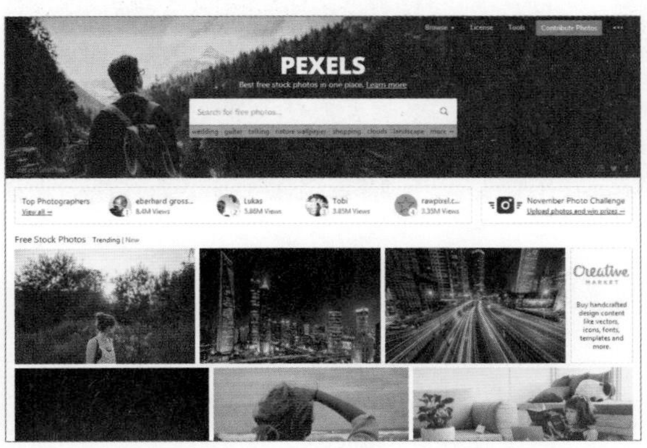

## 13 创意合成设计

13.1 数码相机的创意合成……315
13.1.1 相机背景设计……315
13.1.2 主体相机设计……321
13.1.3 添加装饰元素……324
13.2 汽车创意合成……328
13.2.1 汽车主体设计……328
13.2.2 添加装饰元素……330
13.3 水土流失创意合成……332
13.3.1 背景制作……332
13.3.2 主体的制作……335
13.3.3 添加装饰元素……337

## 14 平面广告设计

14.1 艺术沙发广告设计……340
14.1.1 沙发主体制作……340
14.1.2 背景效果制作……345
14.1.3 抠取猩猩和飞鸟……354
14.1.4 添加修饰元素……357
14.2 葡萄酒广告设计……363
14.2.1 背景制作……363
14.2.2 红酒酒瓶制作……366
14.2.3 添加修饰元素……367

## 15 包装与封面设计

15.1 熊猫人封面设计……370
15.1.1 封面背景设计……370
15.1.2 封面主人物设计……378
15.1.3 封面前景设计……382
15.1.4 书籍封面效果制作……388
15.2 月饼盒包装设计……389
15.2.1 月饼盒平面设计……389
15.2.2 月饼盒立体设计……399

Before

After

# Part 01 基础知识篇

本篇将对Photoshop CS6各功能的应用进行详细介绍，包括Photoshop的入门知识、图像的基本操作、图层的应用、选区的编辑、文字的创建、图像模式的调整、矢量工具的应用、蒙版的应用、通道的应用、图像的修饰、滤镜的应用、动画的制作以及任务自动化操作等。在介绍Photoshop各功能模块应用的同时，通过“设计师点拨”的方式对平面设计的相关知识进行介绍，让读者在熟练掌握软件功能后，可以设计出优秀的平面作品。

# Photoshop基础入门

无论是户外精美的平面广告，还是网页上炫酷的图像效果，都离不开Photoshop软件的应用。本章将向读者介绍Photoshop CS6的应用领域、数字图像的相关知识、软件的操作界面以及辅助工具的应用。学习本章内容后，读者可以对Photoshop平面设计有一个全面的认识，为接下来的深入学习奠定基础。

**核心知识点**

1. 了解Photoshop的应用领域
2. 熟悉Photoshop的工作界面
3. 熟悉Photoshop的工作区
4. 了解Photoshop的首选项设置
5. 掌握Photoshop辅助工具的应用

黄昏中的城堡

户外平面广告

包装设计

Illust AC 网页

## 1.1 Photoshop 的应用领域

Photoshop 是Adobe公司推出的一款功能强大、应用范围广泛的平面图像处理软件，在不断地升级之后，功能愈加完善，软件也愈加人性化。

因为Photoshop在图像、图形、文字、视频等方面强大的处理功能，所以应用十分广泛，在平面设计、摄影后期处理、包装设计、网页设计、UI设计以及绘制插画等领域均有不俗的表现，成为诸多平面设计师的首选应用软件。

### 1.1.1 创意合成

人们总说创意无限，但是缺少一个施展的舞台。在Photoshop中，读者可以把能够想象到的任意事物进行合成，这一点是其他图像处理软件无法比拟的。使用Photoshop进行创意合成的图像效果，如图1-1和图1-2所示。

图1-1 创意合成 荒野的呼唤

图1-2 创意合成 黄昏中的城堡

### 1.1.2 平面广告

在Photoshop应用中，平面设计是应用最广的领域，无论是现在正在翻阅的书籍封面，还是随处可见的招贴画、海报等，都运用了Photoshop进行设计。使用Photoshop制作的平面广告效果展示，如图1-3和图1-4所示。

图1-3 墙面招贴画

图1-4 户外平面广告

### 1.1.3 包装与封面设计

包装与封面设计同样是Photoshop应用领域中应用十分广泛的一方面，精美的包装或封面不仅能够突出产品特征，也能达到装饰美化的作用。使用Photoshop制作的封面设计和包装设计，如图1-5和图1-6所示。

图1-5 封面设计

图1-6 包装设计

## 1.1.4 网页设计

随着互联网的普及，人们对网页的审美要求也在不断提高，网页的制作除了需要C++语言的支持，也需要使用Photoshop对网页中的图像和各种元素进行处理，如网站的标题、Logo、框架以及背景图等。使用Photoshop制作的网页效果，如图1-7和图1-8所示。

图1-7 Pexels网页

图1-8 Illust AC 网页

## 1.1.5 插画设计

除了使用现成的图像进行创意合成，使用Photoshop绘制插画可以满足更多的设计需要。应用Photoshop的画笔功能结合手绘板，可以在一定程度上替代常规绘画操作。使用Photoshop绘制的插画效果，如图1-9和图1-10所示。

图1-9 插画创意合成

图1-10 插画户外广告

## 1.2 Photoshop CS6 新增功能

相对于Photoshop CS5，Photoshop CS6新增了许多功能，同时具备了更先进的图像处理技术、全新的创意选项和极快的软件性能。

升级之后的Photoshop CS6，能够让读者体验到前所未有的绘图响应速度、强大的功能和极高的创作效率。全新的界面提供多种开创性的设计工具，包括内容感知修补、全新的Mercury图形引擎、自适应广角滤镜、直观的视频制作和迁移预设等，以下是一些新增功能的简介。

#### 1. 内容识别修补

这是一个突破性的功能，更加便于图像修补，通过选择样本区，利用内容识别修补功能用来创建神奇的修补效果。

#### 2. Mercury图形引擎

在借助液化、操控变形和裁剪等工具对图像进行编辑时，能够即时查看效果。全新的Adobe Mercury图形引擎拥有前所未有的响应速度，让用户工作起来如行云流水般流畅，大大提高了工作效率。

#### 3. 自适应广角滤镜

新增的自适应广角滤镜能够轻松拉直全景图像，也能拉直使用广角或鱼眼镜头拍摄照片中的弯曲对象。全新的画布工具可运用个别镜头的物理特性自动校正弯曲，而Mercury图形引擎可让用户实时查看调整效果。

#### 4. 直观的视频创建

使用Photoshop CS6强大的视频编辑功能来编辑视频素材时，新增了支持的视频格式的数量，让用户可以使用各种熟悉的Photoshop工具轻松地进行剪辑操作，然后使用一套直观的视频工具制作影片。

#### 5. 迁移预设和共享功能

Photoshop CS6可以轻松迁移之前的各种预设和工作区，从而可在所有计算机上以相同方式使用Photoshop，同时可以共享设置并将自定义设置从旧版本升级到Photoshop CS6。

## 1.3 数字化图像基础

在具体地学习使用Photoshop CS6之前，需要先简单了解一些数字化图像的基础知识。在计算机世界中，图像和图形是以数字的形式进行记录、处理和保存的，主要分为两类：位图和矢量图。这一节除了会讲解位图和矢量图的区别之外，还会对像素与分辨率的概念、颜色模式应用以及常见的图像格式进行介绍。

### 1.3.1 像素和分辨率

在进行图像处理前，用户首先要对图像的像素和分辨率的概念进行了解。像素和分辨率是两个密不可分的重要概念，它们的组合方式决定了图像的数据量，下面将分别对其进行详细介绍。

#### 1. 像素

像素是构成位图图像的基本单位，将图像放大到一定程度后，可以看到图像是由无数个方格组成的，这些方格就是像素。像素中包含了图像基础的颜色信息，像素越高，包含的颜色也就越丰富，图1-11中光标所指的就是像素。

图1-11　由无数像素组成的图像

### 2. 分辨率

分辨率是指单位图像长度内包含的像素点数量，它的单位通常为像素/英寸（ppi），如72ppi表示每英寸包含72个像素点，300ppi表示每英寸包含300个像素点。下面将介绍如何查看图像的分辨率，首先在菜单栏中执行“图像>图像大小”命令，如图1-12所示。在弹出的“图像大小”对话框中可以看到“分辨率”数值框中的初始参数就是图像的分辨率，如图1-13所示。

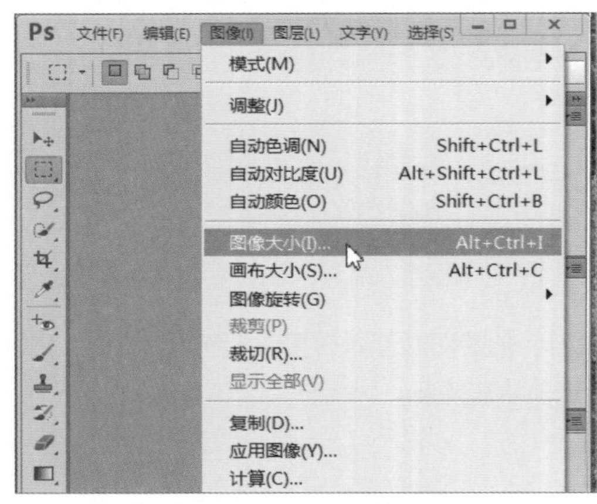

图1-12　执行“图像大小”命令

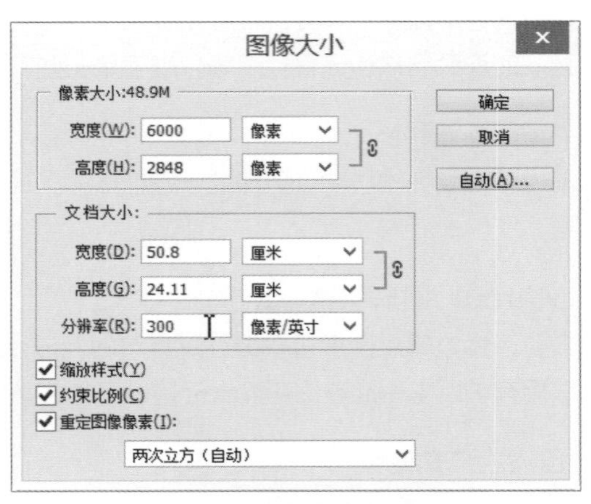


图1-13　“图像大小”对话框

## 1.3.2　位图和矢量图

位图和矢量图是图像的两大类型，其中前者是Photoshop最常见的图像类型，两者分别具有不同的优点和缺点，下面将对这两种图像的类型进行详细地介绍。

### 1. 位图

位图也称为点阵图，由像素构成，数码相机拍摄的、扫描仪生成的或在计算机中截取的图像等均属于位图图像。位图可以很好地表现出颜色的变化和细微地过渡，效果十分逼真，而且可以在不同的软件中交换使用。位图在储存时需要存储相应的像素位置和颜色值，因此位图的像素越高，所占用的储存空间越大。分辨率是位图不可逾越的壁垒，在对位图进行缩放、旋转等操作时，无法生产新的像素，因此会放大原有的像素填补空白，这样会让图像显得不清晰。

例如，一张正常拍摄的照片在未进行缩放时，图片非常清晰，如图1-14所示。但是将分辨率调整到一个较低的数值之后，会发现图像出现了细节不清晰的失真现象，如图1-15所示。

图1-14　正常拍摄的照片

图1-15　调整分辨率图像变模糊

### 2. 矢量图

矢量图也称为向量图，是图形软件通过数学的向量方法进行计算得到的图形，是由数学定义的直线和曲线构成。矢量图与分辨率无直接关系，因此任意地旋转和缩放均不会对图像的清晰度和光滑度造成影响，即不会产生失真现象。矢量图占用的存储空间非常小，适用于一些图标或者Logo等不能受缩放清晰度影响的情况。但是像素所携带的庞大信息量，是矢量图所不能比拟的，因此矢量图不能很好地表现出细节或是做一些色彩复杂的图案。图1-16为一个矢量图插画。在放大3200倍后，矢量图的细节依然十分清晰平滑，如图1-17所示。

图1-16　矢量图插画

图1-17　放大后的矢量图形

## 1.3.3　颜色深度和颜色模式

这一节将会讲解关于图像颜色深度和颜色模式的相关知识，用户在使用Photoshop进行图像处理时，这两方面的知识是不可或缺的，前者决定了图像颜色种类的数量，而后者则决定了图像的色彩混合方法，以下是详细介绍。

### 1. 颜色深度

颜色深度是指在一种图像格式中支持的颜色种类，一般用“位”来描述。如GIF格式，支持256种颜色，也就是从0到255，但是作为数字图像，需要以二进制来表示，也就是说它是从00000000到11111111，总共需要8位二进制数，所以颜色深度是8。

### 2. 颜色模式

颜色模式决定了计算机设备处理颜色的方法，其中分为CMYK模式、RGB模式、Lab模式以及灰度模式等。颜色模式决定了色彩模式混合的方法，其中每一种颜色模式根据通道的位深分为8位、16位以及32位等，这决定了颜色的丰富程度。事实上，从肉眼看很难看出CMKY模式、RGB模式和Lab模式的区别，但是这些模式的色彩混合方式截然不同，其中RGB模式是最常见的颜色模式。

打开图像文件，在菜单栏中执行“图像>模式>灰度”命令，如图1-18所示。在弹出的“信息”对话框中单击“扔掉”按钮，如图1-19所示。

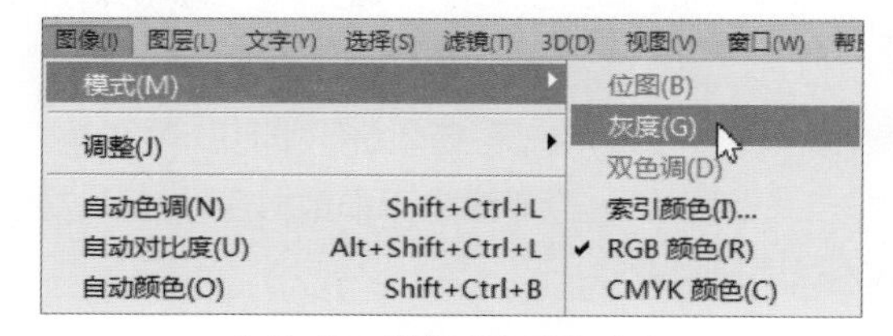


图1-18　选择“灰度”命令

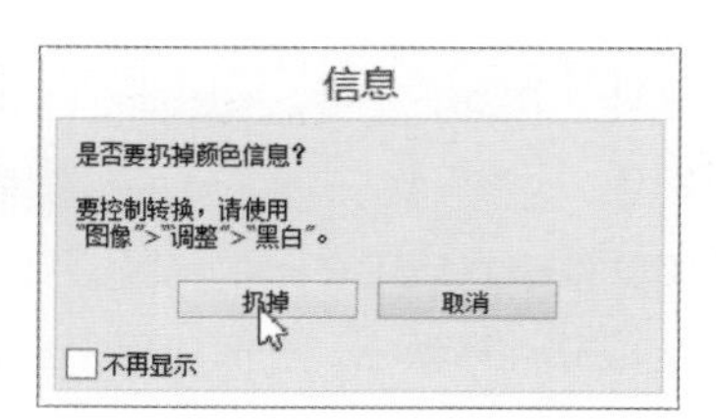


图1-19　单击“扔掉”按钮

完成上述操作后，查看设置图像为灰度模式的对比效果，如图1-20和图1-21所示。

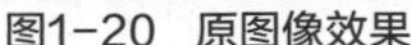

图1-20 原图像效果

图1-21 灰度图像效果

## 1.3.4 Photoshop 支持的图像格式

Photoshop CS6支持数百种图像文件格式，包括 PSD、JPEG、CRW、TIFF、BMP、AI、PNG等，其中PSD格式是Photoshop默认的格式。JPEG也是非常常见的一种格式，但是是一种压缩比极高的图像格式，在过高的压缩比下，图像非常容易受损。其他格式也都比较常见，需要用户根据用途、存储等方面的要求进行选择，下面对一些常见的图像格式进行介绍。

- **BMP格式：**是一种Windows标准的位图式图形文件格式，采用位映射存储格式，除了图像深度可选以外，不采用其他任何压缩，因此，BMP文件所占用的空间很大。该图像文件格式支持RGB、索引颜色、灰度和位图颜色颜色模式，但不支持Alpha通道。
- **PSD格式：**PSD格式是使用Adobe Photoshop软件生成的图像格式，这是一种包含Photoshop中所有的图层、通道、参考线、注释和颜色模式的格式。保存图像时，若图像中包含图层，一般采用PSD格式保存。
- **PSB格式：**是一种大型文档存储格式，支持宽度或高度最大为300000像素的文档，可以储存大小超过2G的图像文档。一般情况下，其他大多数应用程序和旧版本的Photoshop8.0无法支持文件大小超过2GB的文档。
- **PDF格式：**PDF文件是由Adobe Eacrobat软件生成的文件格式，该格式文件可以存有多页信息，其中包含文档、图形的查找和导航功能。PDF格式支持RGB、索引颜色、CMYK、灰度、位图和Lab颜色模式，并且支持通道、图层等数据信息，还支持JPEG和Zip的压缩格式。
- **JPEG格式：**此格式的图像通常用于图像预览和一些超文本文档中，最大的特色就是文件比较小，可以进行高倍率的压缩，是目前所有格式中压缩率最高的格式，但在压缩过程中会以失真的方式丢掉一些数据，所以保存后的图像没有原图像质量好。
- **GIF格式：**也是一种经过压缩的格式，支持位图、灰度和索引颜色的颜色模式。GIF格式广泛应用于因特网的HTML网页文档中，但它只支持8位的图像文件。
- **TIFF格式：**TIFF是位图文件格式中最复杂的一种，广泛应用于对质量要求较高的图像的存储与转换。由于TIFF格式的结构灵活且包容性大，已成为图像文件格式的一种标准，绝大多数图像系统都支持这种格式。用Photoshop编辑的TIFF文件可以保存路径和图层。
- **PNG格式：**这是一种无损压缩的位图格式，其设计目的是试图替代GIF和TIFF文件格式，同时增加一些GIF文件格式所不具备的特性。PNG格式使用从LZ77派生的无损数据压缩算法，由于它的压缩比高，生成文件体积小，一般应用于JAVA程序和网页中。

# 1.4 Photoshop 的工作界面

在学习制作、编辑图像之前，需要对Photoshop的工作界面进行了解，本节将带领用户认识Photoshop CS6工作界面的组成部分，如图1-22所示。

图1-22 Photoshop CS6工作界面

## 1.4.1 菜单栏

Photoshop CS6的菜单栏位于软件的正上方，如图1-23所示。菜单栏中包括“文件”、“编辑”、“图像”、“文字”等11个主菜单，其中在每个主菜单下有一系列对应的操作命令，如在“文件”主菜单下有“新建”、“打开”、“在Bridge中浏览”等命令以及其所对应的快捷键。

需要注意的是，在菜单列表中如果某个命令显示为灰色，表示当前状态下该命令不可用，如现在无法执行“文件>关闭”命令。

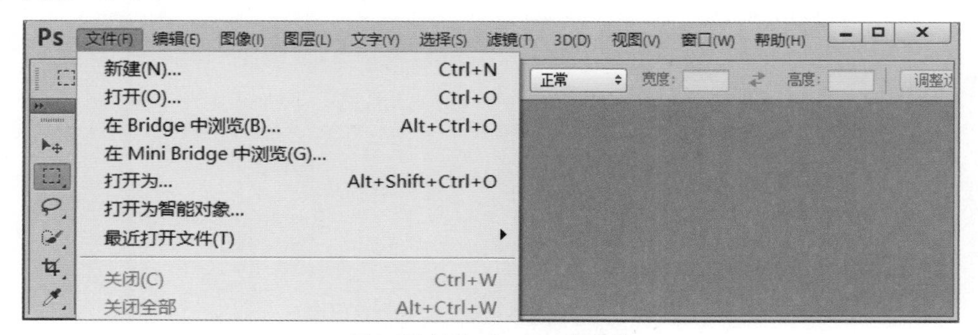


图1-23 Photoshop菜单栏

## 1.4.2 工具箱

在Photoshop CS6中，工具箱默认在软件界面的左侧，包含了Photoshop所有的工具，如移动工具、绘图工具、渐变工具、创建选区工具、画笔工具、文字工具、一组设置前景色和背景色的图标，以及一个非常特殊的“以快速蒙版模式编辑”按钮等。大多数的图像编辑工具都可以在工具箱里找到，因此工具栏也可以称为Photoshop的控制中心。

在工具箱中，大部分工具图标的右下角带有黑色的小三角形，这表示该工具组中还包含多个子工具，右击该工具或按住鼠标左键不放，即可显示工具组中隐藏的子工具列表，如图1-24所示。

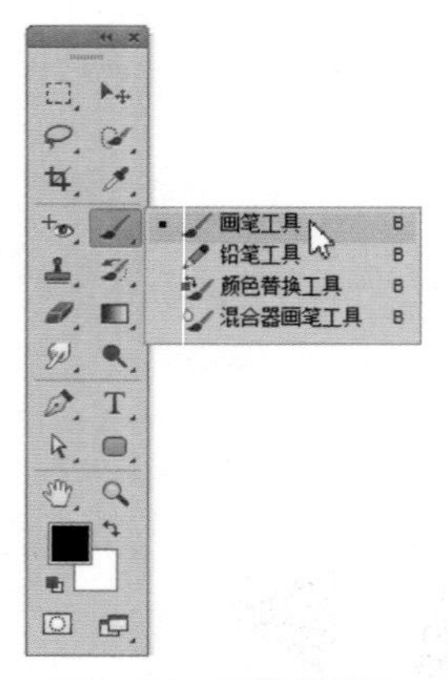


图1-24　画笔工具组

## 1.4.3 属性栏

属性栏也称工具选项栏，用于对所选工具进行参数设置，不同的工具其属性栏也不同。选择裁剪工具之后，属性栏中显示了和裁剪工具相关的参数选项，如图1-25所示。

图1-25　裁剪工具属性栏

**操作提示：使用快捷键快速切换工具**

在菜单栏中执行“编辑>键盘快捷键”命令或者按下Shift+Ctrl+Alt+K组合键，可以打开“键盘快捷键和菜单”对话框，在这里可以找到工具栏中每一个工具对应的快捷键，熟识这些快捷键可以快速切换工具。值得注意的是，每一个工具组的快捷键默认为同一个。

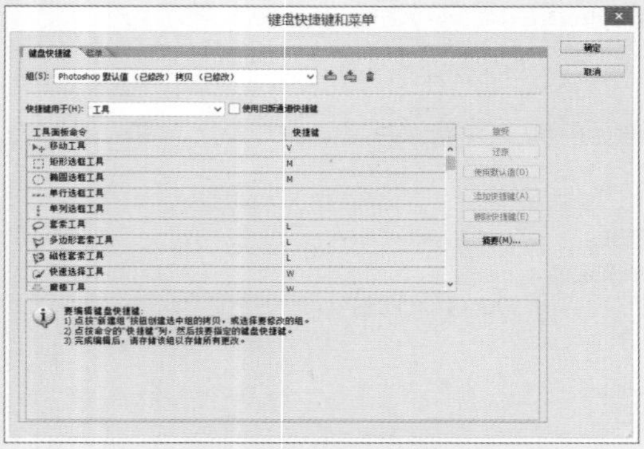

图1-26　“键盘快捷键和菜单”对话框

## 1.4.4 面板组

在Photoshop CS6中共有20多个面板组，如“图层”面板、“通道”面板、“样式”面板等，分别用来显示和设置图像的图层、通道和样式等。Photoshop中所有的面板都是以浮动形式展示的，用户可以自由拉伸大小并进行任意组合，所有的面板组都可以在菜单栏中的“窗口”主菜单下找到。在Photoshop CS6中默认的面板组，如图1-27所示。

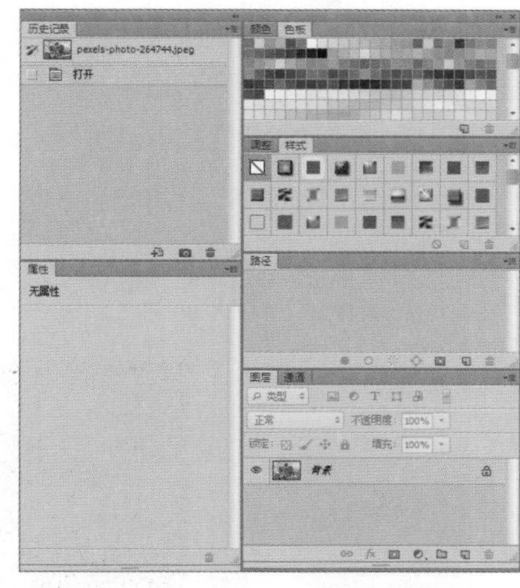


图1-27 Photoshop默认的面板组

## 1.4.5 文档窗口

在Photoshop中每打开一个图像，都会创建一个文档窗口，用以显示当前正在处理的图像文件，如图1-28所示。当打开多个文件时，文档窗口将以选项卡的形式进行展示，移动光标到标题上会显示热敏信息，单击即可切换，如图1-29所示。当然，在打开多个文档窗口时，用户也可以通过拖动标题选项卡，使其浮动成为独立的窗口。

图1-28 打开单个文档的窗口

图1-29 打开多个文档的窗口

**操作提示：快速调整图像大小**

读者可以在菜单栏中执行“视图>放大”命令或者按下Ctrl++组合键，快速放大图像。要想在执行“视图>放大”命令的同时放大文档窗口，可以在“首选项”对话框的“常规”选项面板中勾选“缩放时调整窗口大小”复选框。

# 1.5 Photoshop 工作区

Photoshop为不同的编辑需求提供了不同类型的工作区，读者可以根据自身的需求选择不同的工作区，也可以根据自己的喜好和使用习惯自定义工作区。

## 1.5.1 预设工作区

在Photoshop CS6中提供了多个预设工作区，其中包括“基本功能”、“绘画”等，每一个工作区的区别主要在于面板组的排列，将面板进行合理地显示调整，可以满足不同的需求。读者可以在菜单栏中执行“窗口>工作区>绘画”命令，如图1-30所示。将现有工作区切换到“绘画”工作区，如图1-31所示。

图1-30　选择“绘画”工作区

图1-31　查看“绘图”工作区效果

**操作提示：快速切换工作区**

读者也可以在文档窗口的右上角单击工作区切换器三角按钮，在打开的菜单列表中选择相应的选项来快速切换工作区，如图1-32所示。

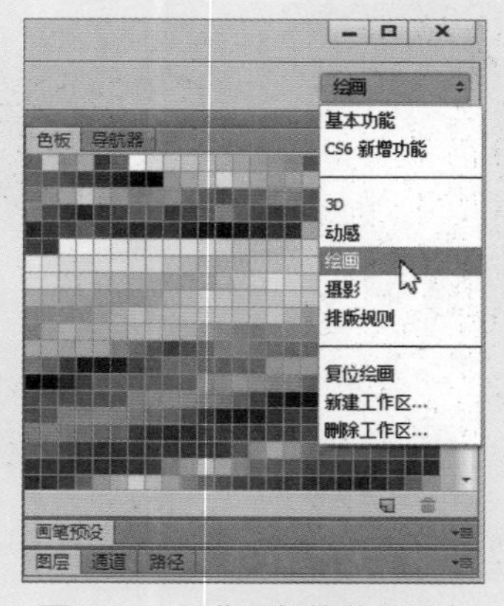


图1-32　工作区切换菜单列表

## 1.5.2 自定义工作区

在Photoshop CS6中，读者也可以根据实际工作需要，创建符合自己使用习惯的工作区，自定义工作区主要是对面板组的排列和浮动位置进行调整。

调整好面板组的排列位置之后，在菜单栏中执行“窗口>工作区>新建工作区”命令，如图1-33所示。在弹出的“新建工作区”对话框中，设置自定义工作区的名称，根据需要勾选相应的复选框，然后单击“确定”按钮，如图1-34所示。

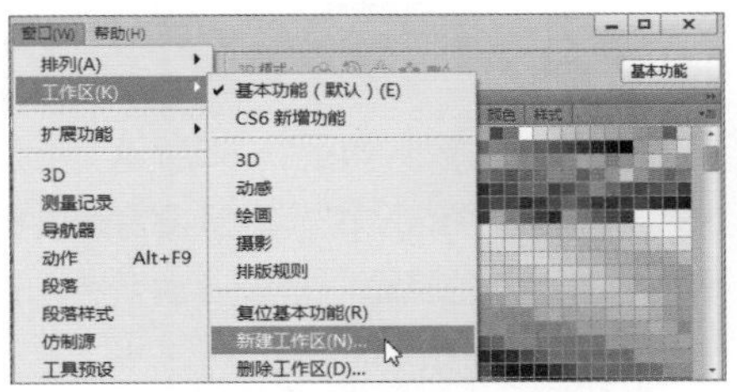


图1-33 执行“新建工作区”命令

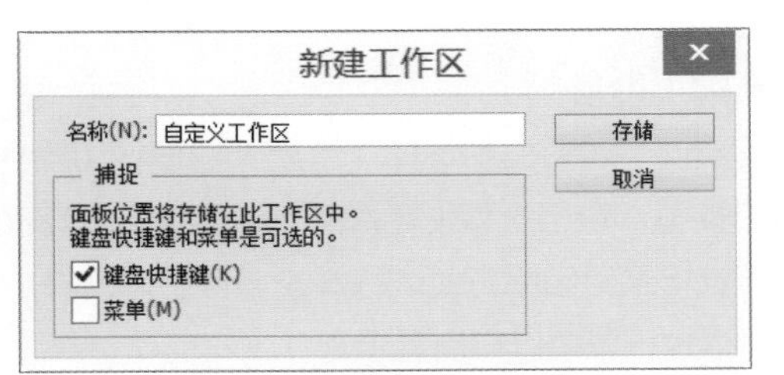


图1-34 “新建工作区”对话框

完成上述操作后，查看软件界面对比效果，如图1-35和图1-36所示。

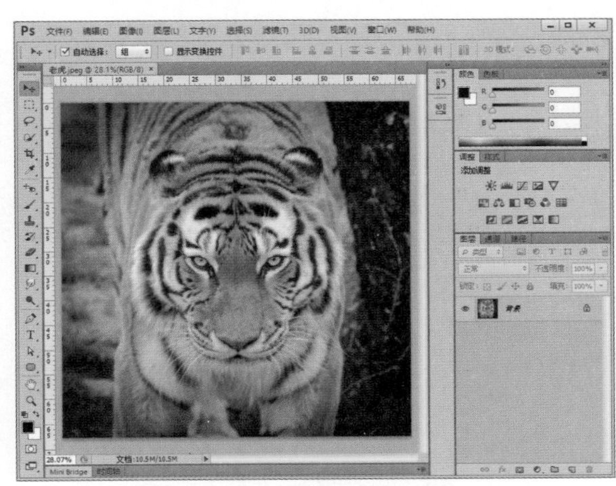

图1-35 基本功能工作区

图1-36 自定义工作区

## 1.6 首选项设置

在菜单栏中执行“编辑>首选项>常规”命令或者按下Ctrl+K组合键，如图1-37所示。在打开的“首选项”对话框中，读者可以通过对软件的常规设置、界面、文件处理等进行设置。首选项参数设置完成后，每次启动Photoshop都会按照该设置来运行。

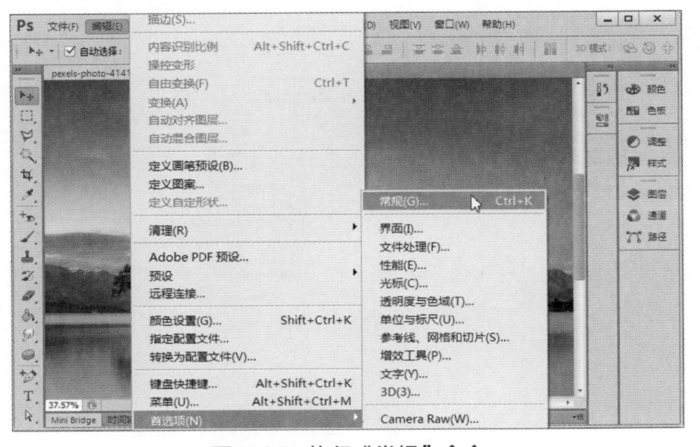


图1-37 执行“常规”命令

## 1.6.1 常规首选项设置

常规首选项设置包括“常规”、“界面”和“性能”设置，这3个参数的设置将对软件的使用、界面显示和使用性能产生直接影响，下面将对这3个首选项设置作详细讲解。

### 1.“常规”设置

在“首选项”对话框中选择“常规”选项，切换到“常规”选项面板，如图1-38所示。在这里可以选择拾色器的类型，这里推荐使用Adobe拾色器，其次是对一些常规选项的设置，很多设置都会即时生效，还可以对历史记录的储存方式进行修改。最后可以单击“复位所有警告对话框”按钮，对所有勾选不再显示的警告对话框执行复位以再次显示。

### 2.“界面”设置

“界面”选项面板，如图1-39所示。读者可以在该选项面板中对软件界面的外观进行设置，同时也可以对有关界面的复选框进行勾选，或者根据个人的使用习惯更改软件界面中字体的大小。

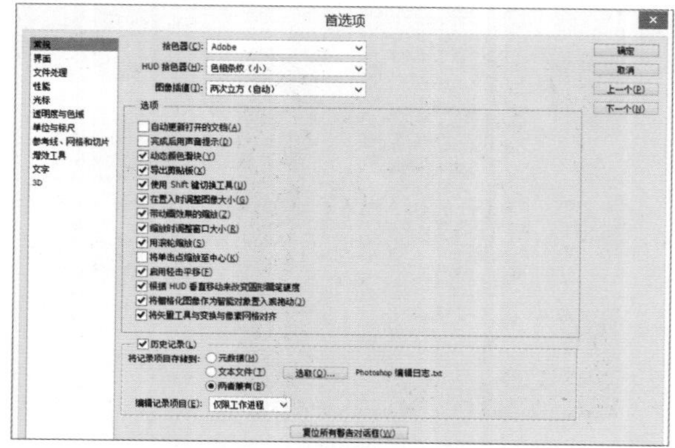


图1-38 “常规”选项面板

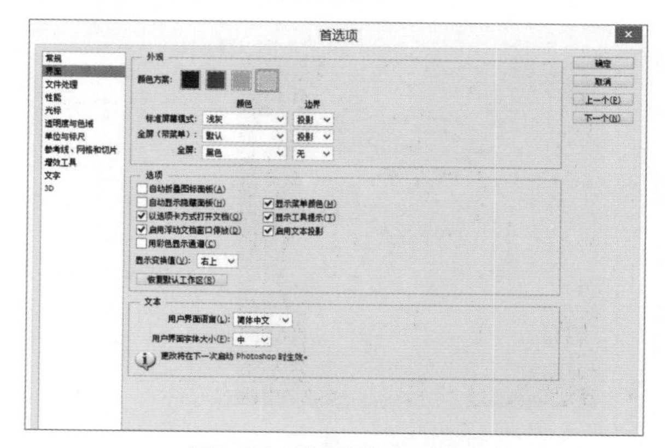


图1-39 “界面”选项面板

### 3.“性能”设置

在“性能”选项面板中，读者可以对软件的运行参数进行设置，这些设置将对软件能否顺畅运行产生影响。首先在“内存使用情况”选项区域中，读者需要根据个人电脑的运行内存进行分配。其次在“暂存盘”选项区域中，预留的空间越大，能够打开的文件越大。在“历史记录与高速缓存”选项区域中，各参数值不宜设置过大以免减慢计算机运行速度。最后在“图像处理器设置”选项区域中，勾选“使用图形处理器”复选框，可以加速处理大型、复杂文件的速度，如图1-40所示。

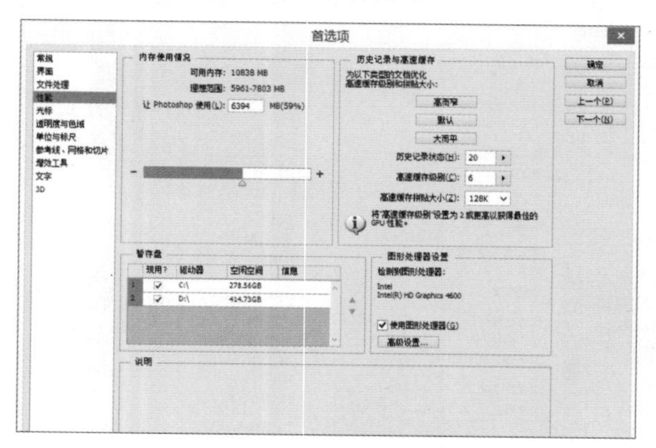


图1-40 “性能”选项面板

## 1.6.2 其他首选项设置

在“首选项”对话框中还包括“文件处理”、“光标”、“透明度与色域”等其他8个首选项，下面将对这8个首选项的设置要点进行讲解。

### 1.“文件处理”首选项设置

在“文件处理”选项面板中，读者可以勾选“自动存储恢复信息时间间隔”复选框，同时设置间隔时间，这样可以在电脑出现意外时把损失降到最低。还可以对文件的储存兼容性进行设置，在设置储存兼容性时勾选“停用PSD和PSB文件压缩”选项可以加快文件的储存，但会使存储的文件大一些。

### 2.“光标”首选项设置

在“光标”选项面板中，可以根据需要对软件中的绘图光标和其他光标的类型进行设置，其中前者的设置较为多样，后者仅包括“标准”和“精确”两个选项。此外，读者还可以对画笔的预设颜色进行设置。

### 3.“透明度和色域”首选项设置

在“透明度和色域”选项面板中，可以对网格的大小和透明度进行设置，并在设置后进行预览，同时可以对警告色的颜色和不透明度进行设置。

### 4.“单位和标尺”首选项设置

在“单位和标尺”选项面板中，可以对标尺的单位（包括像素、厘米、毫米、派卡等）和文字的单位（包括点、像素和毫米）进行设置，也可以对列尺寸的单位进行设置，还可以对新建文档预设的像素大小进行设置。

### 5.“参考线、网格和切片”首选项设置

在“参考线、网格和切片”选项面板中，主要可以对参考线的颜色和样式、智能参考线的颜色、网格的大小和线条颜色以及切片的颜色进行设置。

### 6.“增效工具”首选项设置

在“增效工具”选项面板中，主要可以对软件中的一些增效工具的显示进行设置，这里的增效工具主要是指一些外挂滤镜和插件。

### 7.“文字”首选项设置

在“文字”选项面板中，可以对“使用智能引号”、“启用丢失字体保护”等复选框进行勾选，也可以通过勾选相应的复选框，选择文本的显示类型，这里需要注意的是“选取文本引擎选项”应选择“东亚”，以便于应用智能颜色。

### 8. 3D首选项设置

在3D选项面板中，可以对一些3D选项参数进行设置，以便于在软件中更加顺畅地载入和绘制3D图像。

**操作提示：首选项设置的生效**

在对首选项进行设置后，单击“确定”按钮，有些设置不会立即生效，需要重启软件或者在下次启动软件时生效。

若有些设置在软件重启后仍然不起作用，这可能是因为软件中的首选项设置可能已经损坏，需要将首选项设置恢复为默认设置并重新设置。

# 1.7 辅助工具

在Photoshop进行创作和绘画时，使用标尺、参考线、网格等辅助工具，可以帮助读者更好地完成选择、定位或编辑图像的操作。下面将对Photoshop中各类辅助工具的应用进行详细讲解。

## 1.7.1 标尺

在Photoshop CS6中使用标尺辅助工具，可以对图像或者设计元素进行精确定位。标尺一般出现在文档窗口的上方和左侧，在菜单栏中执行“视图>标尺”命令或者按下Ctrl+R组合键，可以启用标尺，如图1-41所示。回到文档窗口中，可见文档窗口的上方和左侧显示了标尺，如图1-42所示。

图1-41 执行“标尺”命令

图1-42 显示标尺

## 1.7.2 参考线

在Photoshop CS6中使用参考线辅助工具，同样可以对图像或者设计元素进行精确定位，不同于标尺的是参考线工具更加灵活，读者可以根据需要自由绘制或者精确绘制参考线，也可以将其锁定保持不动。下面将对如何自由绘制参考线进行讲解，首先按Ctrl+R组合键启用标尺工具后，将光标移动到文档窗口上方标尺处，按住鼠标左键向下方拖动到合适位置，即可绘制水平参考线，如图1-43所示。按Ctrl+R组合键启用标尺工具后，将光标移动到文档窗口左侧标尺处，按住鼠标左键向右方拖动到合适位置，即可绘制垂直参考线，如图1-44所示。

图1-43 绘制水平参考线

图1-44 绘制垂直参考线

## 1.7.3 智能参考线

在Photoshop CS6中，可以通过绘制参考线来对文档窗口中的设计元素和图像进行定位，但是当工作区中的元素较多时，绘制参考线会使画面显得混乱，因此可以使用智能参考线。启用智能参考线后，在移动元素、选区和切片时会自动显示，以精确定位和对齐对象。在菜单栏中执行“视图>显示>智能参考线”命令，如图1-45所示。即可在文档窗口中拖动图像的同时显示出智能参考线，如图1-46所示。

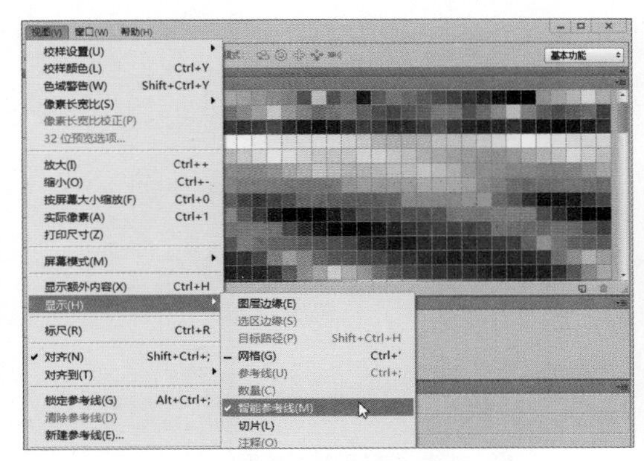


图1-45 执行“智能参考线”命令

图1-46 显示智能参考线

## 1.7.4 网格

在Photoshop CS6中，网格对于对称地布置对象非常有用。在菜单栏中执行“视图>显示>网格”命令，如图1-47所示。即可在文档窗口中看到显示的网格，如图1-48所示。

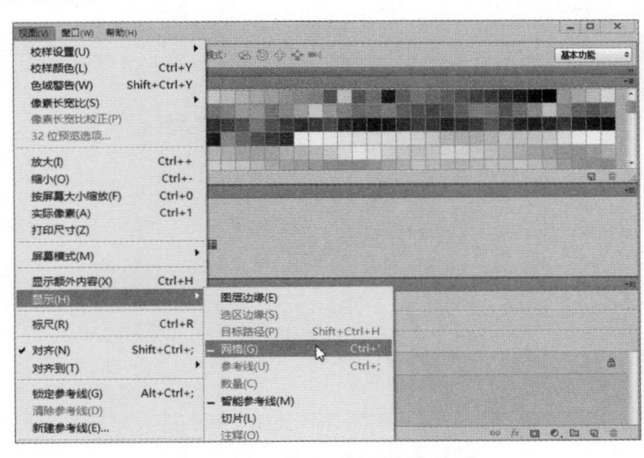


图1-47 执行“网格”命令

图1-48 显示网格

### 操作提示：新建参考线的其他方法

在菜单栏中执行“视图>新建参考线”命令，打开“新建参考线”对话框，选择新建参考线的取向并设置位置，如图1-49所示。

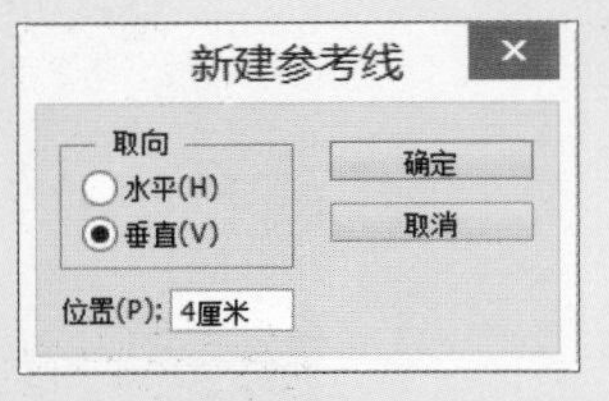


图1-49 “新建参考线”对话框

# 上机实训 制作雄鹰翱翔合成图像

在学习了本章知识之后，读者可以掌握Photoshop CS6基础入门的知识和辅助工具的应用技巧。下面介绍在Photoshop中进行图像合成操作方法，以巩固所学知识。

**Step 01** 在菜单栏中执行“文件>打开”命令，如图1-50所示。

**Step 02** 弹出“打开”对话框，选择需要的图像文件，如图1-51所示。

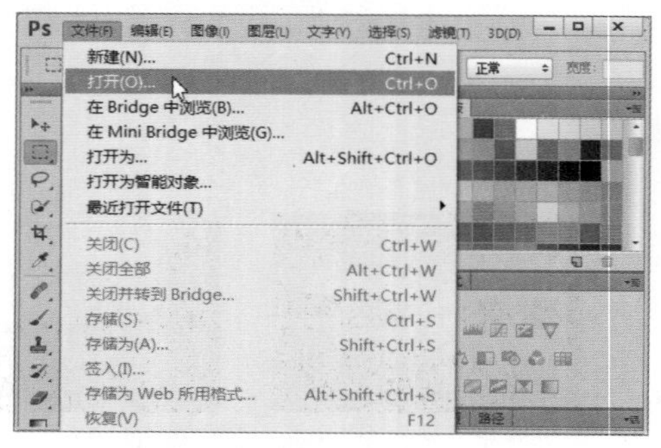


图1-50 执行“打开”命令

图1-51 “打开”对话框

**Step 03** 单击“打开”按钮，在软件中打开选择的图像文件。拖动文档标题选项卡，将打开的图像文件以独立的文档窗口进行显示，如图1-52所示。

**Step 04** 在菜单栏中执行“文件>置入”命令，如图1-53所示。

图1-52 浮动文档窗口

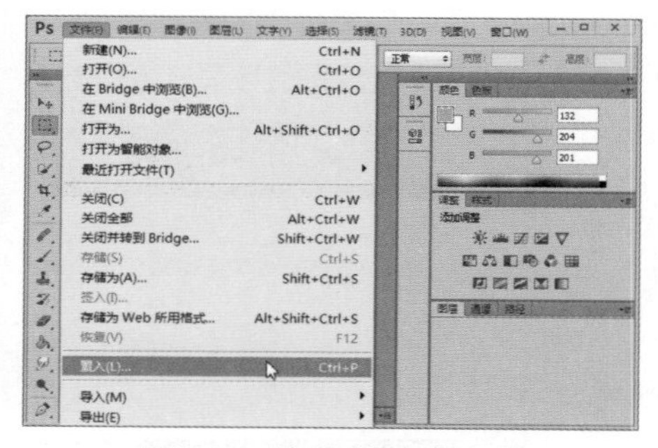


图1-53 执行“置入”命令

**Step 05** 在弹出的“置入”对话框中选择合适的图像文件，如图1-54所示。

**Step 06** 单击“置入”按钮，将选择的图像文件置入之前打开的图像文件中，拖动控制点调整图像的大小和位置后，按Enter键查看效果，如图1-55所示。

图1-54 “置入”对话框

图1-55 查看图像合成效果

## 设计师点拨 平面设计的特征

平面设计广告通过视觉效果来传达广告信息，是一种相对平面和静态的广告设计形式。平面广告主要通过印刷、写真、喷绘、网页等方式进行批量生产，并应用于不同的广告媒介中，其特点主要在于有计划、有目的地传播广告信息。

图1-56为史密斯地暖平面广告，此平面设计所表达的主题信息鲜明、易理解，即大品牌的地暖，其设计与制造是在科学管理系统的支持下进行的，传达了一种令购买者相信大品牌的信息。

图1-56 品牌地暖广告

平面设计的特征总结来说有3点，下面分别对其进行详细介绍。

### 1. 针对性强

平面广告应用的媒介非常广泛，不同的媒介拥有不同的受众群体，因而在广告中需要体现出特定的受众群体，有针对性地展开广告宣传。这样既节约了成本，也节约了时间，可以更好地达到宣传的目的。

### 2. 易于传播和流通

平面广告的应用形式是多样化的，大到建筑体和交通工具，小到报纸杂志和生活用品。不管是流动的交通工具还是随身携带的报纸杂志，都在无形中拓展了宣传面，让更多的人感受到宣传商品的存在。图1-57为一则公交广告。

图1-57 公交广告

### 3. 可长期保存

大部分平面设计广告都以纸质或塑料胶质为媒介，便于随身携带和阅读，也可收藏或多次阅读，利于长期保存。

# 图像的基础操作

在经过了上一章的学习，读者已经熟悉了Photoshop CS6的界面并了解了软件的一些简单操作。本章将带领读者学习Photoshop中图像文件的基础操作、画布和图像的基础操作、图像的裁切操作、图像的变换和变形以及如何从错误中恢复等内容，这一章的学习十分重要，因为这之中的一些操作将贯穿全书，需要用心学习。

**核心知识点**

1. 掌握图像文件的基础操作
2. 熟悉修改图像尺寸和大小的方法
3. 掌握图像的自由变换操作
4. 掌握图像的透视变形操作
5. 掌握文件的还原与重做操作

置入图像

裁剪图像

缩放图像

垂直翻转图像

# 2.1 图像文件的基础操作

Photoshop CS6主要是用于处理图像，而图像是基于图像文件存在的，本节将对图像文件的新建、打开、保存以及关闭等基础操作进行详细地讲解。

## 2.1.1 新建图像文件

图像文件是不可能凭空出现的，需要进行新建或是通过数码设备获取，下面将对新建图像文件的操作方法进行介绍。在菜单栏中执行“文件>新建”命令或者按Ctrl+N组合键，如图2-1所示。在弹出的“新建”对话框中进行参数设置，如图2-2所示。

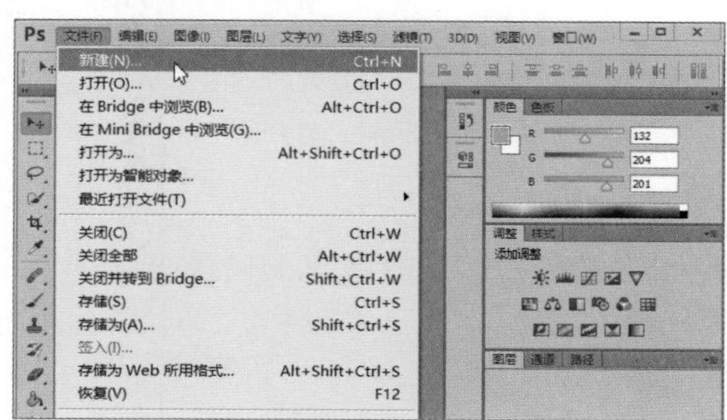
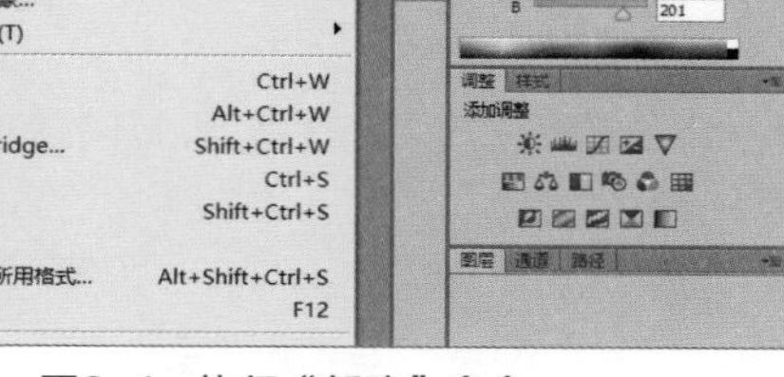


图2-1 执行“新建”命令

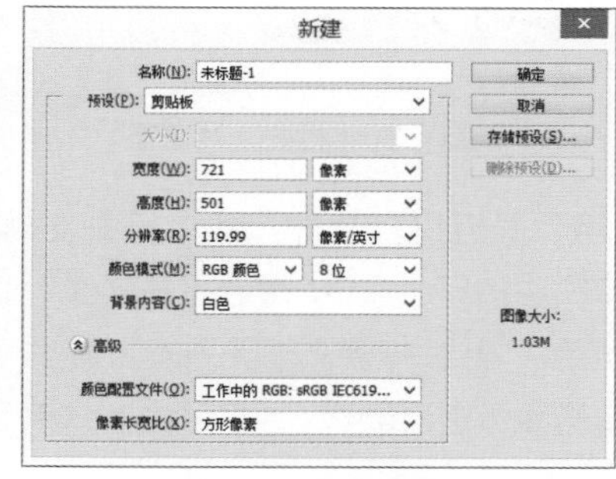


图2-2 “新建”对话框

下面对“新建”对话框中的主要参数的含义进行介绍。

- **名称**：用于输入文件的名称，也可以使用默认的“未标题-1”文件名。新建文件之后，文件名称将出现在文档窗口的标题栏，在保存文件时，这个名称也会出现。
- **预设/大小**：“预设”下拉列表中提供了大量的预设选项，包括了照片、默认大小、A4打印纸等，读者可根据需要进行选择。
- **宽度/高度**：用于设置文件的宽度和高度值，其单位包括“像素”、“厘米”、“派卡”等。
- **分辨率**：用于设置图像分辨率的大小，单位包括“像素/英寸”和“像素/厘米”两种。
- **颜色模式**：用于选择图像的颜色模式，包括位图、灰度、RGB颜色等选项，同时可以选择对应的位深。
- **背景内容**：用于选择文件背景的内容，默认为白色，也可以选择“透明”或者“背景色”。
- **高级**：在“高级”扩展区域中可以选择“颜色配置文件”，同时也可以选择像素的长宽比，默认为方形像素，视频类选用非方形像素。
- **储存预设**：单击该按钮，在打开的对话框中可以对之前的设置进行储存，省去重复设置的麻烦。

## 2.1.2 打开文件

在处理一个现成的图像素材时，需要先将其打开，Photoshop CS6提供了多种打开文件的方法，下面将对这些方法进行逐一介绍。

### 1. 使用“打开”命令打开文件

“打开”命令是最基础的打开文件的方法，在菜单栏中执行“文件>打开”命令或者按Ctrl+O组合键，在弹出的“打开”对话框中选择需要的文件，单击“打开”按钮，如图2-3所示。

### 2. 使用“打开为”命令打开文件

“打开为”命令可以打开指定格式的文件，非指定格式的文件将无法打开，一般适用于打开无法识别格式的图像文件。在菜单栏中执行“文件>打开为”命令或者按Alt+Shift+Ctrl+O组合键，在弹出的“打开为”对话框中选择指定的格式，并选择需要的文件，单击“打开”按钮，如图2-4所示。

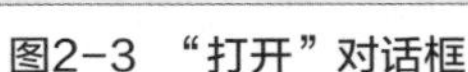
图2-3 “打开”对话框

图2-4 “打开为”对话框

### 3. 使用“最近打开文件”命令打开文件

在菜单栏中执行“文件>最近打开文件”命令，在子菜单中快速选择最近打开的图像文件，将其打开，如图2-5所示。“最近打开文件”列表内最多可以显示十个文件。选择列表底部的“清除最近的文件列表”选项，可以删除历史记录。

### 4. 在Adobe Bridge中打开文件

读者还可以选择使用Adobe Bridge打开文件，Adobe Bridge是伴随Photoshop CS6一同安装的软件。在菜单栏中执行“文件>在Bridge中浏览”命令或者按Alt+Ctrl+O组合键，之后会运行Adobe Bridge，这里选择需要的文件双击即可打开，如图2-6所示。

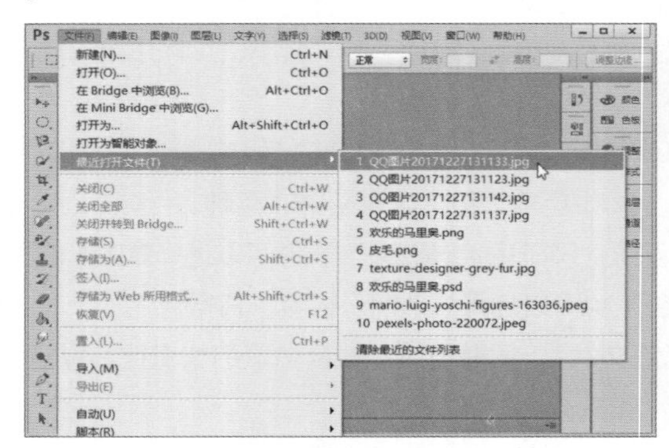


图2-5 执行“最近打开文件”命令

图2-6 在Adobe Bridge中打开文件

### 5. 使用拖曳的方法打开文件

除了上述在软件内打开图像文件的方法外，读者还可以使用拖曳文件的方法打开文件，即从文件夹中直接将图像文件拖曳到Photoshop空白文档窗口处即可，如图2-7所示。

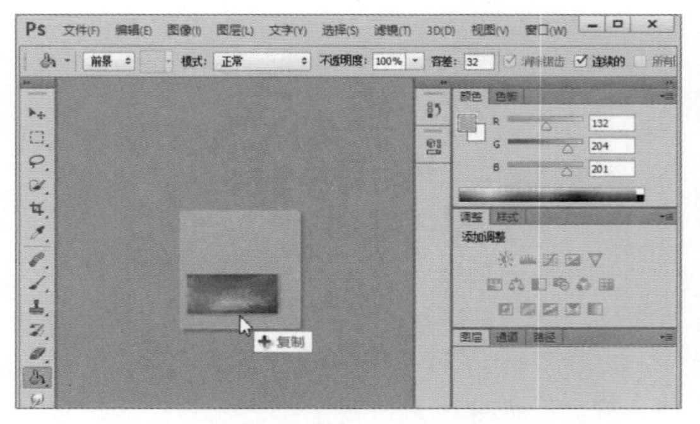

图2-7 将图像文件拖曳到Photoshop中

## 2.1.3 保存图像文件

在Photoshop中新建或者打开文件并进行编辑处理后，需要及时对图像进行保存操作，以免因为意外导致劳动成果付之东流。在菜单栏中执行“文件>存储”命令或者按Ctrl+S组合键，在弹出的“另存为”对话框中进行相应设置，包括文件名称、存储位置和存储格式等，如图2-8所示。

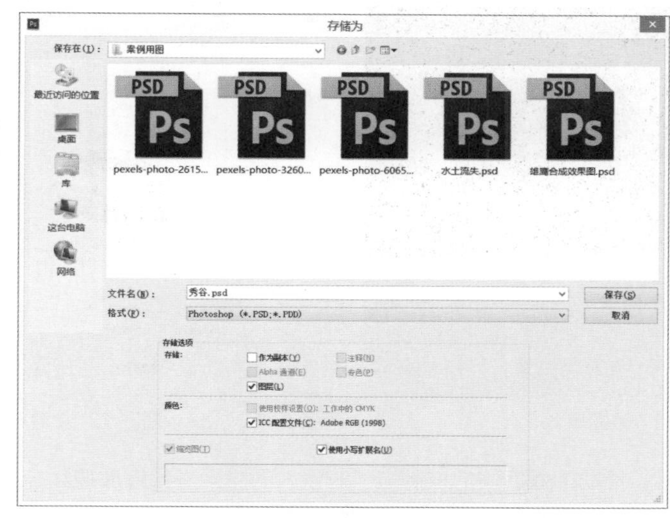

图2-8 “存储为”对话框

下面对“存储为”对话框中主要参数的功能进行介绍。

- **文件名**：用于输入文件的名称，默认为新建文件时设置的名称或者是打开文件时的名称。
- **格式**：下拉列表中提供了大量的格式，如PSD、JPEG、PNG等，读者可以根据需要选择。
- **存储**：在该选项区域中可以勾选相应的复选框，保留图像编辑时添加的专色、注释、图层等内容；勾选“作为副本”复选框，可以将图像保存为副本文件。
- **颜色**：在该选项区域中，可以选择保存图像时的颜色配置文件，一般为默认颜色配置文件。

## 2.1.4 关闭文件

在图像文件已经保存或者是不需要编辑查看时，可以将其关闭。读者选择直接单击文档窗口标题栏右上角的“关闭”按钮，执行关闭操作，如图2-9所示。也可以在菜单栏中执行“文件>关闭”命令或者按下Ctrl+W组合键，执行关闭操作，如图2-10所示。

图2-9 单击“关闭”按钮

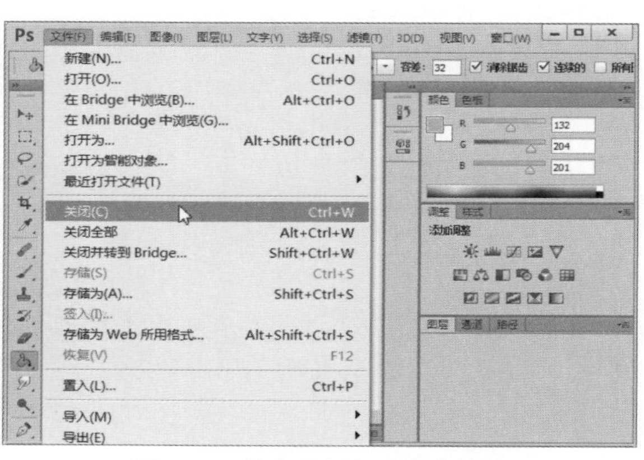

图2-10 执行“文件>关闭”命令

## 2.1.5 置入文件

在进行图像处理时，若需要用到两个及两个以上的图像文件时，可以在打开一个图像文件之后将其他图像文件置入到这个文件中，在置入的过程中不会对图像的质量产生影响。首先打开一个图像文件，如图2-11所示。在菜单栏中执行“文件>置入”命令，在弹出的“置入”对话框中选择需要的文件，如图2-12所示。

图2-11　原图像

图2-12　“置入”对话框

单击“置入”按钮后，拖动图像四周的控制点，对置入的文件进行缩放控制，如图2-13所示。选择工具箱中的移动工具，按住图像拖动到合适的位置，调整完毕按下回车键即可，如图2-14所示。

图2-13　调整置入文件的大小

图2-14　查看置入文件后的效果

### 操作提示：智能对象

在Photoshop CS6中，置入的图像文件默认为智能对象，如图2-15所示。智能对象是包含栅格或者矢量图像中图像数据的图层，可以保留图像的源内容及其原始数据，如需进行破坏性操作，如使用涂抹工具等操作时，需将其先进行栅格化处理。

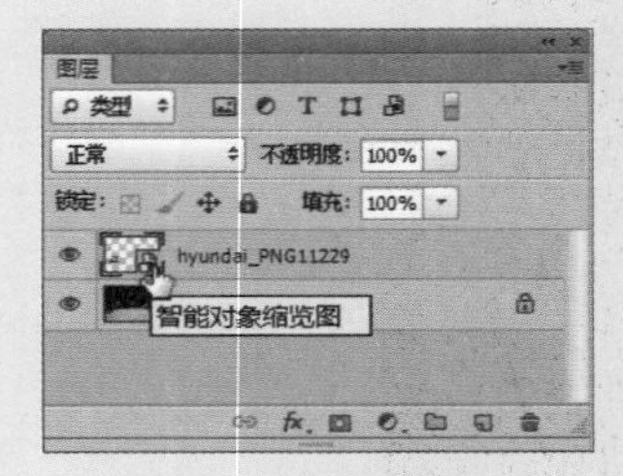



图2-15　智能对象

## 2.2 画布和图像的基础操作

Photoshop中的画布可以理解为在稿纸上绘画时使用的画布，在稿纸上绘画时使用的画布一旦确定了大小，是不能轻易修改的。但是在Photoshop中，读者对画布的大小进行修改，同时还可以对图像以及对应的像素和分辨率的大小进行修改。

### 2.2.1 修改画布的大小

画布大小是指当前文档的工作区域，包括图像区域和空白区域。在菜单栏中执行“图像>画布大小”命令或者按Alt+Ctrl+C组合键，如图2-16所示。在弹出的“画布大小”对话框中进行参数设置，如图2-17所示。

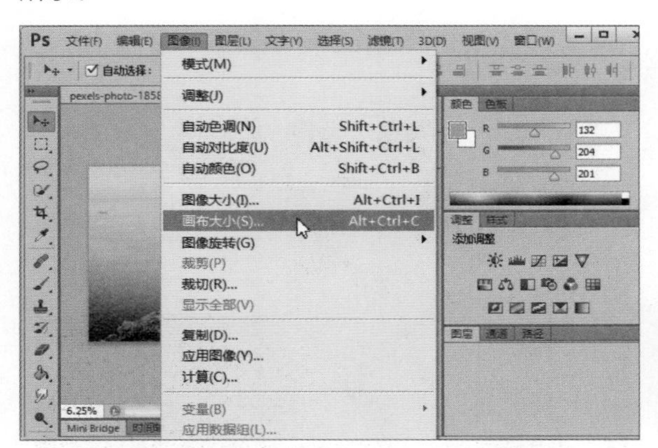


图2-16 执行“画布大小”命令

图2-17 “画布大小”对话框

完成上述操作后，观看效果对比，如图2-18和图2-19所示。

图2-18 原画布

图2-19 调整后画布变大了

下面对“画布大小”对话框中参数的含义进行详细地讲解。

- **当前大小：**该选项区域显示的是图像的实际大小，包括图像高度和宽度的实际尺寸。
- **新建大小：**在该选项区域可以设置新的画布大小，当输入的“高度”和“宽度”值大于原始画布尺寸时，会进行拓展；当输入的“高度”和“宽度”值小于原始画布尺寸值时，会裁剪超出的部分。若勾选“相对”复选框，则会显示在原始画布尺寸上增加和减少的部分，正值为增加，负值为减少。
- **画布拓展颜色：**当画布拓展时，单击该下拉按钮，可以在下拉列表中选择拓展的画布颜色，可以设置为背景色，也可以设置为其他颜色。

## 2.2.2 修改图像的大小

图像大小包括图像的尺寸、像素以及分辨率等。修改图像的大小将会修改图像在屏幕上的显示，也会影响图像的质量和打印特性。在菜单栏中执行“图像>图像大小”命令或者按Alt+Ctrl+I组合键，在弹出的“图像大小”对话框中进行参数设置，如图2-20所示。

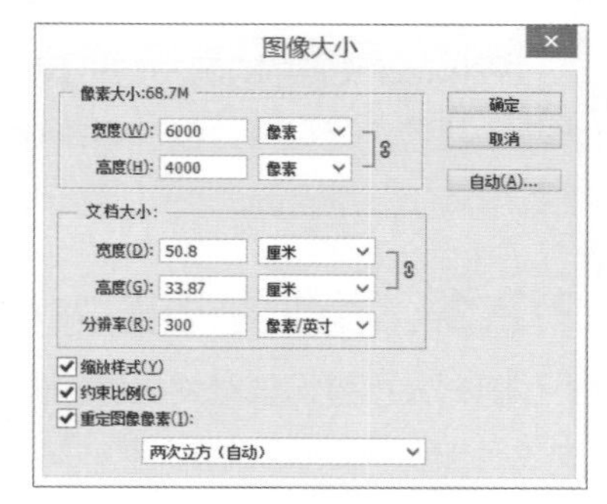


图2-20 “图像大小”对话框

完成上述操作后观看效果对比，如图2-21和图2-22所示。

图2-21 原图像

图2-22 调整后图像

下面对“画布大小”对话框中参数的含义进行详细地讲解。

- **像素大小**：在该选项区域中可以对像素的大小进行设置，设置完成之后Photoshop会自动计算修改后的图像大小。
- **文档大小**：文档大小主要是指图像的打印尺寸，读者可以修改“宽度”和“高度”值，并选择所需的单位。在“分辨率”数值框中可以修改图像的分辨率，分辨率的单位包括“像素/英寸”和“像素/厘米”两个选项。
- **缩放样式**：当图层中存在图层样式时，勾选“缩放样式”复选框，可以同步缩放图层样式，但是此复选框受到“约束比例”复选框的约束，只有勾选“约束比例”复选框时，“缩放样式”复选框才能够勾选。
- **约束比例**：当勾选“约束比例”复选框时，可以约束缩放的比例，一般情况下都需要勾选。
- **重定图像像素**：当勾选“重定图像像素”复选框时，图像中的像素会重新分布，在不勾选此复选框时，像素大小不能修改，在缩小、放大图像时不破坏原画质。
- **差值方法**：修改图像的像素大小一般称为“重新取样”，这时会对图像的像素进行删除或者增加，删除和增加的方式就是差值方法，在Photoshop中有6种差值方法选项，其中“两次立方（自动）”是默认差值方式。
- **自动**：单击“自动”按钮，可以打开“自动分辨率”对话框，在输入“挂网”线数后可以自动计算出分辨率。

# 2.3 图像的裁剪和裁切

裁剪工具是Photoshop中非常重要的工具，可以裁剪掉图像中不需要的部分，以便更好地进行编辑操作。使用“裁切”命令，则可以根据像素颜色来对图像进行裁切。下面将对图像的裁剪和裁切操作进行详细讲解。

## 2.3.1 图像的裁剪

在Photoshop工具箱的裁剪工具组中，选择所需的裁剪工具，可以对图像进行裁剪操作。下面将对各种裁剪工具的使用进行详细讲解。

### 1. 使用裁剪工具

使用裁剪工具可以对图像进行裁剪，删去不需要的部分，以便于后期构图。在工具箱中选择裁剪工具，如图2-23所示。在工具属性栏中选择“视图”类型为“黄金比例”，拖动裁剪框将裁剪框缩放到合适大小后按下回车键，如图2-24所示。

图2-23　选择裁剪工具

图2-24　拖动裁剪框

完成上述操作后观看效果对比，如图2-25和图2-26所示。

图2-25　原图像

图2-26　裁剪后的图像

图2-27为裁剪工具属性栏，然后对各主要参数的应用进行详细讲解。

图2-27　裁剪工具属性栏

- **裁剪约束**：这里可以选择对裁剪的范围进行约束，默认选择“不受约束”选项，读者可以根据需要自行修改。
- **拉直**：单击该按钮可以在图中绘制直线，将图像拉直并自行进行旋转，同时保持画布大小不变。
- **视图**：在这里可以选择裁剪时参考线和参考网格的视图类型，包括“黄金比例”、“三视图”等选项。
- **删除裁剪的像素**：勾选该复选框，Photoshop会将裁剪之后的像素进行删除操作。

## 2. 使用透视裁剪工具

透视裁剪工具是一个全新的工具，用于裁剪一些具有透视关系的图像。读者可以通过绘制定界框对图像进行裁剪，Photoshop会自动校正透视部分并恢复成正常图案。下面将以校正行驶中的地铁图像为例，对如何使用透视裁剪工具进行详细讲解。

**Step 01** 在工具箱中选择透视裁剪工具，如图2-28所示。

**Step 02** 根据需要在图像中透视裁剪的部分绘制定界框，如图2-29所示。

图2-28　选择透视裁剪工具

图2-29　绘制定界框

**Step 03** 在“图层”面板中单击“创建新图层”按钮，如图2-30所示。

**Step 04** 按Alt+Ctrl+C组合键，在弹出的“画布大小”对话框中进行参数设置，如图2-31所示。

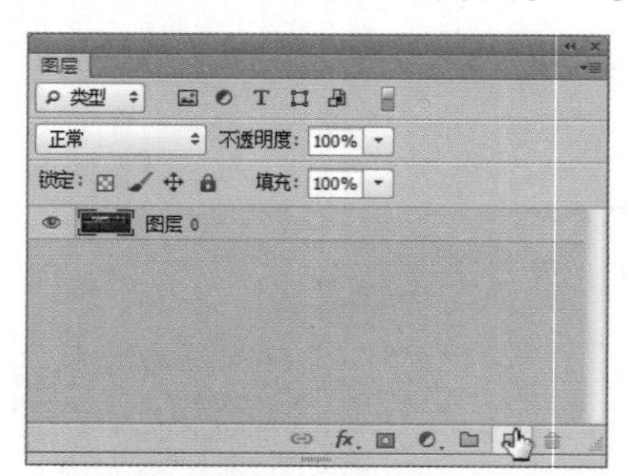


图2-30　单击“创建新图层”按钮

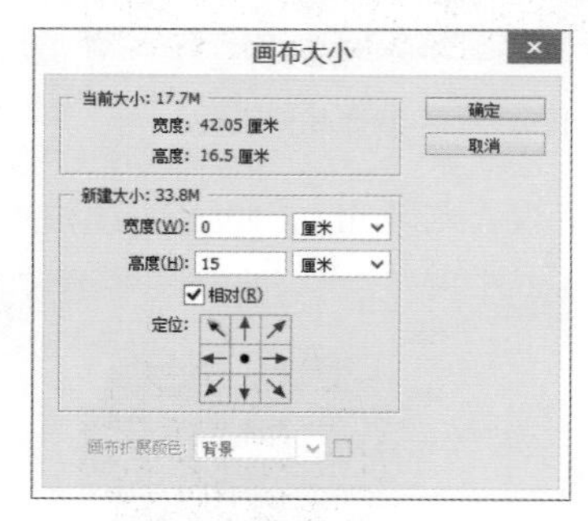


图2-31　“画布大小”对话框

**Step 05** 在菜单栏中执行“编辑>自由变换”命令，如图2-32所示。

**Step 06** 将图像分别向上向下拉伸到边界，然后按下回车键，效果如图2-33所示。

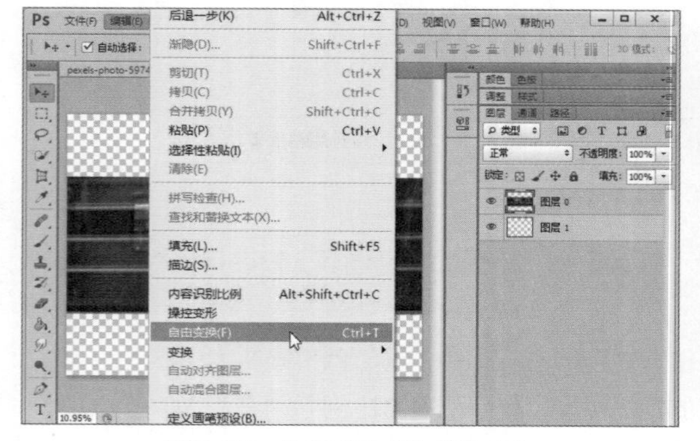


图2-32　执行“自由变换”命令

图2-33　查看最终效果

### 3. 使用切片工具

切片工具也是一种裁剪工具，一般用于网页的制作。为了追求美感，很多网页都会使用一整张图片，但是这样会降低传输速度，切片工具可以将整张图片裁切，同时软件可以创建对应的HTML文件。

下面将以分割网页为例，对如何使用切片工具进行详细讲解。

**Step 01** 在工具箱中选择切片工具，如图2-34所示。

**Step 02** 在图中根据区域裁切出各部分，如图2-35所示。

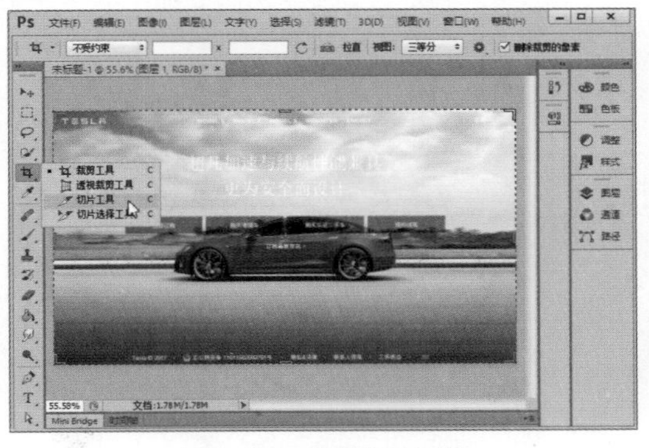

图2-34　选择切片工具

图2-35　裁切各区域

**Step 03** 在菜单栏中执行“文件>存储为Web所用格式”命令，如图2-36所示。

**Step 04** 在弹出的“储存为Web所用格式”对话框中进行参数设置，如图2-37所示。

图2-36　执行“储存为web所用格式”命令

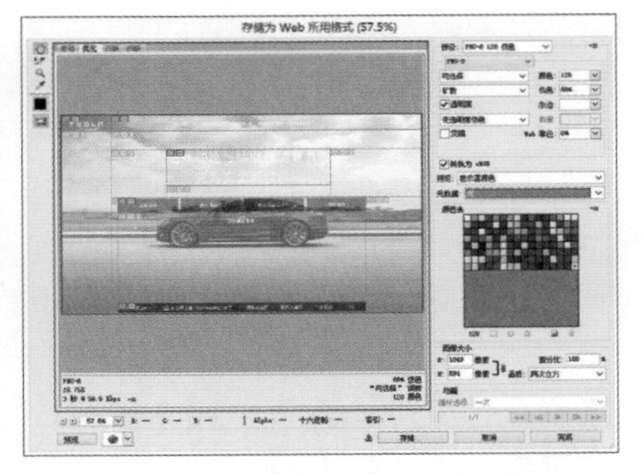

图2-37　“存储为web格式”对话框

**Step 05** 单击“存储”按钮，会弹出“将优化结构储存为”对话框，选择存储位置，如图2-38所示。

**Step 06** 单击“保存”按钮，在打开的文件夹中，可以看到图像会单独储存到名为images的文件夹中，如图2-39所示。

图2-38　“将优化结果储存为”对话框

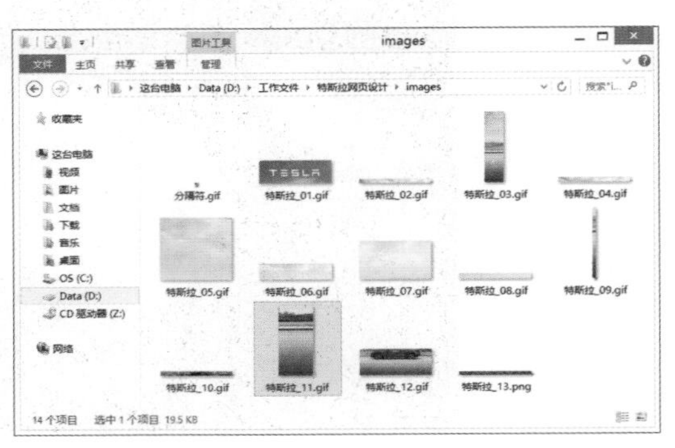

图2-39　images文件夹

## 2.3.2 图像的裁切

图像的裁剪和图像的裁切有着本质的区别，前者是使用工具箱中的工具，结合工具属性栏中的参数设置，对图像进行裁剪并选择性地删除多余的部分。但是图像的裁切是通过菜单栏中的命令，根据像素和透明区域来对图像进行裁切。在菜单栏中执行“图像>裁切”命令，在弹出的“裁切”对话框中进行参数设置，完成后单击“确定”按钮即可，如图2-40所示。

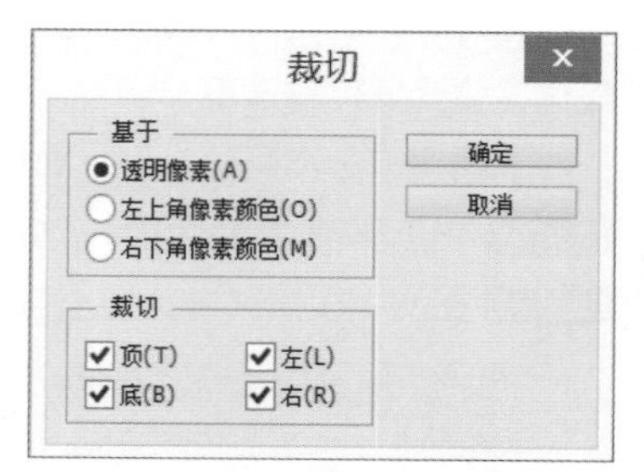


图2-40 “裁切”对话框

完成上述操作后观看效果对比，如图2-41和图2-42所示。

图2-41 原图像

图2-42 裁切后的图像

**操作提示：“裁切”对话框中的“裁切”选项区域**

在“裁切”对话框的“裁切”选项区域中，取消勾选“顶”复选框，可以选择不裁切顶部多余部分，其他方位同理。

# 2.4 图像的变换与变形

在Photoshop CS6中，读者可以对图像进行变换和变形操作。图像的变换主要是指自由变换，而变形主要是指操控变形、斜切变形、扭曲变形和透视变形等。在图2-43中，图像变换和变形时出现的控制点、定界框和中心点，统称为变换控件。

图2-43 图像的自由变换

## 2.4.1 图像的移动

使用Photoshop中的移动工具，可以自由地移动图像，该工具是Photoshop中最常用也是最重要的工具之一，在工具箱中选择移动工具，如图2-44所示。

图2-44 选择移动工具

选择工具箱中的移动工具后，可以在属性栏中进行相应的参数设置，如图2-45所示。

图2-45 移动工具属性栏

下面将对移动工具属性栏中各主要参数的应用进行介绍。

- **自动选择：** 当勾选此复选框时，可以自动选择点中的对象，反之只能在“图层”面板中选择需要移动的对象。
- **选择组或图层：** 单击下拉按钮，读者可以选择“图层”或“组”选项，当“图层”面板中存在图层组时，可以选择整组为移动对象，也可以单独选择一个图层为移动对象。
- **显示变换控件：** 勾选此复选框时会出现变换控件，在功能上类似于自由变换操作。
- **对齐选项组：** 只有在选择两个及两个以上的对象时，这个功能才能使用，读者可根据需要选择对齐的类型。

## 2.4.2 图像的缩放

缩放操作可以使变换对象相对于中心点进行缩放，若不按任何功能键，图像（组）可以任意缩放，读者也可以根据需要等比缩放图像，下面将对如何使用缩放命令进行详细讲解。在菜单栏中执行“编辑>变换>缩放”命令，如图2-46所示。此时会在图像周围出现变换控件，按住Shift键的同时拖动左上角的控制点，调整图像到合适大小后按下回车键，即可等比缩放图像，如图2-47所示。

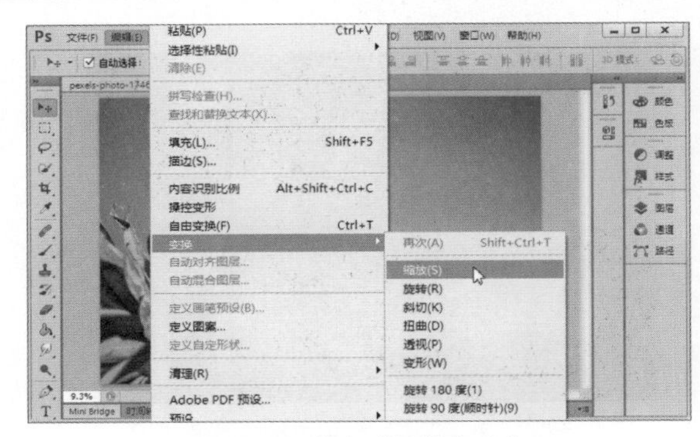


图2-46 执行“缩放”命令

图2-47 缩放图像

完成上述操作后观看效果对比，如图2-48和图2-49所示。

图2-48　原图像

图2-49　缩放后的图像

**操作提示：等比缩放图像的其他方法**

读者也可以同时按住Shift+Alt组合键，拖动图像四角的任意控制点，以中心点为基点进行等比缩放。

## 2.4.3　图像的旋转

图像的旋转操作可以使变换对象相对于中心点进行旋转，若不按任何功能键，图像（组）可以任意旋转，但是在大多数情况，需要按照一定角度旋转图像。下面以旋转花朵上的蝴蝶为例，对如何使用“旋转”命令进行详细讲解。

打开图像后置入对应的蝴蝶图像，如图2-50所示。在菜单栏中执行“编辑>变换>旋转”命令后，按照需要对蝴蝶进行旋转，如图2-51所示。

图2-50　置入图像

图2-51　旋转图像

**操作提示：按一定角度旋转图像**

读者也可以按住Shift键，拖动图像四角的任意控制点，使图像以15° 为单位进行旋转，如图2-52所示。

图2-52　以15° 为单位旋转图像

## 2.4.4 图像的斜切

图像的斜切是指在不改变图像比例的情况下，将其调整为斜角对切的效果，是一个很常见的图像变换操作。下面以把图像放置到笔记本屏幕上为例，对如何使用图像的斜切功能进行介绍。

首先置入一张图像，如图2-53所示。接下来在菜单栏中执行“编辑>变换>斜切”命令，对图像进行斜角对切操作，然后按下回车键即可，如图2-54所示。

图2-53 置入图像

图2-54 斜切图像

> **操作提示：固定对角斜切**
>
> 使用“斜切”命令时，如果同时按住Alt键，那么在拉伸控制柄时只能斜切一个对角，另一个对角是固定不动的。

## 2.4.5 图像的扭曲

运用图像扭曲可以使图像的四角向各个方向拉伸，是一个非常常见的变换操作，功能类似于斜切操作但是更加自由一点。下面以把图像放置到电视屏幕上为例，对如何使用图像的扭曲进行详细讲解。

首先置入一张图像，如图2-55所示。在菜单栏中执行“编辑>变换>扭曲”命令，对图像进行扭曲变换操作，然后按下回车键即可，如图2-56所示。

图2-55 置入图像

图2-56 扭曲后的图像

> **操作提示：斜切和扭曲的区别**
>
> 斜切和扭曲的功能是类似的，都可以制作出效果相近的图像，但是这两者是有明显区别的。在使用“斜切”命令调整变换时，控制柄只能在定界框定义的方向上移动，在进行操作时，需要先将一个角定位之后才能将它的对角进行定位，而且在斜切变换时不能改变图像的比例。但是“扭曲”命令的控制柄可以向任意方向拉伸，图像的比例也可以根据具体拉伸情况进行改变。

## 2.4.6 图像的透视

透视是一种绘画术语，即在平面中表现出立体感。合理地使用Photoshop的透视变换功能，能够增加图像的景深感，使变换后的图像更具立体感。

下面以在长廊中添加水纹为例，对如何使用图像的透视功能进行详细讲解。

**Step 01** 执行“文件>置入”命令，在弹出的“置入”对话框中选择合适的图像，如图2-57所示。

**Step 02** 同时按住Shift和Alt键，将图像缩放到合适的大小，然后按下回车键，如图2-58所示。

图2-57 “置入”对话框

图2-58 缩放图像

**Step 03** 在菜单栏中执行“编辑>变换>透视”命令，如图2-59所示。

**Step 04** 拖动控制柄，调整图像的透视效果，如图2-60所示。

图2-59 执行“透视”命令

图2-60 调整透视效果

**Step 05** 在“图层”面板中将图层混合模式修改为“滤色”，然后栅格化图层，如图2-61所示。

**Step 06** 在工具箱箱中选择涂抹工具，涂抹图像的边缘，效果如图2-62所示。

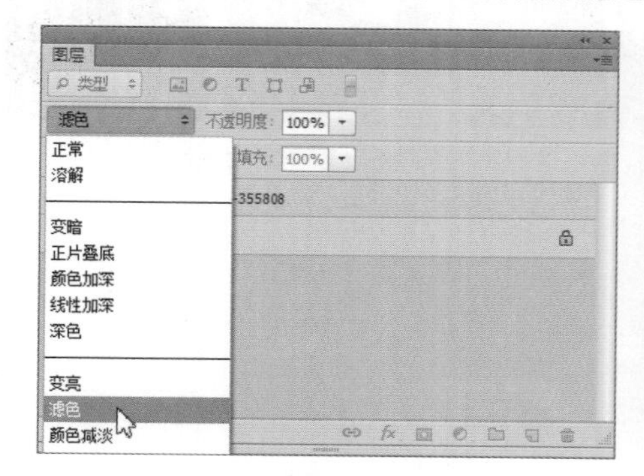


图2-61 修改图层混合模式

图2-62 涂抹图像的边缘

## 2.4.7 图像的变形

图像的变形操作可以对图像进行自由变形，相比于图像的变换操作，变形效果更加自由、细致、复杂，可以制作出折角、翻页、落叶等效果。下面将对如何变形图像进行详细介绍。

**Step 01** 在菜单栏中执行“编辑>变换>扭曲”命令，如图2-63所示。

**Step 02** 按住Alt键的同时拖动图像左上角的控制柄，翻转树叶，然后按下回车键即可，如图2-64所示。

图2-63 执行“扭曲”命令

图2-64 执行扭曲操作

**Step 03** 在菜单栏中执行“编辑>变换>变形”命令，如图2-65所示。

**Step 04** 拖动控制柄，使树叶扭曲变形，操作完成后按下回车键即可，效果如图2-66所示。

图2-65 执行“变形”命令

图2-66 变形图像

### 操作提示：使用预设变形

除了可以自由地对图像进行变形，也可以使用软件中预设的变形效果。在执行“变形”命令后，在工具属性栏中选择预设为“扇形”选项，选择弯曲角度和类型，效果如图2-67所示。

图2-67 使用预设变形

## 2.4.8 图像的翻转

图像的翻转包括水平翻转和垂直翻转，通过翻转操作可以制作出很棒的镜面效果。下面以制作镜面效果为例，对图像的翻转操作进行详细讲解。

**Step 01** 在文档窗口中向上移动图像，使画布下面留出空白，如图2-68所示。

**Step 02** 在菜单栏中执行“图层>复制图层”命令或者按Ctrl+J组合键，在弹出对话框中单击“确定”按钮，如图2-69所示。

图2-68 移动图像

图2-69 执行“复制图层”命令

**Step 03** 点选复制的图像，在菜单栏中执行“编辑>变换>垂直翻转”命令，如图2-70所示。

**Step 04** 将翻转后的图像移动到原图层下方，如图2-71所示。

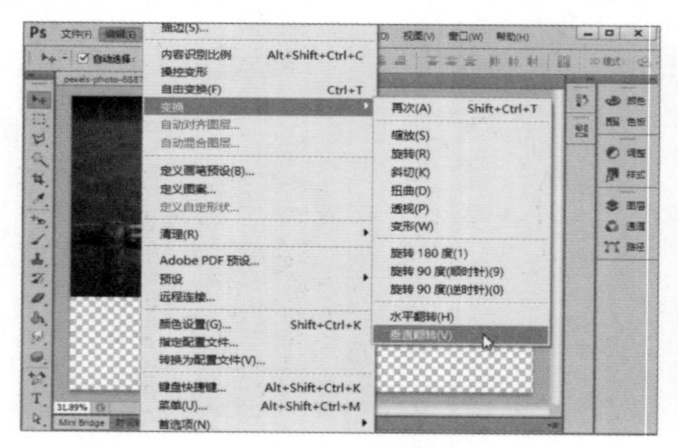


图2-70 执行“垂直翻转”命令

图2-71 移动图像

**Step 05** 在菜单栏执行“滤镜>扭曲>置换”命令，弹出“置换”对话框并进行参数设置，如图2-72所示。

**Step 06** 单击“确定”按钮，在弹出的“选取一个置换图”对话框中选择合适的文件，如图2-73所示。

图2-72 “置换”对话框

图2-73 “选取一个置换图”对话框

**Step 07** 单击“打开”按钮，即可看到效果初步显现，如图2-74所示。

**Step 08** 最后在工具箱中选择仿制图章工具填补空白区域，效果如图2-75所示。

图2-74　查看效果

图2-75　查看最终效果

## 2.4.9　图像的自由变换

自由变换功能是以上介绍的几种变换工具的增强版，通过单一地执行“自由变换”命令，可以快速实现图像的各种变换操作。下面介绍使用“自由变换”命令对枫叶执行变换操作的具体步骤。

**Step 01** 在菜单栏中执行“编辑>自由变换”命令，如图2-76所示。

**Step 02** 按住Shift键的同时拖曳控制点，可以实现对图像的缩放操作，如图2-77所示。

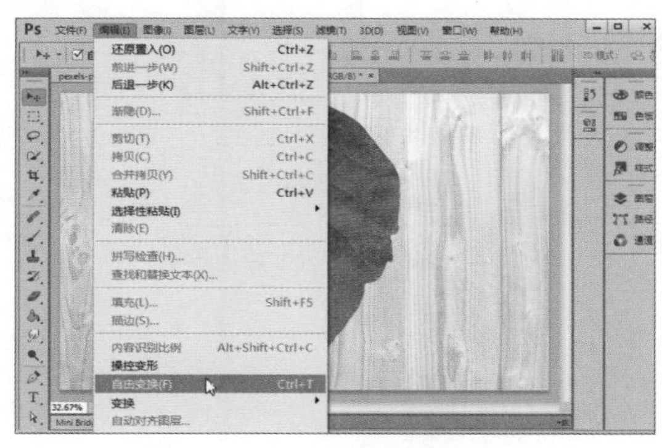


图2-76　执行“自由变换”命令

图2-77　缩放图像

**Step 03** 如果需要对图像进行旋转变换，可以将光标移动到控制点的四角，待控制柄变成图2-78所示的形状，即可执行自由旋转操作。

**Step 04** 如果需要对图像进行斜切变换，可以同时按住Ctrl+Alt组合键，拖动控制点，如图2-79所示。

图2-78　旋转图像

图2-79　斜切图像

**Step 05** 如果需要对图像执行扭曲变换操作，可以按住Ctrl键的同时拖动控制点，如图2-80所示。

**Step 06** 如果需要对图像执行透视变换操作，则按住Shift+Ctrl+Alt组合键的同时拖动控制点，如图2-81所示。

图2-80 扭曲图像

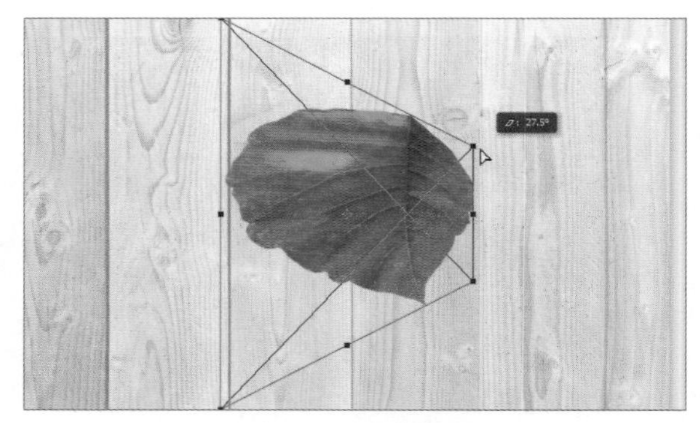

图2-81 透视图像

**Step 07** 如果需要对图像执行变形操作，可右击图像，在弹出的快捷菜单中执行“变形”命令，如图2-82所示。

**Step 08** 如果需要对图像执行翻转操作，可右击图像，在弹出的快捷菜单中执行翻转命令，如图2-83所示。

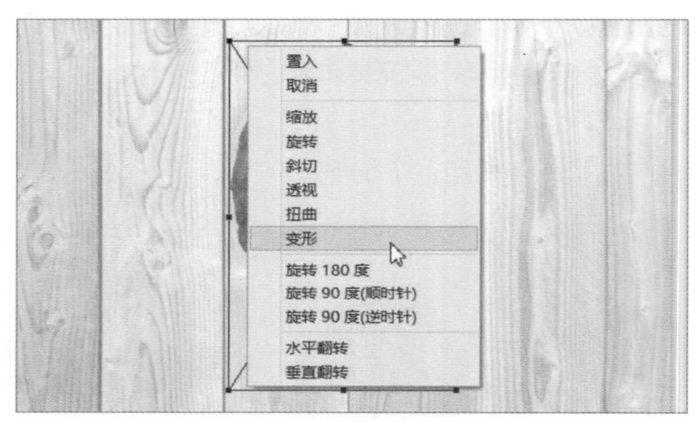


图2-82 执行“变形”命令

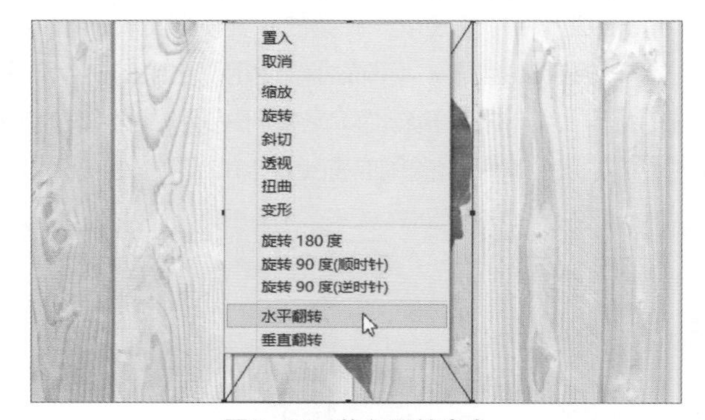


图2-83 执行翻转命令

## 2.4.10 图像的操控变形

对图像执行操控变形操作，可以使图像在整体不变的情况下，进行局部变形。下面以调整人物手的摆动为例，对操控变形操作，进行详细讲解。

**Step 01** 在菜单栏中执行“编辑>操控变形”命令，如图2-84所示。

**Step 02** 在属性栏中进行相关的参数设置，如图2-85所示。

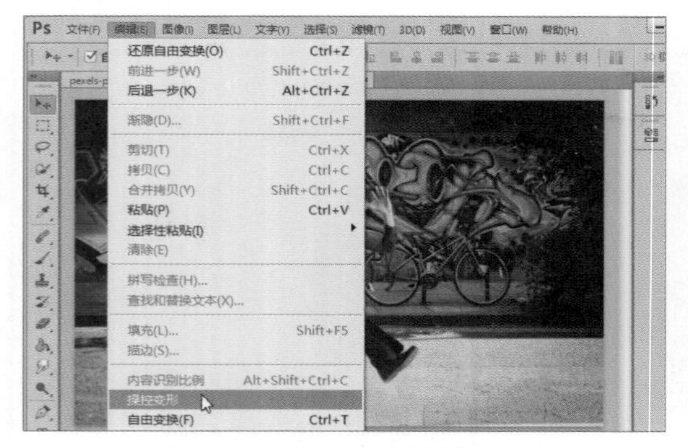


图2-84 执行“操控变形”命令

图2-85 设置属性栏中的参数

**Step 03** 在合适的位置打上图钉，防止移动，同时拖动人物手臂，如图2-86所示。

**Step 04** 调整完毕按下回车键，效果如图2-87所示。

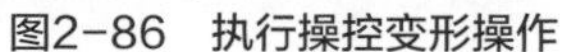

图2-86　执行操控变形操作

图2-87　查看效果

“操控变形”命令的属性栏如图2-88所示，下面对各主要参数的应用进行介绍。

图2-88　“操控变形”命令属性栏

- 模式：用于选择操控变形时扭曲的模式，包括“刚性”、“正常”或是“扭曲”3个选项。
- 浓度：用于选择操控变形网格的数量，包括“较少点”、“正常”或是“较多点”3个选项。
- 拓展：用于设置网格边缘的范围。
- 显示网格：勾选该复选框，可以显示网格。

# 2.5　从错误中恢复

在图像的编辑与创作过程中难免会出现错误，但是和在稿纸上创作不同，在稿纸上创作时产生的一些错误是不可逆的，一旦做错无法修改。但在Photoshop中，一些破坏性操作依然可以恢复，本小节将对如何从错误中恢复操作进行详细介绍。

## 2.5.1　“历史记录”面板

“历史记录”面板中可以记录20条最近的操作，直接在“历史记录”面板中选择删除错误的部分，即可还原到之前的状态。下面对如何查看“历史记录”面板以及如何删除历史记录的操作进行介绍。

**Step 01** 在菜单栏中执行“窗口>历史记录”命令，如图2-89所示。

**Step 02** 在弹出的“历史记录”面板中可以看到最近的操作记录，如图2-90所示。

图2-89　执行“历史记录”命令

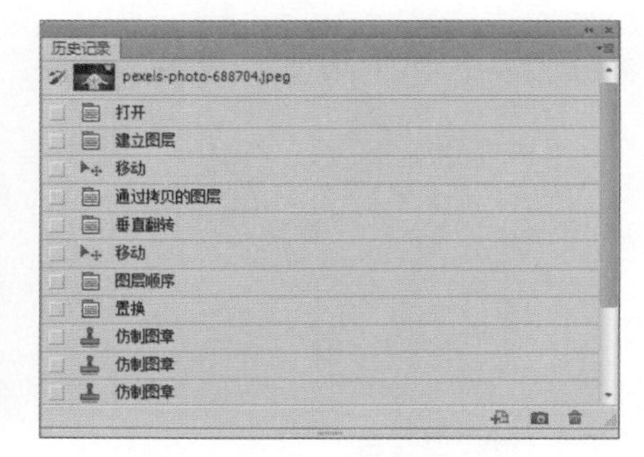


图2-90　“历史记录”面板

**Step 03** 选择错误的步骤，单击“删除当前状态”按钮，如图2-91所示。

**Step 04** 用户也可以一次性删除多个步骤，即选择其中一步后，接下来的步骤也会变灰，接着单击“删除当前状态”按钮，如图2-92所示。

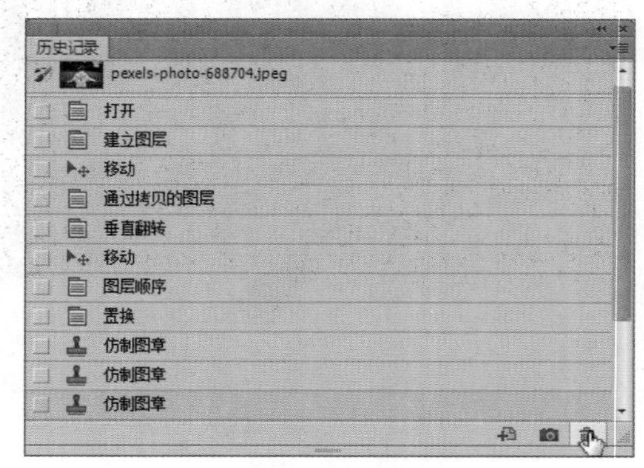


图2-91　删除指定步骤

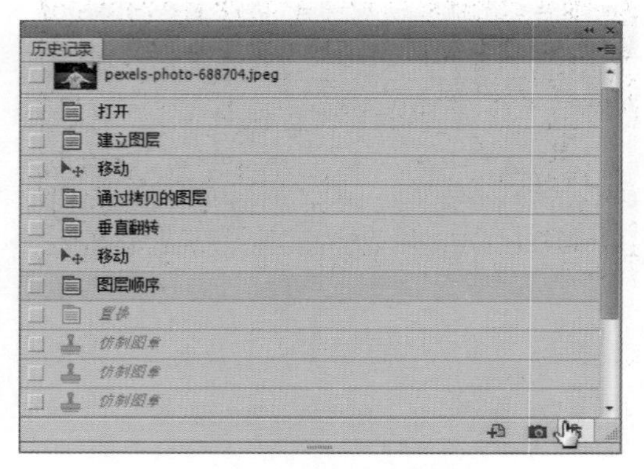


图2-92　删除多个步骤

## 2.5.2　还原与重做

在Photoshop中，读者可通过菜单栏中的命令或按下相应的快捷键，快速执行还原和重做操作。在菜单栏中执行“编辑>还原修改曲线图层”命令或者按Ctrl+Z组合键，即可还原之前的操作，如图2-93所示。在执行上一步操作后，如果需要重做，可在菜单栏中执行“编辑>重做修改曲线图层”命令或者再次按Ctrl+Z组合键，如图2-94所示。

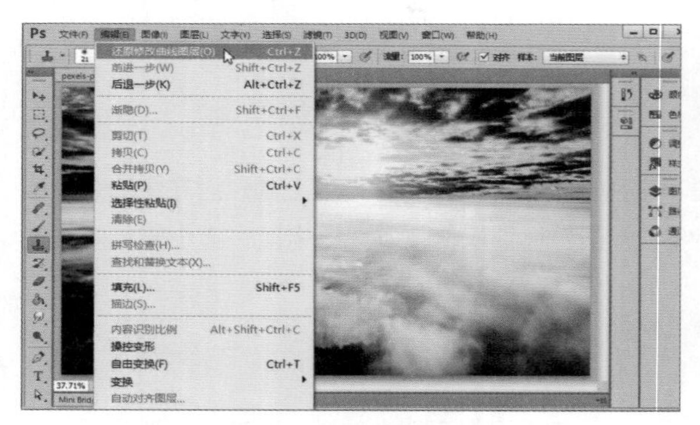

图2-93　执行“还原修改曲线图层”命令

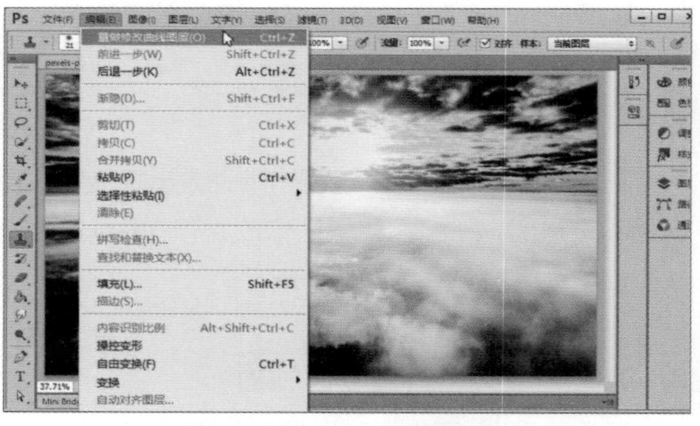

图2-94　执行“重做修改曲线图层”命令

### 操作提示：还原多个步骤

还原错误步骤最快捷的方法是使用Ctrl+Z组合键，如果需要还原多步，可以在菜单栏中执行“编辑>后退一步”命令或者按下Alt+Ctrl+Z组合键，如图2-95所示。

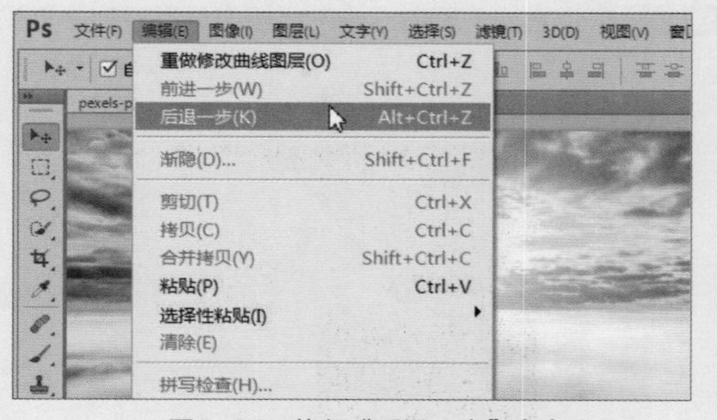


图2-95　执行“后退一步”命令

# 上机实训 制作房间装饰效果图

在学习了本章知识之后，相信读者已经掌握了Photoshop中图像的基础操作。下面将通过制作房间装饰效果图的练习，巩固所学知识，达到拓展提高的目的。

**Step 01** 执行“文件>打开”命令，在弹出的对话框中选择合适的文件，单击“确定”按钮，如图2-96所示。

**Step 02** 在“图层”面板中单击“新建图层”按钮，如图2-97所示。

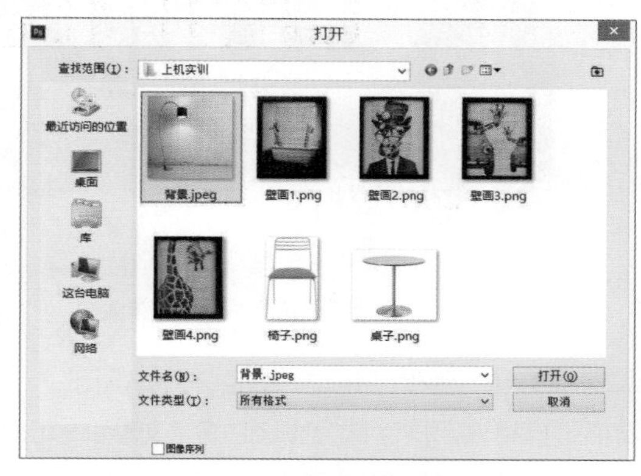


图2-96 “打开”对话框

图2-97 新建图层

**Step 03** 在菜单栏中执行“图像>画布大小”命令，如图2-98所示。

**Step 04** 在弹出的“画布大小”对话框中进行参数设置，单击“确定”按钮，如图2-99所示。

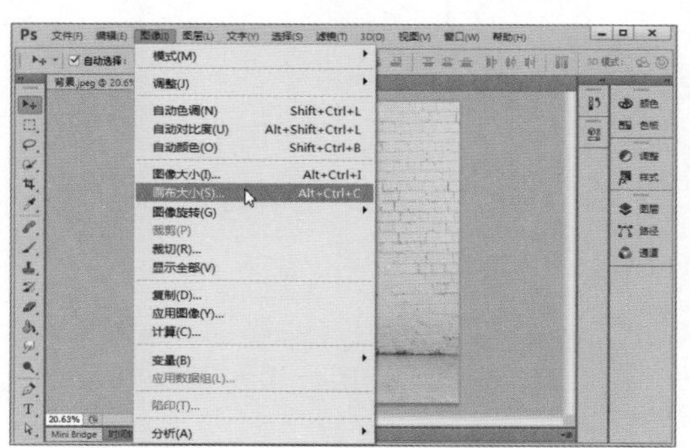


图2-98 执行“画布大小”命令

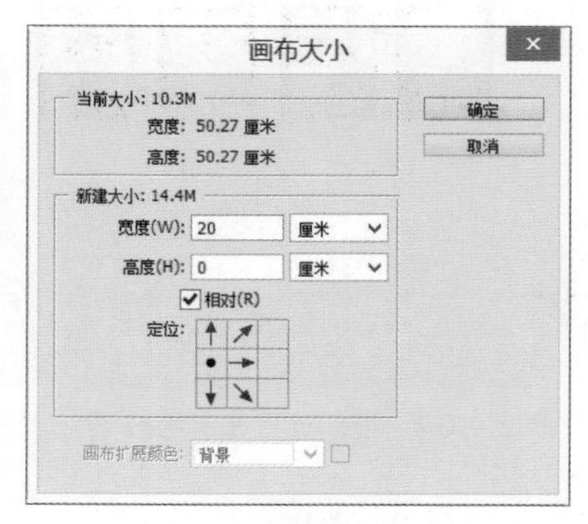


图2-99 设置画布大小

**Step 05** 然后执行“图层>复制图层”命令，在弹出的对话框中单击“确定”按钮，如图2-100所示。

**Step 06** 选择复制的图像，执行“编辑>变换>水平翻转”命令，如图2-101所示。然后将图像移动到右侧。

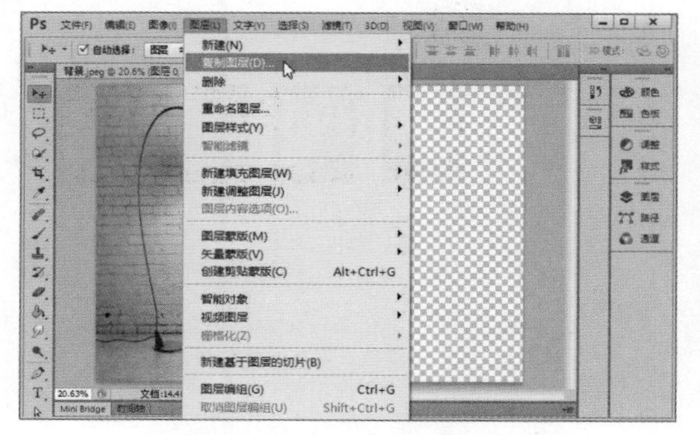


图2-100 执行“复制图层”命令

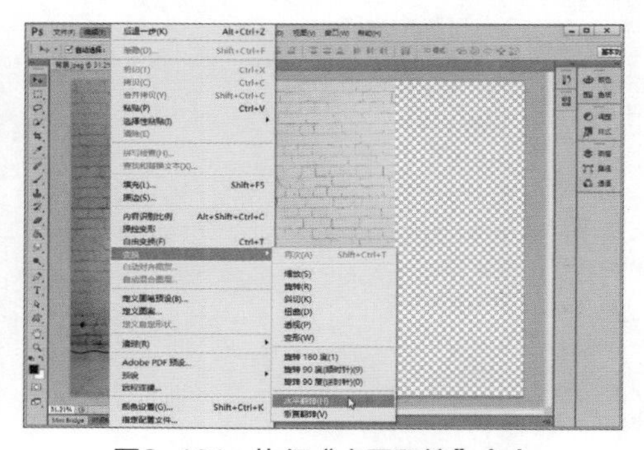

图2-101 执行“水平翻转”命令

**Step 07** 在菜单栏中执行“文件>置入”命令，在弹出的“置入”对话框中选择合适的图像，如图2-102所示。

**Step 08** 置入图像并调整到适当的大小，重复上一步骤的操作，将其他元素置入到图像中，如图2-103所示。

图2-102 “置入”对话框

图2-103 调整图像大小

**Step 09** 按Ctrl+R组合键，调出标尺，同时拖曳出两条参考线，为壁画定位，如图2-104所示。

**Step 10** 在“图层”面板中新建一个图层，使用油漆桶工具将该图层涂抹为宣纸白色，如图2-105所示。

图2-104 显示标尺和参考线

图2-105 填充图层

**Step 11** 将新建图层的不透明度设置为30%，同时为“桌子”图层添加剪贴蒙版，如图2-106所示。

**Step 12** 这样，只有一盏灯的房间就装饰好了，效果如图2-107所示。

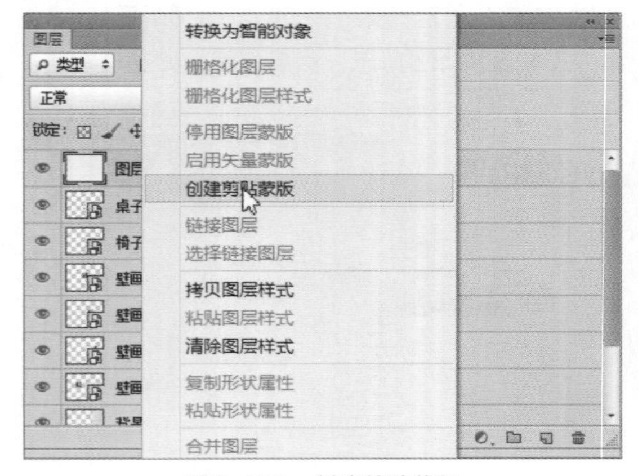


图2-106 创建剪贴蒙版

图2-107 查看最终效果图

## 设计师点拨 平面设计流程

平面设计是有计划、有步骤地不断完善的过程，设计的成功与否很大程度上取决于理念是否准确，考虑是否完善。平面设计一般包括设计构思、素材准备、成品制作和作品发布四个阶段。

### 1. 设计构思阶段

在进行平面设计时，构思是作品是否成功的关键。根据设计需求的不同，构思所应考虑的问题也有所不同，一般包括以下三方面内容。

- **了解设计背景：**如进行产品广告设计时，应充分进行市场调查，了解品牌、受众、产品及市场定位等情况。要确定表现的内容，即主题和具体内容，并确定作品的立意。
- **选择表现手法：**所谓表现手法，是指为实现设计目的而采用的设计技巧。例如，是完全以传统美学去表现设计方式，还是采用新奇的或出其不意的方式达到目的；作品中是采用对比、夸张、对称、明暗、重复、放射和冷暖等形式，还是采用计算机图形处理效果与手绘效果相结合的方式等。表现手法应根据设计的目的和预计达到的效果，结合自己的技术水平选择合适的方式。
- **选取设计元素：**平面设计中基本元素相当于作品的构件。在一个版面中，构成元素可以根据类别进行划分，如标题、内文、背景、色调、主体图形和留白等，它们有着各自不同的作用。元素使用得恰当能更好地突出主题，获得强烈的视觉效果。

### 2. 素材准备阶段

在平面设计中，经常会使用到不同类型的素材，因此素材的积累相当重要。获取素材的方式很多，要根据不同的设计方式采用不同的方法。素材可以是自己绘制的作品，也可以是其他形式的对象。如果使用计算机进行平面设计，那么素材不论是文字、图片还是装饰性图案，均需要数字化。获取数字化素材的常用方法有数码摄像法和图像扫描法。图2-108所示为手绘作品素材。

### 3. 成品制作阶段

成品制作是指根据自己的构思，使用准备好的素材完成作品设计。随着计算机技术的普及，平面设计的作品已经越来越多地依托计算机来实现，即使用图形软件对图像进行绘制，对版面进行排版、编辑，并添加各种特殊效果，从而实现设计的意图，完成作品的制作。

### 4. 作品发布阶段

平面设计的最终目的是发布作品。设计者要根据不同的需求选择发布模式。例如网页设计作品，需要对作品进行图像上的优化和裁切，以适应网络环境的使用。

当前设计作品更多的还是使用传统介质来传播，这需要将作品打印或印刷出来。作品在印刷前，往往要进行印前作业。完成印前作业后，作品即可进行印刷：将分色胶片制成印版，然后将印版机安装到印刷机上，就可以进行作品的印刷了。图2-109所示为打印设计图。

图2-108　手绘素材

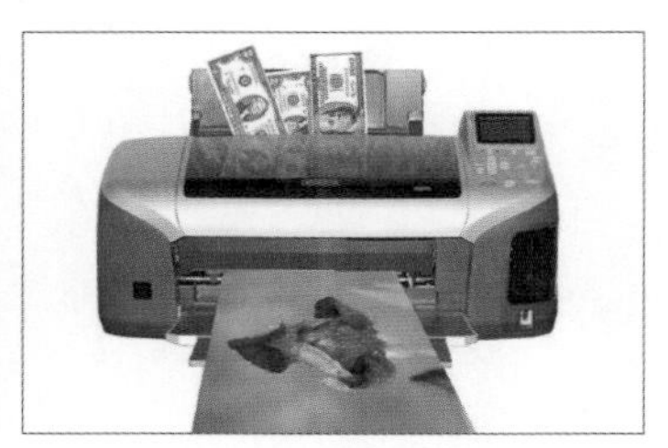

图2-109　打印设计图

Chapter 03

# 图层的应用

经过了上一章的学习，我们已经熟悉并掌握了关于图像基础操作的相关知识。本章将带领读者学习图层的概念以及图层基础操作的相关知识。图层在Photoshop中承载了图像的内容，图层的数量决定了图像的复杂程度，所以图层的应用是一个很重要的知识点，需要认真学习。

## 核心知识点

1. 熟悉图层的概念
2. 掌握图层的基础操作
3. 掌握图层的混合模式设置
4. 掌握图层的样式应用

创建调整图层

调整图层顺序

渐变描边

图案描边

# 3.1 认识图层

在Photoshop中绘制和编辑图像时，读者可以根据需要任意添加、删减效果，这是纸稿绘画所不能比拟的。在纸稿绘画时，每一笔操作都是不可逆的，因为只能使用一张画纸，是不能抽离或者独立一部分的。在Photoshop中使用了图层功能，这时情况就有所改观了，下面将对图层的概念以及“图层”面板的应用进行详细介绍。

## 3.1.1 图层的概念

图层是Photoshop中最主要的载体，几乎承载了一切内容。每一个图层就像一张半透明的画纸，当多张半透明的画纸重叠在一起，不同位置的内容彼此叠加，形成一个完整的图像。图3-1是图层拆解之后的示意图，从中不难看出图层上下叠加的原理。

图3-1 图层拆解示意图

## 3.1.2 “图层”面板

图层的操作和显示主要是在“图层”面板中，“图层”面板中承载的东西最多，也是面板组中最重要的面板之一。在菜单栏中执行“窗口>图层”命令，调出“图层”面板，如图3-2所示。

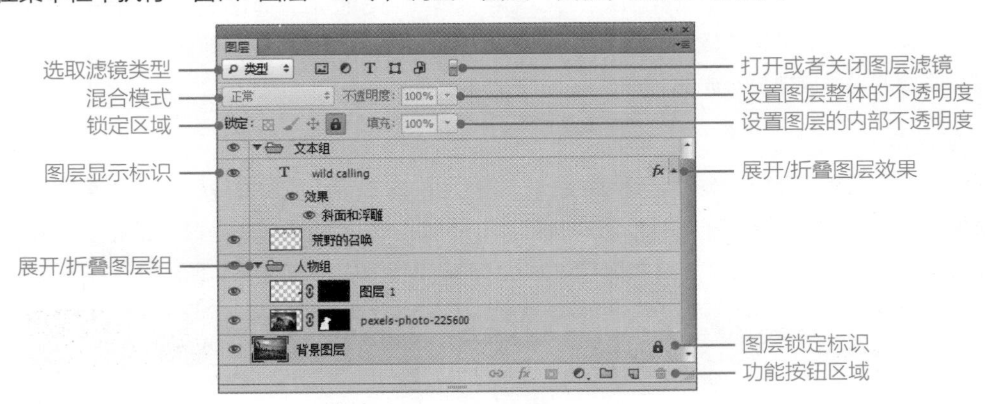


图3-2 “图层”面板

下面对“图层”面板中的主要内容进行介绍。

- **选取滤镜类型：** 当“图层”面板中有大量的图层时，查找某一图层会显得十分困难，在该下拉列表中可以选择显示图层的类型，包括“类型”、“名称”和“效果”等选项。选择某一类型选项后，“图层”面板中会显示此类型的图层。选取滤镜类型下拉按钮右侧为几个常用的过滤按钮，以便快速过滤。

- **打开或者关闭图层滤镜：** 单击该按钮，可以选择开启或者关闭图层过滤功能。
- **混合模式：** 在下拉列表中可以选择当前选中图层的混合模式，使其与下层图层混合。
- **设置图层整体的不透明度：** 用于设置当前图层的总体不透明度。
- **设置图层的内部不透明度：** 用于设置当前图层的内部不透明度，与设置图层整体的不透明度功能相似，但是不会影响图层样式。
- **锁定区域：** 用于选择需要锁定图层的类型，读者可以将选中类型的图层一次性全部锁定起来。
- **展开/折叠图层效果：** 单击此按钮，可以展开或者折叠当前图层效果。
- **图层显示标识：** 当此处出现小眼睛标识时表示当前图层可见，若没有则表示当前图层不可见。
- **展开/折叠图层组：** 单击此按钮，可以展开或者折叠图层组。
- **图层锁定标识：** 当出现此标识时，表示此图层已经被锁定，不能编辑。
- **“链接图层”按钮：** 单击该按钮，可以将选中的图层链接起来。
- **“添加图层样式”按钮：** 单击该下拉按钮，可以为当前图层添加图层样式。
- **“添加图层蒙版”按钮：** 单击该按钮，可以为当前图层添加图层蒙版。
- **“创建新的填充或调整图层”按钮：** 单击该下拉按钮，可以创建填充图层和调整图层，如“纯色”图层、“渐变”图层等。
- **“创建新组”按钮：** 单击该按钮，可以新建图层组，但是图层组的名称需要自定义。
- **“创建新图层”按钮：** 单击该按钮，可以新建透明像素图层。
- **“删除图层”按钮：** 单击该按钮，可以删除当前选中的图层（组）。

# 3.2 图层的基础操作

在学习了图层的概念以及“图层”面板的应用等知识之后，本节将对图层的一些基础操作进行详细讲解，包括新建图层、栅格化图层、重命令图层以及显示与隐藏图层等。

## 3.2.1 新建和删除图层

在打开或者新建图像时，Photoshop会自动创建一个背景图层，而这个背景图层默认为锁定状态，是无法直接移动或进行其他操作的，如果需要其他的图层来进行编辑，就需要新建一个图层。下面将对新建图层与删除图层的相关操作进行详细讲解。

### 1. 新建普通图层

新建普通图层即新建一个透明像素图层，一般有两种方法，即应用命令创建和“图层”面板创建，下面介绍使用命令创建普通图层的方法。在菜单栏中执行“图层>新建>图层”命令或者按Shift+Ctrl+N组合键，如图3-3所示。在弹出的“新建图层”对话框中进行设置即可，如图3-4所示。

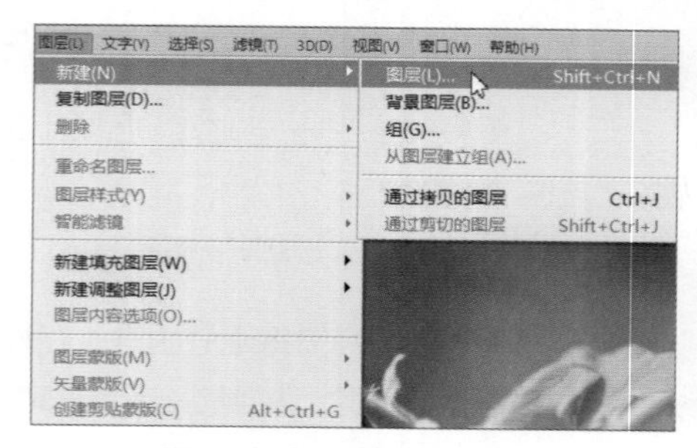


图3-3 执行新建图层命令

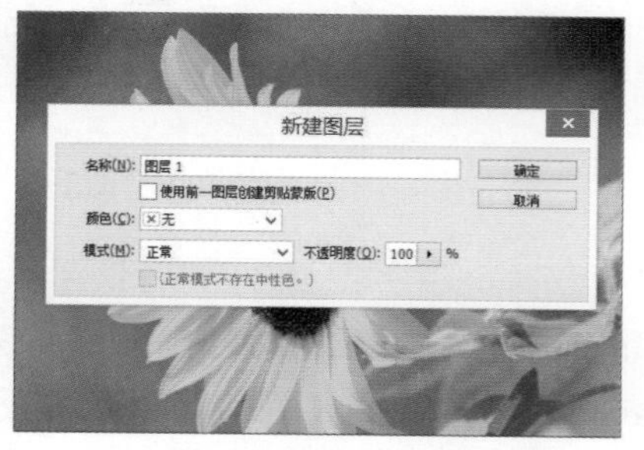


图3-4 “新建图层”对话框

下面将对“新建图层”对话框中各参数的含义进行详细讲解。

- **名称**：在该文本框中输入新建图层的名称。
- **使用前一图层创建剪贴蒙版**：勾选此复选框，可以为新建图层创建剪贴蒙版。
- **颜色**：单击下三角按钮设置颜色后会直观地反映在图层显示标识上，便于区别。
- **模式**：用于设置新建图层的混合模式。
- **不透明度**：用于设置新建图层的不透明度。

**操作提示：使用“图层”面板新建图层**

读者可以直接在“图层”面板右下角单击“创建新图层”按钮，创建默认名为“图层1”的图层，同时其他设置也均为默认设置。

### 2. 新建文字图层

除了创建普通图层外，读者还可以创建文字图层。文字是图像编辑中重要的一部分，下面将对如何创建文字图层进行详细介绍。在工具箱中选择文字工具，并在文档窗口中输入任意文字，如图3-5所示。这时在“图层”面板中可以看到已经创建了对应的文本图层，如图3-6所示。

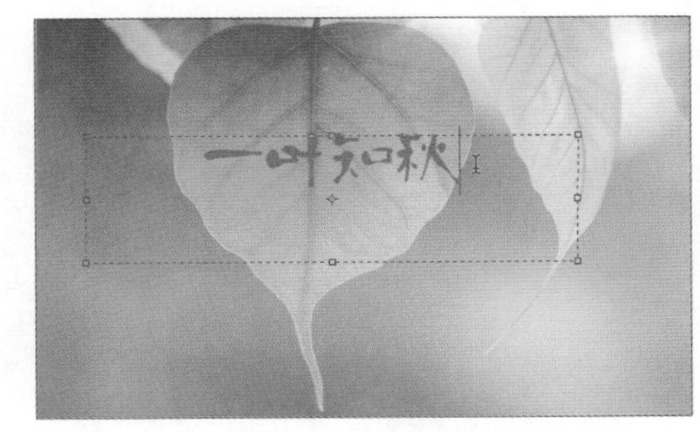


图3-5　输入文本

图3-6　创建文本图层

### 3. 新建形状图层

形状图层可以由多个工具创建，如钢笔工具、矢量形状工具等，下面将对如何使用矢量形状工具创建形状图层进行详细介绍。在工具箱中选择矩形工具，并在文档窗口中绘制任意矩形形状，如图3-7所示。在“图层”面板中可以看到已经创建了对应的形状图层，如图3-8所示。

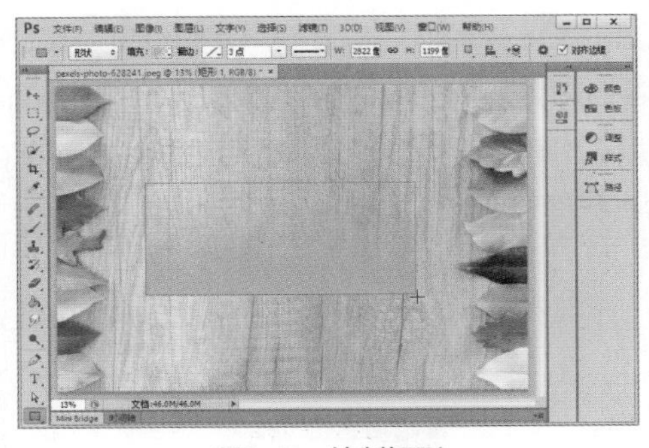

图3-7　绘制矩形

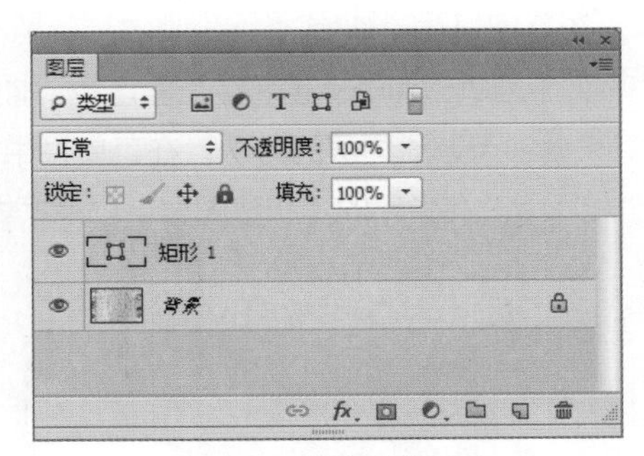


图3-8　创建形状图层

### 4. 新建填充图层

填充图层是用于填充纯色、渐变和图案的图层，创建填充图层后，图像可以产生特殊效果。下面将以为纯色木板添加柔色渐变为例，对如何新建渐变填充图层的操作方法进行详细讲解。

**Step 01** 在菜单栏中执行“图层>新建填充图层>渐变”命令，如图3-9所示。

**Step 02** 在弹出的“新建图层”对话框中输入图层的名称，如图3-10所示。

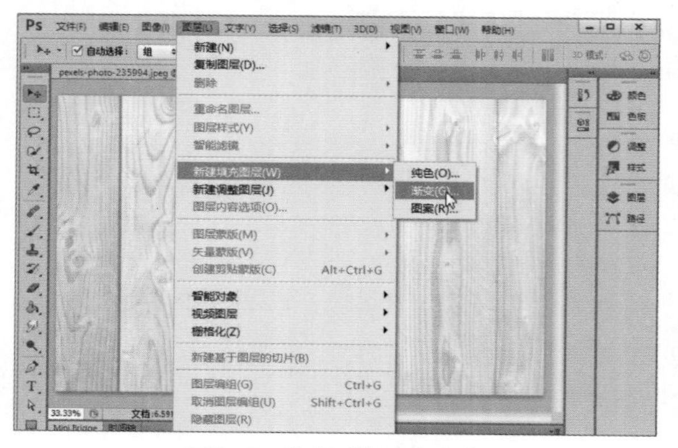


图3-9　执行“渐变”命令

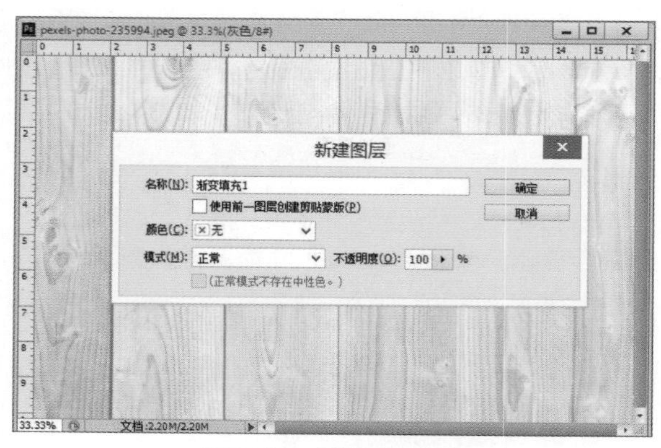


图3-10　设置图层名称

**Step 03** 单击“确定”按钮后，在弹出的“渐变填充”对话框中进行参数设置，如图3-11所示。

**Step 04** 单击“确定”按钮，即可在文档窗口中查看为纯色木板添加渐变填充图层的效果，如图3-12所示。

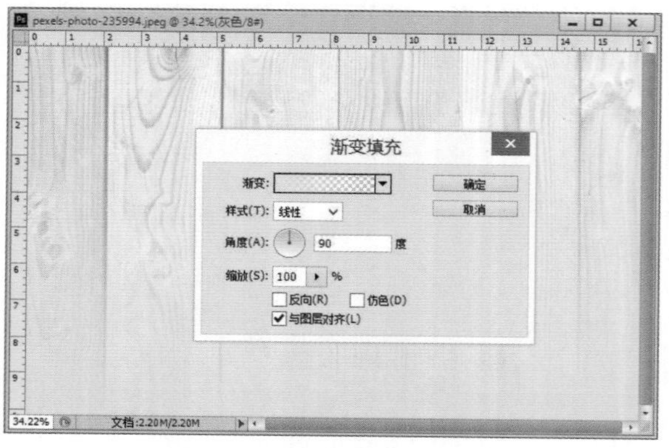


图3-11　“渐变填充”对话框

图3-12　查看最终效果

## 5. 新建调整图层

调整图层可以调整图像的色调，读者可以将其理解为一张玻璃滤纸，其本身是空的，但是却可以影响下方图层。在菜单栏中执行“图层>新建调整图层>黑白”命令，如图3-13所示。在弹出的“新建图层”对话框中对新图层的参数进行设置，单击“确定”按钮即可，如图3-14所示。

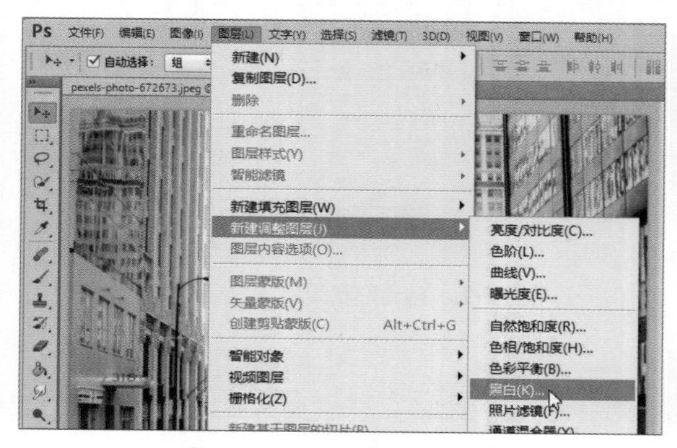


图3-13　执行“黑白”命令

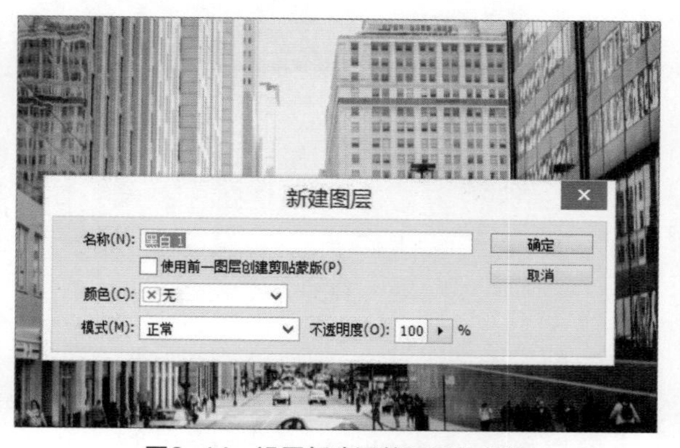


图3-14　设置新建调整图层的参数

完成上述操作后观看效果对比，如图3-15和图3-16所示。

图3-15　原图像

图3-16　新建调整图层后效果

6. 删除图层

如果需要删除图层，则在“图层”面板上选中需要删除的图层，单击“删除图层”按钮，如图3-17所示。读者也可以直接按下键盘上的Delete键，将选中的图层删除。

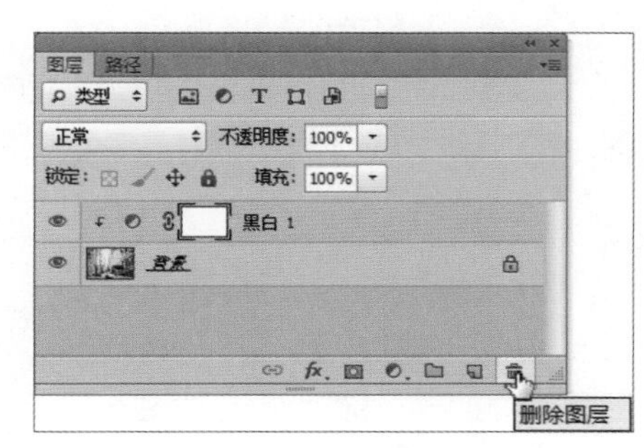


图3-17　删除图层

> **操作提示：普通图层与文字图层、形状图层之间的转化**
>
> 如果已经创建了空白普通图层，在未进行任何操作时，使用文字工具输入文本或者使用钢笔工具绘制形状之后，普通图层会被转化为文字图层或者形状图层。

## 3.2.2　栅格化图层

对于文字图层、形状图层等具有矢量数据的图层，是不能直接被编辑的，需要将其栅格化，转化为像素图层才能编辑。

下面以反相文字为例，对如何栅格化图层进行详细讲解。

**Step 01** 在工具箱中选择文字工具，并在画面中输入任意文字，如图3-18所示。

**Step 02** 选中文字图层，在菜单栏中执行“图像>调整>反相”命令，这时子菜单中的命令是灰色不可选的，如图3-19所示。

图3-18　输入文本

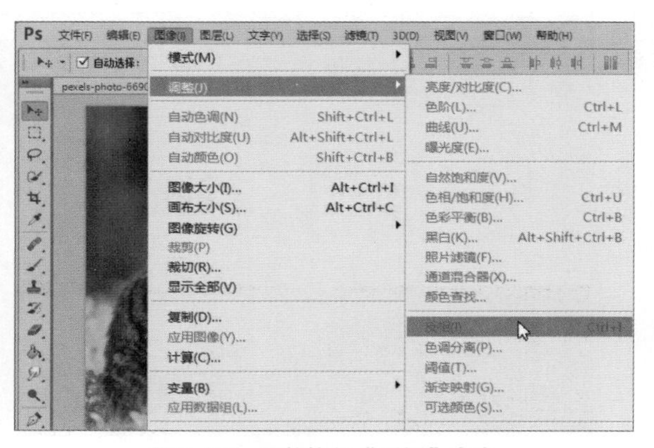


图3-19　不能执行“反相”命令

**Step 03** 在菜单栏中执行“图层>栅格化>文字”命令，如图3-20所示。

**Step 04** 再次在菜单栏中执行“图像>调整>反相”命令，这时发现此命令可选，如图3-21所示。

图3-20　执行栅格化操作

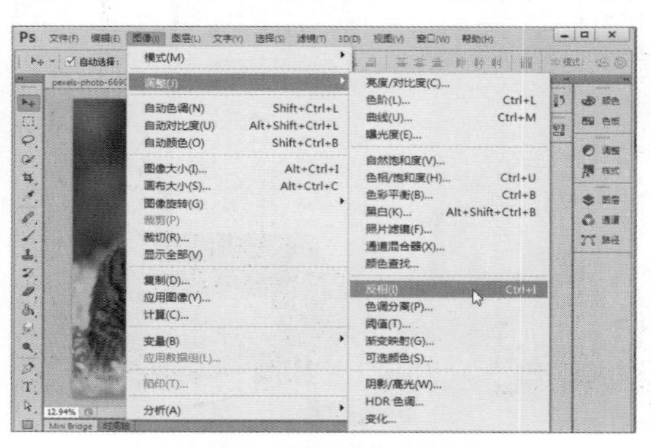

图3-21　执行“反相”命令

## 3.2.3　排序和对齐图层

从图层的原理可以看出，图层的顺序是不能随意修改的，但是可以在需要的时候进行适当调整；而图层的对齐则是对多个图层执行对齐操作。下面将对如何调整图层的顺序以及如何对齐图层进行详细讲解。

### 1. 调整图层顺序

图层的顺序决定了图层的上下关系，从之前的图层拆解图可以看出，在调整图层的顺序之后，上方的图层会遮盖下方的图层。图3-22所示的“图层”面板中是原始的图层顺序。接下来将选中的图层向上拖曳，即可完成图层顺序的调整，如图3-23所示。

图3-22　原始图层顺序

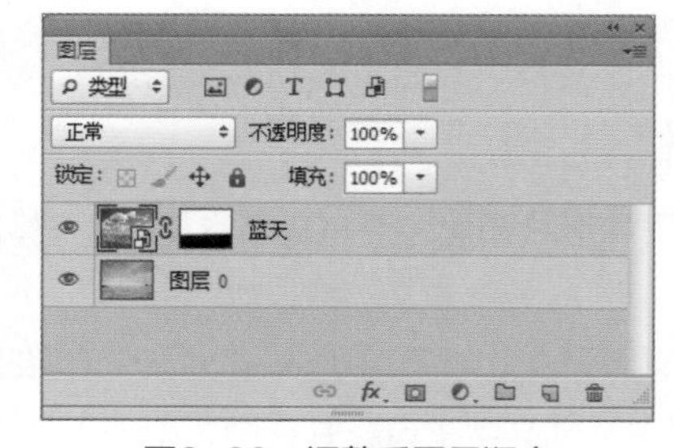


图3-23　调整后图层顺序

完成上述操作后观看效果对比，如图3-24和图3-25所示。

图3-24　原始效果

图3-25　调整图层顺序后的效果

### 2. 对齐图层

通过对图层进行对齐操作，可以快速对齐零散的图像，同时也可以避免手动调整产生的误差造成整体美观的缺失。在“图层”面板中选择需要对齐的图层，如图3-26所示。在菜单栏中执行“图层>对齐>垂直居中”命令，如图3-27所示。

图3-26　选择图层

图3-27　执行“垂直居中”命令

完成上述操作后观看效果对比，如图3-28和图3-29所示。

图3-28　原始效果

图3-29　对齐后效果

下面将对“对齐”子菜单中命令的含义进行详细讲解。

- **顶边**：执行“顶边”命令，可以使选中图层的最顶端像素对齐。
- **垂直居中**：执行“垂直居中”命令，可以使选中图层的垂直方向居中的像素对齐。
- **底边**：执行“底边”命令，可以使选中图层最底端的像素对齐。
- **左边**：执行“左边”命令，可以使选中图层最左边端的像素对齐。
- **水平居中**：执行“水平居中”命令，可以使选中图层水平方向居中的像素对齐。
- **右边**：执行“右边”命令，可以使选中图层最右边端的像素对齐。

**操作提示：图层的分布**

图层的分布和图层的对齐从概念上讲是有区别的，图层的分布是依据平均间隔分布而不是对齐。

## 3.2.4　重命名图层

在“图层”面板中，虽然从缩略图可以看到图层的大致位置，也可以通过图层过滤器过滤掉不需要的图层，但是为图层命名可以更加直观、清晰地体现图层的含义。

使用菜单命令新建图层时，可以通过所打开的对话框为图层命名，也可以在“图层”面板中选择图层，然后执行“图层>重命名图层”命令，如图3-30所示。对图层进行重命名操作，如图3-31所示。

图3-30　执行“重命名图层”命令

图3-31　重命名图层

**操作提示：快速重命名图层**

在“图层”面板中双击图层名称，此时图层名称为可编辑状态，输入新的图层名称，即可实现对图层重命名操作。

## 3.2.5　显示和隐藏图层

有时候，读者可以通过隐藏一个或者多个图层来查看整体的协调性，或者将编辑完成的图层隐藏以免影响其他图层的编辑，等到整体编辑完成之后再将隐藏的部分显示出来。

打开图像文件，在“图层”面板中单击“指示图层可见性”按钮，如图3-32所示。此时在“图层”面板中发现眼睛图标已经消失，文档窗口中对应的图像也不显示了，如图3-33所示。若要显示该图层，则再次单击“指示图层可见性”按钮。

图3-32　单击“指示图层可见性”按钮隐藏图层

图3-33　再次单击“指示图层可见性”按钮显示图层

## 3.2.6　合并和盖印图层

当一个文档中含有大量的图层或者一些可以批量化处理的图层时，可以将这些图层合并。也可以盖印图层，并将其他图层隐藏，以降低内存资源的消耗，从而提高计算机处理图像的效率和能力。下面将对如何合并图层和盖印图层进行详细讲解。

### 1. 合并图层

合并图层可以对两个及两个以上的图层进行合并，形成一个图层，被合并的图层类型不限。从图层的原理来讲，合并图层就是将两张及两张以上透明玻璃纸的内容放在一张透明玻璃上。

在“图层”面板中选择两个需要合并的图层，在菜单栏执行“图层>合并图层”命令或者按Ctrl+E组合键，如图3-34所示。在“图层”面板中可以看到两个图层已经合并为一个图层，在文档窗口中可以看到合并图层对图像不造成影响，如图3-35所示。

图3-34 执行“合并图层”命令

图3-35 查看合并图层后效果

## 2. 合并可见图层

合并可见图层是指对“图层”面板中可见的图层进行合并，而不可见的图层将不会被合并。下面将对合并可见图层操作进行讲解。

**Step 01** 首先在“图层”面板中将蒙版图层隐藏，如图3-36所示。

**Step 02** 置入树叶图像，对图像进行调整并移至合适的位置，如图3-37所示。

图3-36 隐藏蒙版图层

图3-37 置入图像

**Step 03** 在菜单栏中执行“图层>合并可见图层”命令或者按Shift+Ctrl+E组合键，如图3-38所示。

**Step 04** 返回“图层”面板，发现可见的图层已经被合并，隐藏的图层未被合并，而且合并可见图层对文档窗口的效果也没有影响，如图3-39所示。

图3-38 执行“合并可见图层”命令

图3-39 查看合并可见图层的效果

### 3. 盖印可见图层

盖印可见图层是一个特殊的合并图层功能，可以合并所有的图层，但是盖印之后原图层依旧会被保留，因此这是常用的合并图层的方法。图3-40所示是进行盖印之前的“图层”面板，然后按下Shift+Ctrl+Alt+E组合键，盖印之后发现“图层”面板中多了一个盖印图层，而其他图层没有被删除，如图3-41所示。

图3-40　盖印之前的“图层”面板

图3-41　盖印之后的“图层”面板

## 3.2.7　锁定图层

图层编辑完成后，为了防止该图层被误操作，读者可以将图层锁定，被锁定的图层将不能进行任何操作。在“图层”面板中选中需要进行锁定的图层，如图3-42所示。接下来单击“锁定全部”按钮，即可将选中图层所有信息锁定，如图3-43所示。

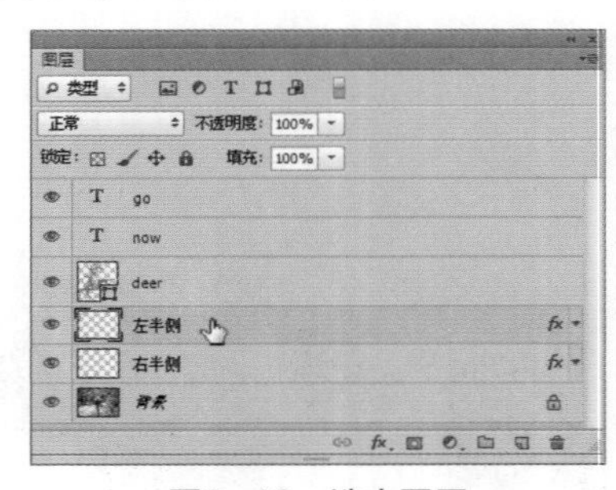


图3-42　选中图层

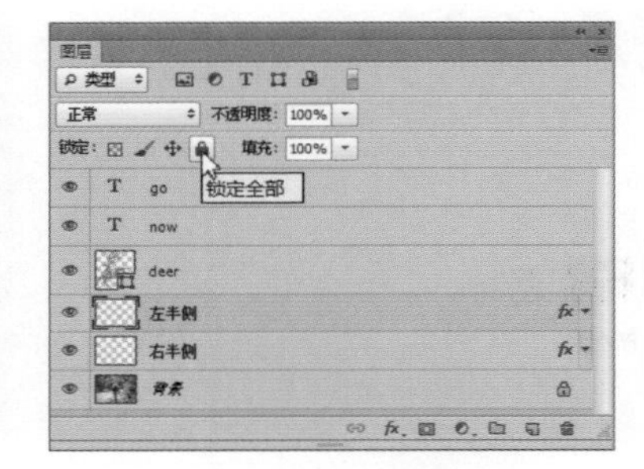


图3-43　锁定图层

下面对“图层”面板锁定区域中主要按钮的功能进行介绍。

- **锁定透明像素：** 单击该按钮，可以将选中图层中的透明区域锁定。
- **锁定图像像素：** 单击该按钮，可以将选中图层中的图像像素锁定。
- **锁定位置：** 单击该按钮，可以将选中图层中的位置锁定。
- **锁定全部：** 单击该按钮，可以将选中图层中的全部属性锁定。

## 3.2.8　图层的填充和不透明度

在图层的操作中，读者可以通过修改图层的填充或者不透明度来达到想要的效果。下面将对如何修改图层的填充和不透明度进行详细讲解。

### 1. 填充图层

图层的填充是指图层内部填充，读者可以通过设置图层的填充值来调整图像效果。在“图层”面板中，图层默认的“填充”值为100%，如图3-44所示。接下来将图层的“填充”值调整为50%，如图3-45所示。

图3-44　默认的“填充”值

图3-45　修改图层的“填充”值

完成上述操作后观看效果对比，如图3-46和图3-47所示。

图3-46　“填充”值为100%的效果

图3-47　“填充”值为50%的效果

## 2. 调整图层的不透明度

图层的不透明度是指图层的总体不透明度，读者可以通过调整“图层”面板中的“不透明度”值来调整图像的效果。在“图层”面板中，图层“不透明度”数值默认为100%，如图3-48所示。接下来将图层的“不透明度”值调整为50%，如图3-49所示。

图3-48　默认的“不透明度”值

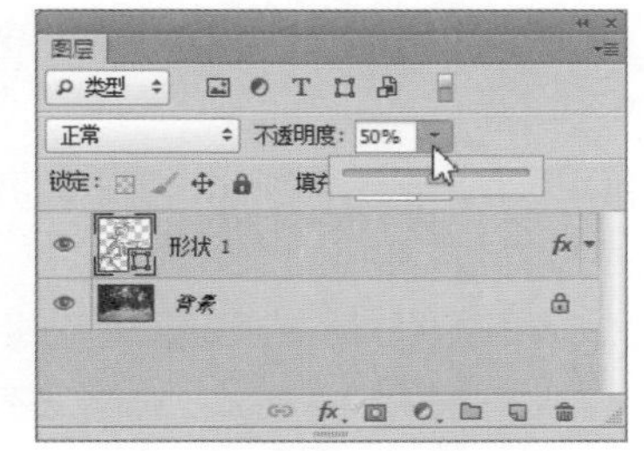

图3-49　修改图层“不透明度”值

完成上述操作后观看效果对比，如图3-50和图3-51所示。

图3-50　图像“不透明度”为100%的效果

图3-51　修改“不透明度”为50%的图像效果

> **操作提示：图层填充和不透明度设置的区别**
>
> 虽然图层的填充和不透明度都是修改图层的不透明度，但是两者是有区别的，调整图层的填充，是不能调整图层样式的不透明度的；调整图层的不透明度，可以调整图层整体的不透明度。

### 3.2.9 图层的编组

通过对图层编组，可以有效地整理复杂繁多的图层。在Photoshop对图层的基础操作，对图层组一样适用，下面对如何给图层编组并对图层组重命名进行详细讲解。

在“图层”面板中选中需要进行编组的图层，如图3-52所示。执行“图层>图层编组”命令或者按下Ctrl+G组合键，在“图层”面板中可以看到图层已经被编组，然后双击该图层组，对新建的组重命名即可，如图3-53所示。

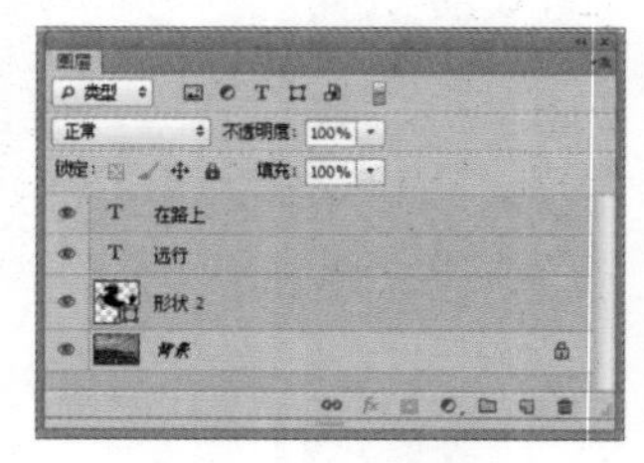

图3-52 选择图层

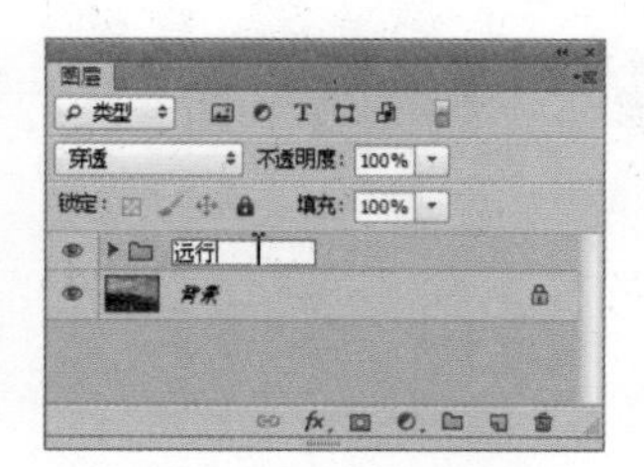

图3-53 为图层组重命名

## 3.3 图层的混合模式

以上介绍了图层的基础操作，本节将对图层混合的应用进行介绍。调整图层的混合方式，可以使上方图层和下方图层进行混合并产生特殊效果。在Photoshop中，图层混合模式分为6个大组，下面将对这6个大组进行详细讲解。

### 3.3.1 组合模式组

组合模式组中只有正常和溶解两种模式，其中正常模式一般为默认模式，溶解模式则需要降低上方图层不透明度后与下方图层中的像素随机混合。

下面将对组合模式组中各个模式的应用进行详细讲解。

- **正常模式：**该模式为图层的默认模式。当图层不透明度为100%时，上方图层的图像完全遮盖下方图层的图像。降低不透明度，可使上方图层的图像与下层混合。
- **溶解模式：**该模式一般用于上下图层存在不透明度差的情况下，即上方图层不透明度值低于100%，才会与下方图层中的像素发生离散。

下面将对如何运用溶解模式进行详细讲解。在“图层”面板中将选中图层的不透明度调整为50%，如图3-54所示。接着将图层的混合模式修改为“溶解”，如图3-55所示。

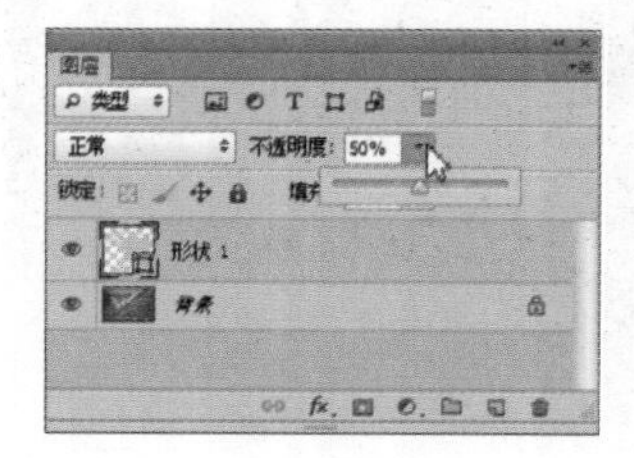

图3-54 修改图层的不透明度

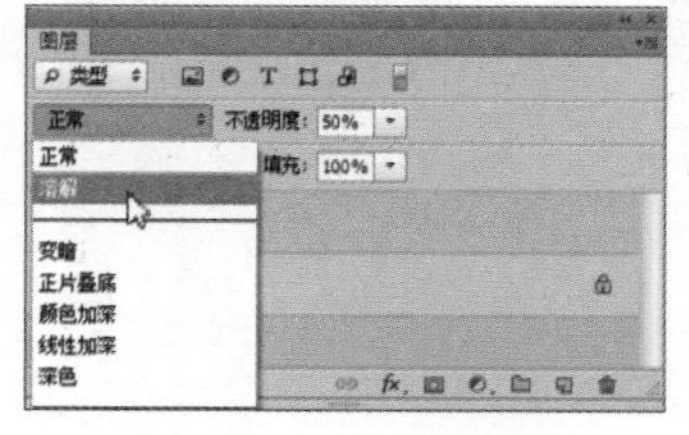

图3-55 选择溶解模式

完成上述操作后观看效果对比，如图3-56和图3-57所示所示。

图3-56　原图像效果

图3-57　应用溶解模式后的图像效果

**操作提示：图层组的混合模式**

图层编组后，默认图层组的混合方式为“穿透”，相当于正常图层的正常模式。

## 3.3.2　加深混合模式组

加深混合模式组中的混合模式可以使图像变暗。在该模式组中，上方图层中白色像素会被下方图层中较暗的像素混合，其中包括变暗模式、正片叠底模式、颜色加深模式、线性加深模式和深色模式5种。

下面对加深混合模式组中模式的应用进行详细讲解。

- **变暗模式**：该模式通过比较图层之间的颜色信息并筛选出颜色较暗的作为结果色，比它亮的像素将被替换，比它暗的保持不变。
- **正片叠底模式**：该模式是基于任何颜色和黑色混合产生黑色，与白色混合保持不变。
- **颜色加深模式**：该模式通过对上下方图层之间的比较使像素变暗，但是与白色混合后不产生变化。
- **线性加深模式**：该混合模式是通过降低亮度，从而使得像素变暗，但是与白色混合后不产生变化。
- **深色模式**：该模式是通过综合比较上下方图层中的像素信息，然后显示较暗的部分。

下面对如何运用正片叠底模式进行详细讲解。图3-58是默认的正常模式。将图层的混合模式修改为“正片叠底”，如图3-59所示。

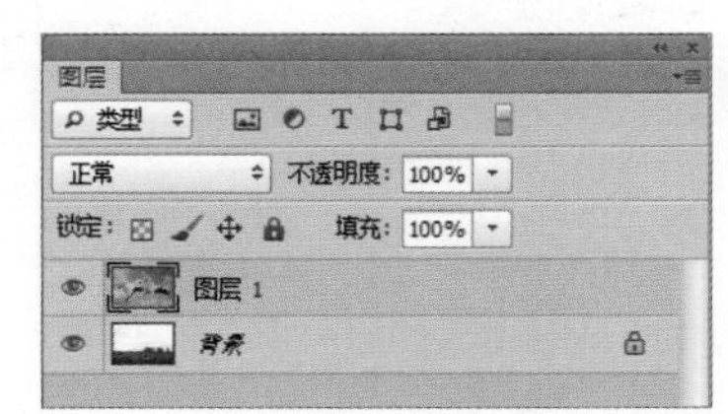


图3-58　正常模式

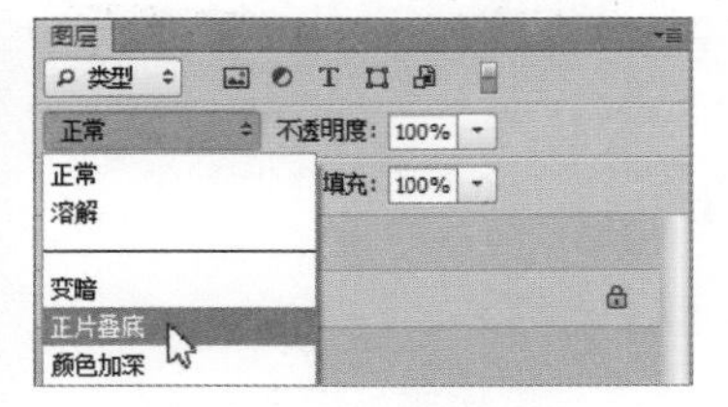


图3-59　正片叠底模式

完成上述操作后观看效果对比，如图3-60与图3-61所示。

图3-60　正常模式的图像效果

图3-61　正片叠底模式的图像效果

## 3.3.3　减淡混合模式组

使用减淡混合模式组中的混合模式，上方图层中黑色像素会被下方图层中较亮的像素替代，其中包括变亮模式、滤色模式、颜色减淡模式、线性减淡模式和浅色模式5种。

下面将对该混合模式组中模式的应用进行详细讲解。

- **变亮模式：** 通过比较图层之间的颜色信息，筛选出颜色较亮的作为结果色，比它暗的像素将被替换，比它亮的像素保持不变。
- **滤色模式：** 该混合模式是基于任何颜色和黑色混合产生黑色，与白色混合保持不变。
- **颜色减淡模式：** 通过减小上下方图层间的对比度，使下方图层像素变亮，但与白色混合不产生变化。
- **线性减淡模式：** 该混合模式通过提高亮度，使得像素变亮，但与白色混合不产生变化。
- **浅色模式：** 该混合模式通过综合比较上下方图层中的像素信息，然后显示较亮的部分。

接下来对如何运用变亮模式进行详细讲解。图3-62是未进行任何修改的正常模式。接下来将图层的混合方式修改为变亮模式，如图3-63所示。

图3-62　正常模式

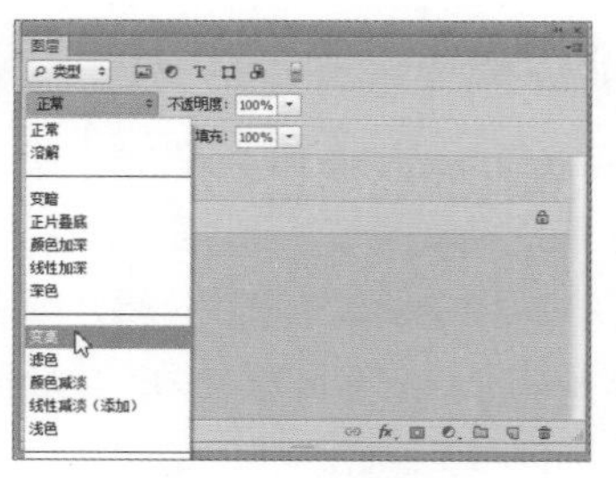


图3-63　变亮模式

完成上述操作后观看效果对比，如图3-64和图3-65所示。

图3-64　正常模式的图像效果

图3-65　变亮模式的图像效果

## 3.3.4　对比混合模式组

对比混合模式组中的混合模式可以增强图像之间的反差。该模式组中的混合模式都是以50%灰色为分界线，其中包括叠加模式、柔光模式、强光模式、亮光模式、线性光模式、点光模式和实色混合模式7种。

下面将对该混合模式组中混合模式的应用进行详细讲解。

- **叠加模式：** 通过颜色过滤来提高上方图层的亮度，但是提亮的程度需要取决于下方图层。
- **柔光模式：** 该混合模式是根据当前图像的亮度，使颜色变亮或者变暗。如果上方图层亮度大于50%灰色，颜色就会变亮，反之颜色会变暗。
- **强光模式：** 该混合模式是根据当前图像的亮度，使颜色变亮或者变暗，如果上方图层亮于50%灰色，颜色就会变亮，反之颜色会变暗，其程度大于柔光模式。
- **亮光模式：** 通过减小和增加对比度来加深和减淡颜色，从而使颜色变亮或者变暗。如果上方图层亮度大于50%灰色，颜色就会变亮，反之颜色会变暗。

- **线性光模式**：通过减小和增加亮度来加深和减淡颜色，从而使颜色变亮或者变暗，如果上方图层亮于50%灰色，颜色就会变亮，反之颜色会变暗。
- **点光模式**：根据上次图像的颜色来替换颜色，如果上方图层亮度大于50%灰色，则会替换较暗的像素，反之会替换较亮的像素。
- **实色混合模式**：将上层图像的RGB通道值添加到底层图像中，如果上方图层亮度大于50%灰色，颜色会变亮，反之颜色会变暗。

下面将以图像合成操作为例，对如何运用叠加模式进行详细讲解。

**Step 01** 首先打开素材图像文件，如图3-66所示。

**Step 02** 在“调整”面板中单击“亮度/对比度”按钮，如图3-67所示。

图3-66　打开图像

图3-67　“调整”面板

**Step 03** 在弹出的“属性”面板中设置亮度和对比度的值，如图3-68所示。

**Step 04** 完成上述操作后，查看效果，如图3-69所示。

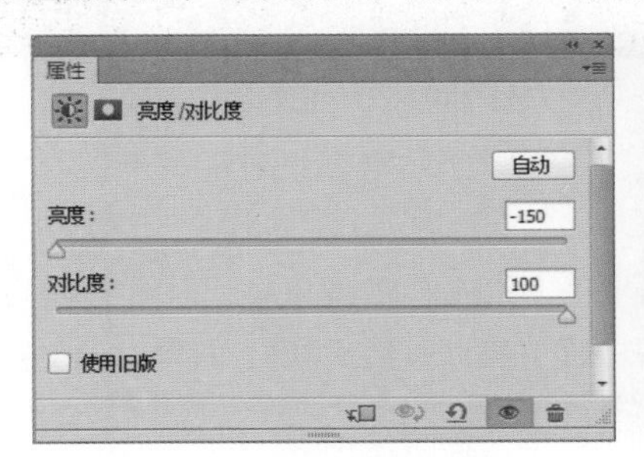


图3-68　设置亮度和对比度

图3-69　查看修改后的图像效果

**Step 05** 执行“文件>置入”命令，在弹出的“置入”对话框中选择合适的文件，如图3-70所示。

**Step 06** 置入图像后，通过拖动控制点调整图像的大小，如图3-71所示。

图3-70　“置入”对话框

图3-71　调整图像的大小

Step 07 调整完毕按下回车键，将置入图像的混合模式改为叠加模式，如图3-72所示

Step 08 按Shift+Ctrl+Alt+E组合键盖印图层，如图3-73所示。

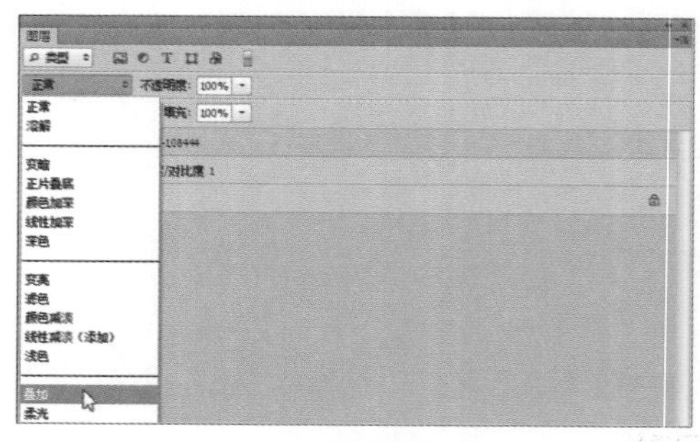
图3-72 选择叠加模式

图3-73 盖印图层

Step 09 在“调整”面板中单击“亮度/对比度”按钮，在弹出的“属性”面板中进行参数设置，如图3-74所示。

Step 10 返回文档窗口查看最终效果，如图3-75所示。

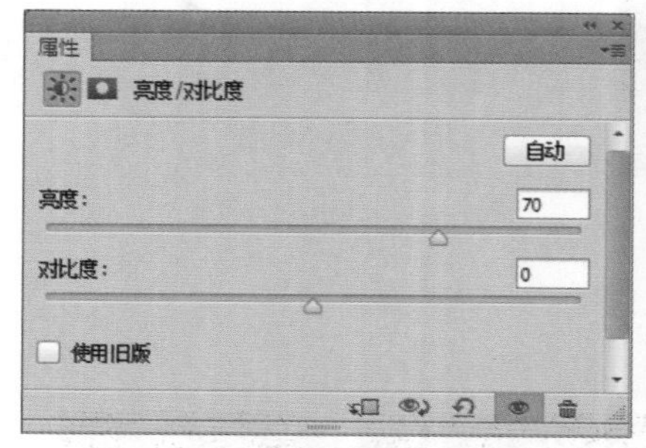

图3-74 设置亮度/对比度

图3-75 查看图像效果

## 3.3.5 比较混合模式组

比较混合模式组中的混合模式可比较当前图像和底层图像，将相同的部分显示为黑色，不同区域会显示为彩色或者灰色层次。其中包括差值模式、排斥模式、减去模式和划分模式4种，其具体含义介绍如下。

- **差值模式：** 上方图层与白色混合时，将反转下方图层中图像的颜色，与黑色混合则不会产生任何变化。
- **排除模式：** 该混合模式和差值模式类似，但是对比度略低。
- **减去模式：** 从上方图层通道中相应的像素上减去源通道中的像素值。
- **划分模式：** 通过比较上下图层通道中的颜色信息，然后从下方图层的图像中划分上方图层中的图像。

下面以制作金属球为例，对如何运用差值模式进行详细讲解

Step 01 按Ctrl+N组合键，打开“新建”对话框，并设置新文档的参数，如图3-76所示。

Step 02 单击“确定”按钮后，在“图层”面板双击“背景”图层，将其转换为普通图层，如图3-77所示。

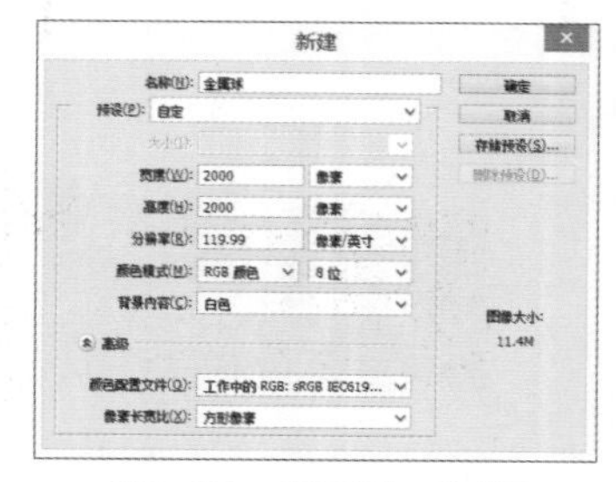

图3-76 “新建”对话框

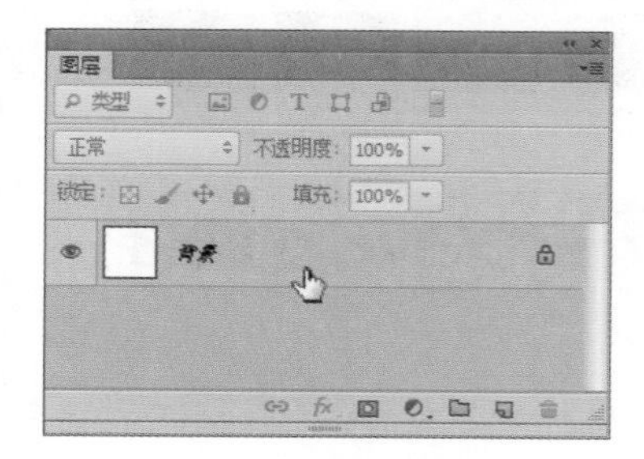

图3-77 “图层”面板

**Step 03** 将前景色设置为红色，然后使用油漆桶工具将图层填充为红色，如图3-78所示。

**Step 04** 在菜单栏中执行“滤镜>渲染>镜头光晕”命令，在弹出的“镜头光晕”对话框中进行参数设置，如图3-79所示。

图3-78 填充图层

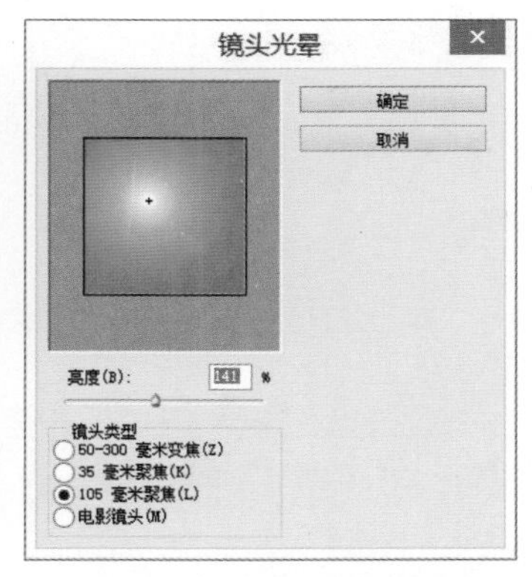

图3-79 “镜头光晕”对话框

**Step 05** 在菜单栏中执行“滤镜>扭曲>极坐标”命令，在弹出的“极坐标”对话框中进行参数设置，如图3-80所示。

**Step 06** 在菜单栏中执行“滤镜>滤镜库”命令，在“扭曲”选项区域选择“玻璃”滤镜，然后设置相关参数，如图3-81所示。

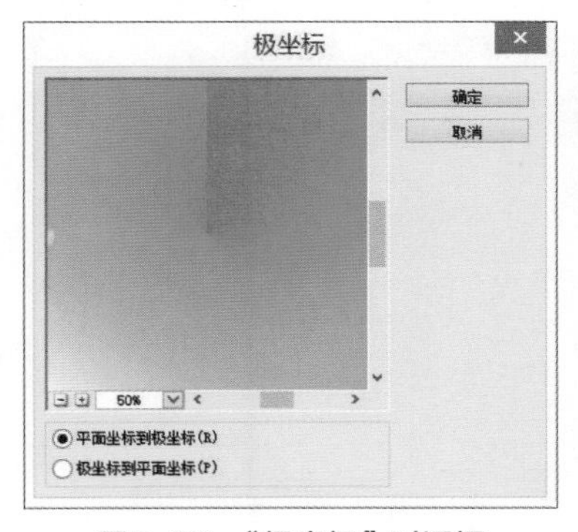

图3-80 “极坐标”对话框

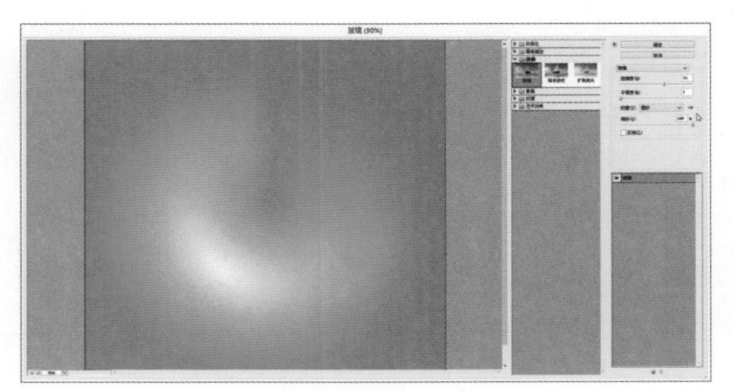
图3-81 “玻璃”对话框

**Step 07** 接下来使用椭圆选框工具创建正圆，如图3-82所示。

**Step 08** 在菜单栏中执行“滤镜>扭曲>球面化”命令，在弹出的“球面化”对话框中进行参数设置，如图3-83所示。

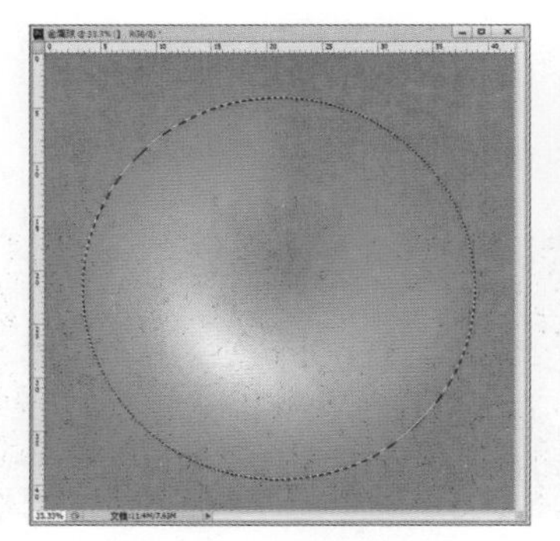
图3-82 绘制正圆选区

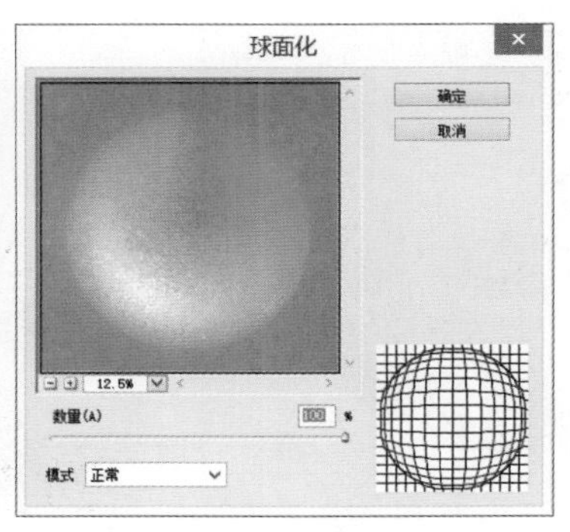

图3-83 “球面化”对话框

**Step 09** 按Shift+Ctrl+J组合键剪切选区并删除剩下的部分，如图3-84所示。

**Step 10** 按Ctrl+J组合键复制图层，同时按Ctrl+I组合键使图像反相，如图3-85所示。

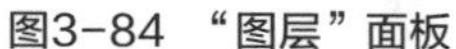
图3-84 “图层”面板

图3-85 复制图层

**Step 11** 接下来将“图层1 副本”图层的混合模式修改为差值模式，如图3-86所示。

**Step 12** 最后为图层添加“渐变叠加”图层样式，参数设置如图3-87所示。

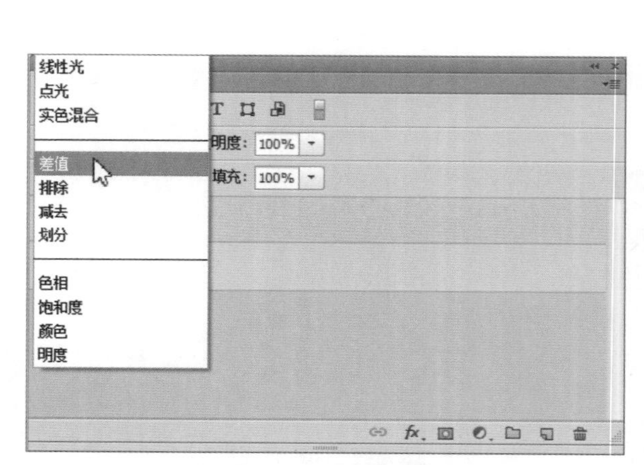


图3-86 选择差值模式

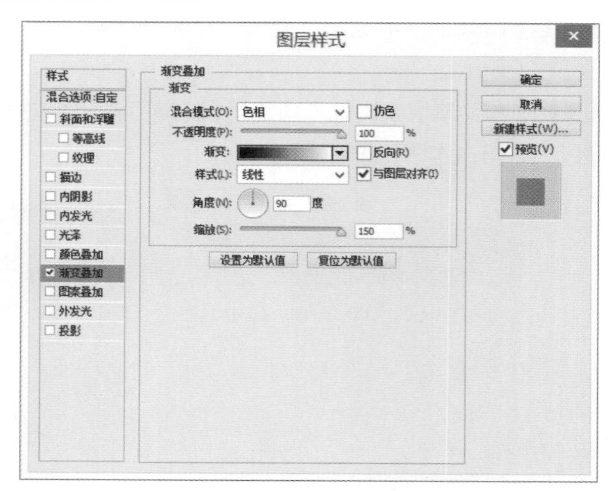


图3-87 “渐变叠加”对话框

**Step 13** 至此，金属球就制作完成了，效果如图3-88所示。

**Step 14** 接下来可以为金属球添加“阴影”图层样式并放置到一个场景中，效果如图3-89所示。

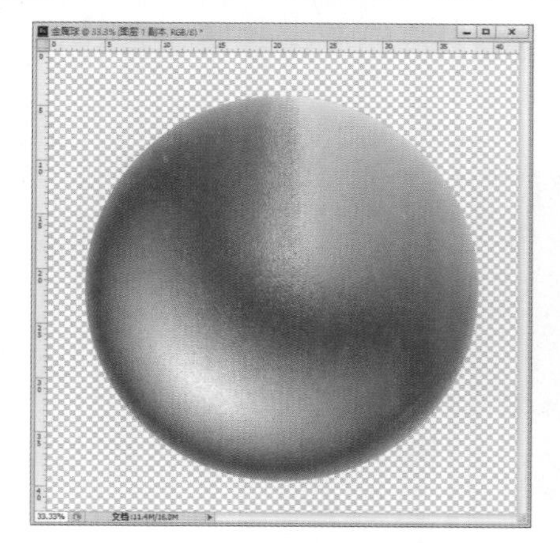

图3-88 查看金属球效果

图3-89 查看应用效果

## 3.3.6 色彩混合模式组

色彩混合模式组中的混合模式可以通过比较图像中的色相、饱和度和明度来进行混合，其中包括色相模式、饱和度模式、颜色模式和明度模式4种。

下面将对色彩混合模式组中各混合模式的应用进行详细讲解。

- **色相模式**：使用下方图层的色相与上方图层的饱和度和明度进行混合，以创建结果色。
- **饱和度模式**：使用下方图层的色相和饱和度与上方图层的明度进行混合，以创建结果色。
- **颜色模式**：使用下方图层的明度与上方图层的色相和饱和度进行混合，以创建结果色。
- **明度模式**：使用下方图层的色相和饱和度与上方图层的明度进行混合，以创建结果色。

接下来将对如何运用色相模式进行详细讲解。

**Step 01** 打开图像文件，在“图层”面板中新建“图层1”图层，如图3-90所示。

**Step 02** 使用吸管工具吸取图像中较暗的绿色作为前景色，如图3-91所示。

图3-90 新建图层

图3-91 吸取颜色

**Step 03** 使用油漆桶工具将新建的图层填充前景色后，在“图层”面板中将当前图层的“填充”值修改为50%，如图3-92所示。

**Step 04** 设置“图层1”图层的混合模式为“色相”，查看效果，如图3-93所示。

图3-92 修改图层的填充

图3-93 查看最终效果

# 3.4 图层的样式

图层的样式是图层编辑中的高级应用，通过为图层（组）添加图层样式，可以为图层（组）添加如描边、渐变叠加、外发光等特殊效果，如图3-94所示。应用图层样式还可以制作出如水晶、玻璃、金属等具有立体质感的特效，如图3-95所示。本小节将对图层样式的添加和调节操作进行详细讲解。

图3-94 外发光样式

图3-95 金属质感效果

## 3.4.1 添加图层样式

在学习关于图层的样式的相关知识之前，读者需要知道如何添加图层样式。在Photoshop中，一般有三种添加图层样式的方法，下面逐一进行讲解。

### 1. 使用命令添加

使用菜单栏中的相关命令添加图层样式是最基础的图层样式添加方法，使用也是最常规的操作。在“图层”面板中选择需要添加图层样式的图层，然后在菜单栏中执行“图层>图层样式”命令，在子菜单中选择需要添加的样式，如图3-96所示。在弹出的“图层样式”对话框中进行参数设置，如图3-97所示。

图3-96 执行“图层样式”命令

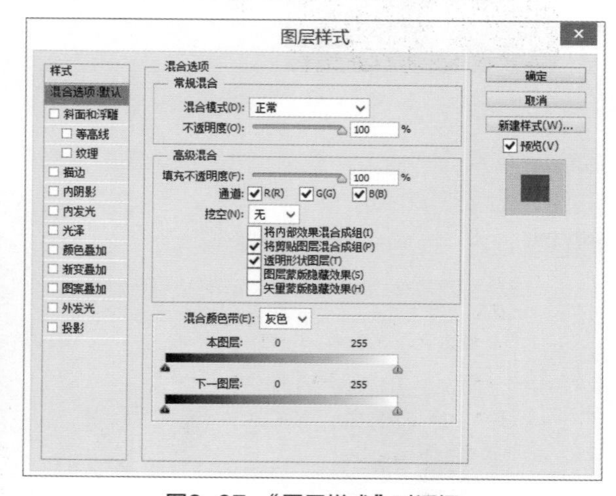


图3-97 “图层样式”对话框

### 2. 使用“添加图层样式”按钮添加

要使用“添加图层样式”按钮添加图层样式，则在“图层”面板中选择需要添加图层样式的图层后，在“图层”面板上单击“添加图层样式”按钮，如图3-98所示。在打开的下拉列表中选择所需的图层样式选项，在打开的“图层样式”对话框中进行参数设置即可。

### 3. 双击图层添加图层样式

该方法是最常用也是最快捷的添加图层样式的方法，在“图层”面板中选择需要添加图层样式的图层并双击，如图3-99所示。在弹出的“图层样式”对话框中进行参数设置。

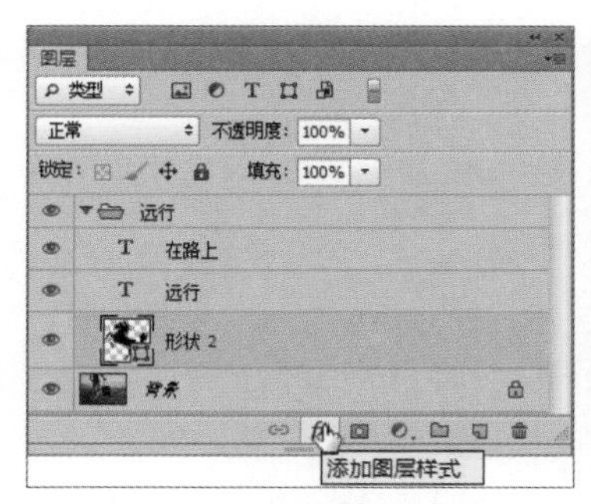


图3-98 “添加图层样式”按钮

图3-99 双击图层

## 3.4.2 “斜面和浮雕”图层样式

“斜面和浮雕”图层样式可以为图层添加高光、阴影效果，进行适当的参数设置之后，可以使图像呈现出立体的浮雕效果。在“图层”面板双击需要添加图层样式的图层，在弹出的“图层样式”对话框中勾选“斜面和浮雕”复选框并进行参数设置，如图3-100所示。

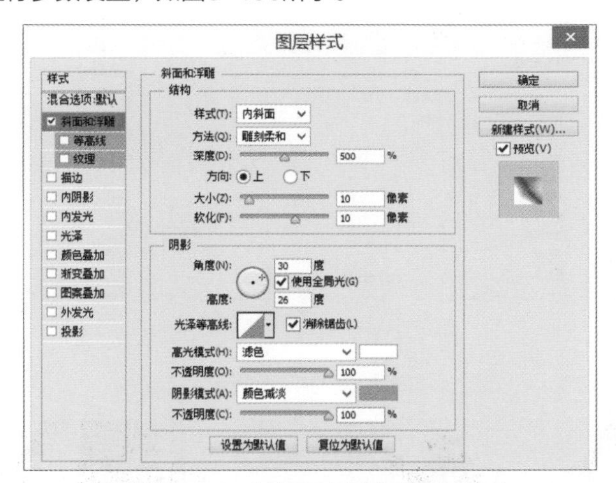


图3-100 “斜面和浮雕”选项面板

完成上述操作后观看效果对比，如图3-101和图3-102所示。

图3-101 原图像

图3-102 应用“斜面和浮雕”图层样式后效果

下面将对“斜面和浮雕”样式选项面板中的主要参数的含义进行详细讲解。

- **样式：** 在该下拉列表中可选择斜面和浮雕的样式，主要有“外斜面”、“内斜面”等5种样式。
- **方法：** 在该下拉列表中可以选择创建浮雕的方法。

- **深度**：主要设置浮雕斜面的深度，数值越大，立体感越明显。
- **方向**：设置高光和阴影的位置。
- **大小**：设置斜面和浮雕阴影面积的大小。
- **软化**：设置斜面和浮雕的柔和程度，数值越大越柔和。
- **角度/高度**：设置阴影照射光源的角度和高度。
- **光泽等高线**：在下拉列表中选择一个等高线，为斜面和浮雕添加光泽。
- **高光模式**：设置高光的混合模式、颜色和不透明度。
- **阴影模式**：设置阴影的混合模式、颜色和不透明度。

## 3.4.3 “描边”图层样式

“描边”图层样式可以为选中的对象进行描边，描边类型包括颜色、渐变和图案，在“图层”面板双击需要添加图层样式的图层，在弹出的“图层样式”对话框中勾选“描边”复选框并设置参数，如图3-103所示。

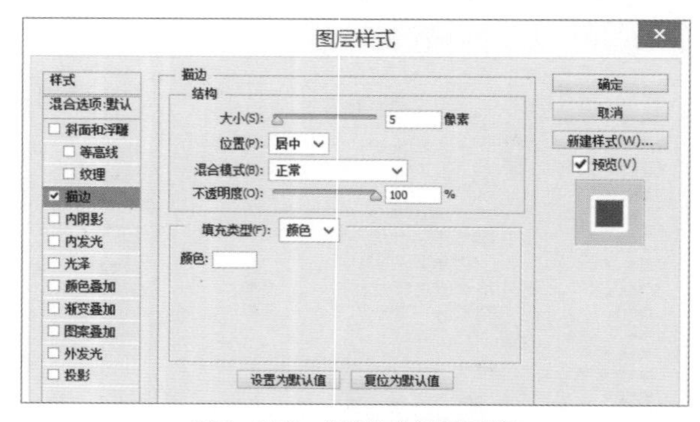


图3-103 “描边”选项面板

完成上述操作后观看效果对比，如图3-104和图3-105所示。

图3-104 原图像

图3-105 描边后的图像效果

下面将对“描边”样式选项面板主要参数的应用进行详细讲解。

- **大小**：设置描边的大小，单位为像素。
- **位置**：在下拉列表中选择描边的的位置，有“内部”、“外部”和“居中”3种选项。
- **混合模式**：设置描边和下方图层之间的混合方式。
- **不透明度**：设置当前选中图层的混合模式，使其与下层图层混合。
- **填充类型**：设置描边的填充类型，包括“颜色”、“渐变”和“图案”3种选项，图3-106为“渐变”效果，图3-107为“图案”效果。

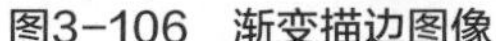
图3-106　渐变描边图像

图3-107　图案描边图像

## 3.4.4 “内阴影”图层样式

“内阴影”图层样式可以在紧靠图层内容的边缘处添加阴影，使图像产生凹陷或者凸起的效果。在“图层”面板中双击需要添加图层样式的图层，在弹出的“图层样式”对话框中勾选“内阴影”复选框并进行参数设置，如图3-108所示。

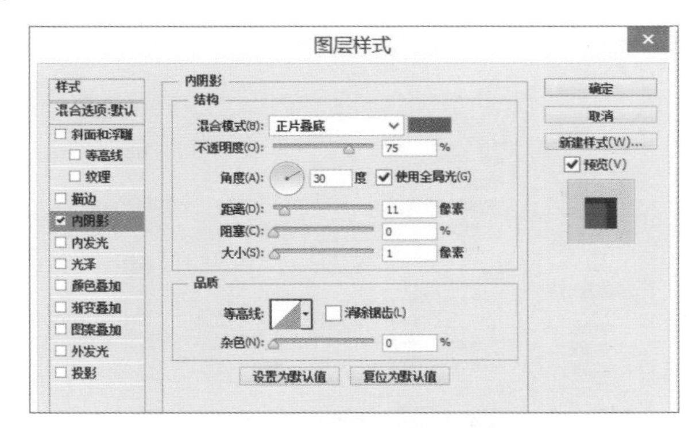


图3-108　“内阴影”选项面板

完成上述操作后观看效果对比，如图3-109和图3-110所示。

图3-109　原图像

图3-110　应用“内阴影”图层样式后的效果

下面将对“内阴影”样式选项面板中各主要参数的含义进行详细讲解。

- **混合模式：** 用于设置内阴影和下方图层之间的混合方式，单击右侧下三角按钮，选择相应的选项。
- **不透明度：** 用于设置内阴影的不透明度，拖曳滑块或在数值框中输入数值即可。
- **角度：** 用于设置内阴影的角度。
- **距离：** 用于设置内阴影的偏移角度。

● **大小**：用于设置内阴影的模糊范围。

为图像应用“内阴影”图层样式的其他效果，如图3-111和图3-112所示。

图3-111　效果图

图3-112　效果图

## 3.4.5 “内发光”图层样式

“内发光”图层样式可以在紧靠图层内容的边缘处创建发光效果，使图像产生发光效果。在“图层”面板中双击需要添加图层样式的图层，在弹出的“图层样式”对话框中勾选“内发光”复选框并进行参数设置，如图3-113所示。

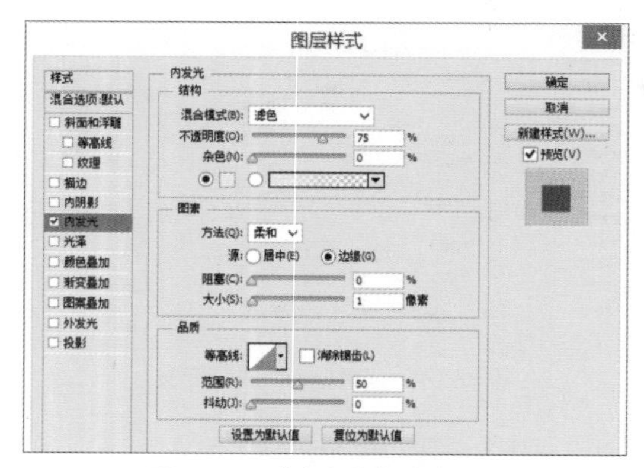


图3-113　“内发光”选项面板

完成上述操作后观看效果对比，如图3-114和图3-115所示。

图3-114　原图像

图3-115　修改后图像

下面将对“内发光”样式选项面板中各主要参数的含义进行详细讲解。

● **混合模式/不透明度**：用于设置内发光和下方图层之间的混合方式和不透明度。

● **方法**：单击右侧的下三角按钮，选择发光的方法，其中包括“精确”和“柔和”两个选项。

● **源**：用于设置内发光的位置，其中包括“居中”和“边缘”两个单选按钮。

● **阻塞**：用于设置模糊之前收缩内发光的边界。

● **大小**：用于设置内发光的模糊范围。

为图像应用“内发光”图层样式的其他效果，如图3-116和图3-117所示。

图3-116　效果图

图3-117　效果图

## 3.4.6 “光泽”图层样式

“光泽”图层样式可以生成光滑的内部阴影，一般用于创建金属表面的光泽外观。在“图层”面板中双击需要添加图层样式的图层，在弹出的“图层样式”对话框中勾选“光泽”复选框并进行参数设置，如图3-118所示。

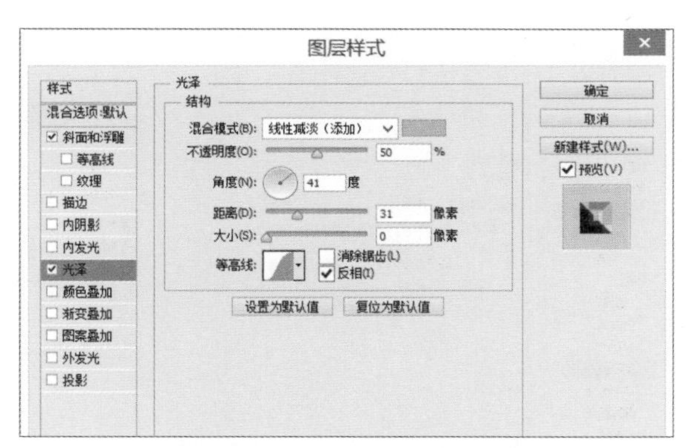


图3-118　“光泽”选项面板

完成上述操作后观看效果对比，如图3-119和图3-120所示。

图3-119　原图像

图3-120　应用“光泽”图层样式的效果

下面对“光泽”样式选项面板中各主要参数的含义进行详细讲解。

- **混合模式/不透明度：** 用于设置光泽和下方图层的混合方式和不透明度。
- **角度：** 用于设置阴影照射光源的角度。
- **距离：** 用于设置投影偏离图像的距离。
- **大小：** 用于设置光泽偏离图层的距离。

为图像应用“光泽”图层样式的其他效果如图3-121和图3-122所示。

图3-121　效果图

图3-122　效果图

## 3.4.7 “颜色叠加”图层样式

“颜色叠加”图层样式可以为图层叠加指定的颜色，然后通过设置颜色的混合模式和不透明度来控制叠加效果。在“图层”面板中双击需要添加图层样式的图层，在弹出的“图层样式”对话框中勾选“颜色叠加”复选框并进行参数设置，如图3-123所示。

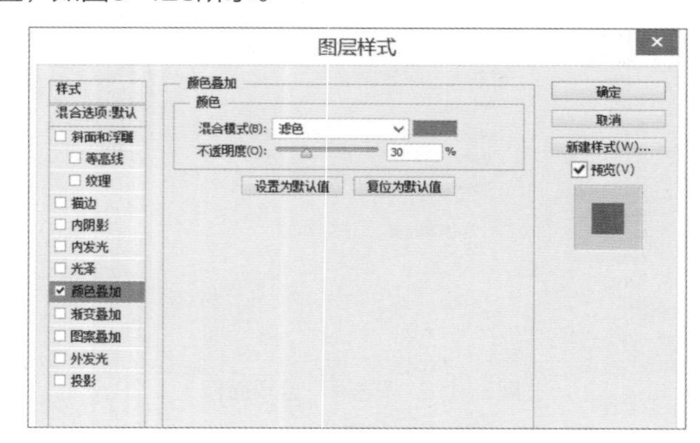


图3-123　“颜色叠加”选项面板

完成上述操作后观看效果对比，如图3-124和图3-125所示。

图3-124　原图像

图3-125　应用“颜色叠加”图层样式的效果

下面将对“颜色叠加”样式选项面板中各主要参数的含义进行详细讲解。

- **混合模式/不透明度：** 用于设置叠加颜色和下方图层的混合方式与不透明度。
- **拾色器：** 单击该按钮，在打开的对话框中选择叠加的颜色。

## 3.4.8 “渐变叠加”图层样式

“渐变叠加”图层样式可以为图层叠加指定的渐变，然后通过设置渐变的混合模式和不透明度来控制叠加效果。在“图层”面板中双击需要添加图层样式的图层，在弹出的“图层样式”对话框中勾选“渐变叠加”复选框并进行参数设置，如图3-126所示。

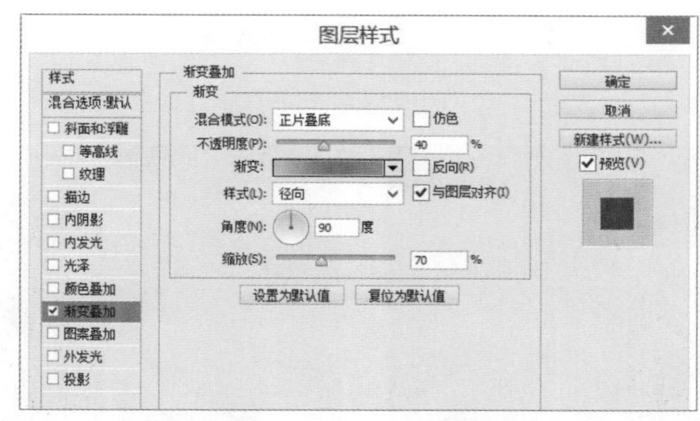


**图3-126 “渐变叠加”选项面板**

完成上述操作后观看效果对比，如图3-127和图3-128所示。

**图3-127 原图像**

**图3-128 应用“渐变叠加”图层样式的效果**

下面将对“颜色叠加”样式选项面板中各主要参数的含义进行详细讲解。

- **混合模式/不透明度：** 用于设置叠加的渐变和下方图层的混合方式和不透明度。
- **渐变：** 单击渐变颜色条可以打开渐变编辑器，对渐变进行编辑。
- **样式：** 单击下三角按钮，在列表中选择渐变的样式。
- **角度：** 选择样式之后在这里调节渐变角度。
- **缩放：** 设置渐变的缩放大小。

## 3.4.9 “图案叠加”图层样式

“图案叠加”图层样式可以为图层叠加指定的图案，然后通过设置图案的混合模式和不透明度来控制叠加效果。在“图层”面板中双击需要添加图层样式的图层，在弹出的“图层样式”对话框中勾选“图案叠加”复选框并进行参数设置，如图3-129所示。

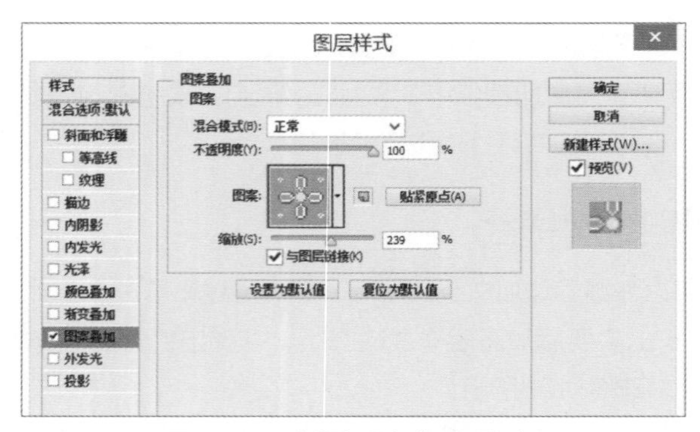


图3-129 “颜色叠加”选项面板

完成上述操作后观看效果对比，如图3-130和图3-131所示。

图3-130 原图像

图3-131 应用“颜色叠加”图层样式后的效果

下面将对“颜色叠加”样式选项面板中各主要参数的含义进行详细讲解。

- **混合模式/不透明度：** 用于设置叠加的图案和下方图层的混合方式和不透明度。
- **图案：** 单击下三角按钮，选择需要叠加的图案样式。
- **缩放：** 用于设置叠加图案的缩放比例。
- **与图层链接：** 勾选该复选框，可以使叠加的图案和图像相链接。

## 3.4.10 “外发光”图层样式

“外发光”图层样式可以在紧靠图层内容的边缘处向外创建发光效果，使图像产生发光效果。在“图层”面板中双击需要添加图层样式的图层，在弹出的“图层样式”对话框中勾选“外发光”复选框并进行参数设置，如图3-132所示。

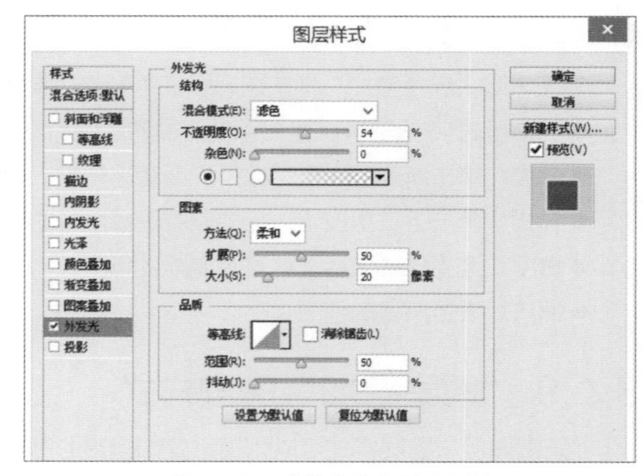


图3-132 “外发光”选项面板

完成上述操作后观看效果对比，如图3-133和图3-134所示。

图3-133　原图像

图3-134　应用“外发光”图层样式的效果

下面将对“外发光”样式选项面板中各主要参数的含义进行详细讲解。

- **混合模式/不透明度：** 用于设置外发光与下方图层的混合方式和不透明度。
- **方法：** 在该列表中选择外发光的方法，和“内发光”样式类似。
- **拓展：** 用于设置外发光的模糊范围。
- **大小：** 用于设置外发光的模糊大小。

## 3.4.11 “投影”图层样式

“投影”图层样式可以为图层添加阴影效果，使图像产生立体感。在“图层”面板中双击需要添加图层样式的图层，在弹出的“图层样式”对话框中勾选“投影”复选框并进行参数设置，如图3-135所示。

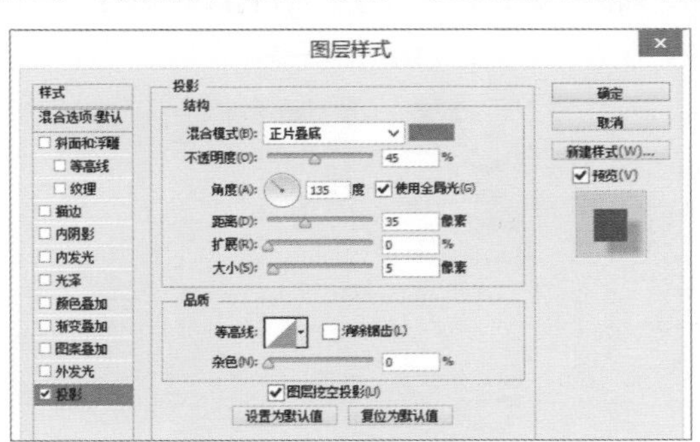


图3-135　“投影”选项面板

完成上述操作后观看效果对比，如图3-136和图3-137所示。

图3-136　原图像

图3-137　应用“投影”图层样式的效果

下面将对“投影”样式选项面板中各主要参数的含义进行详细讲解。

- **混合模式/不透明度：** 用于选择当前选中图层的混合模式，同时可以调整图层的不透明度。
- **角度：** 通过拖动角度转盘，设置投影的方式。

- **距离：**拖动滑块，设置投影偏移图层的距离。
- **扩展：**拖动滑块，设置投影效果的投射强度。数值越大，投影效果强度越大。
- **大小：**设置投影效果的模糊范围。数值越大，模糊范围越广。

应用“投影”图层样式的其他效果，如图3-138和图3-139所示。

图3-138　效果图

图3-139　效果图

## 上机实训　制作冬日圣诞节装饰画

学习了本章知识后，读者可以掌握关于图层的基础操作、图层混合模式应用和图层样式设置。下面将通过具体操作来学习制作冬日圣诞节装饰画的操作步骤，以达到巩固所学知识、拓展提高的目的。

**Step 01** 按Ctrl+N组合键，打开“新建”对话框并进行参数设置，如图3-140所示。

**Step 02** 选择椭圆选框工具，在文档的中间位置绘制一个正圆，如图3-141所示。

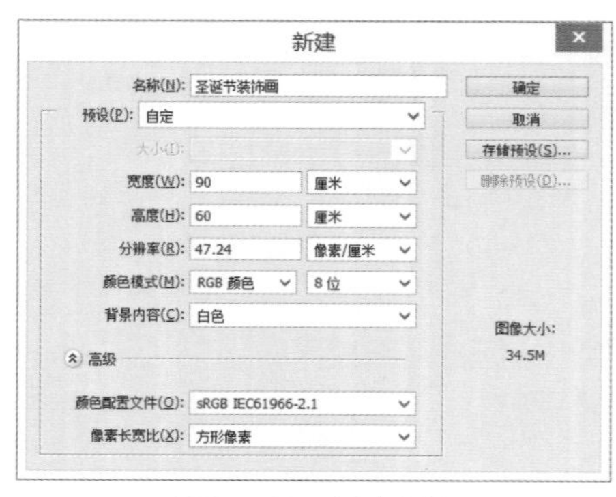


图3-140　新建文档

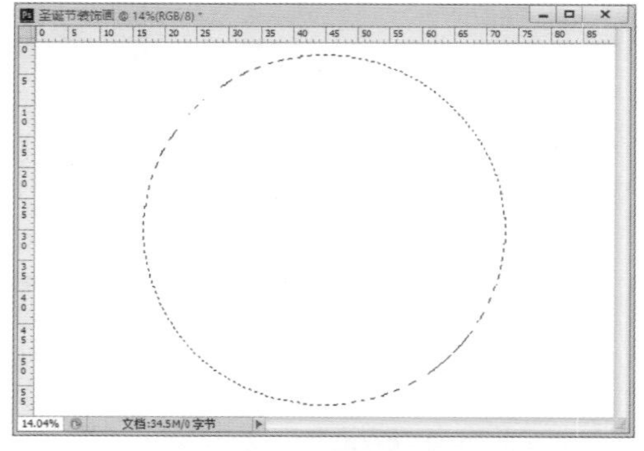

图3-141　绘制正圆

**Step 03** 在菜单栏中执行“图层>新建>通过剪切的图层”命令，如图3-142所示。

**Step 04** 在“图层”面板中选择剪切的“图层1”图层，按Ctrl+J组合键复制该图层，然后隐藏复制得到的“图层1 副本”图层，如图3-143所示。

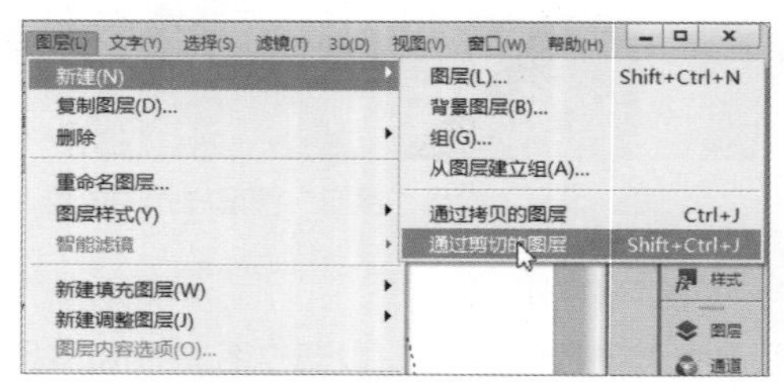


图3-142　执行“通过剪切的图层”命令

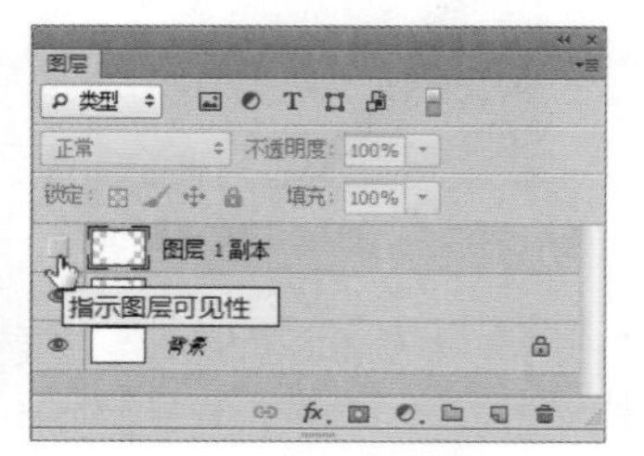


图3-143　隐藏图层

**Step 05** 双击“图层1”图层，在弹出的“图层样式”对话框中对“颜色叠加”图层样式的参数进行设置，如图3-144所示。

**Step 06** 接着在“图层样式”对话框中对“内发光”图层样式进行参数设置，如图3-145所示。

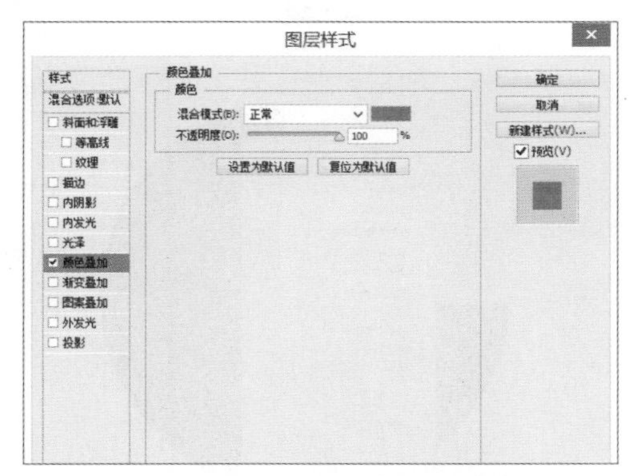


图3-144　设置“颜色叠加”样式参数

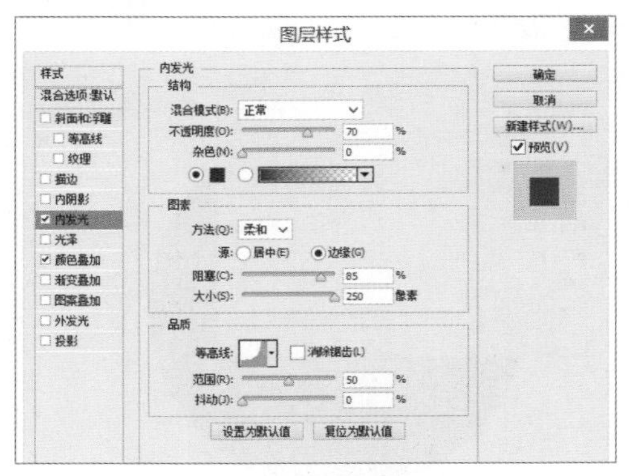


图3-145　设置“内发光”样式参数

**Step 07** 显示之前隐藏的“图层1 副本”图层，按Ctrl+T组合键，调整形状的大小，如图3-146所示。

**Step 08** 按下回车键后，双击“图层1　副本”图层，在弹出的“图层样式”对话框中对“渐变叠加”图层样式参数进行设置，如图3-147所示。

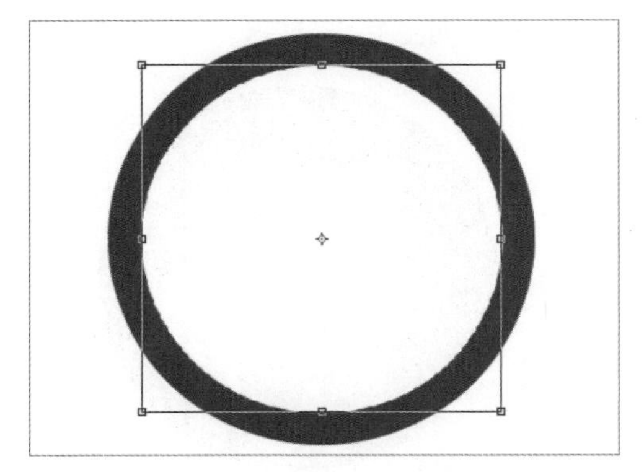

图3-146　显示图层并执行自由变换操作

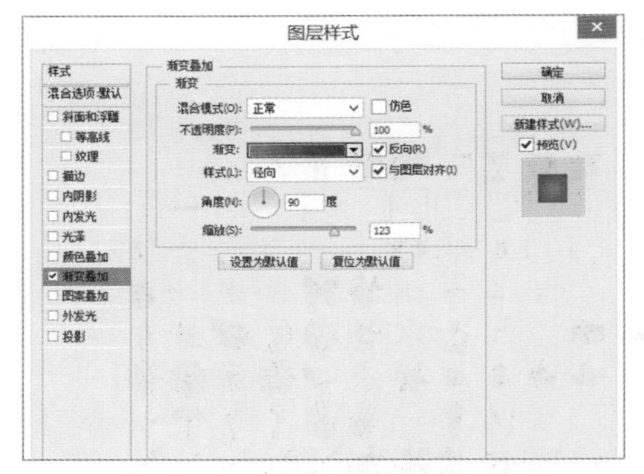


图3-147　设置“渐变叠加”样式参数

**Step 09** 在“渐变叠加”图层样式选项面板中单击“渐变”按钮，打开“渐变编辑器”对话框，然后进行相应的参数设置，如图3-148所示。

**Step 10** 单击“确定”按钮，返回文档中查看设置的效果，如图3-149所示。

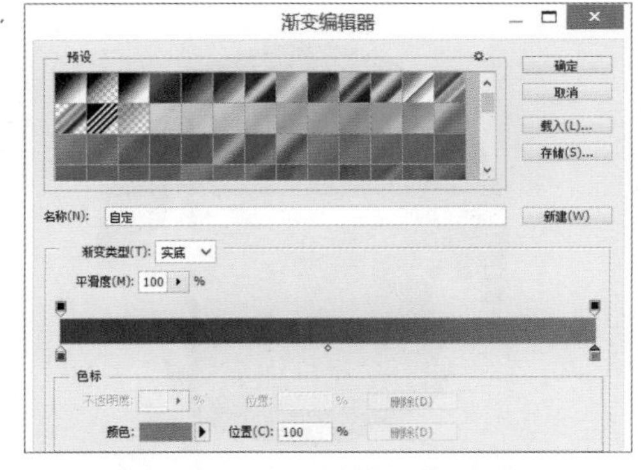


图3-148　“渐变编辑器”对话框

图3-149　查看效果

**Step 11** 然后选中“图层1”和“图层1 副本”图层，按Ctrl+J组合键复制这两个图层，并执行隐藏操作，如图3-150所示。

**Step 12** 选中复制后的两个图层并右击，在弹出的快捷菜单中执行“合并图层”命令，如图3-151所示。然后将合并的图层重命名为“中心圈”。

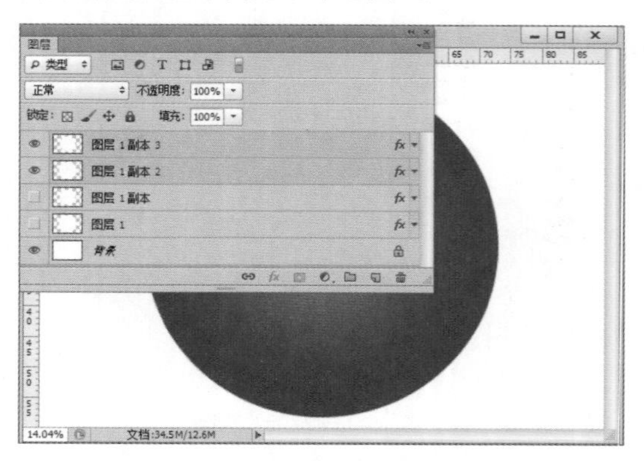


图3-150 复制并隐藏图层

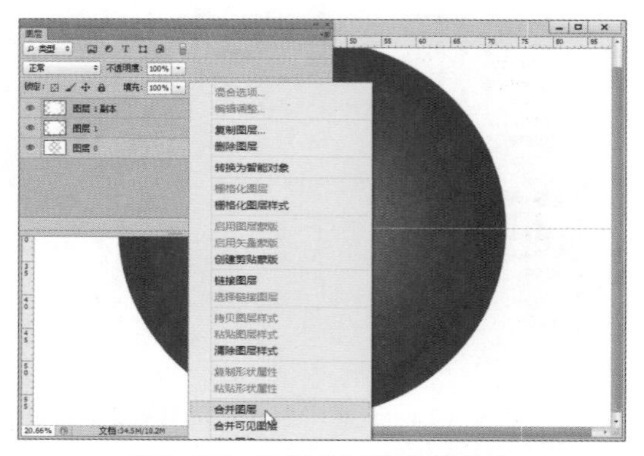


图3-151 执行“合并图层”命令

**Step 13** 接下来在工具箱中选择自定形状工具，并在图像中任意位置右击，在弹出的“自定形状”对话框中选择图3-152所示图案。

**Step 14** 同时按住Shift+Alt组合键，在图像中绘制两个自定的形状，如图3-153所示。

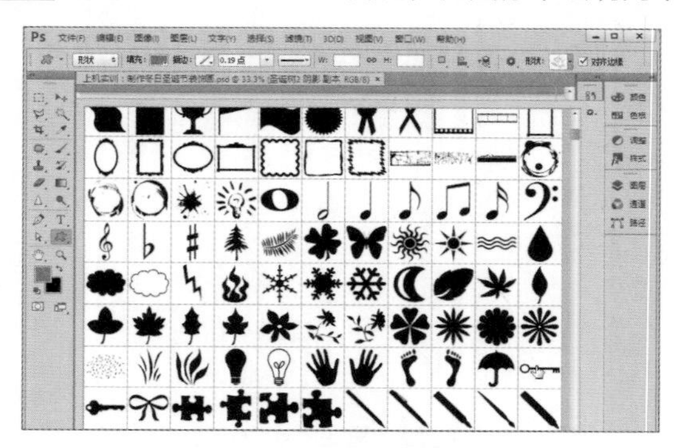

图3-152 选择所需的形状

图3-153 绘制自定形状

**Step 15** 接着选中这两个形状的图层并右击，在弹出的快捷菜单中执行“栅格化图层”命令，如图3-154所示。

**Step 16** 然后按Ctrl+T组合键，对两个圣诞树图形执行自由变换操作，然后移动到图3-155所示的位置。

图3-154 执行“栅格化图层”命令

图3-155 自由变换并移动图形

**Step 17** 再次绘制和Step02相同的正圆，如图3-156所示。

**Step 18** 选中第一个圣诞树图层并按Shift+Ctrl+J组合键，将其拆分为选区内外两部分后，删除选区外的部分，如图3-157所示。

图3-156　创建正圆选区

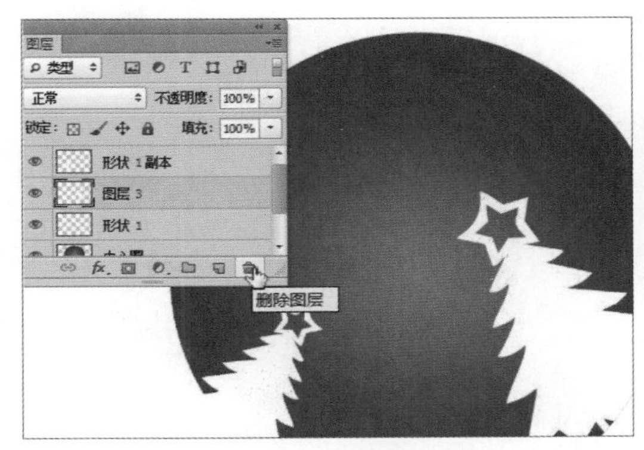


图3-157　剪切并删除图层

**Step 19** 重复上两个步骤处理第二个圣诞树图层，分别对齐后进行重命名操作，如图3-158所示。

**Step 20** 选中两个圣诞树图层并按Ctrl+J组合键，复制这两个图层进行重命名后调整图层顺序，如图3-159所示。

图3-158　重命名图层

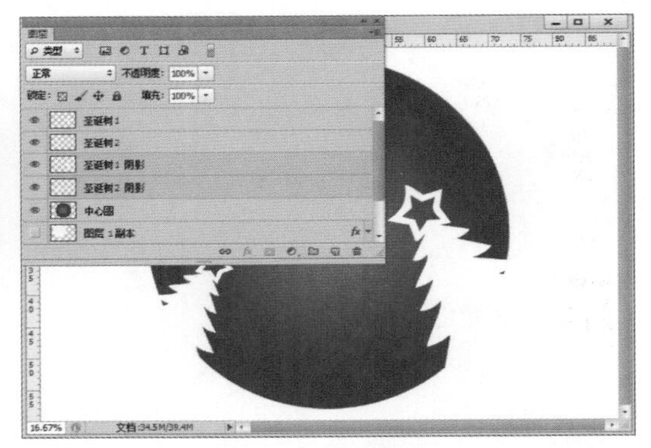


图3-159　复制图层

**Step 21** 选中第一个圣诞树阴影图层并双击，在弹出的“图层样式”对话框中对“颜色叠加”图层样式进行参数设置，如图3-160所示。

**Step 22** 接着在“图层”面板中设置该图层的“不透明度”为70%，然后移动位置，如图3-161所示。

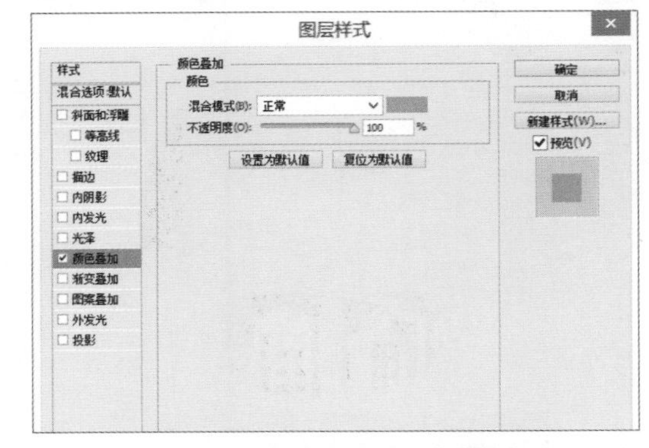


图3-160　设置“颜色叠加”图层样式

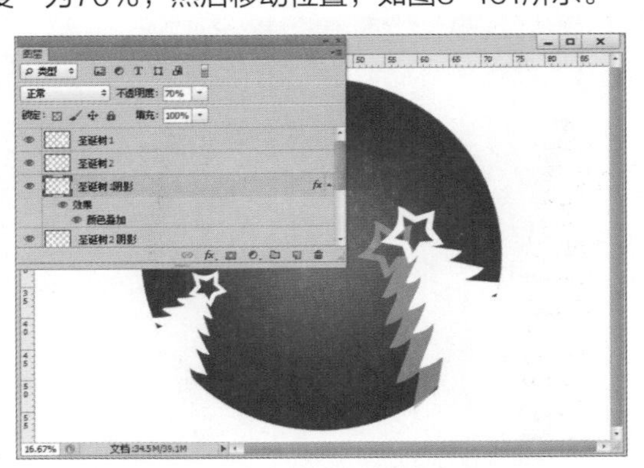


图3-161　调整图层不透明度

**Step 23** 对第二个阴影图层进行同样的操作，完成后的效果如图3-162所示。

**Step 24** 执行“文件>置入”命令，在弹出的“置入”对话框中选择“城市剪影.png”素材文件，然后调整置入素材的位置，如图3-163所示。

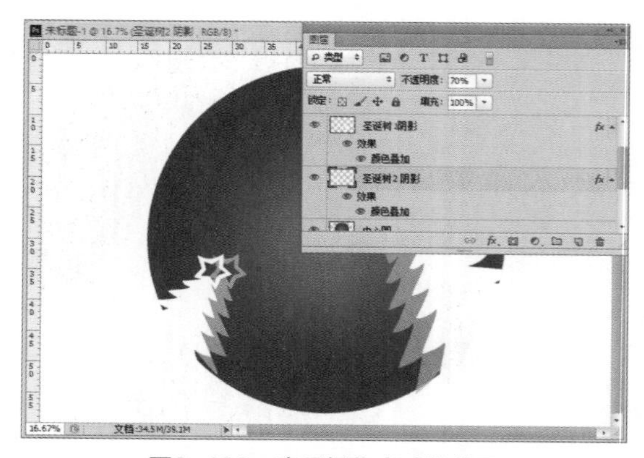

图3-162　查看操作完成的效果

图3-163　置入素材文件

**Step 25** 双击置入素材的图层，在弹出的“图层样式”对话框中对“颜色叠加”图层样式进行参数设置，如图3-164所示。

**Step 26** 栅格化置入的图像并执行剪切操作，如图3-165所示。

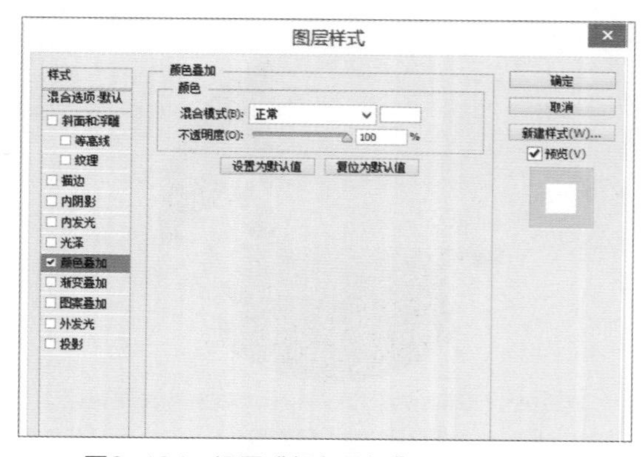


图3-164　设置“颜色叠加”图层样式参数

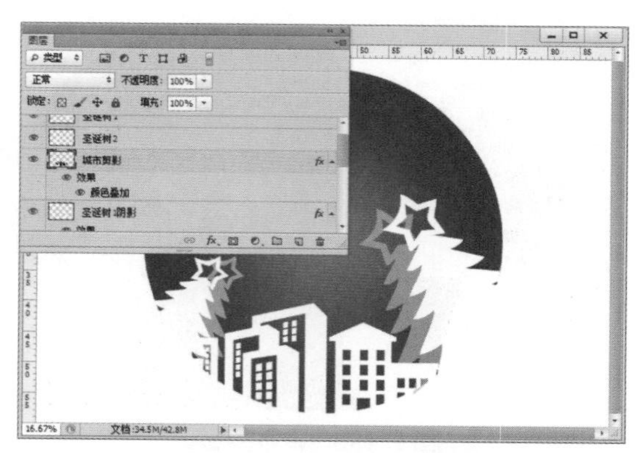

图3-165　剪切置入的图像

**Step 27** 将除“中心圆”图层之外的图层复制并隐藏，以便于后期的编辑修改，如图3-166所示。

**Step 28** 这时图层非常多，不利于查看和编辑，读者可以对图层进行编组并重命名，如图3-167所示。

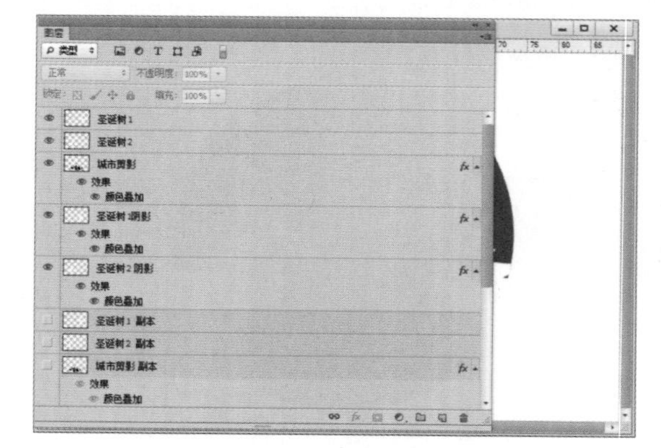

图3-166　复制并隐藏图层

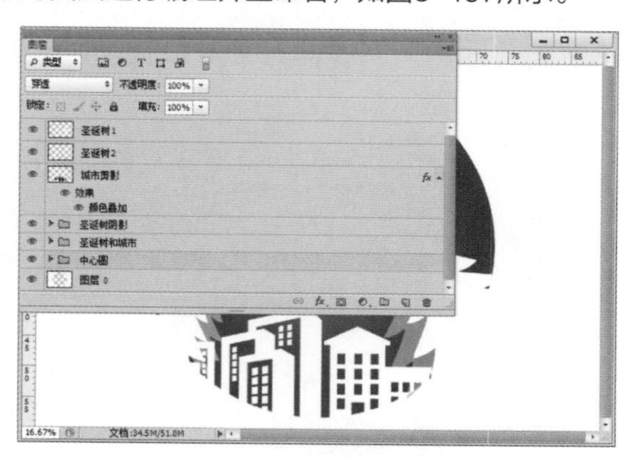

图3-167　编组并重命名图层

Step 29 在“图层”面板中选中图3-168所示的图层并右击，在弹出的快捷菜单中执行“合并图层”命令。

Step 30 双击合并后的图层，在弹出的“图层样式”对话框中对“斜面和浮雕”图层样式进行参数设置，如图3-169所示。

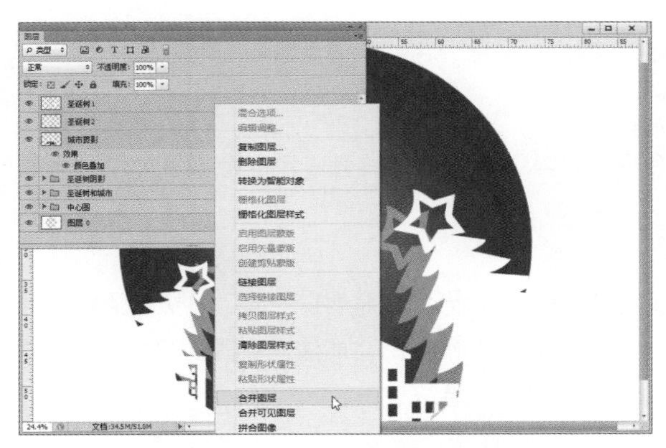

图3-168　执行“合并图层”命令

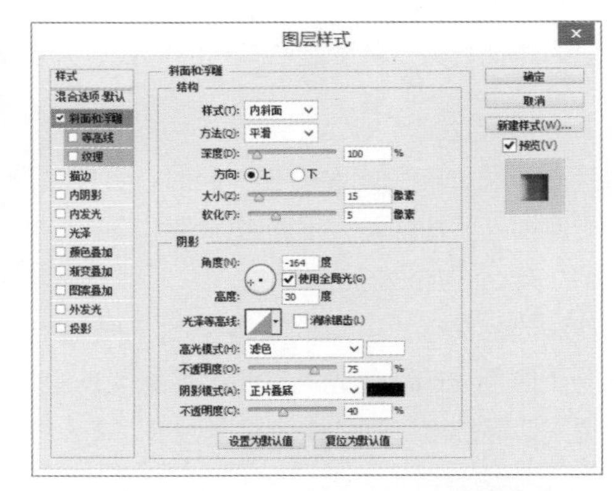

图3-169　设置“斜面与浮雕”图层样式参数

Step 31 然后对“光泽”图层样式参数进行设置，如图3-170所示。

Step 32 接着对“渐变叠加”图层样式进行参数设置，如图3-171所示。

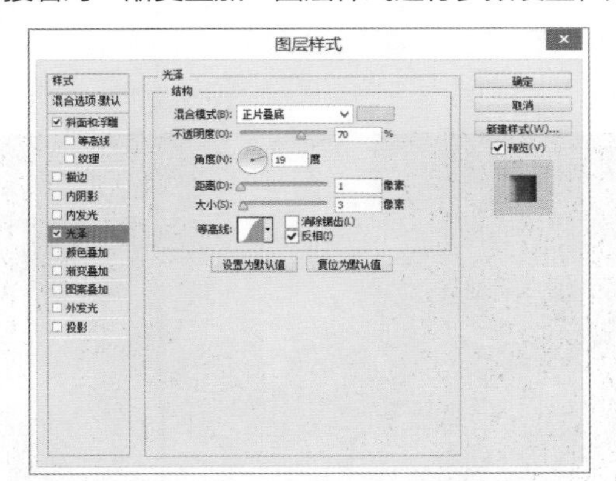

图3-170　设置“光泽”图层样式参数

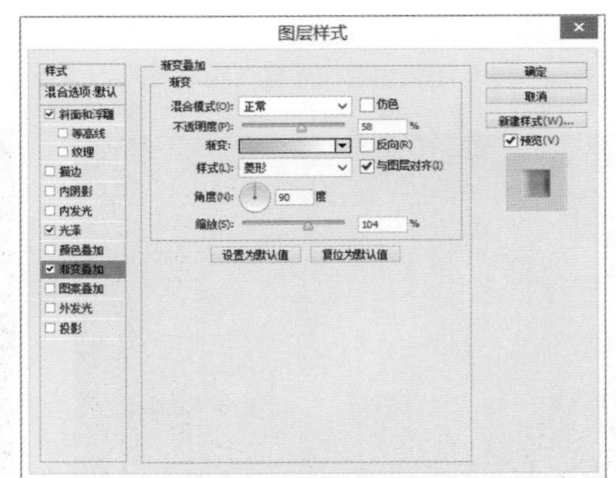

图3-171　设置“渐变叠加”图层样式参数

Step 33 最后置入一些装饰性文字和图案，效果如图3-172所示。

图3-172　查看最终效果

## 设计师点拨 平面设计中的色彩混合

在平面设计中，获得新色彩的方法是混合若干种色彩。这种把两种以上的色彩混合后产生新色彩的过程叫作“色彩混合”。

按照原理划分，色彩混合有三种形式，分别是加法混合、减法混合和中性混合，下面分别介绍。

### 1. 加法混合

当光源发出的色光照射在一起时，会发生混合现象，其混合的效果具有一定的特性，如生成了新的色光、明度得到了增强等，下面进行介绍。

（1）什么是加法混合

加法混合又称“正混合”，只发生在光源色光照射的情况下。当色光照射在一起，并进行混合后，将产生不同于原色光的新色光，其明度是原色光的总和，故得名“加法混合”。加法混合得到的色光，其明度得到了提高，而纯度则视情况增强或减弱。图3-173所示为三原色混合光。

（2）加法混合的应用

利用色光三原色可以混合出所有色光，而色光三原色本身则不能通过混合色光得到。

为了得到三原色的单色光，除了使用单色光灯具以外，还可以采用在白光灯前加装滤色镜的办法。后者简单易行，成本低，效果接近，应用广泛。

加法混合的方法常用于剧场的舞台灯光效果、城市建筑的外景灯效果、光效果、电影放映、电脑图像显示等众多场合。图3-174所示为舞台光效果。

图3-173　三原色混合光

图3-174　舞台光

### 2. 减法混合

把油画颜料、水粉画颜料、油漆等色料进行混合，可以形成新的色彩，这种色料混合具有若干特性，如明度降低、纯度降低等，属于减法混合。下面从三点进行介绍。

（1）什么是减法混合

减法混合又称“负混合”，发生在色料混合的情况下。色料在混合时，产生新的色彩，其明度是各色料之差，故此称之为“减法混合”。色料在混合后，不但明度降低，纯度也会降低。混合越多，新色彩的明度和纯度就越低。图3-175所示为颜色混合效果。

（2）色料混合

色料混合是减法混合的一种形式，色料在混合后，其明度和纯度都有所下降，混合的次数越多，色料越多，混合后的明度和纯度就越低。

色环上相距较近的色料混合，纯度降低得少；相距较远的色料混合，纯度降低得多；如果是互补色，纯度消失，明度为黑灰色。

混合效果也根据色料的不同属性而存在差异。如油画颜料、水彩颜料、水粉颜料、国画颜料、油漆等色料，由于它们的原料、颗粒大小与介质的亲和力、色纯度的微小差异，其混合效果总会有些不同。图3-176所示为色料混合效果。

图3-175　颜色混合

图3-176　色料混合

（3）叠色混合

叠色混合常见于半透明色料的叠加和印刷，也是一种减法混合。色料重叠在一起后，总的效果是明度和纯度降低。但有一种情况例外，就是同一色相叠加，可能会增加明度。

叠色混合在印刷中体现得非常明显，印刷中，四种色料以半透明状态混合在介质上形成色彩。

### 3. 中性混合

不论色料还是色光，当把它们混合后，看上去明度和纯度是参与混合色彩的平均值，这种混合属于中性混合。下面从三点进行介绍。

（1）什么是中性混合

中性混合发生在色光和色料混合的情况下。混合后的色彩明度是各色光和色料之平均值，既不升高也不降低，故此称之为“中性混合”。中性混合有两种情形，一种是若干色光或色料在旋转时混合，称之为“旋转混合”；另一种是多色彩在空间上的混合，称之为“空间混合”。

（2）旋转混合

旋转混合是把涂有色料的介质或者透过色光的介质进行旋转，在视觉上色彩混合在一起的中性混合模式。旋转混合的效果是：明度和纯度是所有参与混合色料或色光的平均值。

（3）空间混合

空间混合又称“并置混合”，也是中性混合的一种形式。细节上，不同色料在空间上按照一定的间隔分布。整体观察时，由于看不到细节，因而形成完整的图像效果。

马赛克镶嵌的壁画、彩色玻璃块拼合的教堂门窗、编织的挂毯等，都采用空间混合的形式，具有强烈的装饰效果，如图3-177所示。

图3-177　马赛克效果的图案

# 选区的创建和编辑

相信很多读者在学习Photoshop之前都听过一个名词叫抠图，这是一个神奇的功能，能够移花接木、偷天换日。其实抠图就是Photoshop中选区的应用。通过创建和编辑选区，可以对图像的局部进行操作，在上一章关于“差值”混合模式介绍中提到了关于椭圆选框工具，在那里，我们将正圆区域选出来并剪切，就已经完成抠图的操作了。本章将带领读者学习关于选区的创建和编辑的相关知识。

## 核心知识点

❶ 熟悉选区的概念
❷ 掌握创建选区的方法
❸ 掌握选区的基础操作
❹ 掌握选区的编辑操作

为选区添加纯色

为选区添加渐变

为选区更换背景

为选区描边

# 4.1 选区的创建

选区是指通过选区创建工具将图层中的一部分抠选出来进行独立编辑，包括复制、剪切、颜色填充等编辑操作，这一节将对如何创建选区进行详细讲解。

## 4.1.1 认识选区

严格来说，选区的功能分为两个，一个是将选区中的内容独立编辑，而图像中的其他部分不变；另外一个是将选区中的内容从原图像中分离，也就是所谓的抠图。下面将对这两个功能的应用进行简单地讲解。

### 1. 编辑选区内容

编辑选区内容功能一般用于为选区调色、添加滤镜等操作，下面是对这一功能简单介绍。使用快速选择工具将图中的郁金香选出来，如图4-1所示。接下来通过创建纯色调整图层，调整选区内花朵的颜色，如图4-2所示。

图4-1　选择选区内容

图4-2　修改选区内容

### 2. 分离选区内容

分离选区内容也就是所谓的抠图功能，这是Photoshop中一个核心的功能，需要特别注意。使用快速选择工具将图中的海鸥选出来，如图4-3所示。按Ctrl+J组合键复制选区中的内容，移动到其他图像中即可完成简单的图像合成操作，如图4-4所示。

图4-3　选择选区内容

图4-4　分离选区内容

## 4.1.2 选框工具

了解了选区的概念和功能后，接下来读者可以应用选框工具进行选区的创建。选框工具是Photoshop中比较常见的选区工具，包括矩形选框工具、椭圆选框工具、单行选框工具和单列选框工具4种。使用这4种选框工具可以创建一些常规的形状，如矩形、椭圆等，下面将对这4种选框工具的应用进行详细讲解。

### 1. 矩形选框工具

在Photoshop中，读者可以使用矩形选框工具在图像中创建矩形或者正方形选区。在工具箱中选择矩形选框工具，如图4-5所示。接着在图像中选中一点，按住鼠标左键向对角线方向拖曳，即可创建一个矩形选区，如图4-6所示。

图4-5　选择矩形选框工具

图4-6　创建矩形选区

### 2. 椭圆选框工具

选择工具箱中的椭圆选框工具后，选中图像中的一点作为中心点，按住鼠标左键向任意方向拖曳，拖曳到合适位置松开鼠标即可创建一个椭圆选区，如图4-7所示。如果需要创建正方形（正圆形）选区，读者可以使用矩形选框工具（椭圆选框工具）创建矩形（椭圆）选区的同时按住Shift+Alt组合键。图4-8所示是创建的正圆形选区。

图4-7　创建椭圆选区

图4-8　创建正圆选区

### 3. 单行选框工具

读者可以使用单行选框工具，在图像中创建水平方向上的单像素选区。在工具箱中选择单行选框工具，接下来在图像中创建水平方向的单像素选区即可，如图4-9所示。

### 4. 单列选框工具

读者可以使用单列选框工具，在图像中创建垂直方向上的单像素选区。在工具箱中选择单列选框工具，接下来在图像中创建垂直方向的单像素选区即可，如图4-10所示。

图4-9　创建水平方向的单像素选区

图4-10　创建垂直方向的单像素选区

### 5. 选框工具属性栏

在工具箱中选择所需的选框工具后，其属性栏如图4-11所示。下面对选框工具属性中各主要参数的含义进行介绍。

图4-11　选框工具属性栏

- **运算区域：**用于对选区进行运算，包括“新选区”、“添加到选区”、“从选区中减去”和“与选区交叉”4个按钮。其中默认选择的是“新选区”按钮。
- **羽化：**在该数值框中可以设置当前选区的羽化程度。数值越大，羽化程度越高。
- **消除锯齿：**该复选框只有选择椭圆工具时可用。在使用椭圆选框工具创建选区时容易产生锯齿，勾选该复选框可以消除产生的锯齿。
- **样式：**单击右侧的下拉按钮，选择创建选区时的样式，包括“正常”、“固定比例”和“固定大小”3个选项。读者还可以在右侧的“宽度”和“高度”中设置合适的数值，自定义选区的大小。
- **调整边缘：**单击该按钮，可以调整选区的边缘，对边缘的半径、边缘的平滑度和边缘的羽化等进行详细地设置。

## 4.1.3　套索选区工具

如果需要创建不规则的选区，可以使用套索选区工具。在工具箱中共有三种套索工具，分别是套索工具、多边形套索工具和磁性套索工具。这三种套索工具适用于不同的情况，下面将分别进行详细讲解。

### 1. 套索工具

套索工具一般用于一些需要创建灵活选区的图像，也适用于对边缘要求较低的图像。下面将以为翠鸟添加滤镜为例，对如何使用套索工具进行详细讲解。

**Step 01** 在工具箱中选择套索工具，如图4-12所示。

**Step 02** 接下来在文档窗口中绘制翠鸟选区，首先选中一点作为起点后，按住鼠标左键沿着图像主体的边缘自由拖动，如图4-13所示。

图4-12　选择套索工具

图4-13　绘制选区

**Step 03** 到达预定的终点释放鼠标后，起点和终点会自动连接并创建选区，如图4-14所示。

**Step 04** 接着执行“滤镜>杂色>添加杂色”命令，为选区添加杂色滤镜，如图4-15所示。

图4-14　创建选区

图4-15　为选区添加滤镜

## 2. 多边形套索工具

多边形套索工具一般用于一些具有多边形形状图像的选区创建。相比套索工具，多边形套索工具创建的选区更加平整，下面将对如何使用多边形套索工具进行详细讲解。

**Step 01** 在工具箱中选择多边形套索工具，如图4-16所示。

**Step 02** 选中一点作为起点后，沿着需要创建选区的物体边缘绘制直线，如图4-17所示。

图4-16　选择多边形套索工具

图4-17　绘制选区

**Step 03** 拖动鼠标到起点后，松开鼠标会自动创建选区，如图4-18所示。

**Step 04** 接下来可以为选区添加纯色调整图层，效果如图4-19所示。

图4-18　创建选区

图4-19　添加纯色调整图层

### 3. 磁性套索工具

磁性套索工具一般用于一些具有复杂形状图像选区的创建。相比套索工具，磁性套索工具创建选区时更加智能，它可以根据色彩范围识别物体边缘。下面将对如何使用磁性套索工具进行详细讲解。

**Step 01** 在工具箱中选择磁性套索工具，如图4-20所示。

**Step 02** 在图像中选择一个起点后，按住鼠标左键沿着主体边缘拖动，这时会自动创建磁性锚点，如图4-21所示。

图4-20　选择磁性套索工具

图4-21　绘制选区

**Step 03** 将鼠标拖动到起点后，松开鼠标可以自动创建选区，如图4-22所示。

**Step 04** 接下来可以为选区添加渐变调整图层，效果如图4-23所示。

图4-22　创建选区

图4-23　添加渐变调整图层

## 4.1.4　魔棒和快速选择工具

除了上述介绍的两种创建常规选区的工具外，Photoshop还提供了一些更加便捷的选区创建工具。魔棒工具和快速选择工具，可以根据色彩范围快速创建选区，下面将对这两种选区工具的应用进行详细讲解。

### 1. 魔棒工具

魔棒工具是依据色彩范围进行选择的选区工具，使用魔棒工具单击图像中的一种颜色，可以将这种颜色以及在容差范围之内的颜色都选中，一般用于颜色较为单一或者颜色过渡较小的图像。

图4-24　魔棒工具属性栏

选择魔棒工具后，其属性栏如图4-24所示。下面对其中的主要参数的应用进行详细讲解。

- **运算区域：** 用于对选区进行运算，包括“新选区”、“添加到选区”、“从选区中减去”和“与选区交叉”4个按钮，默认选择的是“新选区”按钮。
- **取样大小：** 用于设置魔棒工具的取样范围，取样的单位为像素，
- **容差：** 数值框中的数值决定了像素之间的相似性或差异性，取值范围为0~255。数值越低，要求的像素越高，反之要求的像素越低。

学习了魔棒工具属性栏中相关参数的含义后，接下来将对如何使用魔棒工具进行详细讲解。

**Step 01** 在工具箱中选择魔棒工具，如图4-25所示。

**Step 02** 接下来在魔棒工具属性栏中单击“添加到选区”按钮后，设置“容差”值为50，如图4-26所示。

图4-25　选择魔棒工具

图4-26　设置容差值及运算方式

**Step 03** 在图像中对颜色进行选择，如图4-27所示。

**Step 04** 多次点选直至需要的区域被选中，如图4-28所示。

图4-27　创建选区

图4-28　调整选区范围

## 2. 快速选择工具

快速选择工具是创建选区时使用频率相当高的一个工具，不但使用起来十分方便，创建的选区精度也十分高。快速选择工具是使用一个可以调节大小的圆形笔尖来创建选区，选择工具箱中的快速选择工具后，其属性栏如图4-29所示。下面对属性栏中各主要参数的含义进行介绍。

图4-29　快速选择工具选项栏

- **运算区域：** 单击相应的按钮，可以对选区进行运算，包括“新选区”、“添加到选区”、“从选区中减去”3个按钮，其中默认选择的是“新选区”按钮。
- **画笔选项：** 单击该下拉按钮，在打开的面板中可以设置创建选区时画笔的大小，也可以对画笔的硬度、间距、角度和圆度等进行调节。
- **对所有图层取样：** 勾选该复选框，可以对所有图层创建和当前图层上相同的选区。

学习了快速选择工具属性栏中各参数的应用后，下面将以给帽子添加小花为例，对如何使用快速选择工具进行详细讲解。

**Step 01** 在工具箱中选择快速选择工具，如图4-30所示。

**Step 02** 在快速选择工具属性栏中设置画笔大小，如图4-31所示。

图4-30 选择快速选择工具

图4-31 设置画笔大小

**Step 03** 接下来在图像上绘制选区，快速选择工具可以自动识别图像的边缘，如图4-32所示。

**Step 04** 最后使用移动工具将选区中的内容移动到其他图像上，效果如图4-33所示。

图4-32 绘制选区

图4-33 移动选区

**操作提示：快速删除多余选区**

如果使用快速选择工具创建的选区大于当前需要选取的物体，可以将画笔调小，按住Alt键的同时在多余的部分点选，即可快速删除多余的部分。

## 4.1.5 钢笔工具

钢笔工具是一个多用途的工具，下面介绍其在创建选区方面的应用。使用钢笔工具创建的选区更加细致，可以创建一些非常复杂的选区，下面将对如何使用钢笔工具创建选区进行详细讲解。

**Step 01** 在工具箱中选择钢笔工具，如图4-34所示。

**Step 02** 在图像中沿着图像的边缘绘制锚点，如图4-35所示。

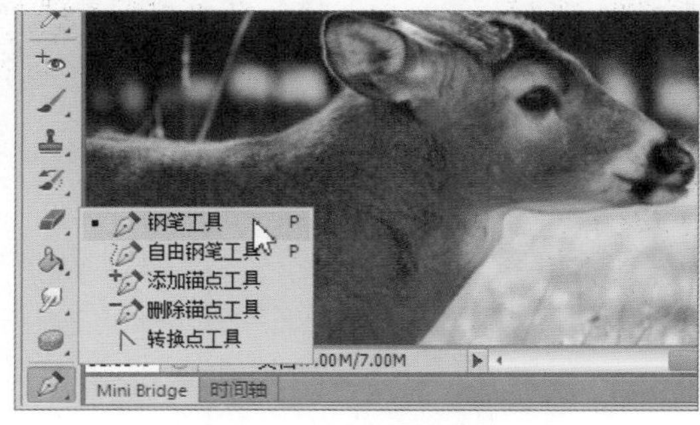

图4-34 选择钢笔工具

图4-35 绘制锚点

**Step 03** 在绘制锚点时可以放大图像，使绘制的边缘更加细致，如图4-36所示。

**Step 04** 在遇到曲线时可以拖动锚点上的控制柄调节切线方向，如图4-37所示。

图4-36　放大图像

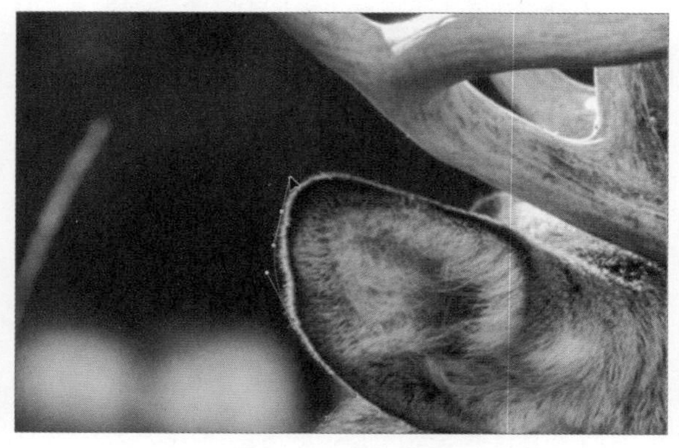

图4-37　绘制曲线

**Step 05** 在绘制锚点结束时，使起始锚点和最终锚点相连以闭合路径，如图4-38所示。

**Step 06** 接着单击鼠标右键，在弹出的快速菜单中执行“建立选区”命令，如图4-39所示。

图4-38　闭合路径

图4-39　执行“建立选区”命令

**Step 07** 在弹出的“建立选区”对话框中进行参数设置，如图4-40所示。

**Step 08** 单击“确定”按钮后，选区就创建完成了，如图4-41所示。

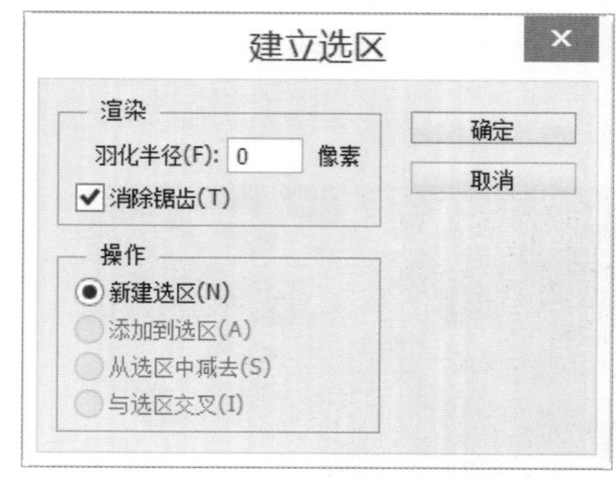


图4-40　“建立选区”对话框

图4-41　完成选区创建

# 4.2 选区的基础操作

学习了创建选区的相关工具的应用后，接下来将介绍选区的基础操作，如移动选区、变换选区、复制选区和剪切选区等。

## 4.2.1 选区的移动和取消

在Photoshop中，读者可以通过移动选区来进行下一步的编辑操作，也可以通过取消选区操作来快速放弃当前选区重新选择。

### 1. 移动选区

之前介绍了4种创建选区的方法，但是移动选区时，只有使用选框工具、套索选区工具、魔棒工具和快速选择工具时，选区才能被移动。如果当前选择的是钢笔工具，选区是不能被移动的。

**Step 01** 在工具箱中选择除钢笔工具之外的选区工具，如矩形选框工具，如图4-42所示。

**Step 02** 接下来在属性栏将运算模式修改为“新选区”模式，如图4-43所示。

图4-42 选择矩形选框工具

图4-43 选择“新选区”模式

**Step 03** 将光标移动到选区边界，当光标变为图4-44所示的样式时，即可按住鼠标左键移动选区。

**Step 04** 将选区移动其他地方，效果如图4-45所示。

图4-44 移动光标

图4-45 移动选区

### 2. 取消选区

在创建选区时，如果发现选区存在较大的错位或者不再需要选区时，可以取消选区。在菜单栏中执行“选择>取消选择”命令，如图4-46所示。此时在文档窗口中可以看到选区已经被取消了，如图4-47所示。

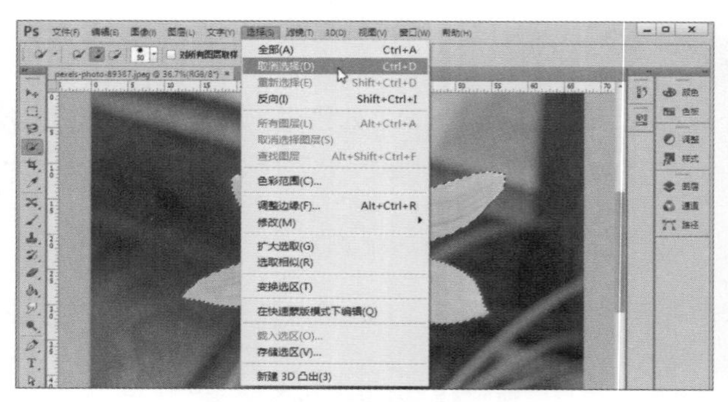


图4-46　执行“取消选择”命令

图4-47　查看取消选区的效果

**操作提示：使用移动工具移动选区**

使用钢笔工具创建选区后，若需要移动选区，必须先切换为其他选区工具。如果使用移动工具，移动的将是这一个选区内容，而不是选区，如图4-48所示。

图4-48　移动选区内容

## 4.2.2　选区的复制与剪切

选区的复制与剪切操作就是图像的分离功能，也就是抠图。下面将对如何进行选区的复制与剪切操作进行详细讲解。

### 1. 复制选区

创建选区之后，读者可以对选区内容进行复制。复制选区不会对原始图像造成破坏，具体操作如下。

**Step 01** 创建选区后，在菜单栏中执行“图层>新建>通过拷贝的图层”命令或按Ctrl+J组合键，如图4-49所示。

**Step 02** 在“图层”面板中可以看到选区中的内容已经被复制并独立新建了一个图层，如图4-50所示。

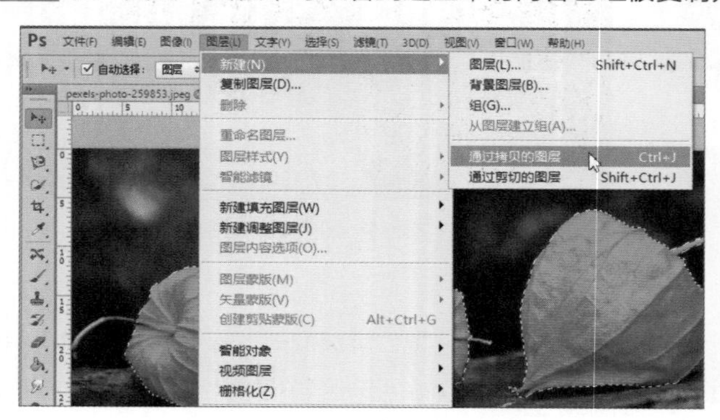


图4-49　执行“通过拷贝的图层”命令

图4-50　复制选区

**Step 03** 在“图层”面板中将复制的图层隐藏，如图4-51所示。

**Step 04** 回到文档窗口中，可以看到原图像没有发生变化，如图4-52所示。

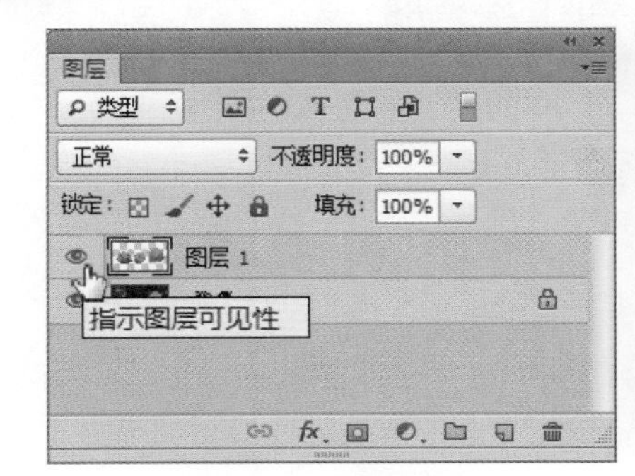


图4-51　隐藏图层

图4-52　查看复制选区后的效果

### 2. 剪切选区

在创建选区后，对选区内容执行剪切操作，会对原始图像造成破坏，具体操作如下。

**Step 01** 创建选区后，在菜单栏中执行“图层>新建>通过拷贝的图层”命令或按Shift+Ctrl+J组合键，如图4-53所示。

**Step 02** 此时在“图层”面板中可以看到选区中的内容已经被剪切并独立新建了一个图层，如图4-54所示。

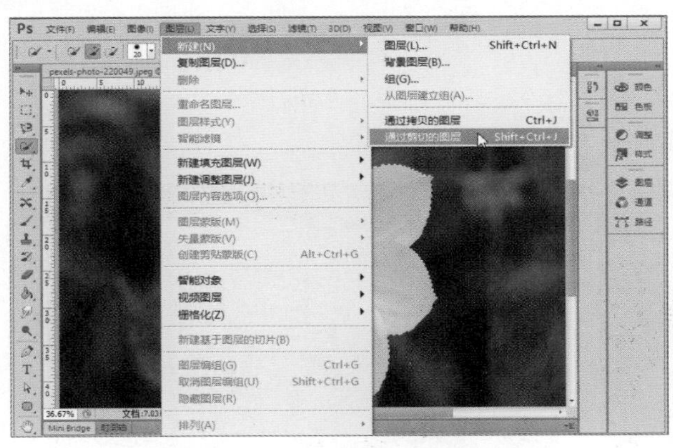


图4-53　执行“通过剪切的图层”命令

图4-54　剪切选区

**Step 03** 在“图层”面板中将剪切的图层隐藏，如图4-55所示。

**Step 04** 回到文档窗口后可以看到选区部分已经和原图层分离，即被剪切，效果如图4-56所示。

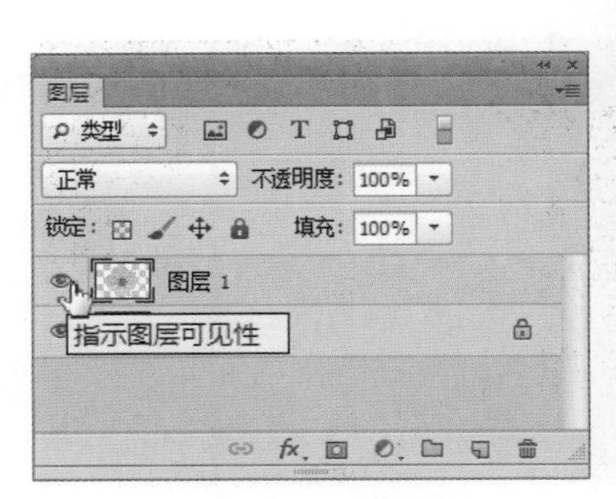


图4-55　隐藏图层

图4-56　查看剪切选区的效果

> **操作提示：使用快捷键复制与剪切选区**
>
> 通用的复制、剪贴快捷键是Ctrl+C和Ctrl+X，这两个组合键在复制和剪切选区时同样有效，区别在于，在复制选区时最终的效果是一样的，但是在剪切图层时不能创建新图层，只会将内容剪切后保存在剪切板中。按下组合键Ctrl+X后，选区内容即被剪切，如图4-57所示。
>
> 
>
> 图4-57　使用Ctrl+X组合键剪切选区

## 4.2.3　选区的变换

创建选区后，读者可以通过对选区执行变换操作来达到想要的效果。选区的变换和图像的变换是类似的，但是不能直接按Ctrl+T组合键，这样变换的是选区的内容而不是选区。下面将对如何进行选区的变换进行详细讲解。

**Step 01** 创建选区之后，在菜单栏中执行“选择>变换选区”命令，如图4-58所示。

**Step 02** 在选区的四周将出现定界框，如图4-59所示。

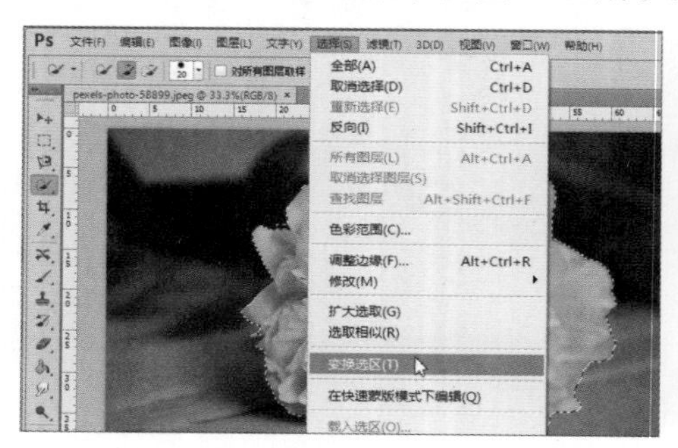


图4-58　执行“变换选区”命令

图4-59　定界框

**Step 03** 单击鼠标右键，在弹出的快捷菜单中执行“旋转”命令，如图4-60所示。

**Step 04** 即可对选区执行旋转操作，如图4-61所示。操作完成之后按下回车键即可。

图4-60　执行“旋转”命令

图4-61　旋转选区

## 4.2.4 选区的全选与反选

全选选区是指将图像中的所有内容进行选择，反选选区操作可以选择选区之外的内容，下面将对如何进行全选和反选选区进行详细讲解。

### 1. 全选选区

全选选区操作一般用于需要将图像中所有内容进行选择的情况。在菜单栏中执行“选择>全选”命令或者按Ctrl+A组合键，如图4-62所示。回到文档窗口后，可以发现整个图像已经被全部选中了，如图4-63所示。

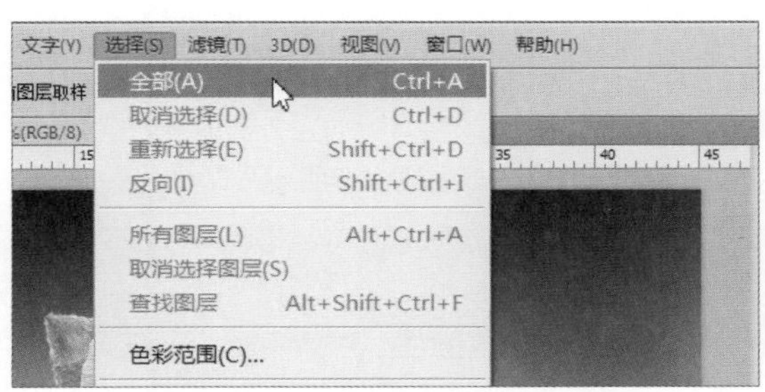


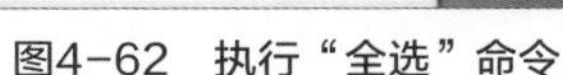
图4-62 执行“全选”命令

图4-63 全选图像

### 2. 反选选区

在选择对象时如果存在较大的难度，读者可以考虑将图像中的其他部分选中之后再执行反选操作。下面将以为图像更换背景为例，对如何执行反选选区操作进行详细讲解。

**Step 01** 使用快速选择工具选择图像中不需要的部分，如图4-64所示。

**Step 02** 接下来在菜单栏中执行“选择>反选”命令，如图4-65所示。

图4-64 选择不需要的部分

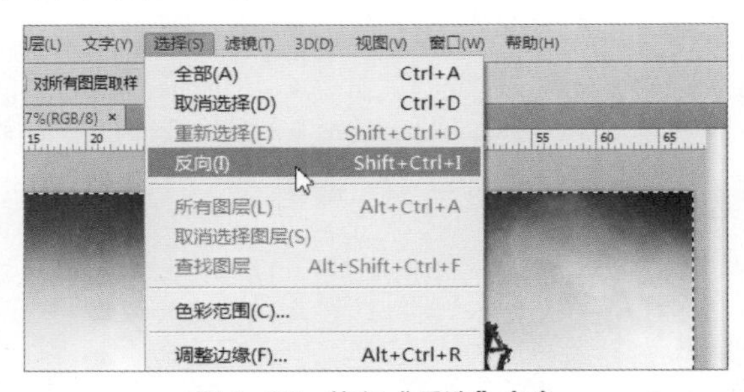

图4-65 执行“反选”命令

**Step 03** 此时在文档窗口中可以看到需要的部分已经被选中，如图4-66所示。

**Step 04** 然后将选区中的内容移动到其他图像中，效果如图4-67所示。

图4-66 反选选区

图4-67 移动选区内容

## 4.2.5 选区的运算

选区的运算一般在使用选框工具、套索工具和魔棒工具时才能用到，合理地使用选区的运算可以创建一些较为复杂的选区。下面对使用选框工具时的选区的运算操作进行详细讲解。

### 1. 新选区

创建选区时，“新选区”为默认运算模式，在该模式下只能创建一个选区。

### 2. 添加到选区

“添加到选区”模式是指将两个选区相加，在该模式下可以创建多个选区，同时会对选区进行叠加。下面将对如何使用“添加到选区”运算模式进行详细讲解。

**Step 01** 在工具箱中选择矩形选框工具，如图4-68所示

**Step 02** 接下来在工具属性栏中将运算模式修改为“添加到选区”，如图4-69所示。

图4-68 选择矩形选框工具

图4-69 选择“添加到选区”模式

**Step 03** 在图像中创建第一个选区，如图4-70所示。

**Step 04** 然后在图像中创建第二个选区，可以看到两个选区进行了相加，如图4-71所示。

图4-70 创建第一个选区

图4-71 查看选区相应的效果

### 3. 从选区中减去

“从选区中减去”模式可以将两个选区相减，在该模式下可以创建多个选区，同时选区会减少。下面将对如何使用“从选区中减去”运算模式进行详细讲解。

**Step 01** 在工具箱中选择矩形选框工具，如图4-72所示。

**Step 02** 接下来在工具属性栏中将运算模式修改为“从选区减去”，如图4-73所示。

图4-72　选择矩形选框工具

图4-73　选择“从选区中减去”模式

**Step 03** 在图像中创建第一个选区，如图4-74所示。

**Step 04** 然后在图像中创建第二个选区，可以看到两个选区进行了相减，如图4-75所示。

图4-74　创建第一个选区

图4-75　查看选区相减的效果

### 4. 与选区交叉

“与选区交叉”是指将两个选区相交在这个模式下，可以创建多个选区，同时只会留下交叉部分，下面将对如何使用这个运算模式进行详细讲解。

**Step 01** 在工具箱中选择矩形选框工具，如图4-76所示。

**Step 02** 接下来在工具属性栏中将运算模式修改为“与选区交叉”，如图4-77所示。

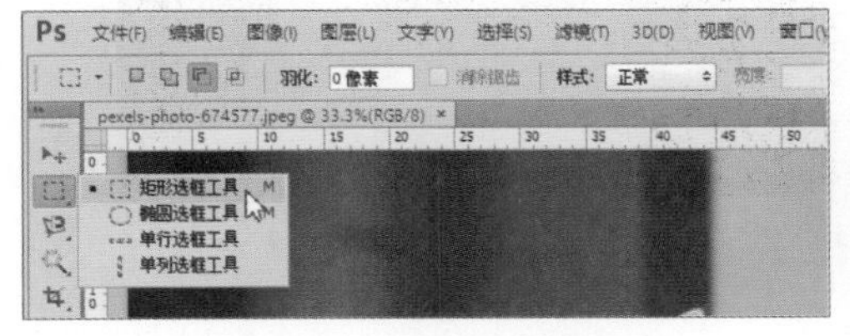

图4-76　选择矩形选框工具

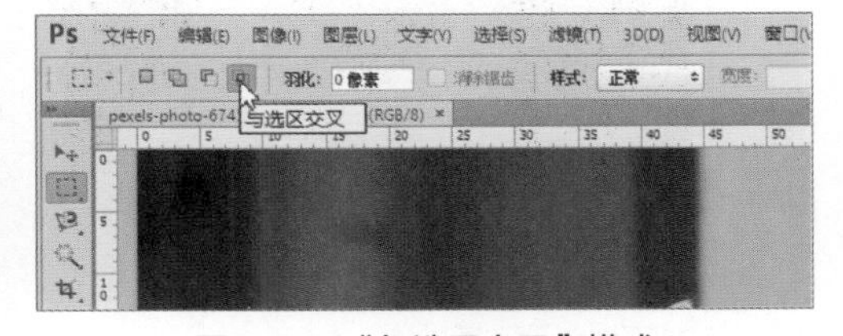

图4-77　“与选区交叉”模式

**Step 03** 先在图像中创建第一个选区，接着创建第二个选区，如图4-78所示。

**Step 04** 此时将保留原选区和新选区交叉的部分，如图4-79所示。

图4-78　使选区交叉

图4-79　查看选区交叉后效果

# 4.3 选区的编辑操作

本节将介绍选区编辑的相关操作，如修改选区的边界、扩展选区、收缩选区、羽化选区以及描边选区等。

## 4.3.1 调整选区边界

选区的边界在这里并不是指选区的边缘，修改选区的边界是指将选区的边缘同时向内收缩或向外拓展。首先在图像中创建选区，接着在菜单栏中执行“选择>修改>边界”命令，如图4-80所示。

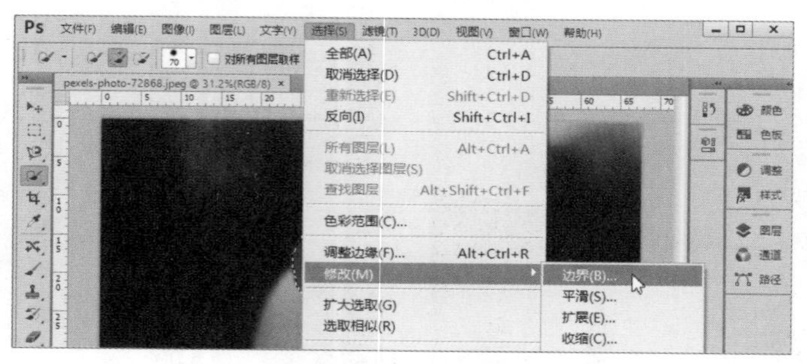


图4-80 执行“边界”命令

在弹出的“边界选区”对话框中进行参数设置，如图4-81所示。设置完成之后单击“确定”按钮，即可查看调整选区后的效果，如图4-82所示。

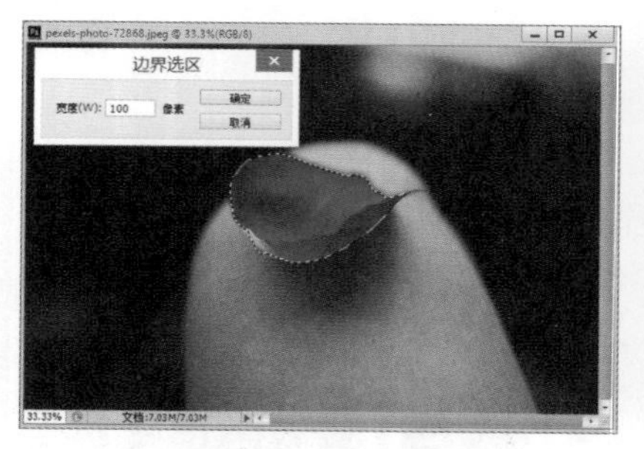


图4-81 “边界选区”对话框

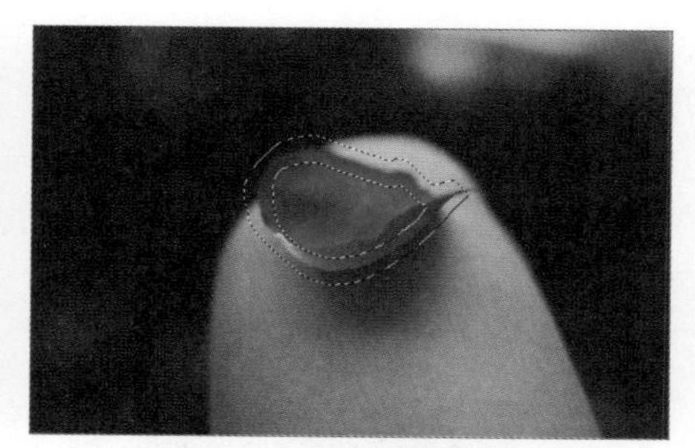

图4-82 查看调整后的选区效果

## 4.3.2 选区的平滑

若创建的选区十分生硬或者很不美观，读者可以对选区执行平滑操作，即在菜单栏中执行“选择>修改>平滑”命令，在弹出的“平滑”对话框中进行参数设置，如图4-83所示。设置完成后单击“确定”按钮即可。调整选区后的效果如图4-84所示。

图4-83 “平滑选区”对话框

图4-84 查看调整后的选区效果

## 4.3.3 选区的扩展

选区的拓展是指将选区的边缘向外扩展，与选区的边界操作不同。创建选区后，在菜单栏中执行“选择>修改>拓展”命令，在弹出的“扩展选区”对话框中进行参数设置，如图4-85所示。调整之后的选区效果如图4-86所示。

图4-85 “扩展选区”对话框

图4-86 查看修改后的选区效果

## 4.3.4 选区的收缩

选区的收缩是指将选区的边缘向内收缩创建选区后，在菜单栏中执行“选择>修改>收缩”命令，在弹出的“收缩选区”对话框中进行参数设置，如图4-87所示。调整之后的选区效果如图4-88所示。

图4-87 “收缩选区”对话框

图4-88 修改后的选区

## 4.3.5 选区的羽化

选区的羽化是指将选区的边缘进行模糊化处理，羽化的数值越大，模糊程度越高。创建选区后，在菜单栏中执行“选择>修改>羽化”命令，并在弹出的“羽化选区”对话框中进行参数设置，如图4-89所示。调整之后的选区效果如图4-90所示。

图4-89 “羽化选区”对话框

图4-90 查看修改后的选区效果

## 4.3.6 选区的描边

在Photoshop中，通过为选区边缘添加颜色，可以对选区内容加以区分，下面将对设置选区描边颜色的操作方法进行详细讲解。

**Step 01** 在工具箱中选择钢笔工具，如图4-91所示。

**Step 02** 接着沿着物体的边缘绘制路径，如图4-92所示。

图4-91 选择钢笔工具

图4-92 绘制路径

**Step 03** 然后单击鼠标右键，在弹出的快捷菜单中执行“建立选区”命令，如图4-93所示。

**Step 04** 在弹出的“建立选区”对话框中进行参数设置，如图4-94所示。

图4-93 执行“建立选区”命令

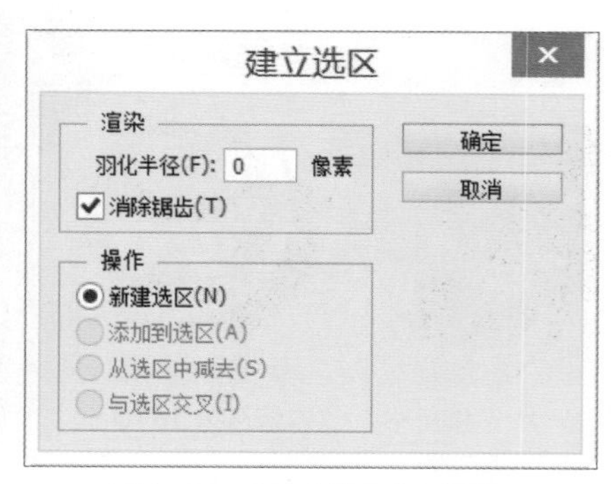


图4-94 “建立选区”对话框

**Step 05** 接下来在菜单栏中执行“编辑>描边”命令，如图4-95所示。

**Step 06** 在弹出的“描边”对话框中进行参数设置，如图4-96所示。

图4-95 执行“描边”命令

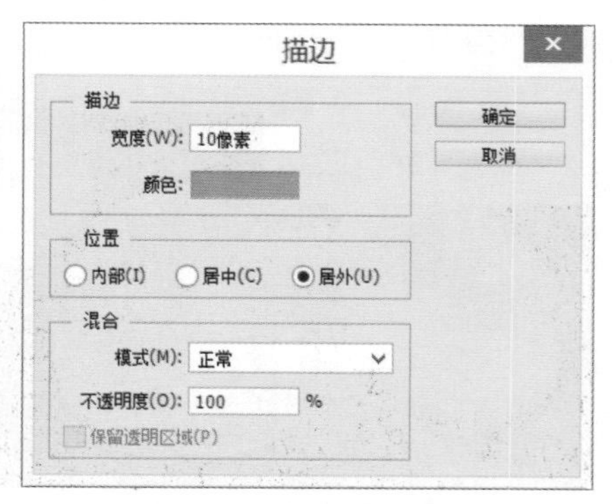


图4-96 “描边”对话框

**Step 07** 完成上述操作后，观看设置选区描边颜色的效果对比，如图4-97和图4-98所示。

图4-97　原图像

图4-98　设置选区描边颜色后效果

## 4.3.7　选区边缘的调整

读者除了可以分别对选区的边缘进行边界、平滑、扩展等操作外，还可以应用“调整边缘”命令完成上述操作。在菜单栏中执行“选择>调整边缘”命令，在弹出的“调整边缘”对话框中可以看到一系列的参数设置选项，如图4-99所示。

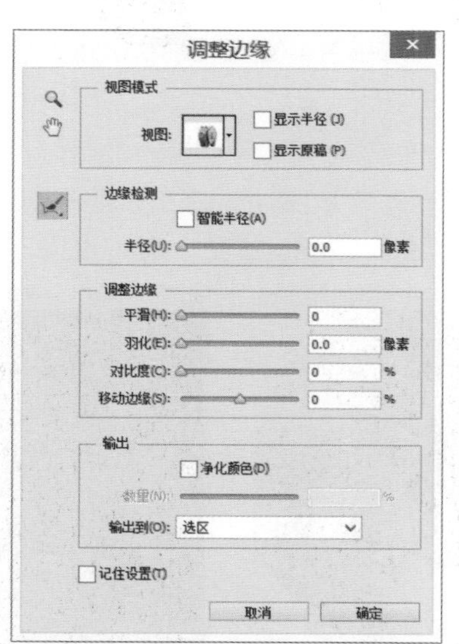


图4-99　“调整边缘”对话框

下面将对“调整边缘”对话框中各主要参数的应用进行详细讲解。

- **视图：** 单击右侧的下三角按钮，可以选择一个合适的视图模式，以便于查看选区调整之后的效果。
- **半径：** 用于设置调整之后扩展检测边缘的范围。
- **平滑：** 当创建的选区边缘非常生硬或有明显的锯齿时，设置该参数可以对选区进行柔化处理。
- **羽化：** 用于设置选区的羽化值，以扩大模糊程度。
- **对比度：** 用于设置选区边缘的虚化程度，以锐化选区并消除选区中的不协调感。
- **移动边缘：** 该参数与“扩展”和“收缩”命令的功能基本相同。当数值为正值时，向外扩展选区；当数值为负值时，向内收缩选区。
- **输出到：** 用于减少选区的杂色并选择选区的输出方式。

## 上机实训 制作恐龙合成效果

本案例分别从场景、物体、人物等方面为读者展示图片合成的详细制作过程，让读者可以轻松掌握图片合成的技巧，从而制作出自己喜欢的创意图片。本案例使用到Photoshop CS6软件的工具有：钢笔工具、填充工具以及蒙版工具等，操作方法如下。

**Step 01** 首先在Photoshop中打开“恐龙素材.jpg”文件，如图4-100所示。

**Step 02** 使用钢笔工具在恐龙素材图片上绘制路径，创建选区，并对选区进行反选，如图4-101所示。

图4-100　打开图像

图4-101　反选选区

**Step 03** 直接按下Delete键删除背景，然后保存文件为“恐龙扣图.png”，效果如图4-102所示。

**Step 04** 新建文档并命名为“制作恐龙合成效果.psd”，在工具箱中选择油漆桶工具，填充“图层1”图层为黑色。创建一个“背景”图层组，把“图层1”图层放在“背景”图层组里，如图4-103所示。

图4-102　保存图像

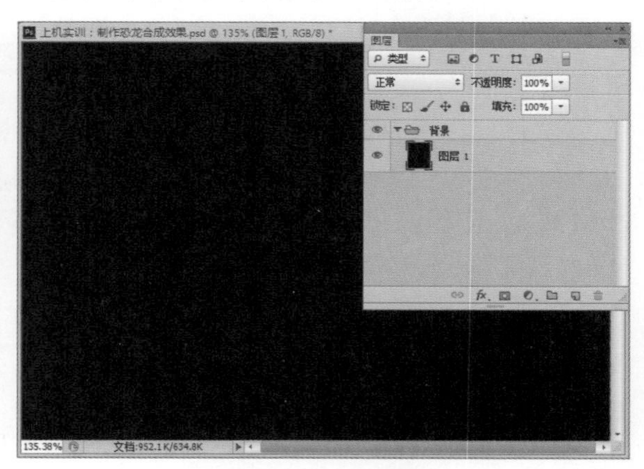


图4-103　创建新组

**Step 05** 打开“背景2.jpg”图像文件后，按Ctrl+A组合键全选图像，然后在菜单栏中执行“编辑>拷贝”命令，如图4-104所示。

**Step 06** 回到“制作恐龙合成效果.psd”文档，按Ctrl+V组合键粘贴拷贝的图像，然后在菜单栏中执行“编辑>变换>缩放”命令，调整图像的大小，如图4-105所示。

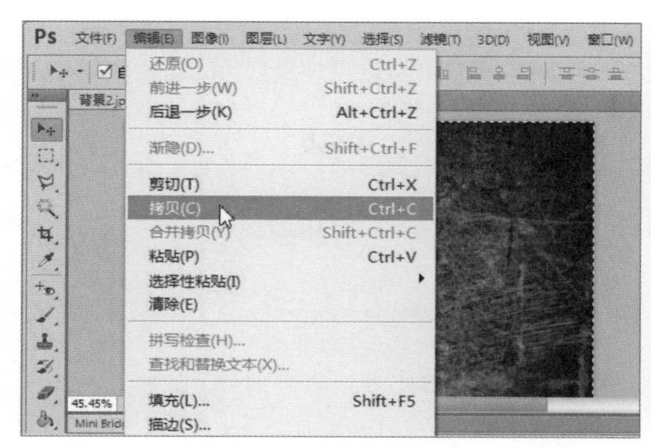


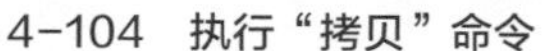
4-104 执行“拷贝”命令

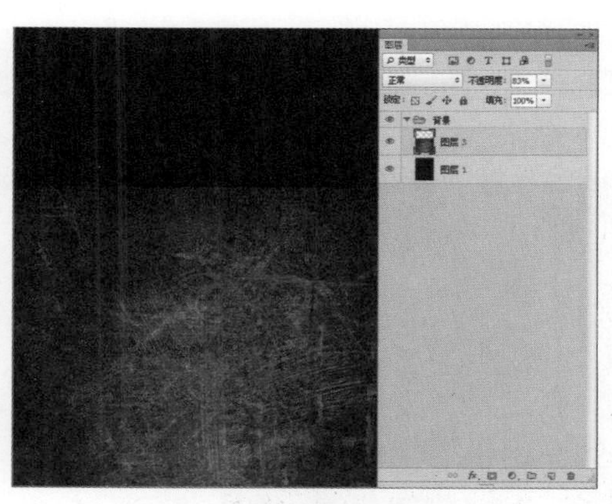

图4-105 粘贴并调整图像大小

**Step 07** 选择“图层2”图层并对其添加图层蒙板，然后选择渐变工具由底往上拉，对“图层2”图层添加渐变效果，设置不透明度为83%，如图4-106所示。

**Step 08** 打开“城市素材.jpg”图像文件，按Ctrl+A组合键全选图像，然后在菜单栏中执行“编辑>拷贝”命令，如图4-107所示。

图4-106 添加图层蒙版

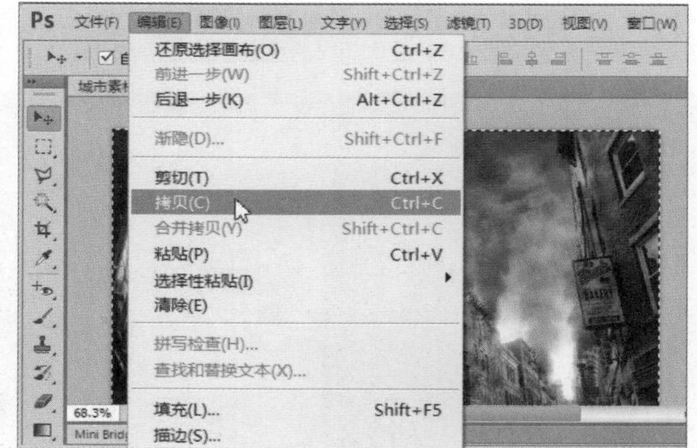


图4-107 执行“拷贝”命令

**Step 09** 回到“制作恐龙合成效果.psd”文档，按Ctrl+V组合键粘贴拷贝的图像，生成“图层4”图层。在菜单栏中执行“编辑>变换>缩放”命令，调整图像的大小，如图4-108所示。

**Step 10** 选择“图层4”图层，使用矩形选框工具绘制矩形选区后，执行“选择>修改>羽化”命令，参数设置如图4-109所示。

图4-108 粘贴并调整图像

图4-109 “羽化选区”对话框

Step 11 单击“确定”按钮，对图片边缘进行羽化操作，如图4-110所示。

Step 12 打开“火星星.png”文档，按Ctrl+A组合键全选图像，然后在菜单栏中执行“编辑>拷贝”命令，如图4-111所示。

图4-110　羽化选区边缘

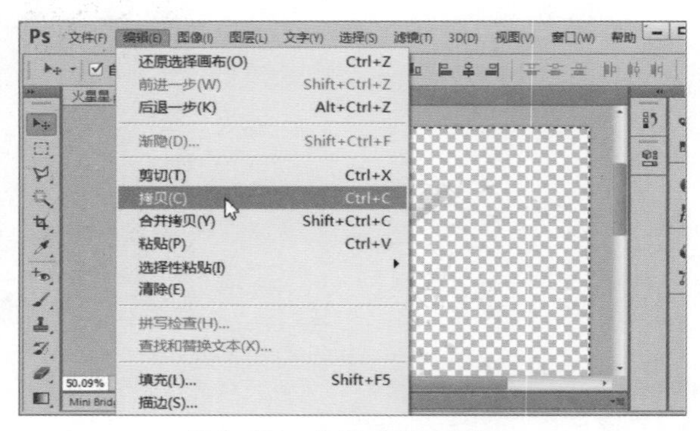


图4-111　执行“拷贝”命令

Step 13 回到“制作恐龙合成效果.psd”文档，按Ctrl+V组合键粘贴拷贝的图像，生成“图层5”图层。在菜单栏中执行“编辑>变换>缩放”命令，调整“图层5”图层的大小，如图4-112所示。

Step 14 选择“图层4”图层，按Ctrl+J组合键复制该图层，添加矢量蒙版后将其重命名为“图层4 蒙版”。选择套索工具，在图中创建选区，如图4-113所示。

图4-112　粘贴并调整图层大小

图4-113　创建选区

Step 15 按住Ctrl键，将光标移动到虚线内，把虚线内的图片移到建筑上，如图4-114所示。

Step 16 按Ctrl+D组合键取消选区后，在工具箱中选择修补工具，对覆盖建筑部分的边缘进行处理，如图4-115所示。

图4-114　移动选区内容

图4-115　修补选区

**Step 17** 选择“图层4”图层，按Ctrl+J组合键复制图层，同时使用钢笔工具把建筑顶部扣出，按Shift+Ctrl+J组合键剪切选区，并删除其他部分，如图4-116所示。

**Step 18** 执行“编辑>变换>旋转”命令，设置旋转角度为-15°。使用套索工具，把建筑底边缘圈出，执行“选择>修改>羽化”命令，设置“羽化半径”为“5像素”，然后按下Delete键，执行删除操作，如图4-117所示。

图4-116　抠选建筑顶部

图4-117　羽化边缘

**Step 19** 选择套索工具，在“图层5”建筑图上分别圈出大小不同图块，然后移出，如图4-118所示。

**Step 20** 打开“火光.jpg”图像文件，按Ctrl+A组合键全选图像，然后在菜单栏中执行“编辑>拷贝”命令，如图4-119所示。

图4-118　破碎建筑顶部

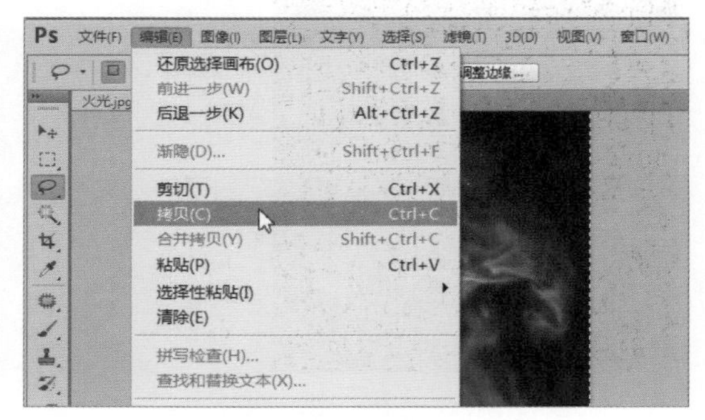


图4-119　执行“拷贝”命令

**Step 21** 回到“制作恐龙合成效果.psd”文档，执行“编辑>粘贴”命令，将其移到“图层5”图层下面，设置图层混合模式为“滤色”，如图4-120所示。

**Step 22** 打开“恐龙扣图.png”图像文件，按Ctrl+A组合键全选图像，然后在菜单栏中执行“编辑>拷贝”命令，如图4-121所示。

图4-120　添加火焰效果

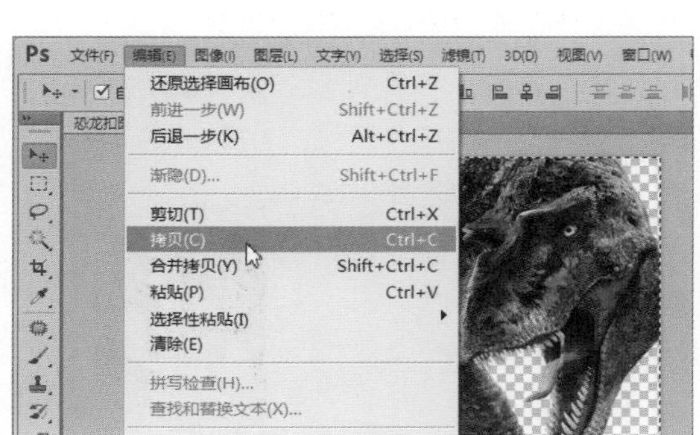


图4-121　执行“拷贝”命令

**Step 23** 回到“制作恐龙合成效果.psd”文档，按Ctrl+V组合键粘贴拷贝的图像，生成“图层8”图层。在菜单栏中执行“编辑>变换>缩放”命令，调整“图层8”图层的大小，为“图层8”图层添加矢量蒙版，如图4-122所示。

**Step 24** 新建“图层9”图层，使用矩形选框工具创建一个矩形选区，并选择油漆桶工具，填充颜色为黑色，效果如图4-123所示。

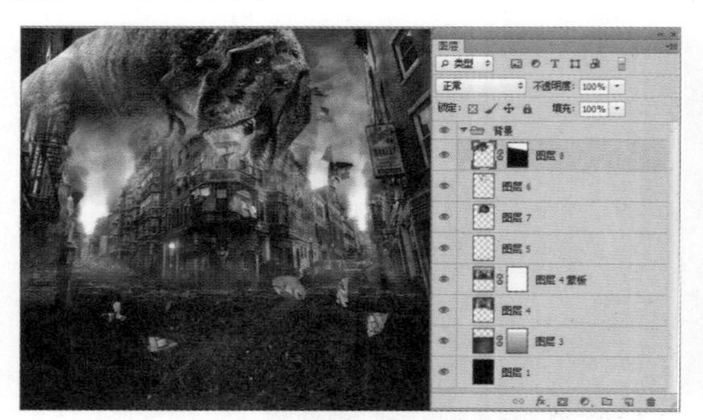

图4-122　为图层添加矢量蒙版

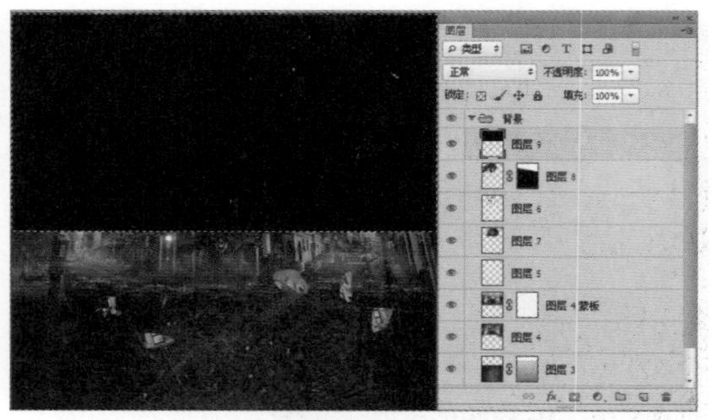

图4-123　填充选区

**Step 25** 在工具箱中选择套索工具，在“图层8”中创建选区，如图4-124所示。

**Step 26** 在菜单栏中执行“选择>修改>羽化”命令，设置“羽化半径”值为50，按下Delete键执行删除操作，效果如图4-125所示。

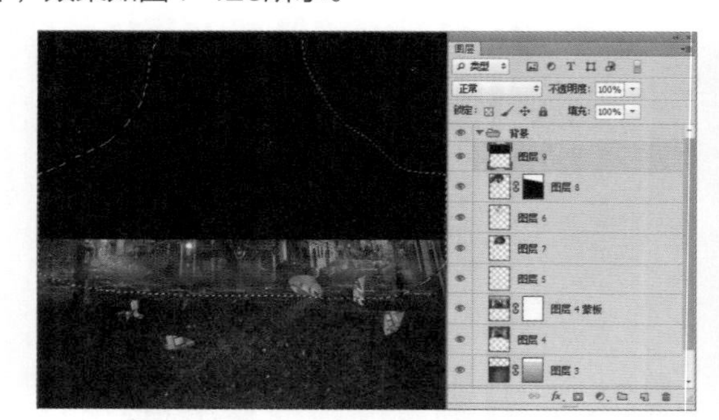

图4-124　创建选区

图4-125　羽化并删除选区

**Step 27** 打开“人群.psd”图像文件，按Ctrl+A组合键全选图像，然后在菜单栏中执行“编辑>拷贝”命令，如图4-126所示。

**Step 28** 回到“制作恐龙合成效果.psd”文档中，按Ctrl+V组合键粘贴拷贝的图像，生成“图层10”图层。在菜单栏中执行“编辑>变换>缩放”命令，调整“图层10”图层的大小，效果如图4-127所示。

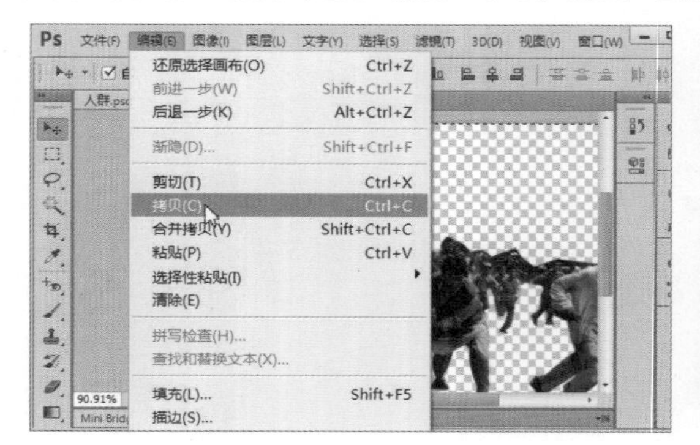


图4-126　执行“拷贝”命令

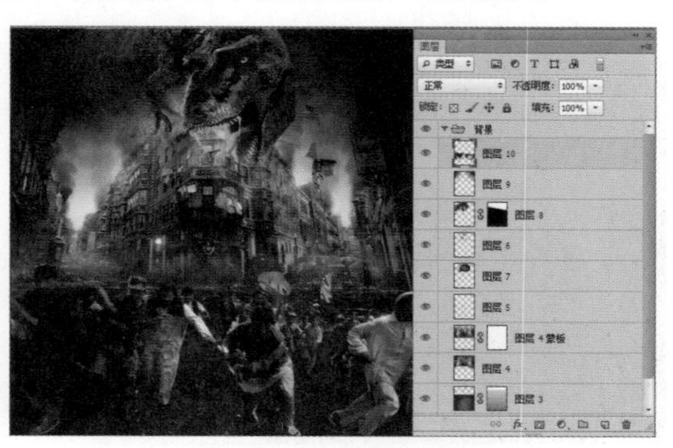

图4-127　粘贴并调整图像大小

**Step 29** 打开“人群2.psd”文件，按Ctrl+A组合键全选图像，然后在菜单栏中执行“编辑>粘贴”命令，如图4-128所示。

**Step 30** 回到“制作恐龙合成效果.psd”文档中，按Ctrl+V组合键粘贴拷贝的图像，生成“图层11”图层。同时在菜单栏中执行“编辑>变换>缩放”命令，调整“图层11”图层的大小，效果如图4-129所示。

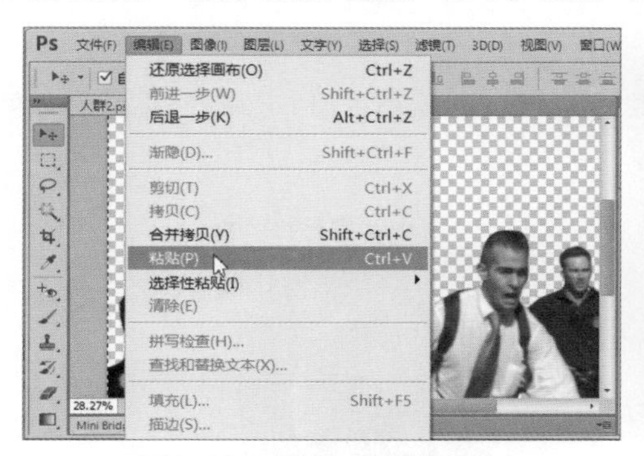


图4-128 执行“粘贴”命令

图4-129 粘贴并调整图像大小

**Step 31** 新建“图层12”图层，使用矩形框选工具绘制矩形。选择油漆桶工具，填充颜色为黑色，如图4-130所示。

**Step 32** 对“图层12”图层添加矢量蒙板，选择渐变工具，对黑色填充部分由下往上拉，创建渐变蒙版，如图4-131所示。

图4-130 创建并填充选区

图4-131 添加矢量蒙版

**Step 33** 设置完成后查看最终效果，如图4-132所示。

图4-132 查看最终合成效果

## 设计师点拨 色彩的属性应用

大千世界中，色彩尽管千变万化，但总体上可以分为两大类：

- **无彩色：**分别是黑、灰、白三色。这三种颜色没有代表彩色的纯度（纯净程度），只有明度（明暗程度），如图4-133所示。
- **彩色：**包括红、橙、黄、绿、蓝、紫，这些颜色是既有明度又有色相（色彩的相貌）和纯度的色彩，如图4-134所示。

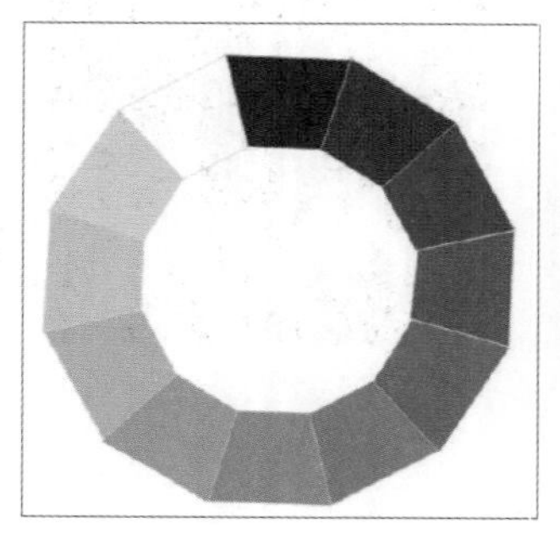

图4-133 无彩色

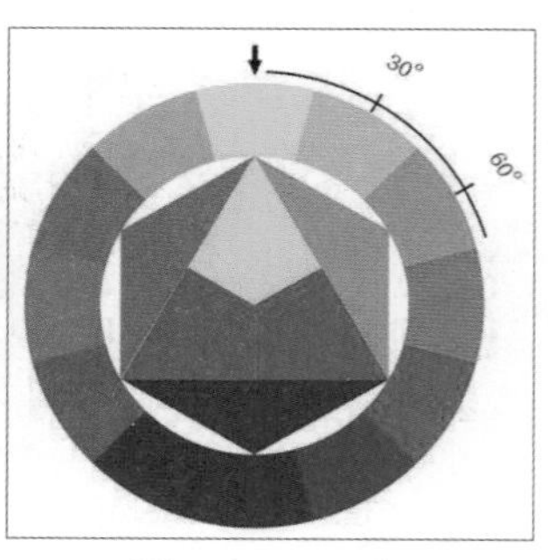


图4-134 彩色

除了无彩色只有明度以外，其余所有色彩都具有三个基本性质，即明度、色相和纯度，这三者被人们总结为色彩的三个基本属性。下面分别进行详细介绍。

### 1. 明度

明度是色彩明暗的程度。光源色的明度叫“光度”，物体色的明度就是人们常说的“亮度”和“深浅度”。无彩色的黑、灰、白在内的所有颜色都有明度，明度的处理是色彩搭配的基础。色彩的基本属性都可以用明度来表示。例如素描、黑白照片、彩色印刷中每一色的灰度等级等。

在某种色彩中添加白色，可以提高该色的明度，添加得越多，明度越高。如果添加黑色，则会降低色彩的明度。

在计算机中，有灰度的图像叫做“灰度图像”。灰度从黑到白分256个层次。而彩色则有两种构成模式，一种叫做R（红）、G（绿）、B（蓝）三色彩色模式。由此模式构成的图像叫做“RGB彩色图像”，每一个颜色有256阶灰度，如图4-135所示。

另一种是C（青）、M（品红）、Y（黄）、K（黑）四色彩色模式。对应的四色图像叫做“CMYK彩色图像”，每一个颜色有256阶灰度，如图4-136所示。

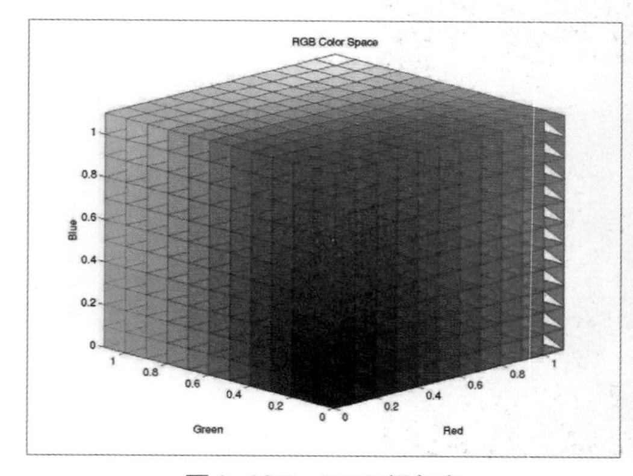


图4-135 RGB颜色表

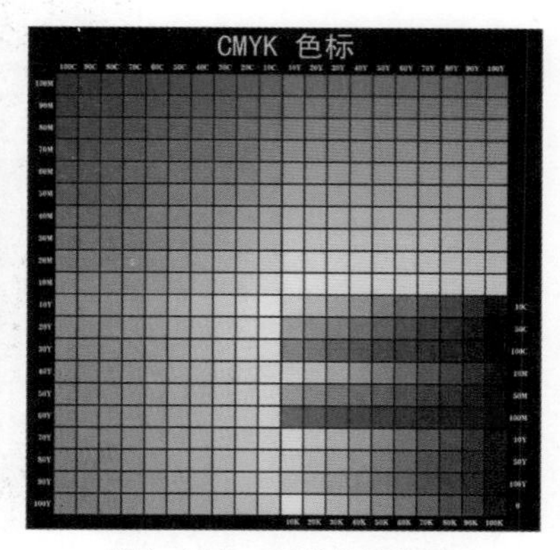


图4-136 CMYK色标表

## 2. 色相

色相是色彩的相貌，用以区分不同的色彩种类。色相对应色彩本身固有的波长，不论是否改变明度，色相都不会改变。例如红、橙、黄、绿、蓝、紫各自具有自己的色相，如果把其中的蓝色明度降低或升高，变成藏蓝或浅蓝色，其波长没有改变，仍然是蓝色，因而色相没有任何改变。当波长发生改变时，颜色会随之改变，色相也会相应地改变，如图4-137所示。

好的色彩设计使用的色相种类不可过多，其使用原则是：概括、精练。我们应以最少的色相种类表现最多的色彩内容。在绘画中，当需要改变色相时，通常使用新的色相颜色重新绘制。在计算机中，移动“色相”调整滑块，可从一个色相过渡到另一个色相，从而可以简单地改变色相。

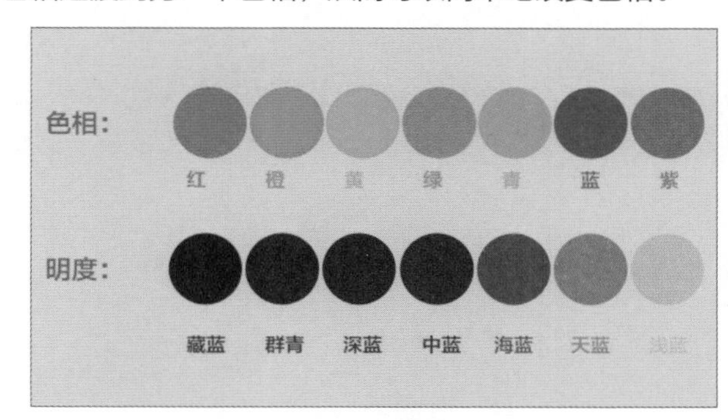


图4-137　色相与明度

## 3. 纯度

纯度是色彩的纯净程度，是色相的明确程度。通俗地说，纯度是指色彩的鲜艳程度和饱和度。纯度高的色彩醒目、鲜艳，容易得到人们的注意。图4-138所示的红色纯度高，能够引人注意。

自然光光谱中的红、橙、黄、绿、蓝、紫是纯度最高的颜色。物体色中，红色的纯度最高，橙、黄、紫的纯度次之，绿、蓝的纯度最低。

纯度的高低与人眼的视觉敏感度有很大关系。人类对某些物体色不敏感，感觉上纯度也就不高。例如，人们在同等光线条件下对红色物体感觉敏锐，该色的纯度最高。绿色和蓝色物体不醒目，看上去纯度不高。

如果把黑、白、灰与纯度很高的色彩混合，将会降低色彩的纯度。换言之，色彩明度的变化将影响纯度的高低。

对于数字图像，色彩的纯度除了受到明度的影响外，还受到对比度、扫描模式、拍照光线、设定模式的制约。任何一个环节如果没有达到要求，色彩的纯度都会大打折扣。改变红色的纯度后，其效果如图4-139所示。

图4-138　红色纯度高

图4-139　改变红的纯度

# 文字的创建和编辑

文字的应用在效果设计中是很重要的一部分，不仅可以起到说解的作用，也可以起到美化、丰富画面的作用。本章主要介绍“字符”/“段落”面板的应用、横排/竖排文字的创建、特殊文字的创建、文字的编辑以及文字的转化等相关知识。通过本章内容的学习，可以使读者创作出满意的文字效果。

**核心知识点**

❶ 熟悉“字符”/“段落”面板

❷ 掌握创建基础文字的方法

❸ 掌握创建特殊文字的方法

❹ 掌握文字的编辑和转化操作

创建竖排文字

创建选区文字

创建路径边缘文字

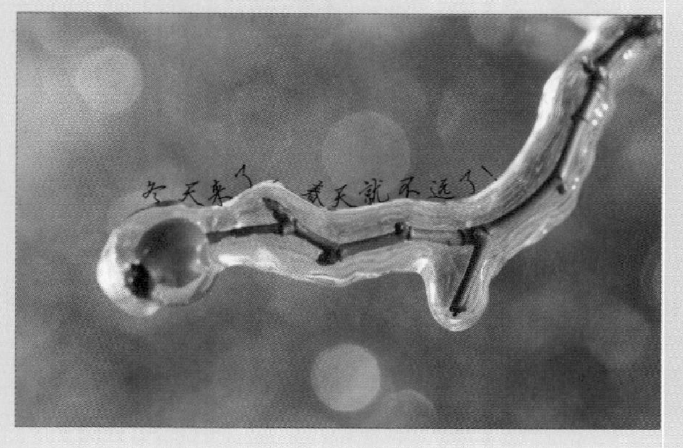


创建路径填充文字

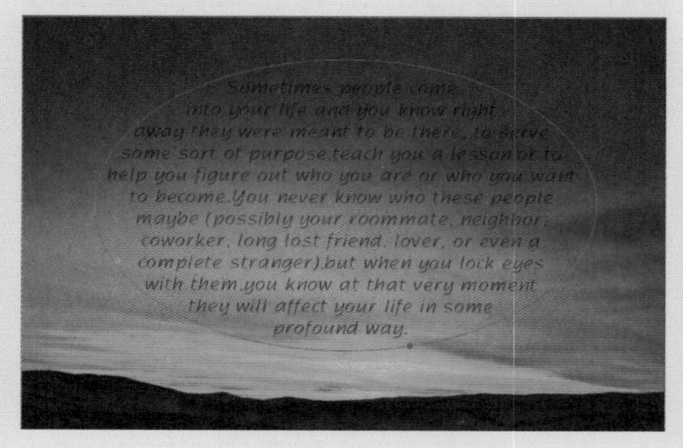

# 5.1 “字符”/“段落”面板

本节首先介绍关于“字符”和“段落”面板的相关知识，这两个面板将会在创建和编辑文字时发挥巨大的作用，下面将对这两个面板的应用进行详细讲解。

## 5.1.1 “字符”面板

“字符”面板是文本创建和编辑过程中使用最多的面板之一。在菜单栏中执行“窗口>字符”命令，弹出“字符”面板，如图5-1所示。

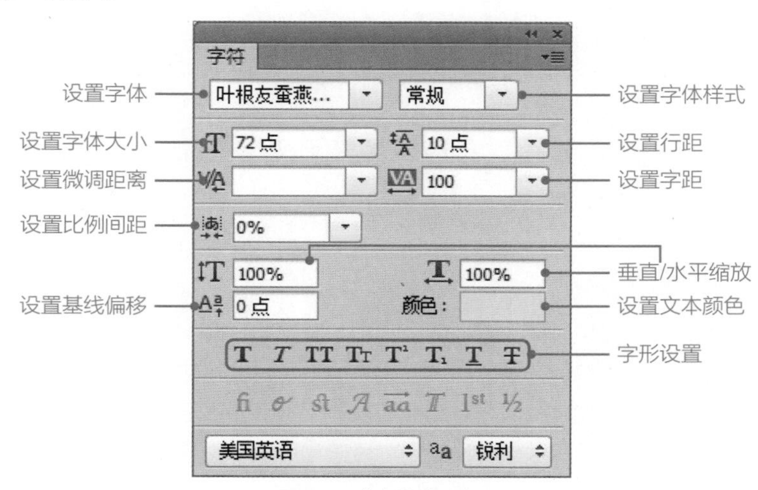


图5-1 “字符”面板

下面将对“字符”面板中主要参数的应用进行详细讲解。

- **设置字体**：选中需要调整字体的文字后，单击此处下三角按钮，在列表中选择需要的字体。
- **设置字体样式**：选中需要调整样式的文字后，单击此处选择需要的样式。
- **设置字体大小**：选中需要调整大小的文字后，在数值框中输入数值或者选择预设的字体大小即可。
- **设置行距**：选中文字后，在数值框中输入数值或者选择预设的行距即可。
- **设置微调距离**：将光标定位在需要进行字间距微调的字符之间，在数值框中输入数值即可。
- **设置字距**：选中需要调整字距的文字后，在数值框中输入数值即可。
- **设置比例间距**：用来设置所选字符的比例间距。
- **垂直/水平缩放**：在数值框中输入数值，用于设置字符的宽度和高度。
- **基线偏移**：选中需要调整基线的文字后，在数值框中输入需要偏移的数值即可。
- **文本颜色**：选中需要调整字体颜色的文字后，单击色块，在弹出的对话框中选择合适的颜色即可。
- **字形设置**：选中需要修改字形的文字后，可以在这里单击相应的按钮即可设置字形，包括“仿粗体”、“仿斜体”、“全部大写字母”、“全部小写字母”等。

**操作提示：文字的基线**

创建文字时，会在文字的下方出现一条横线，这条横线就是所谓的基线。基线一般是文本内容所在的基准线，当需要使用文字下标时，这些文字下标会在基线下方，通过对基线偏移的调整，可以更改基线的位置，同时也可以更改下标所处的位置。

## 5.1.2 “段落”面板

“段落”面板用于设置段落文本的属性。在菜单栏中执行“窗口>段落”命令，弹出“段落”面板，如图5-2所示。

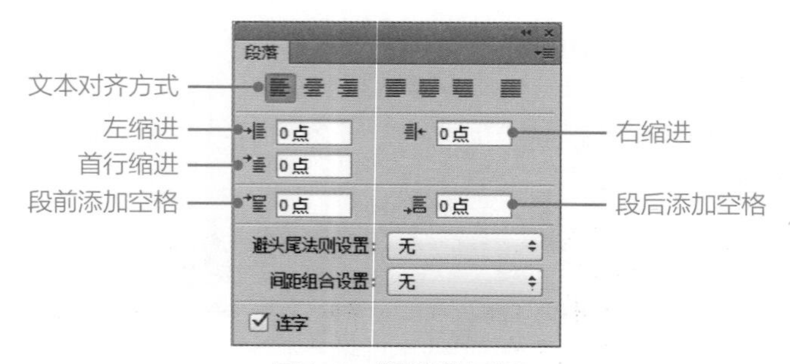


图5-2 “段落”面板

下面将对“段落”面板中主要参数的含义进行详细讲解。

- **文本对齐方式：**选中需要调整文本对齐方式的段落文字后，单击相应的按钮设置文本对齐方式。
- **左缩进：**在数值框中输入数值，设置段落的左侧相对于定界框左侧的缩进值。
- **右缩进：**在数值框中输入数值，设置段落的右侧相对于定界框右侧的缩进值。
- **首行缩进：**在数值框中输入数值，设置段落的首行相对于其他行的缩进值。
- **段前添加空格：**在数值框中输入数值，设置当前段落和前一个段落之间的间距。
- **段后添加空格：**在数值框中输入数值，设置当前段落和后一个段落之间的间距。

## 5.1.3 创建横排 / 竖排文字

在学习“字符”和“段落”面板的相关知识后，下面将学习创建横排/竖排文字的操作方法。在Photoshop中，使用文字工具创建文字后，除了可以在“字符”面板中对文字进行调整外，也可以在文字工具属性栏中进行调整，图5-3是文字工具属性栏。

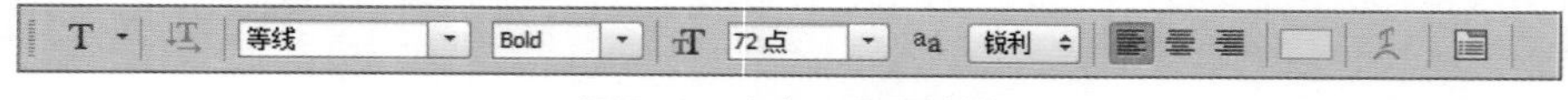


图5-3 文字工具属性栏

下面将对文字工具属性栏中的主要参数进行详细讲解。

- **设置字体：**选中需要修改字体的文字后，在列表中选择字体即可，其中字体包括默认和自行安装的。
- **设置字体样式：**选中需要修改字体样式的文字后，在列表中选择字体样式即可，但是字体样式是根据字体而异的，并不是所有的字体都可以更改字体样式。
- **设置字体大小：**选中需要修改字体大小的文字后，在列表中可以选择预设字体大小或者在数值框中输入数值。
- **设置消除锯齿的方法：**在列表中选择消除锯齿的方法，包括“无”、“锐利”、“犀利”、“浑厚”和“平滑”5种方法。
- **字体颜色：**选中需要修改字体颜色的文字后，单击色块后在弹出的对话框中选择合适的颜色。
- **文字变形：**单击该按钮，打开“变形文字”对话框，对选中的文字设变形操作。
- **切换字符和段落面板：**单击该按钮，可以在“字符”和“段落”面板之间切换。

接下来将对如何创建文字进行详细讲解。

## 1. 创建横排文字

横排文字是最常见的文字形式，在工具箱中选择横排文字工具，如图5-4所示。然后在文档窗口的合适位置单击，出现文字光标后输入文字即可，如图5-5所示。

图5-4　选择横排文字工具

图5-5　创建横排文字

## 2. 创建竖排文字

在工具箱中选择竖排文字工具，如图5-6所示。然后在文档窗口的合适位置单击，出现文字光标后输入文字即可，如图5-7所示。

图5-6　选择竖排文字工具

图5-7　创建竖排文字

### 操作提示：设置字体预览

在“字符”面板中，可以看到每种字体的预览效果，但是这个预览一般都比较小。这时读者可以在菜单栏中执行“文字>字体预览大小”命令，在子菜单中选择相应的选项，即可设置字体预览的大小，如图5-8所示。

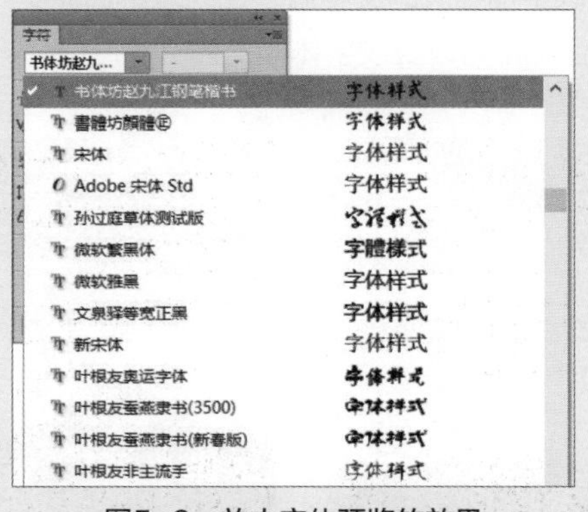


图5-8　放大字体预览的效果

## 5.1.4 创建段落文字

在学习了如何创建横排/竖排文字的相关操作后，接下来将学习如何创建段落文字与设置段落文字格式的相关操作，下面将进行详细介绍。

### 1. 创建段落文字

在Photoshop中需要很多文字说明时，可以通过创建段落文字的方式来输入文字。首先在工具箱中选择横排文字工具，接着在文档窗口中拖动绘制一个文本框，如图5-9所示。最后在文本框中输入文字，当输入文字至文本框边缘时会自动换行，如图5-10所示。

图5-9　拖动创建文本框

图5-10　输入段落文字

### 2. 设置段落格式

创建段落文字后，读者可以通过“段落”面板设置段落的格式，如设置段落的对齐或缩进等。选中段落文字，在菜单栏中执行“窗口>段落”命令，如图5-11所示。在弹出的“段落”面板中进行参数设置，如图5-12所示。

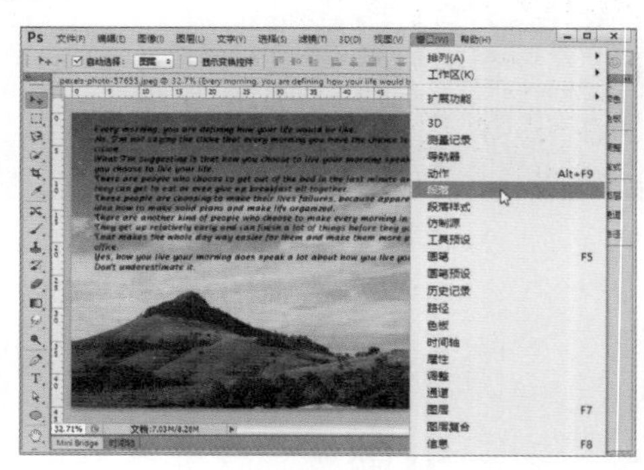

图5-11　执行“段落”命令

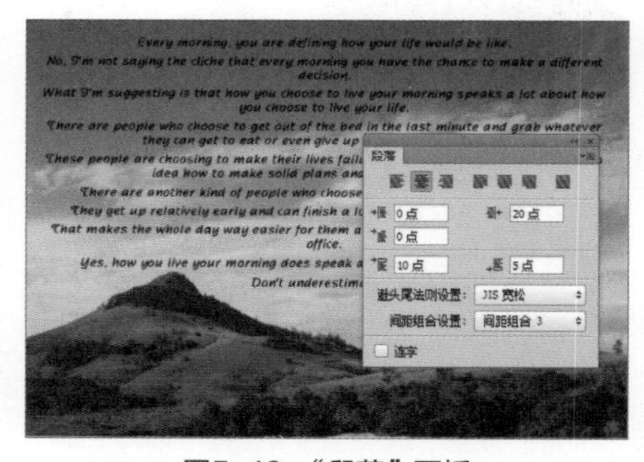

图5-12　“段落”面板

上述操作完成之后观看对比效果，如图5-13和图5-14所示。

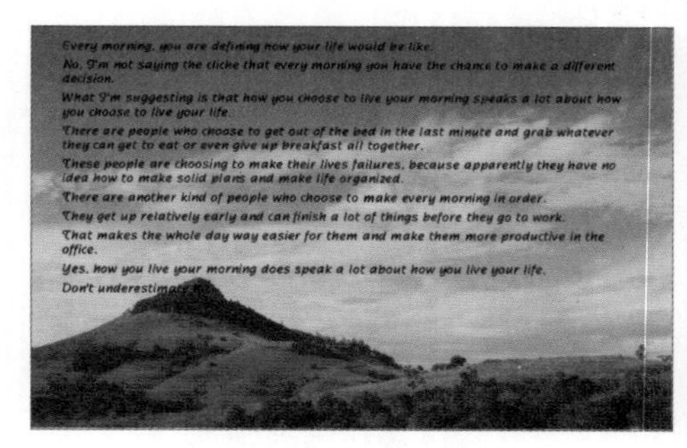

图5-13　原段落文字

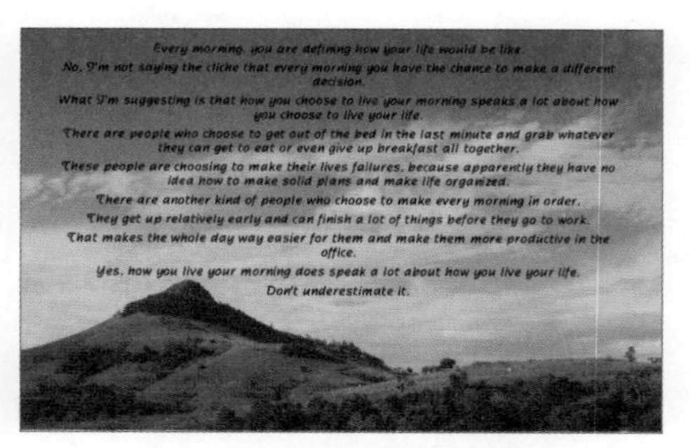

图5-14　设置格式后的段落文字

## 5.2 创建特殊文字

除了创建横排/竖排文字和段落文字外，读者也可以创建一些特殊文字，如选区文字、路径文字和变形文字。通过创建特殊文字，可以达到某种特殊的效果。下面将对如何创建特殊文字的操作进行详细讲解。

### 5.2.1 创建选区文字

使用横排文字蒙版工具和竖排文字蒙版工具可以创建选区文字。使用横排/竖排文字蒙版工具输入文字之后，文字会以选区的形式出现，读者可以对其填充和描边进行设置。下面将对如何创建选区文字以及创建文字选区操作进行详细讲解。

#### 1. 使用文字蒙版工具创建选区文字

下面以横排文字蒙版工具为例，介绍创建选区文字的操作方法。

**Step 01** 在工具箱中选择横排文字蒙版工具，如图5-15所示。

**Step 02** 接下来在文档窗口中任意位置单击，即可出现快速蒙版，如图5-16所示。

图5-15　选择横排文字蒙版工具

图5-16　文本快速蒙版

**Step 03** 打开“字符”面板并进行参数设置，如图5-17所示。

**Step 04** 最后输入文本，然后选中移动工具即可，如图5-18所示。

图5-17　设置文本参数

图5-18　创建选区文字

### 2. 创建文字选区

下面介绍创建文字选区的操作方法，首先在“图层”面板中找到文字图层，按Ctrl键不放，将光标移至文字图层上，光标下方将出现选区形状，如图5-19所示。单击鼠标左键，在文档窗口中看到文字已经转化为选区，如图5-20所示。

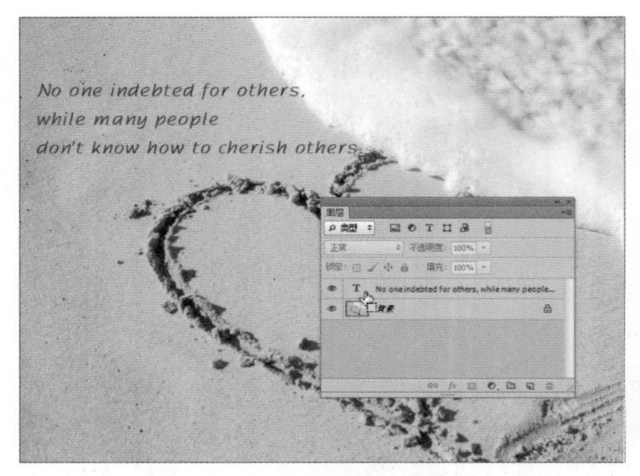


图5-19　单击文字图层

图5-20　文字选区

## 5.2.2　创建路径文字

路径文字是指沿着路径边缘或者填充在路径内部的文字，前者是沿着路径边缘输入的文字，可以产生特殊文字效果；而后者则适用于段落文字，以产生异形区域文字段落效果。下面对如何创建这两种路径文字的操作方法进行详细介绍。

### 1. 创建沿路径边缘的文字

使文字工具输入的文字默认是横线或者竖线排列的，读者可以先创建路径，然后让文字沿着路径排列，这里的路径包括闭合路径和开放合路径。下面将对创建沿路径边缘文字的方法进行详细讲解。

Step 01 在工具箱中选择钢笔工具，如图5-21所示。

Step 02 在文档窗口中沿着树枝的形状绘制一个非闭合路径，如图5-22所示。

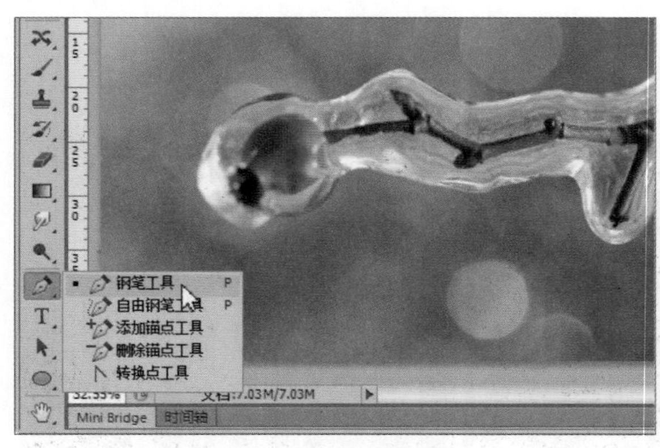


图5-21　选择钢笔工具

图5-22　绘制非闭合路径

Step 03 在工具箱中选择横排文字工具，将光标移动到路径上，光标会自动变为图5-23所示的形状。

Step 04 最后输入文字，即可沿着路径边缘创建路径文字，如图5-24所示。

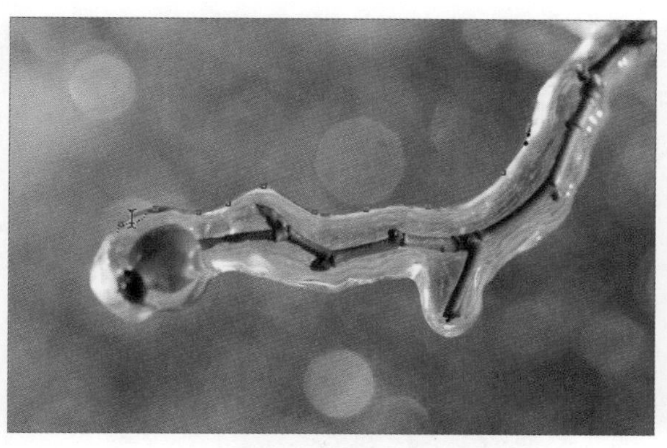

图5-23　定位光标

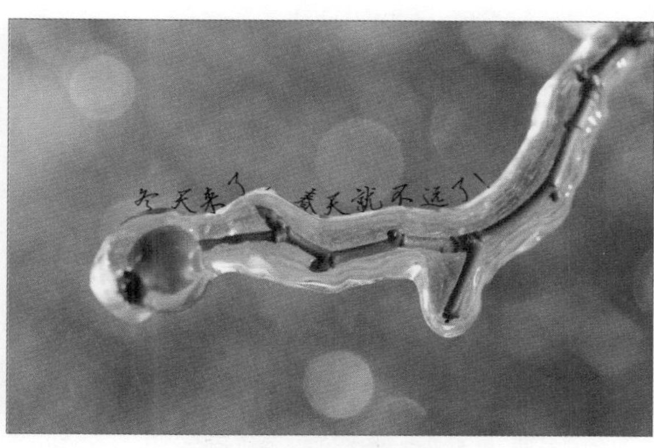

图5-24　输入路径文字

### 2. 创建路径内部填充文字

路径内部填充文字是指在闭合路径内部创建的文字，相当于异形边框的段落文字，可以使文字段落更加生动。下面将对如何创建闭合路径内部填充文字操作进行详细讲解。

**Step 01** 在工具箱中选择椭圆工具，在属性栏中选择工具模式为“路径”，如图5-25所示。

**Step 02** 在文档窗口中绘制椭圆形状的路径，如图5-26所示。

图5-25　选择椭圆工具

图5-26　绘制椭圆路径

**Step 03** 接下来在工具箱中选择横排文字工具，将光标移动到路径内部，光标会自动变为图5-27所示形状。

**Step 04** 最后输入文字，即可创建路径内部填充文字，效果如图5-28所示。

图5-27　路径文字光标

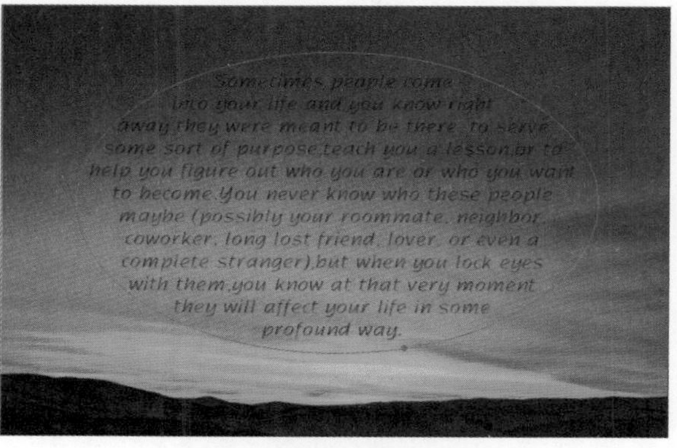


图5-28　输入段落文字

## 5.2.3 创建变形文字

变形文字是指对创建的文字进行变形处理后的文字，文字效果更多样化。Photoshop为用户提供了15种变形样式，分别为扇形、下弧、上弧、拱形、贝壳、波浪、鱼眼、膨胀等。

**Step 01** 首先使用横排文字工具在文档窗口中创建文字，如图5-29所示。

**Step 02** 在横排文字工具属性栏中单击“创建文字变形”按钮，如图5-30所示。

图5-29 创建横排文字

图5-30 单击“创建文字变形”按钮

**Step 03** 在弹出的“变形文字”对话框中选择合适的变形样式，如图5-31所示。

**Step 04** 选择变形类型后，在“变形文字”对话框中显示相应的参数并进行设置，如图5-32所示。

图5-31 选择变形样式

图5-32 设置相关参数

**Step 05** 上述操作完成之后，观看对比效果，如图5-33和图5-34所示。

图5-33 原文字

图5-34 查看创建的扇形文字效果

> **操作提示：变形文字不能和字形混用**
>
> 为文字设置字形，如“仿粗体”、“斜体”等参数后，是不能创建变形文字的，必须是原始文字才能创建。

下面对“文字变形”对话框中主要参数的含义进行详细讲解。

- **样式：** 单击该下三角按钮在下拉列表中选择合适的变形样式，在Photoshop中提供了超过十种默认变形样式，可以满足一般需求。
- **水平/垂直：** 在选择变形样式后，读者可以选择文字是在水平方向上扭曲还是垂直方向上扭曲。
- **弯曲：** 通过输入数值调整变形的弯曲程度，数值越大弯曲程度越高。
- **水平扭曲：** 通过输入数值调整文字在水平方向扭曲的程度，数值越大扭曲程度越高。
- **垂直扭曲：** 通过输入数值调整文字在垂直方向扭曲的程度，数值越大扭曲程度越高。

## 5.3 编辑文字

创建文字后，读者还可以对文字进行编辑操作，如修改文字的属性和文本内容。通过对文字进行编辑，可以得到一些特殊的效果，如图5-35和图5-36所示。

图5-35 变形文字效果

图5-36 七彩文字效果

### 5.3.1 修改文字属性

修改文字的属性是指在不改变文本内容的情况下，修改字体、字号大小、字体颜色等文字的属性，这些属性都可以通过“字符”面板和文字工具属性栏进行修改。下面将对如何修改文字的几个主要属性进行详细讲解，首先在工具箱中选择横排文字工具并创建文本，如图5-37所示。在菜单栏中执行“窗口>字符”命令，弹出“字符”面板，如图5-38所示。

图5-37 创建横排文本

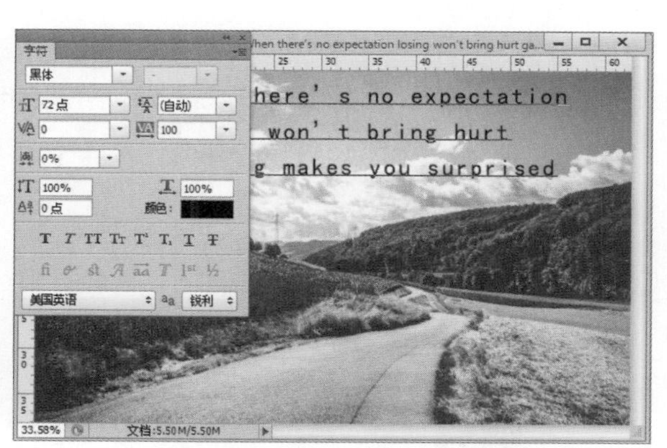


图5-38 “字符”面板

### 1. 修改字体

“字符”面板中除了系统安装时默认携带的字体外，还有一些后期读者自行安装的字体。在“字符”面板中单击设置字体按钮，在下拉列表中选择合适的字体，如图5-39所示。在文档窗口中查看修改字体的效果，如图5-40所示。

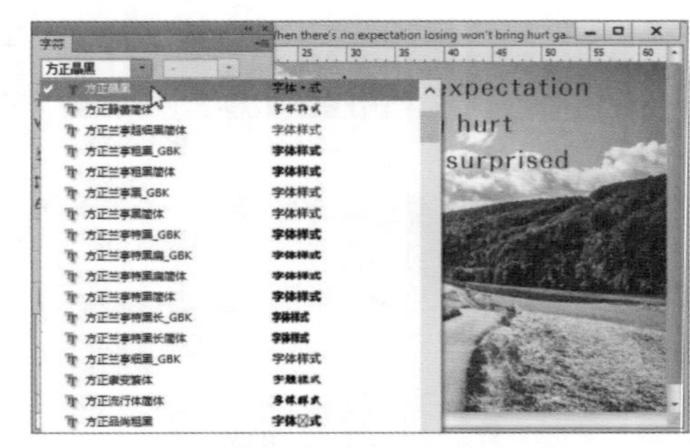


图5-39　选择字体

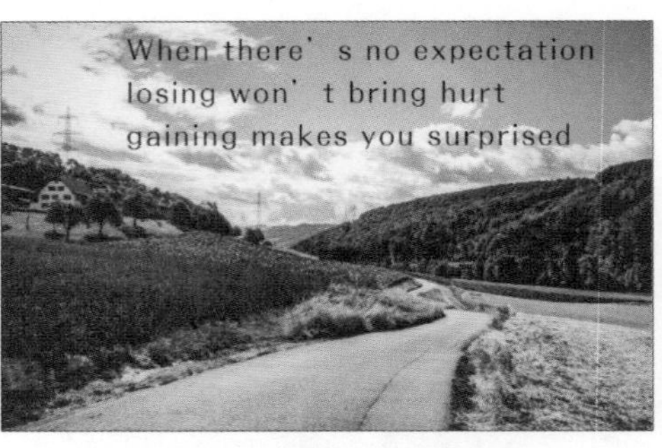


图5-40　查看修改字体后效果

### 2. 修改字号大小

在“字符”面板中单击“设置字体大小”下三角按钮，在下拉列表中有从6点到72点的预设大小选项。原字体大小为72点，现修改为48点，如图5-41所示。在文档窗口中查看修改字号大小的效果，如图5-42所示。

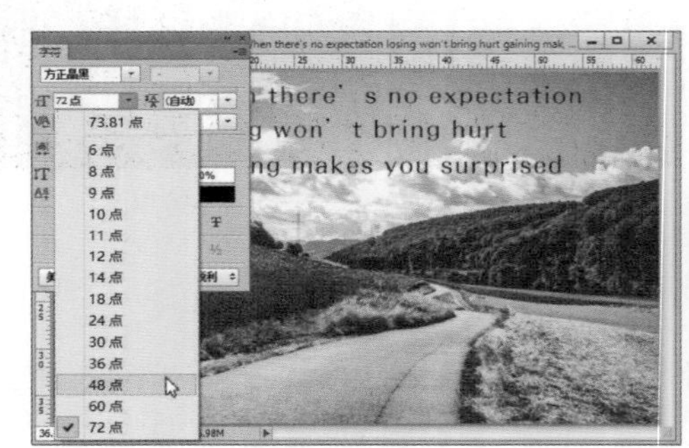


图5-41　修改字号大小

图5-42　查看修改字号大小后效果

### 3. 修改行距

默认情况下，行距是根据字体和字体大小进行自动设置的。在“字符”面板中单击“设置行距”按钮，在下拉列表中选择合适的行距选项，如图5-43所示。在文档窗口中查看修改行距后的效果，如图5-44所示。

图5-43　修改行距大小

图5-44　查看修改行距后效果

### 4. 修改字体颜色

默认字体的颜色和前景色一样，读者可以根据需要设置字体颜色。在“字符”面板中单击“设置文本颜色”按钮，如图5-45所示。弹出“拾色器（文本颜色）”对话框，选择适合的颜色，单击“确定”按钮，如图5-46所示。

图5-45　单击“设置文本颜色”按钮

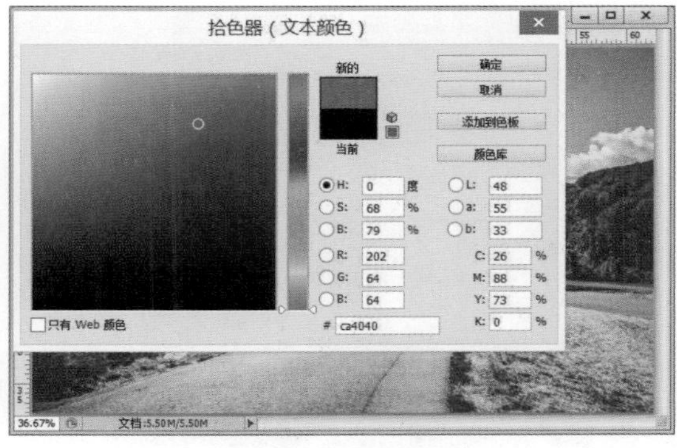


图5-46　选择文本颜色

上述操作完成之后，观看对比效果，如图5-47和图5-48所示。

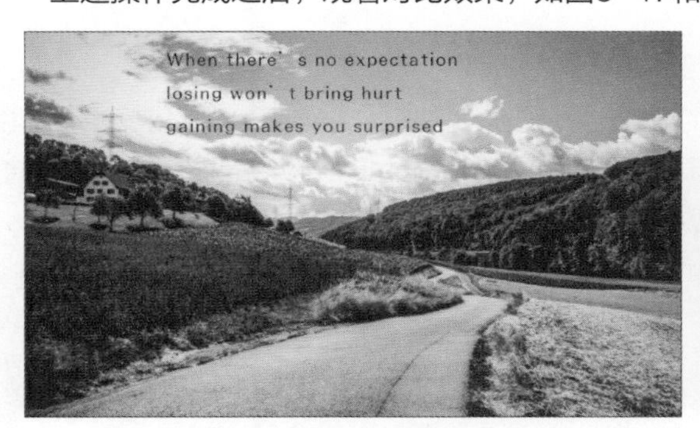


图5-47　修改颜色前文字效果

图5-48　修改颜色后文字效果

## 5.3.2　编辑文本内容

编辑文本内容是在不修改文本属性时修改文本内容，在“图层”面板中选中文字图层后，双击“指示文本图层”图标，如图5-49所示。在文档窗口中可见对应的文本被选中。最后，对文本的内容进行编辑即可，如图5-50所示。

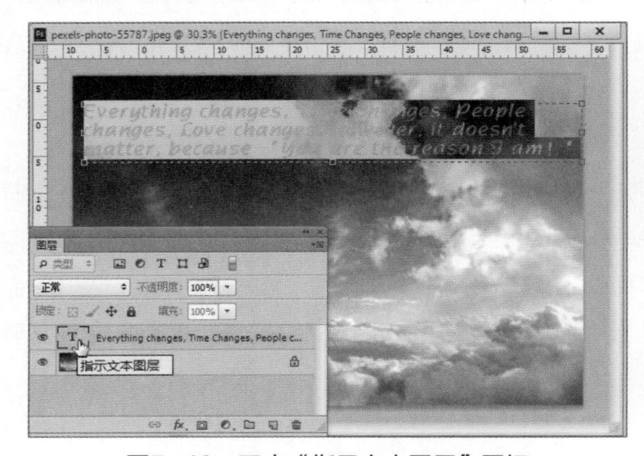


图5-49　双击“指示文本图层”图标

图5-50　编辑文本内容

## 5.3.3 切换文字方向

创建完文本后，读者可以根据需要将文本在横排和竖排之间切换，下面将对如何快速地切换文字方向进行详细讲解。使用横排文字工具创建横排文本后，在横排文字工具属性栏中单击“切换文本取向”按钮，如图5-51所示。可见文字的方向切换为竖排形式，如图5-52所示。

图5-51　单击“切换文本取向”按钮

图5-52　切换文本方向

## 5.3.4 查找和替换文字

在Photoshop中，读者需要批量更改文本时，可以使用查找和替换功能。创建段落文字后，在菜单栏中执行“编辑>查找和替换文字”命令，如图5-53所示。在弹出的“查找和替换文本”对话框中输入需要查找和替换的文字，勾选相应的复选框，设置查找和替换的范围，如图5-54所示。

图5-53　执行“查找和替换文本”命令

图5-54　“查找和替换文本”对话框

# 5.4 转化文字

文字的转化是指将文字图层转化为其他图层。在创建文字时会自动创建对应的文字图层，细心的读者可以发现这个图层是以文本内容命名的。文字图层区别于普通图层，一些可以在普通图层中进行的操作是无法在文字图层中操作的，如画笔工具、铅笔工具、渐变工具是不能直接用于文字图层，菜单栏中的“滤镜”命令也无法使用。在上一节中介绍的编辑文字操作都是基于不破坏文字属性的操作，如果需要特殊操作就需要将文字图层转化为普通图层或者转化为其他可以进行特殊操作的图层类型。在转化文字图层时，需要注意，一旦进行转化，文字的属性和内容将不能进行改动，下面将对如何转化文字操作进行详细讲解。

## 5.4.1 栅格化文字

栅格化文字是指将文字图层转化为普通图层，这样可以为文字添加滤镜等操作，下面将对如何栅格化文字进行详细讲解。

**Step 01** 首先使用横排文字工具在文档窗口中创建文字，如图5-55所示。

**Step 02** 选择文字图层，在菜单栏中执行“图层>栅格化>文字”命令，如图5-56所示。

图5-55　创建文字

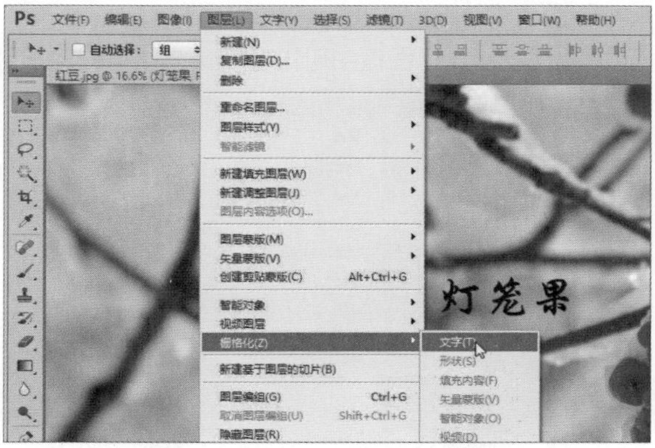

图5-56　执行“文字”命令

**Step 03** 打开“拾色器（前景色）”对话框，设置为红色，如图5-57所示。

**Step 04** 选择文字图层，执行“滤镜>风格化>拼贴”命令，如图5-58所示。

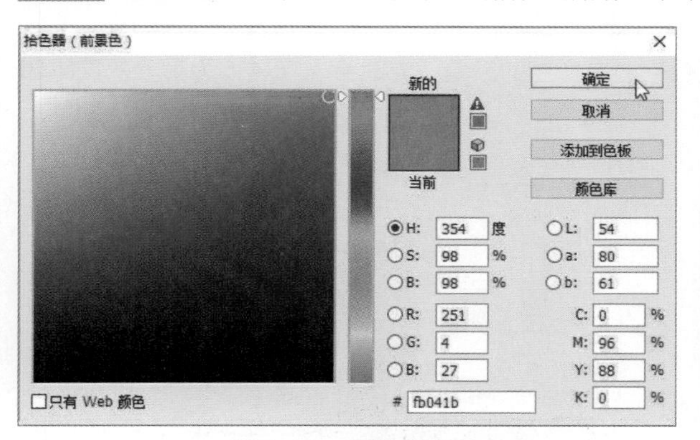


图5-57　设置前景色

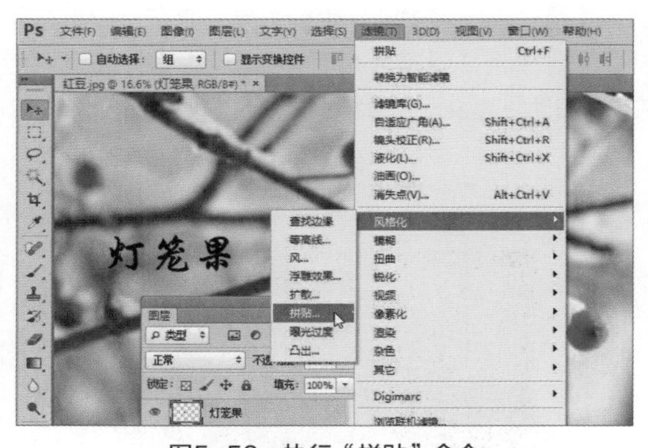


图5-58　执行“拼贴”命令

**Step 05** 打开“拼贴”对话框，设置拼贴数为20，选中“前景颜色”单选按钮，如图5-59所示。

**Step 06** 单击“确定”按钮后，查看设置拼贴后的效果，如图5-60所示。

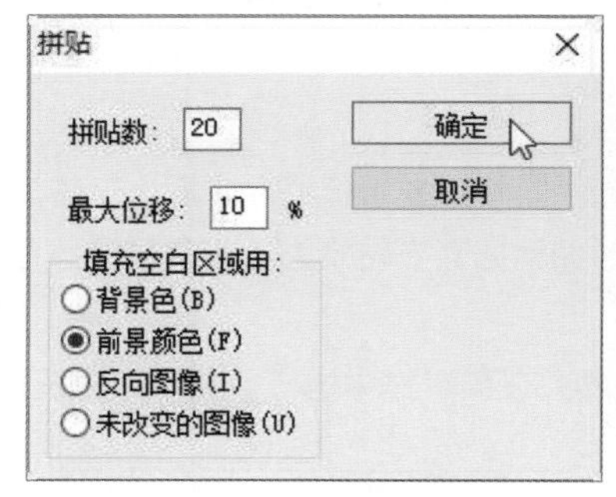


图5-59　设置拼贴参数

图5-60　查看效果

## 5.4.2 将文字转化为形状

在Photoshop CS6中，读者可以将文字转换为形状，即将文字图层转换为形状图层。转换之后文本属性和内容不能进行修改，但是可以使用形状工具进行调整。下面将对文字图层转换为形状图层的相关操作进行详细讲解。

**Step 01** 使用横排文字工具在文档窗口中输入文字，选中文字图层，在菜单栏中执行“文字>转换为形状”命令，如图5-61所示。

**Step 02** 在“图层”面板中可以看到文字图层已经被转换为形状图层，如图5-62所示。

图5-61 执行“转换为形状”命令

图5-62 查看转换效果

**Step 03** 在工具箱中选择矩形工具，并在矩形工具属性栏中选择工具模式为“形状”，如图5-63所示。

**Step 04** 单击“设置形状填充类型”色块，在颜色面板中选择合适的颜色，此时会发现转换为形状的文字颜色也发生了变化，如图5-64所示。

图5-63 选择矩形工具

图5-64 调整形状填充颜色

## 5.4.3 将文字转化为工作路径

在Photoshop CS6中，读者可以将文字转换为工作路径，但是转化为工作路径之后，文本的属性和内容可以更改，转化得到的路径仅仅是当前文字的轮廓。下面将对如何把文字转换为工作路径的操作进行详细讲解。

**Step 01** 使用横排文字工具在文档窗口中输入文字，选中文字图层并在菜单栏中执行“文字>创建工作路径”命令，如图5-65所示。

**Step 02** 在文档窗口中看到，此时已经在文字边缘创建了文字轮廓路径，如图5-66所示。

图5-65　执行“创建工作路径”命令

图5-66　转化为工作路径的效果

**Step 03** 在工具箱中选择路径选择工具，如图5-67所示。

**Step 04** 然后选择并移动路径，可发现创建的仅仅是轮廓路径，对文本图层不产生任何影响，如图5-68所示。

图5-67　选择路径选择工具

图5-68　移动路径

## 上机实训　戏曲宣传设计

本章主要介绍文字工具的使用，包括横排文字工具、直排文字工具、横排文字蒙版工具和直排文字蒙版工具等。下面以戏曲宣传设计为例，进一步巩固所学的知识。

**Step 01** 在菜单栏中执行“文件>新建”命令，在打开的“新建”对话框中设置文档参数，如图5-69所示。

**Step 02** 按Ctrl+O组合键，在打开的对话框中选择“底图.jpg”文件，单击“打开”按钮，然后使用移动工具，将底图拖曳到“戏曲介绍.psd”图像文件中，如图5-70所示。

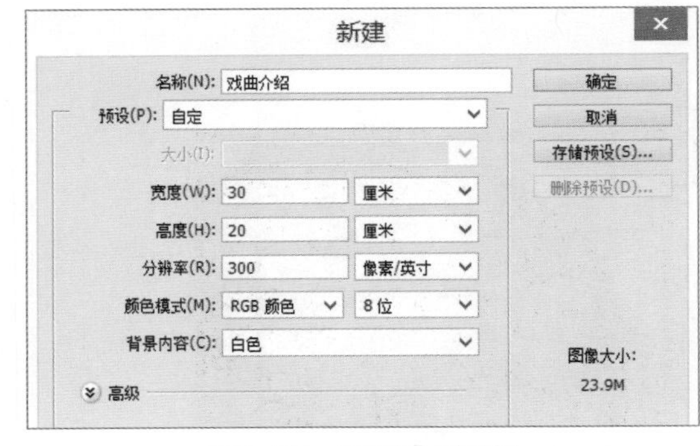


图5-69　“新建”对话框

图5-70　置入“底图”素材

Step 03 按Ctrl+O组合键，打开“戏曲人物一.png”图像文件，然后使用移动工具，将底图拖曳到“戏曲介绍.psd”图像文件中，如图5-71所示。

Step 04 新建图层并命名为“边框”，在工具箱中选择矩形选框工具，绘制一个矩形选框，同时设置前景色为#980004，如图5-72所示。

图5-71　置入图像素材

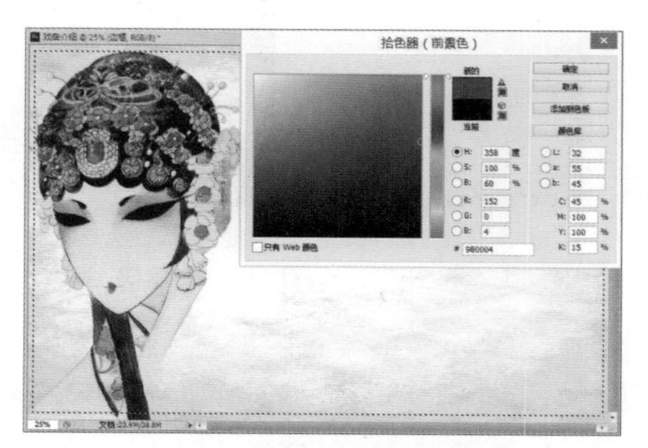


图5-72　创建选区并设置前景色

Step 05 在菜单栏中执行“编辑>描边”命令，并在弹出的“描边”对话框中设置描边“宽度”为20像素、“位置”为“居中”，单击“确定”按钮，按Ctrl+D组合键取消选区，如图5-73所示。

Step 06 新建图层并命名为“小边框一”，在工具箱中选择矩形选框工具，绘制一个矩形选框，前景色保持不变，如图5-74所示。

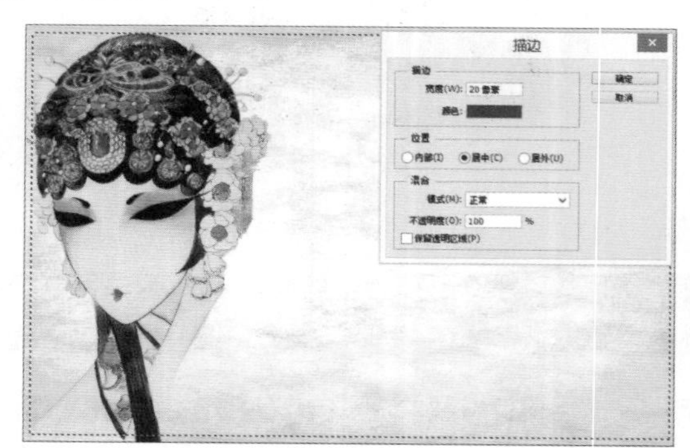


图5-73　“描边”对话框

图5-74　绘制小点矩形选框

Step 07 在菜单栏中执行“编辑>描边”命令，在弹出的“描边”对话框中设置描边“宽度”为10像素、“位置”为“居中”，单击“确定”按钮，按Ctrl+D组合键取消选区，如图5-75所示。

Step 08 选中“小边框一”图层，按Ctrl + J组合键，复制图层，把复制后的图层移动到“小边框一”图层左上角，如图5-76所示。

图5-75　为选区描边

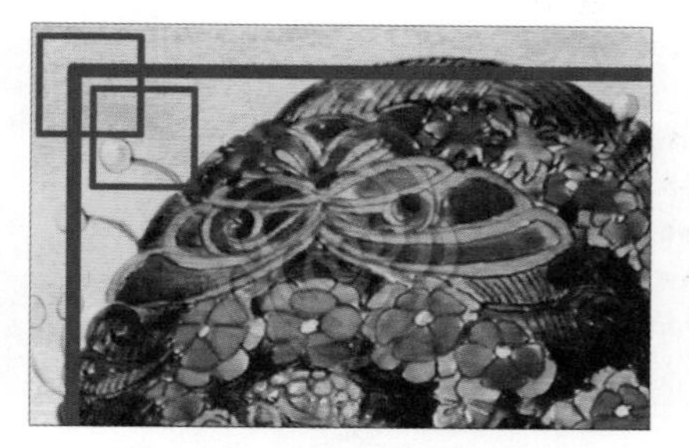

图5-76　复制并移动小边框

**Step 09** 选中两个小边框图层，然后按Ctrl+E组合键，将选中的图层合并为一个图层。按Ctrl+J组合键复制合并的图层并放置在图像的四个角落，如5-77图所示。

**Step 10** 使用横排文字工具输入文字，设置字体为方正硬笔行书繁体、大小为160点、颜色为#2f2f2f，效果如图5-78所示。

图5-77　合并和复制图层

图5-78　输入文字

**Step 11** 在菜单栏中执行“文件>置入”命令，在打开的对话框中选择“卷轴.png”图像文件，将其置入到图像中，接着按住鼠标左键拖曳控制点放大图像，如图5-79所示。

**Step 12** 选择横排文字工具，按住鼠标左键拖曳绘制一个文本框，如图5-80所示。

图5-79　置入图像

图5-80　绘制文本框

**Step 13** 在文本框内输入相应的文字，设置字号大小为12点、字体为微软雅黑，适当对文本框进行旋转操作，使其和卷轴方向一致，如图5-81所示。

**Step 14** 使用横排文字工具在段落文本上面输入文字，设置字体为方正艺黑简体、大小为47点、颜色为#7d001b，适当旋转文字，如图5-82所示。

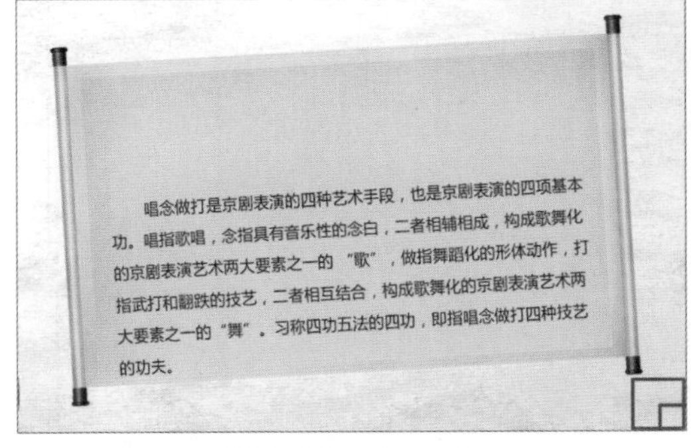


图5-81　输入文本

图5-82　输入单行文本

Step 15 在菜单栏中执行“文件>置入”命令，选择“桃花.png”图像文件，将其置入到图像中，适当调整图像大小，如图5-83所示。

Step 16 新建“标题文字”图层，选择横排文字蒙版工具后，进入文字蒙版状态，输入所需的文字，设置字体为方正艺黑简体、大小为72点。操作完成后文字会成为一个选区，如图5-84所示。

图5-83　置入“桃花”图像

图5-84　创建选区文字

Step 17 选择移动工具退出文字蒙版状态，将前景色设置为黑色，按Alt+Delete组合键填充颜色，接着按Ctrl+D组合键取消选区，如5-85图所示。

Step 18 在菜单栏中执行“文件>打开”命令，打开“炫彩.jpg”图像文件，使用移动工具，将炫彩图层拖曳到标题文字图层上方，如图5-86所示。

图5-85　填充选区文字

图5-86　移动图像

Step 19 按住Alt键同时，将光标移至“标题文字”图层和“炫彩”图层之间并单击，即可创建剪贴蒙版，如图5-87所示。

Step 20 选择蒙版文字图层并双击，在弹出的“图层样式”对话框中添加“描边”图层样式，设置描边颜色为#ffd200、大小为11像素，如图5-88所示。

图5-87　创建剪贴蒙版

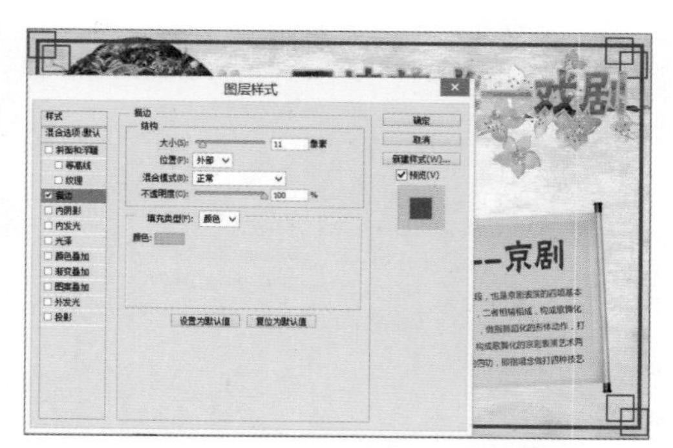

图5-88　添加“描边”图层样式

Step 21 接着勾选"投影"复选框，设置投影距离为27像素，如图5-89所示。

Step 22 置入"戏剧人物二.psd"素材，调整素材的大小，放置在标题文字下方，如图5-90所示。

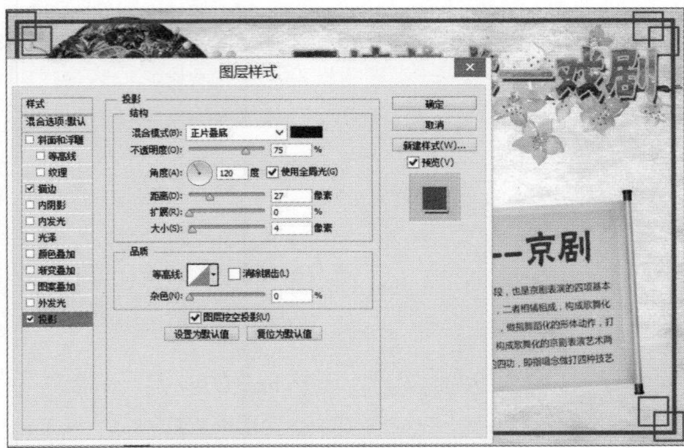

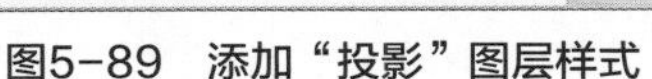

图5-89　添加"投影"图层样式

图5-90　置入图像

Step 23 使用竖排文字工具，在标题下方绘制文本框并输入文本内容，设置文字的字体为黑体、大小为13点，如图5-91所示。

Step 24 选择所有图层，按Ctrl+Alt+Shift+E组合键盖印图层。至此，本案例制作完成，查看戏曲宣传设计的最终效果，如图5-92所示。

图5-91　创建竖排文本

图5-92　查看最终效果图

## 设计师点拨　平面设计的常用工具

随着现代科学技术的发展，除了印刷技术的发展，平面设计的工具也逐步得到更新。目前，平面设计主要采用计算机、网络及其相关设备。图5-93至图5-96列出了一些常见的现代平面设计工具。

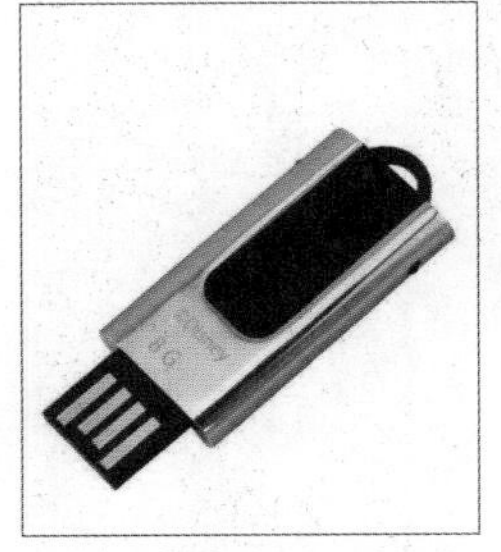

图5-93　优盘

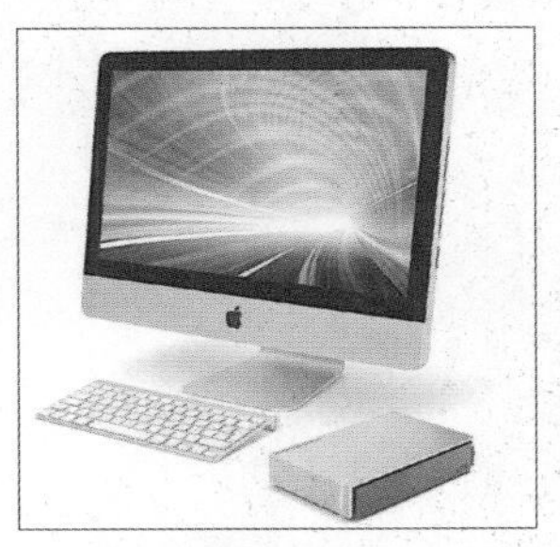

图5-94　电脑

图5-95　照相机

图5-96　读卡器

# 图像的色彩模式和色调调整

Photoshop是图像处理软件，为图像处理提供了大量的色彩模式，不同的图像模式对应不同的颜色识别方法，本章将对这些图像的模式以及应用图像的模式的相关操作进行详细讲解。其中包括自动校正颜色的应用和颜色调整命令的应用等。

**核心知识点**

1. 熟悉图像的色彩模式
2. 掌握快速调整图像色调的方法
3. 掌握重要颜色调整命令的应用
4. 熟悉其他颜色调整命令的应用

为图像应用索引模式

应用“自动色调”命令调整图像

应用“色阶”命令调整图像

应用“颜色查找”命令调整图像

# 6.1 图像的色彩模式

读者使用计算机处理数码照片时，经常会涉及“色彩模式”这个概念，而所谓图像的色彩模式是指将某种颜色表现为数字形式的模型，也可以理解为是一种如何记录图像颜色的方法。在Photoshop中，图像的色彩模式分为灰度模式、位图模式、双色调模式、索引模式、RGB颜色模式、CMYK颜色模式、Lab模式和多通道模式等，下面将对这些图像的色彩模式的应用进行详细讲解。

## 6.1.1 灰度模式

灰度模式是指当前图像中没有色彩信息，色彩饱和度为0，且由介于黑白之间的256度灰色组成。在菜单栏中执行“图像>模式>灰度”命令，如图6-1所示。在弹出的“信息”对话框中单击“扔掉”按钮，如图6-2所示。

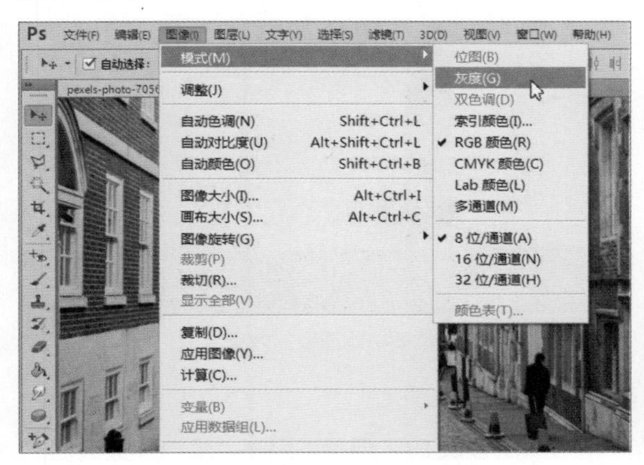


图6-1 执行“灰度”命令

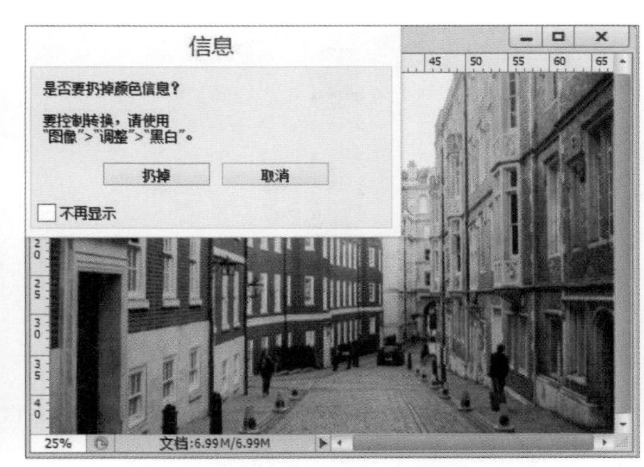


图6-2 “信息”对话框

上述操作完成后查看对比效果，如图6-3和图6-4所示。

图6-3 原图像

图6-4 灰度模式图像的效果

## 6.1.2 位图模式

位图模式仅有纯黑和纯白两种颜色，一般用于制作单色图像。将图像转换为位图模式时，需要先将图像的色彩模式调整为灰度模式，再在菜单栏中执行“图像>模式>位图”命令，如图6-5所示。接着在弹出的“位图”对话框中进行参数设置，如图6-6所示。

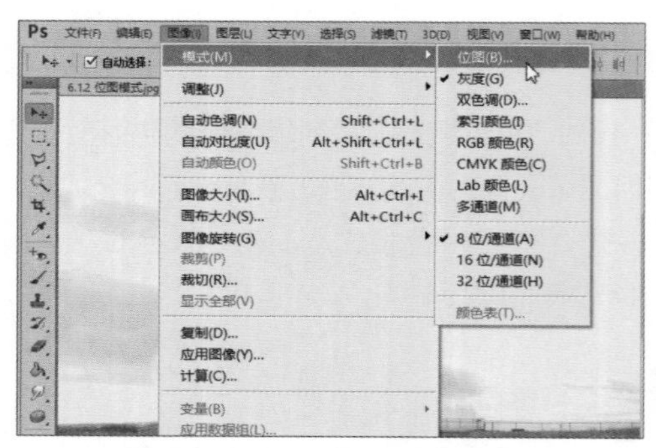


图6-5 执行“位图”命令

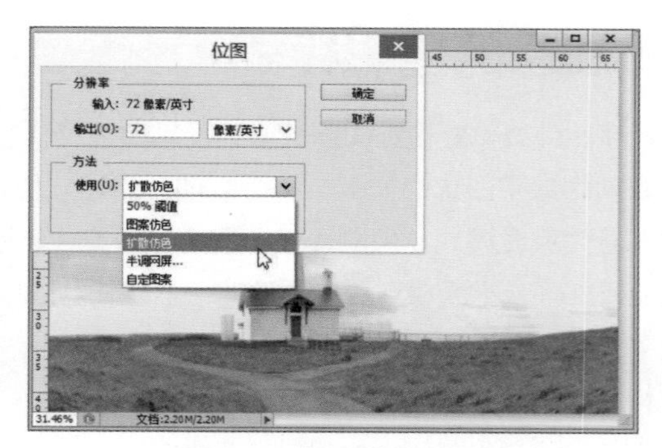


图6-6 “位图”对话框

上述操作完成后查看对比效果，如图6-7和图6-8所示。

图6-7 原图像

图6-8 位图模式图像的效果

下面将对“位图”对话框中各主要参数的应用进行详细讲解。

- **“分辨率”选项区域：** 在调整图像的色彩模式之前，分辨率是固定的，但是可以在“输出”数值框中设置调整后输出的分辨率。
- **“方法”选项区域：** 选中需要调整模式的图像后，单击“使用”下三角按钮，在下拉菜单中可以选择按何种方式将图像模式调整为“位图”模式。

## 6.1.3 双色调模式

双色调模式可以通过曲线来对颜色中的油墨进行设置，和单色调相比，双色调的细节更加细腻，也可以增加到三色调和四色调。和调整为位图模式一样，在将图像的色彩模式调整为双色调模式之前，需要预先将图像的色彩模式调整为灰度模式。在菜单栏中执行“图像>模式>双色调”命令，如图6-9所示。在弹出的“双色调选项”对话框中进行参数设置，如图6-10所示。

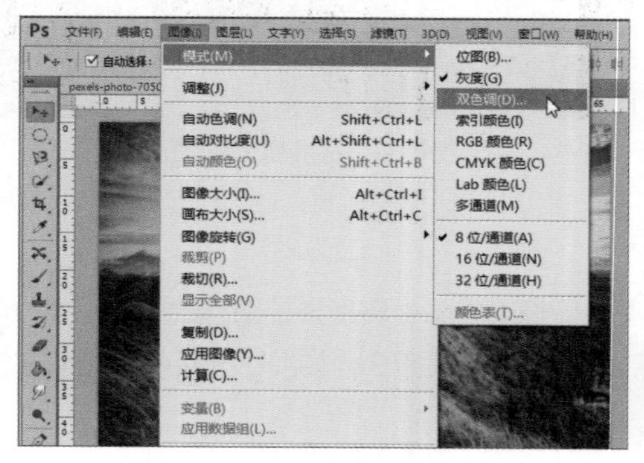


图6-9 执行“双色调”命令

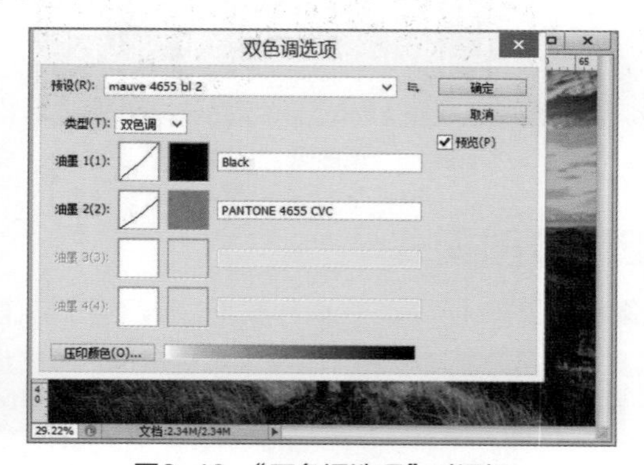


图6-10 “双色调选项”对话框

上述操作完成后查看对比效果，如图6-11和图6-12所示。

图6-11　原图像

图6-12　双色调模式图像的效果

下面将对“双色调选项”对话框中各主要参数的应用进行详细讲解。

- **预设**：在Photoshop中提供了大量的预设方案，读者可以根据需要选择或者自行设置。
- **类型**：用于选择其他色调模式，除了“双色调”模式，还有“单色调”模式、“三色调”模式和“四色调”模式选项。
- **油墨**：用于选择油墨类型，包括油墨的颜色和通过曲线对油墨进行设置。
- **压印颜色**：该参数须指定所有油墨颜色后方可启用，并在“压印颜色”对话框中进行相关设置。

## 6.1.4　索引模式

我们一般把使用256种常用颜色或者更少的颜色来代替正常全彩图像中上百万颜色的过程称为索引，一般GIF格式的图像默认为索引模式。接下来将对如何把普通图像转换为索引颜色模式的操作方法进行详细讲解。在菜单栏中执行“图像>模式>索引颜色”命令，如图6-13所示。在弹出的“索引颜色”对话框中进行参数设置，如图6-14所示。

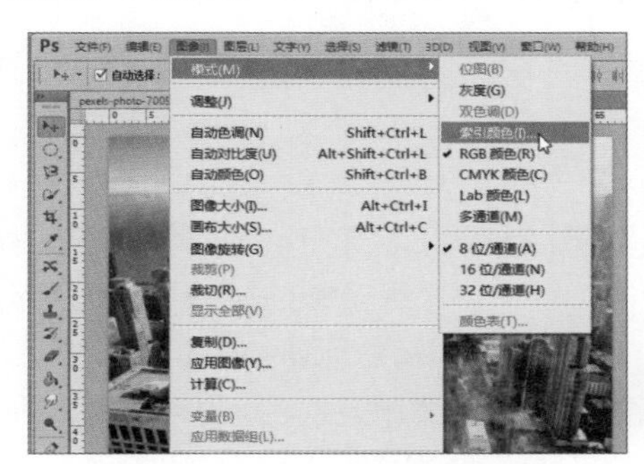


图6-13　执行“索引颜色”命令

图6-14　“索引颜色”对话框

上述操作完成后查看对比效果，如图6-15和图6-16所示。

图6-15　原图像

图6-16　索引颜色模式图像的效果

下面将对“索引颜色”对话框中各主要参数的应用进行详细讲解。

- **调板：** 读者可以在这里选择调板，不同的调板对应的颜色数量不同。
- **颜色：** 选择调板后，这里会显示颜色的数值。
- **选项：** 在该选项区域中，读者可以选择仿色模式并对数量进行设置。
- **保留实际颜色：** 勾选该复选框，可以在调整索引颜色的同时保留实际颜色。

## 6.1.5 RGB 颜色模式

RGB模式是一种基本的、使用最广泛的颜色模式。RGB颜色模式是基于三原色的红（Red）、绿（Green）和蓝（Blue）原理，这三种颜色每种都具有256种亮度，进行混合后RGB模式理论上有1670多万种颜色，因而这是屏幕显示的最佳模式，并被显示器、电视机和投影仪等使用。在菜单栏中执行“窗口>通道”命令后，弹出“通道”面板。读者可以在“通道”面板中查看当前图像中的通道信息，如图6-17所示。

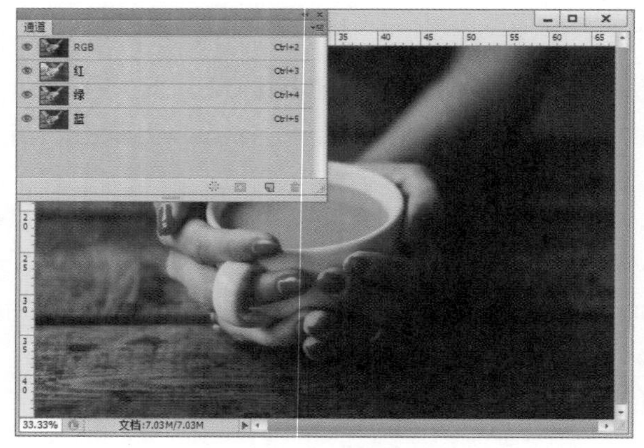


图6-17　RGB颜色模式

## 6.1.6 CMYK 颜色模式

CMYK 颜色模式是一种印刷模式，是一种减色模式。由于CMYK模式中包含的颜色总数要比RGB颜色模式要少，所以印刷出来后要比显示器中显示的要暗一点。CMYK颜色模式的主要颜色是CMY，这是三种油墨颜色的首字母，分别是Cyan（C青色）、Magenta（M洋红）和Yellow（Y黄色），这三种油墨颜色也是三原色的互补色，但是这三种颜色无法混合出黑色，所以需要添加黑色，为避免和蓝（Blue）混淆，所以选用K代表黑色，即CMYK颜色模式。在菜单栏中执行“图像>模式>CMYK颜色”命令，如图6-18所示。在弹出的提示对话框中单击“确定”按钮即可。

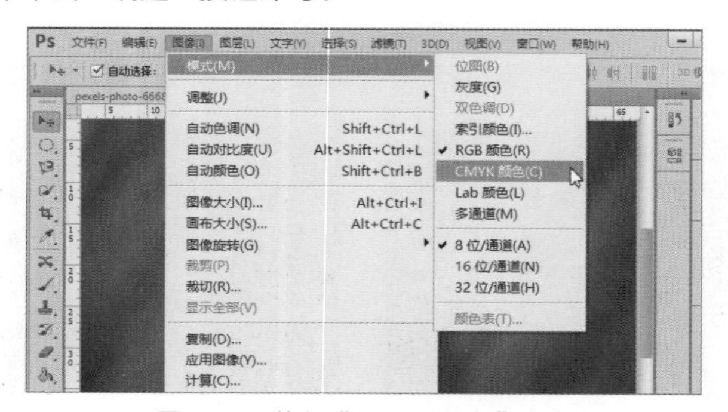


图6-18　执行“CMYK颜色”命令

上述操作完成后查看对比效果，如图6-19和图6-20所示。

图6-19　原图像

图6-20　CMYK颜色模式图像的效果

## 6.1.7　Lab 颜色模式

Lab模式是一种过渡模式，如在将RGB模式转化为CMYK模式时，会先将图像转换为Lab模式，因此Lab模式的色域相对而言最广。在菜单栏中执行“图像>模式>Lab颜色”命令，如图6-21所示。作为中间模式，修改模式与原图无异。

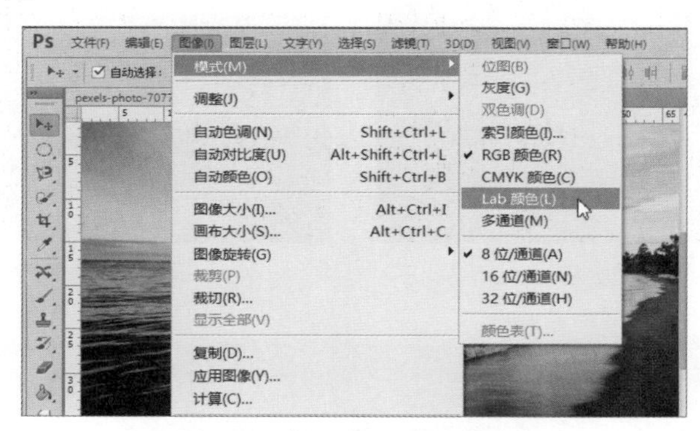


图6-21　执行“Lab颜色”命令

上述操作完成后查看对比效果，如图6-22和图6-23所示。

图6-22　原图像

图6-23　Lab颜色模式图像的效果

## 6.1.8　多通道颜色模式

多通道模式也是一种减色模式，一般用于特殊打印操作。在菜单栏中执行“图像>模式>多通道”命令，如图6-24所示。

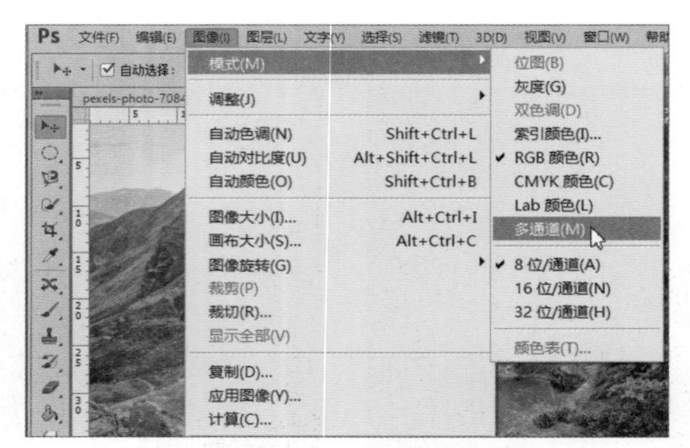


图6-24　执行“多通道”命令

上述操作完成后查看对比效果，如图6-25和图6-26所示。

图6-25　原图像

图6-26　多通道模式图像的效果

## 6.2　快速调整图像颜色

Photoshop的快速调整图像功能一般提供给对图像的颜色调整命令不熟悉的初学者使用，包括“自动色调”命令、“自动对比度”命令和“自动颜色”命令，当然快速调整图像命令也适合处理一些不需要对图像做大的变动的情况。

### 6.2.1　“自动色调”命令

“自动色调”命令可以自动调整图像中的黑场和白场，将图像中最亮和最暗的像素映射到纯白和纯黑，并将图像的对比度增强。在菜单栏中执行“图像>自动色调”命令，如图6-27所示。

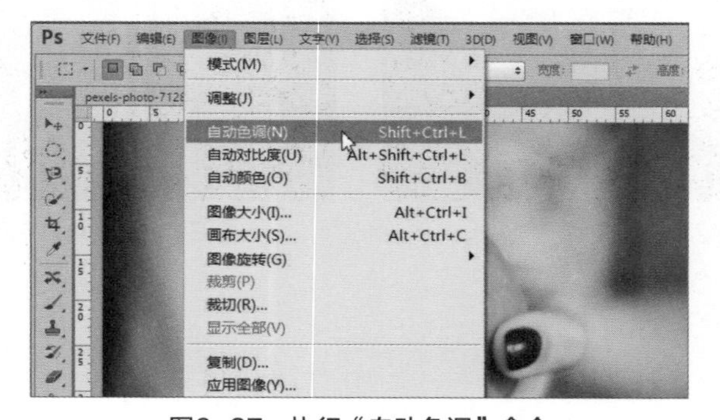


图6-27　执行“自动色调”命令

上述操作完成后查看对比效果，如图6-28和图6-29所示。

图6-28　原图像

图6-29　应用自动色调后图像效果

## 6.2.2 “自动对比度”命令

“自动对比度”命令可以自动调整图像中的对比度，使图像的亮处更亮，暗处更暗。在菜单栏中执行“图像>自动对比度”命令，如图6-30所示。

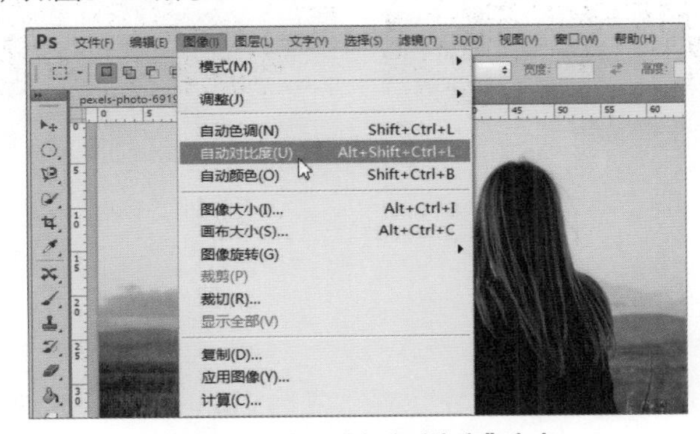


图6-30　执行“自动对比度”命令

上述操作完成后查看对比效果，如图6-31和图6-32所示。

图6-31　原图像

图6-32　应用自动对比度后图像效果

## 6.2.3 “自动颜色”命令

“自动颜色”命令可以在图像中自动识别阴影、中间调和高光，从而调整图像的对比度和颜色。在菜单栏中执行“图像>自动颜色”命令，如图6-33所示。

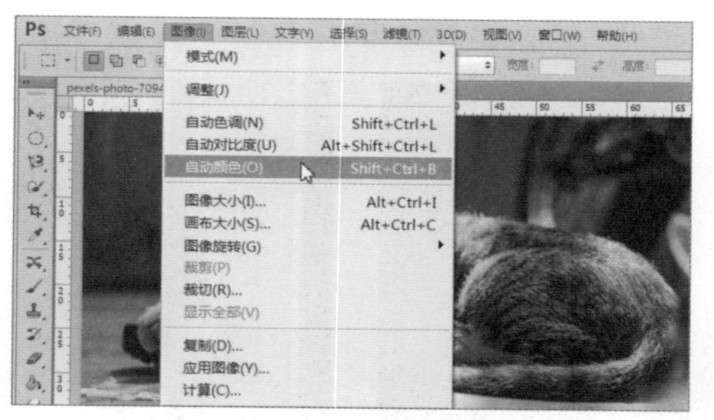


图6-33　执行“自动颜色”命令

上述操作完成后查看对比效果，如图6-34和图6-35所示。

图6-34　原图像

图6-35　应用自动颜色后图像效果

## 6.3　应用颜色调整命令

色彩有数百万种，它们真实记录了万千世界的颜色。在Photoshop中，读者可以使用颜色调整命令对颜色进行调整，以到达营造氛围和意境的效果。本节将对Photoshop中颜色调整命令的应用进行详细讲解。

### 6.3.1　“亮度 / 对比度”命令

“亮度/对比度”命令可以对色调氛围进行调整，如果不能熟练使用“色阶”和“曲线”命令，使用该命令是个很好的选择。在菜单栏中执行“图像>调整>亮度/对比度”命令，如图6-36所示。在弹出的“亮度/对比度”对话框中进行参数设置，如图6-37所示。

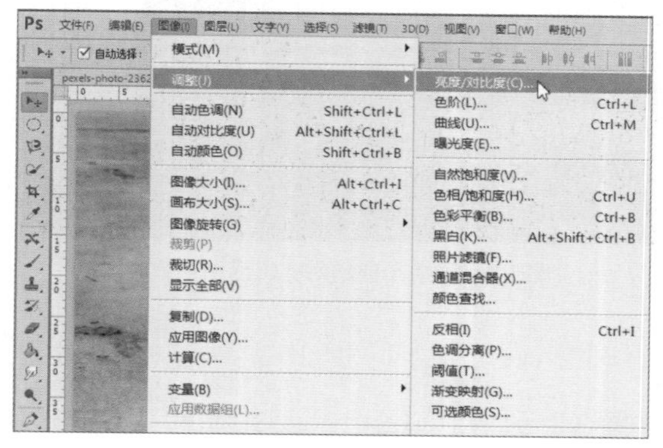


图6-36　执行“亮度/对比度”命令

图6-37　“亮度/对比度”对话框

上述操作完成后查看对比效果，如图6-38和图6-39所示。

图6-38　原图像

图6-39　应用亮度对比度后图像效果

下面将对“亮度/对比度”对话框中各主要参数的应用进行详细讲解。

- **亮度**：在这里可以输入亮度值或者拖动滑块调整亮度值，数值越大，亮度越大，反之亦然。
- **对比度**：在这里可以输入对比度值或者拖动滑块调整对比度值，数值越大，对比度越明显，反之亦然。

## 6.3.2 “色阶”命令

“色阶”命令可以对图像的阴影、中间色和高光进行细致地调整，不仅可以对色调进行校正，也可以起到平衡色彩的作用。在菜单栏中执行“图像>调整>色阶”命令，如图6-40所示。在弹出的“色阶”对话框中进行参数设置，如图6-41所示。

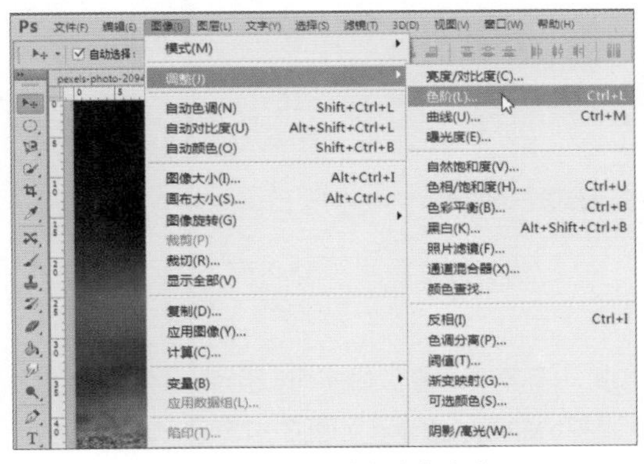


图6-40　执行“色阶”命令

图6-41　“色阶”对话框

上述操作完成后查看对比效果，如图6-42和图6-43所示。

图6-42　原图像

图6-43　应用色阶后图像效果

下面将对“色阶”对话框中各主要参数的应用进行详细讲解。

- **预设**：下拉列表中提供了大量的预设方案可供选择，读者也可以自行设置。
- **通道**：在这里可以选择需要调整的通道。通道的类型与图像的色彩模式相关。
- **输入色阶**：该区域一共有黑、灰、白三个滑块，其中黑色滑块调整图像阴影部分、灰色滑块控制中间调、白色滑块调整图像高光区域，拖动这三个滑块可以调节输入色阶。向左拖动滑块，与之对应的色调变亮，反之，相应的色调将变暗。
- **输出色阶**：该区域只有黑、白两个滑块，拖动这两个滑块可以调节输出色阶，并降低对比度。向左拖动白色滑块可以使图像变暗，向右拖动黑色滑块可以使图像变亮。
- **自动**：单击“自动”按钮，可以根据当前图像的明暗度进行自动调节。

**操作提示：“自动颜色校正选项”对话框**

单击“色阶”对话框中的“选项”按钮，可以打开“自动颜色校正选项”对话框，如图6-44所示。在该对话框中，读者可以通过设置相应的参数对颜色进行自动校正。

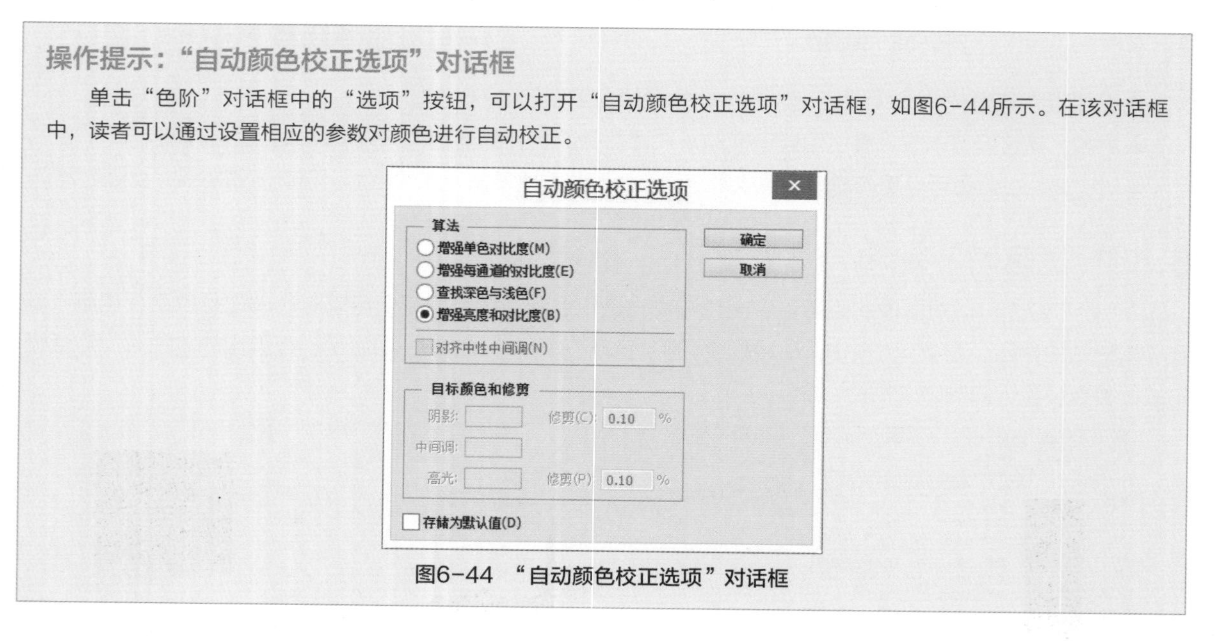


图6-44 “自动颜色校正选项”对话框

## 6.3.3 “曲线”命令

“曲线”命令整合了“色阶”、“阈值”和“亮度/对比度”等多个命令，最多可以创建14个控制点，从而对色彩和色调进行精确地控制。在菜单栏中执行“图像>调整>曲线”命令，如图6-45所示。在弹出的“曲线”对话框中进行参数设置，如图6-46所示。

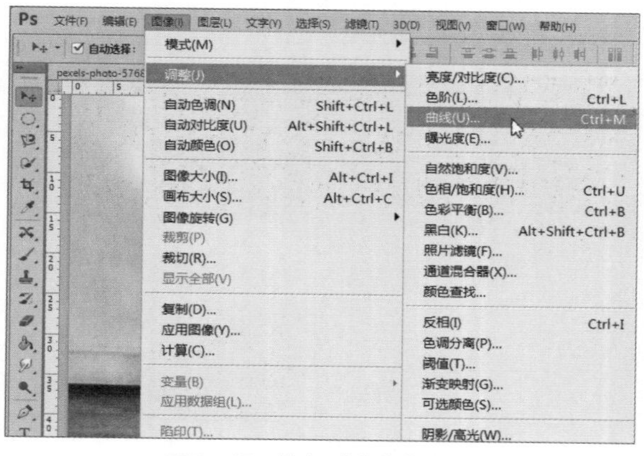


图6-45 执行“曲线”命令

图6-46 “曲线”对话框

上述操作完成后查看对比效果，如图6-47和图6-48所示。

图6-47　原图像

图6-48　应用曲线后图像效果

下面将对“曲线”对话框中各主要参数的应用进行详细讲解。

- **预设：** 下拉列表中提供了大量的预设方案可供选择，读者可以根据需要选择所需预设选项或者自行设置。
- **通道：** 在下拉列表可以根据需要选择相应的调整通道选项。
- **输出：** 在该区域可以对曲线进行调整，在曲线图像中拖动即可。
- **显示数量：** 在该区域可以对曲线网格的显示进行设置。
- **显示：** 在该区域可以选择在曲线网格中显示的内容。

## 6.3.4　“曝光度”命令

“曝光度”命令可以对图像前期曝光度不足进行弥补，通过对“曝光度”、“位移”和“灰度系数校正”参数进行调整，达到增加或者降低曝光度的效果。在菜单栏中执行“图像>调整>曝光度”命令，如图6-49所示。在弹出的“曝光度”对话框中进行参数设置，如图6-50所示。

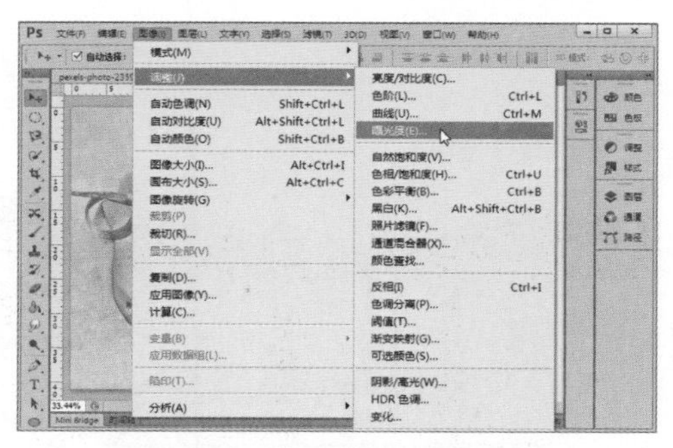

图6-49　执行“曝光度”命令

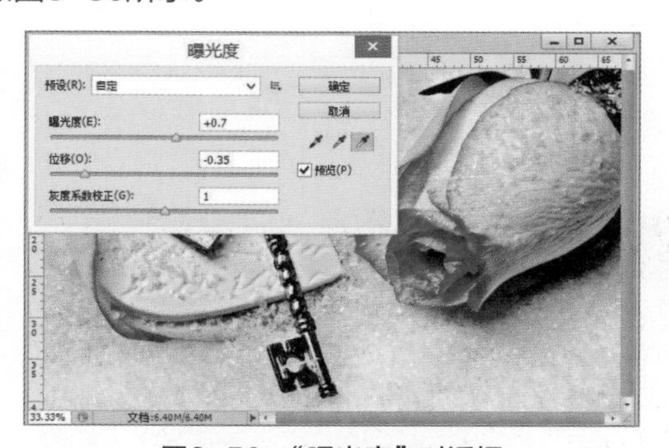


图6-50　“曝光度”对话框

上述操作完成后查看对比效果，如图6-51和图6-52所示。

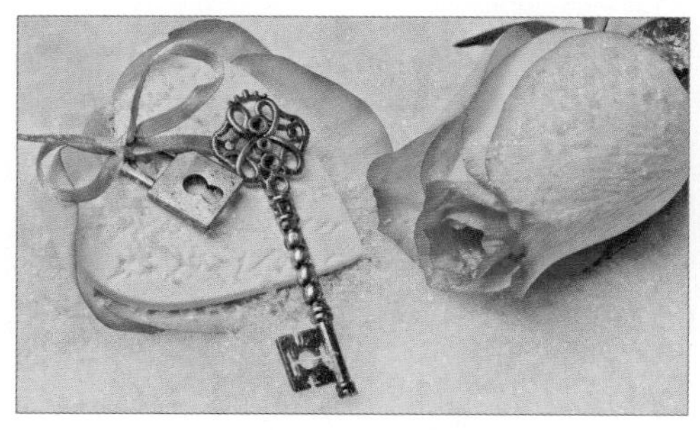

图6-51　原图像

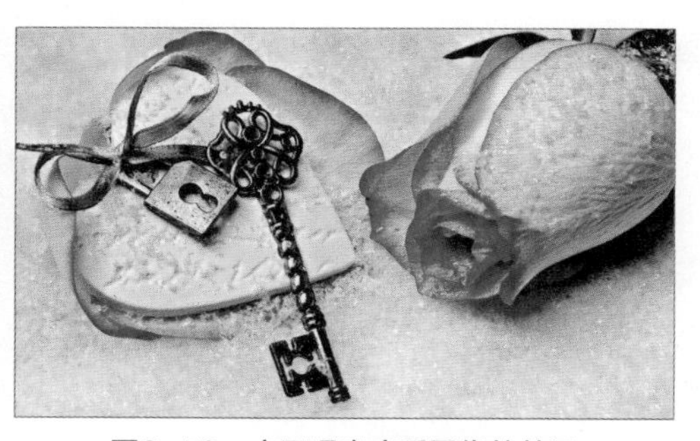

图6-52　应用曝光度后图像的效果

下面将对“曝光度”对话框中各主要参数的应用进行详细讲解。

- 预设：在下拉列表中提供了大量的预设方案，读者可以根据需要选择所需选项。
- 曝光度：通过在数值框中输入数值或者拖移滑块，调整曝光系数。
- 位移：通过在数值框中输入数值或者拖移滑块，调整阴影位移系数。
- 灰度系数校正：通过在数值框中输入数值，调整灰度系数校正值。

## 6.3.5 “自然饱和度”命令

“自然饱和度”命令可以增加或者减少图像中的饱和度，一般适合处理人像，防止过度饱和造成溢色。在菜单栏中执行“图像>调整>自然饱和度”命令，如图6-53所示。在弹出的“自然饱和度”对话框中进行参数设置，如图6-54所示。

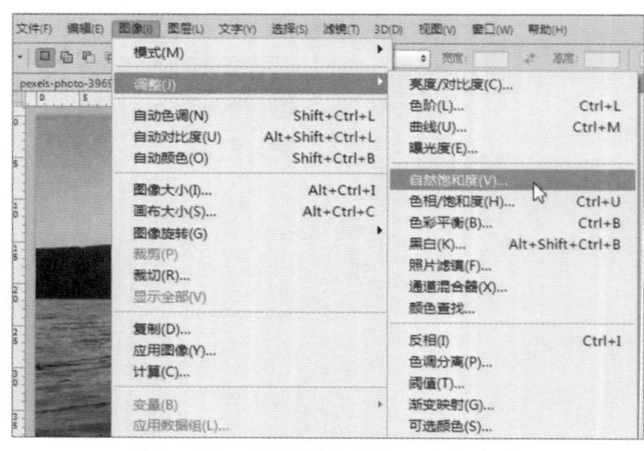

图6-53 执行“自然饱和度”命令

图6-54 “自然饱和度”对话框

上述操作完成后查看对比效果，如图6-55和图6-56所示。

图6-55 原图像

图6-56 应用自然饱和度后图像效果

下面将对“自然饱和度”对话框中各主要参数的应用进行详细讲解。

- 自然饱和度：通过在数值框中输入数值或者拖移滑块，对自然饱和度进行调整。
- 饱和度：通过在数值框中输入数值或者拖移滑块，对饱和度进行调整。

## 6.3.6 “色相 / 饱和度”命令

“色相/饱和度”命令可以从色相、饱和度和明度三个方面调整图像的色彩。在菜单栏中执行“图像>调整>色相/饱和度”命令，如图6-57所示。在弹出的“色相/饱和度”对话框中进行参数设置，如图6-58所示。

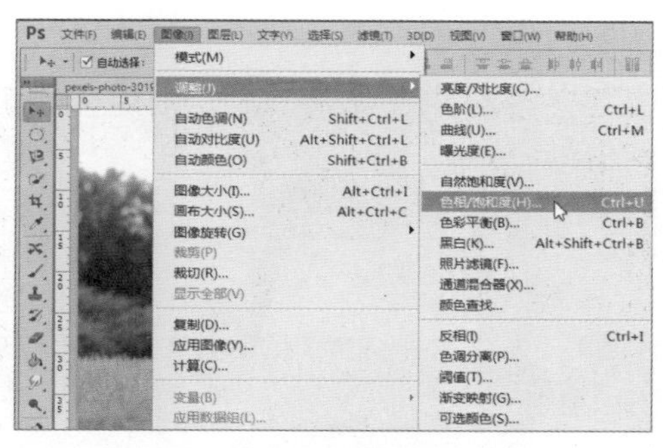

图6-57　执行“色相/饱和度”命令

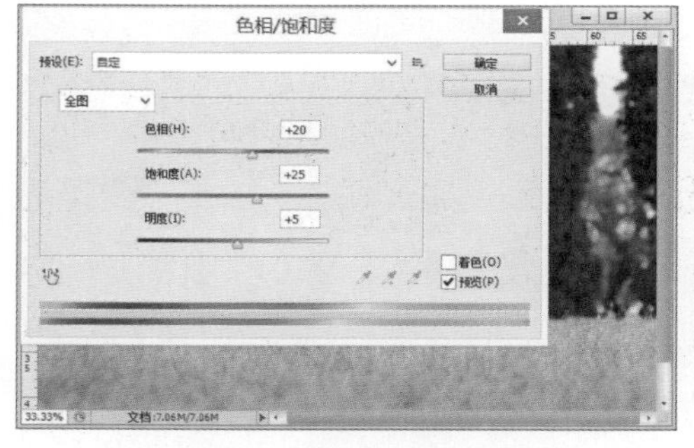

图6-58　“色相/饱和度”对话框

上述操作完成后查看对比效果，如图6-59和图6-60所示。

图6-59　原图像

图6-60　应用色相/饱和度后图像效果

下面将对“色相/饱和度”对话框中各主要参数的应用进行详细讲解。

- **预设：** 下拉列表中提供了大量的预设方案，读者可以根据需要选择预设选项。
- **全图：** 单击该下拉按钮，在下拉列表中可以选择颜色调整的范围。
- **色相：** 通过在数值框中输入数值或者拖移滑块对色相进行调整，数值越大，色相效果越明显。
- **饱和度：** 通过在数值框中输入数值或者拖移滑块对饱和度进行调整，数值越大，饱和度越浓。
- **明度：** 通过在数值框中输入数值或者拖移滑块对明度进行调整，数值越大，明度越高。

## 6.3.7　“色彩平衡”命令

“色彩平衡”命令可以对图像的色彩平衡进行校正，防止出现偏色的现象，并更改整体的色彩混合。在菜单栏中执行“图像>调整>色彩平衡”命令，如图6-61所示。在弹出的“色彩平衡”对话框中进行参数设置，如图6-62所示。

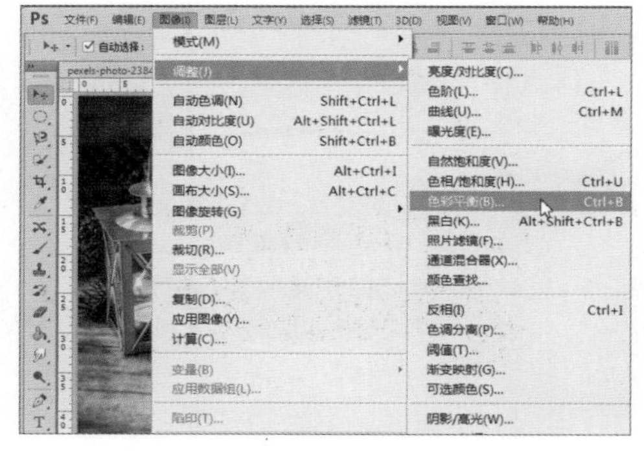

图6-61　执行“色彩平衡”命令

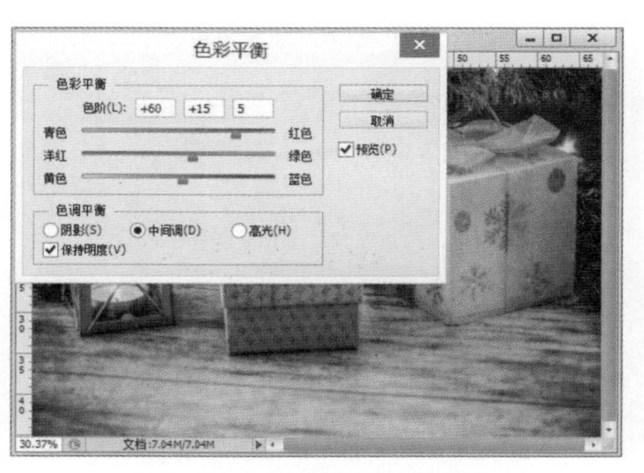

图6-62　“色彩平衡”对话框

上述操作完成后查看对比效果，如图6-63和图6-64所示。

图6-63　原图像

图6-64　应用“色彩平衡”命令后图像效果

下面将对“色彩平衡”对话框中各主要参数的应用进行详细讲解。

- **色阶：** 这三个数值框分别对应了下方的“青色”、“洋红”和“黄色”参数，除了可以在数值框中输入数值，也可以在下方拖移滑块实现相应的调整。
- **色调平衡：** 可以选择色彩平衡的对象，包括“阴影”、“中间调”和“高光”3个单选按钮。
- **保持明度：** 勾选该复选框，可以保持图像整体的明度，否则明度会随色彩平衡进行自动调整。

## 6.3.8　“黑白”命令

“黑白”命令通过降低色彩的浓度来创造出色彩层次丰富的灰度图像。在菜单栏中执行“图像>调整>黑白”命令，如图6-65所示。在弹出的“黑白”对话框中进行参数设置，如图6-66所示。

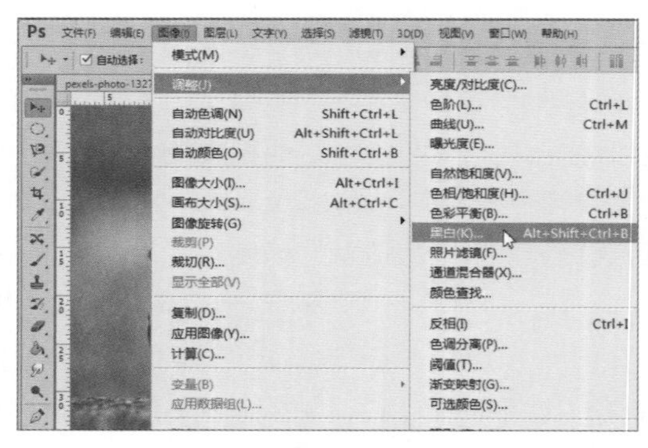



图6-65　执行“黑白”命令

图6-66　“黑白”对话框

上述操作完成后查看对比效果，如图6-67和图6-68所示。

图6-67　原图像

图6-68　应用“黑白”命令后图像效果

下面将对“黑白”对话框中各主要参数的应用进行详细讲解。

- **预设：** 下拉列表中提供了大量的预设方案，读者可以根据需要选择所需预设选项。
- **颜色设置：** 在这里有三原色以及其互补色6个颜色，可以通过拖动滑块来控制灰度。
- **色相/饱和度：** 通过在数值框中输入数值或者拖移滑块，对色相和饱和度进行调整，数值越大，整体色调越高。

## 6.3.9 “照片滤镜”命令

“照片滤镜”命令可以模拟传统摄影中的彩色滤镜，通过对色温和颜色平衡的调整，达到滤镜的效果。在菜单栏中执行“图像>调整>照片滤镜”命令，如图6-69所示。在弹出的“照片滤镜”对话框中进行参数设置，如图6-70所示。

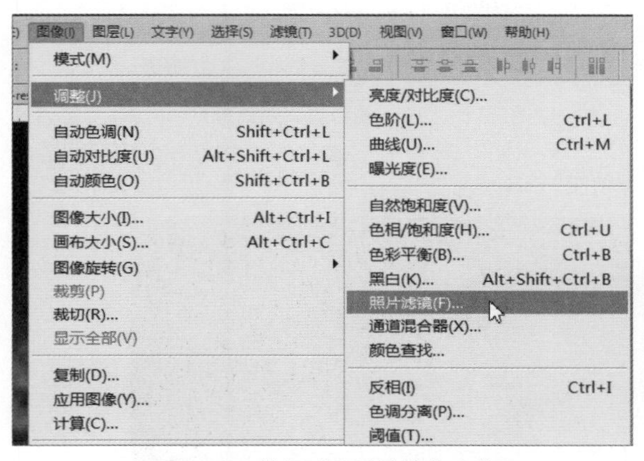


图6-69 执行“照片滤镜”命令

图6-70 “照片滤镜”对话框

上述操作完成后查看对比效果，如图6-71和图6-72所示。

图6-71 原图像

图6-72 应用照片滤镜后图像效果

下面将对“照片滤镜”对话框中各主要参数的应用进行详细讲解。

- **滤镜：** 单击该下拉按钮，在下拉列表中包含大量的滤镜选项可供选择。
- **颜色：** 除了可以选择给定的滤镜，还可以选择任意颜色作为滤镜，单击右侧的色块，会弹出“拾色器”对话框，选择需要的颜色即可。
- **浓度：** 通过在数值框中输入数值或者拖移滑块对滤镜的浓度进行调整，数值越大，浓度越高。
- **保持明度：** 勾选该复选框，可以保持当前图像的明度值。

## 6.3.10 “通道混合器”命令

“通道混合器”命令可以修改保存在通道中的颜色混合方式，从而达到更改颜色的效果。在菜单栏中执行“图像>调整>通道混合器”命令，如图6-73所示。在弹出的“通道混合器”对话框中进行参数设置，如图6-74所示。

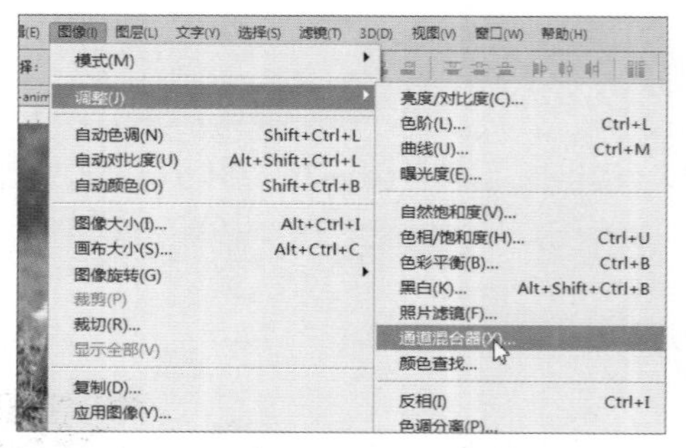


图6-73 执行“通道混合器”命令

图6-74 “通道混合器”对话框

上述操作完成后查看对比效果，如图6-75和图6-76所示。

图6-75 原图像

图6-76 应用通道混合器后图像效果

下面将对“通道混合器”对话框中各主要参数的应用进行详细讲解。

- **预设：** 下拉列表中提供了大量的通道混合预设方案，读者可以根据需要进行选择。
- **输出通道：** 在下拉列表中，读者可以选择通道混合器的最终输出通道。
- **源通道：** 在该选项区域中，读者可以对源通道的色彩浓度进行设置。

## 6.3.11 “颜色查找”命令

“颜色查找”命令可以让颜色在不同的设备之间进行精确的传递和再现。在菜单栏中执行“图像>调整>颜色查找”命令，如图6-77所示。在弹出的“颜色查找”对话框中进行参数设置，如图6-78所示。

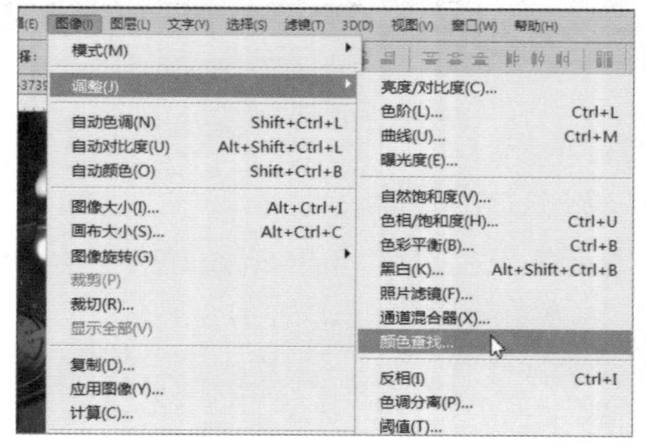


图6-77 执行“颜色查找”命令

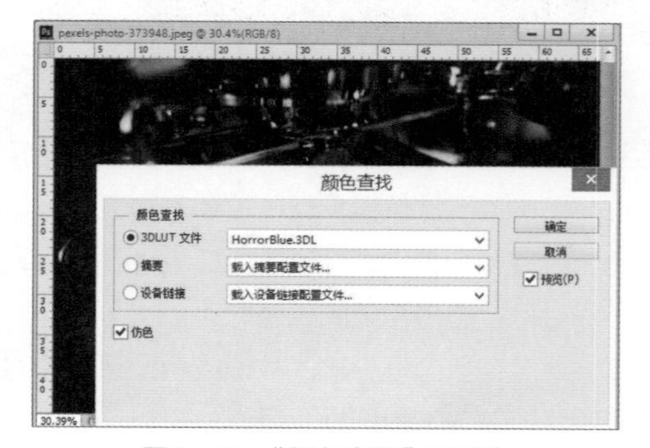


图6-78 “颜色查找”对话框

上述操作完成后查看对比效果，如图6-79和图6-80所示。

图6-79　原图像

图6-80　应用颜色查找后图像效果

## 6.3.12 “反相”命令

“反相”命令可以制作出负片效果或者将扫描的负片转换为正片。在菜单栏中执行“图像>调整>反相”命令，如图6-81所示。

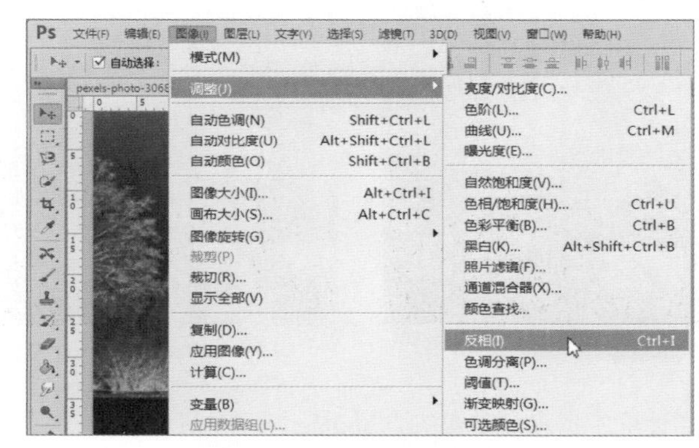


图6-81　执行“反相”命令

上述操作完成后查看对比效果，如图6-82和图6-83所示。

图6-82　原图像

图6-83　应用反相后图像效果

## 6.3.13 “色调分离”命令

“色调分离”命令可以通过减少色阶的数量来减少图像中的颜色。下面将对如何使用“色调分离”命令进行详细讲解，在菜单栏中执行“图像>调整>色调分离”命令，如图6-84所示。在弹出的“色调分离”对话框中进行参数设置，如图6-85所示。

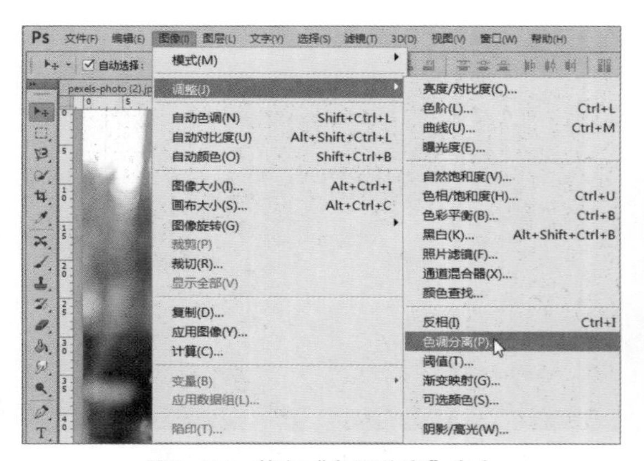


图6-84 执行“色调分离”命令

图6-85 “色调分离”对话框

上述操作完成后查看对比效果，如图6-86和图6-87所示。

图6-86 原图像

图6-87 应用色调分离后图像效果

下面将对“色调分离”对话框中各主要参数的含义进行详细讲解。

- 色阶：在这里可以调整色阶的数值，数值越大效果越不明显，数值越小效果越明显。
- 预览：勾选该复选框，可以实时预览调整效果。

## 6.3.14 “阈值”命令

“阈值”命令可以通过简化图像细节制作出剪影效果，原理是将彩色图像转换为黑白两色。在菜单栏中执行“图像>调整>阈值”命令，如图6-88所示。在弹出的“阈值”对话框中进行参数设置，如图6-89所示。

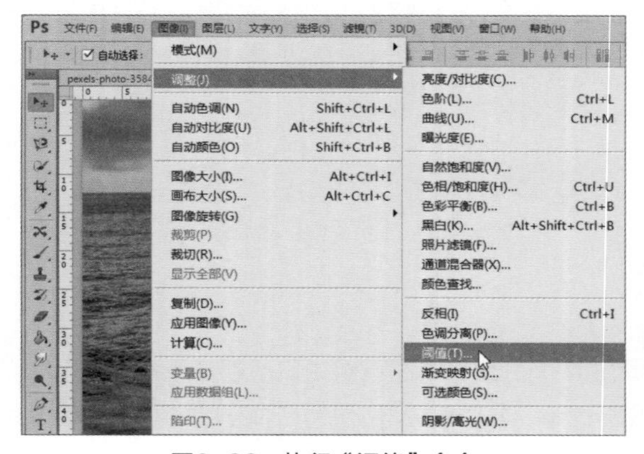


图6-88 执行“阈值”命令

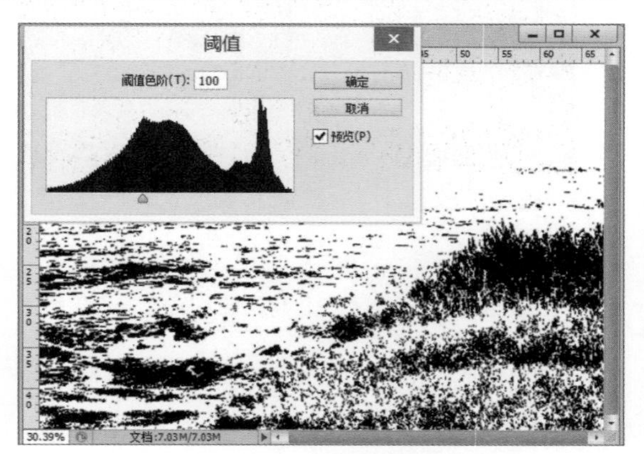


图6-89 “阈值”对话框

上述操作完成后查看对比效果，如图6-90和图6-91所示。

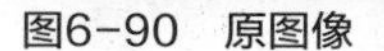

图6-90 原图像　　图6-91 应用阈值后图像效果

## 6.3.15 “可选颜色”命令

“可选颜色”命令可以通过调整印刷油墨的含量来控制图像颜色，可以有选择地对颜色进行浓度修改。在菜单栏中执行“图像>调整>可选颜色”命令，如图6-92所示。在弹出的“可选颜色”对话框中进行参数设置，如图6-93所示。

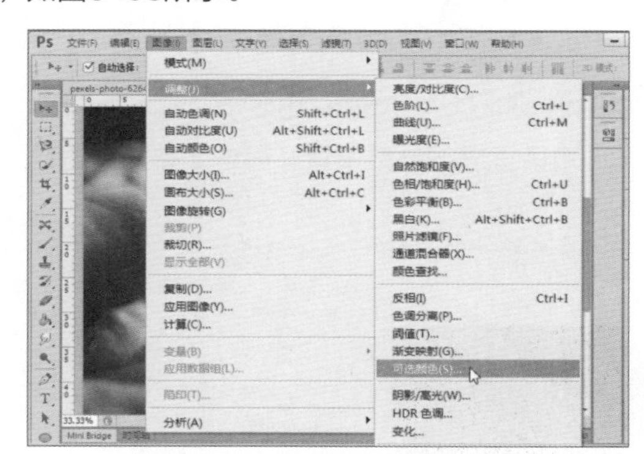


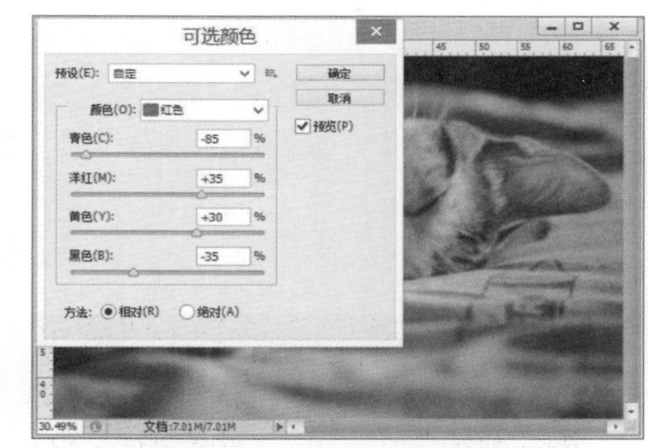


图6-92 执行“可选颜色”命令　　图6-93 “可选颜色”对话框

上述操作完成后查看对比效果，如图6-94和图6-95所示。

图6-94 原图像　　图6-95 应用可选颜色后图像效果

下面将对“可选颜色”对话框中各主要参数的应用进行详细讲解。

- **预设：** 下拉列表中提供了大量的可选颜色预设方案，读者可以根据需要选择所需的预设选项。
- **颜色：** 在该选项区域中，读者可以根据需要选择所需颜色选项，同时可以对CMYK颜色的混合色值进行设置。

## 上机实训 制作杂志封面

学习完图像的色彩模式和色调调整的相关操作后，接下来将通过制作杂志封面的具体案例，对所学知识进行巩固。本案例最主要的操作是修饰人物主体，包括脸部磨皮和调色两大块，处理完毕后，再配上对应的文字。

**Step 01** 创建一个空白文档，尺寸为2125x3000像素，分辨率为300，参数设置如图6-96所示。

**Step 02** 将“模特.jpg”素材拖曳至图像中，并按Ctrl+T组合键调整素材的大小，如图6-97所示。

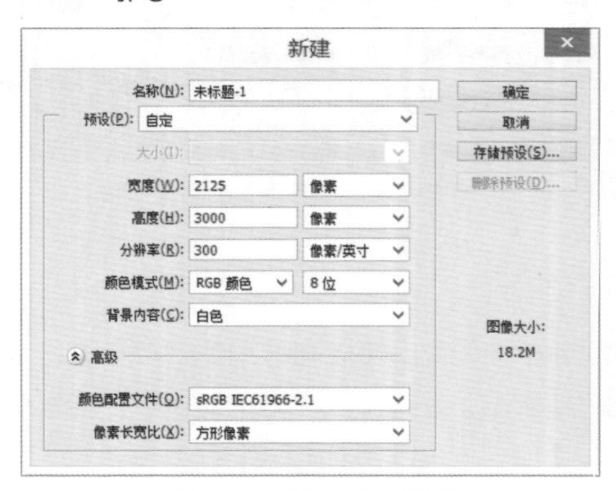


图6-96 “新建”对话框

图6-97 调整图像大小

**Step 03** 在工具箱中选择矩形选框工具，在图像上方空白区域绘制选区，如图6-98所示。

**Step 04** 保持选区，按Shift+F5组合键，在弹出的“填充”对话框进行参数设置，其中“使用”选择“内容识别”，如图6-99所示。

图6-98 创建矩形选区

图6-99 “填充”对话框

**Step 05** 按Ctrl+D组合键取消选区后，在工具箱中选择仿制图章工具，适当调整不透明度，按住Alt键选取周围图像作为仿制源，将选区中多余的填充抹去，如图6-100所示。

**Step 06** 继续选择仿制图章工具，缩小画笔大小，将模特脸部皮肤和手臂皮肤上的斑点去除掉，如图6-101所示。

图6-100 使用仿制图章工具

图6-101 去除斑点

**Step 07** 打开“通道”面板，选中“蓝”通道并右击，在弹出的快捷菜单中执行“复制通道”命令，如图6-102所示。

**Step 08** 选择拷贝通道图层后，在菜单栏中执行“滤镜>其他>高反差保留”命令，在弹出的“高反差保留”对话框中进行参数设置，如图6-103所示。

图6-102　复制通道

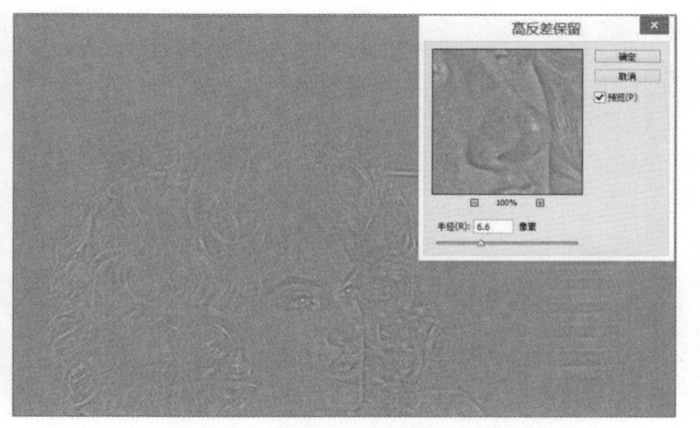


图6-103　“高反差保留”对话框

**Step 09** 在菜单栏中执行“图像>应用图像”命令，在弹出的“应用图像”对话框中将混合方式改成“叠加”，如图6-104所示。

**Step 10** 重复上一步骤，再执行一次“应用图像”操作，如图6-105所示。

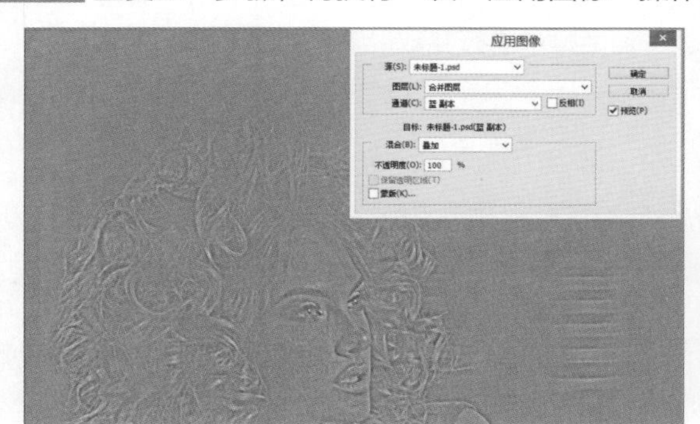


图6-104　“应用图层”对话框

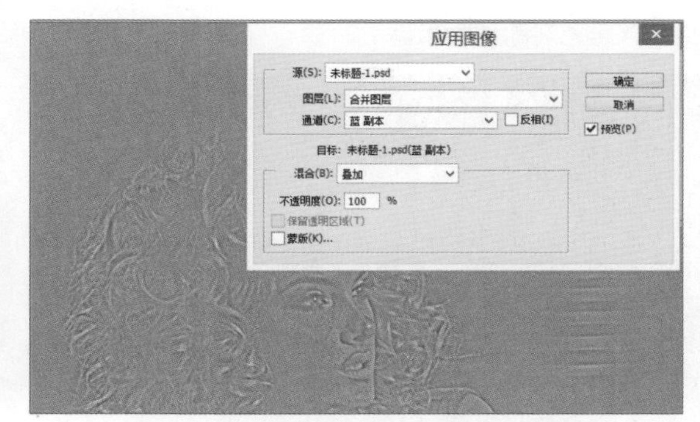


图6-105　重复执行“应用图像”命令

**Step 11** 再次在菜单栏中执行“图像>应用图像”命令，将混合方式改成“线性减淡（添加）”，如图6-106所示。

**Step 12** 按Ctrl+L组合键，在弹出的“色阶”对话框中调整该通道图层的色阶，让画面对比度更强烈一些，接近纯黑和纯白，如图6-107所示。

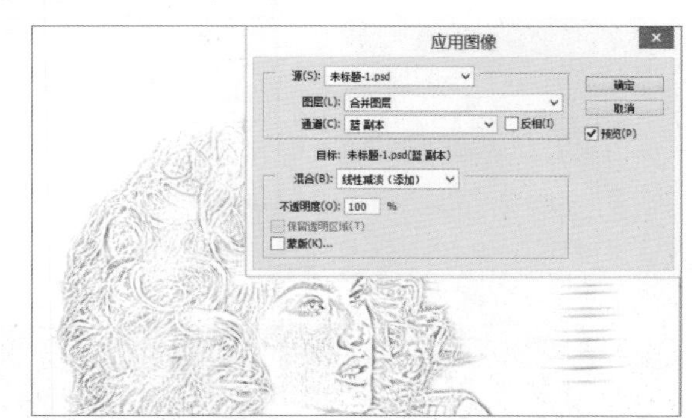


图6-106　设置混合方式

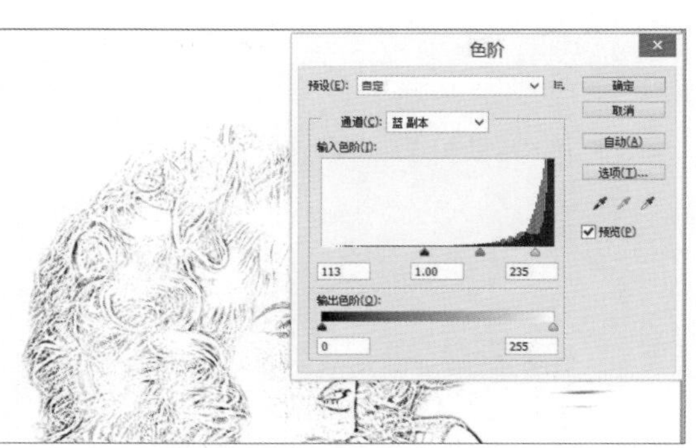


图6-107　“色阶”对话框

Step 13 选择画笔工具，设置前景色为“白色”，设置硬度为40%，将背景、衣服、眼睛、鼻子和嘴巴都涂白，只留下皮肤，如图6-108所示。

Step 14 按住Ctrl键的同时选中该通道图层，建立一个选区，在“通道”面板中显示除“蓝 副本”以外的所有通道，返回“图层”面板，按Ctrl+Shift+I组合键反选选区，如图6-109所示。

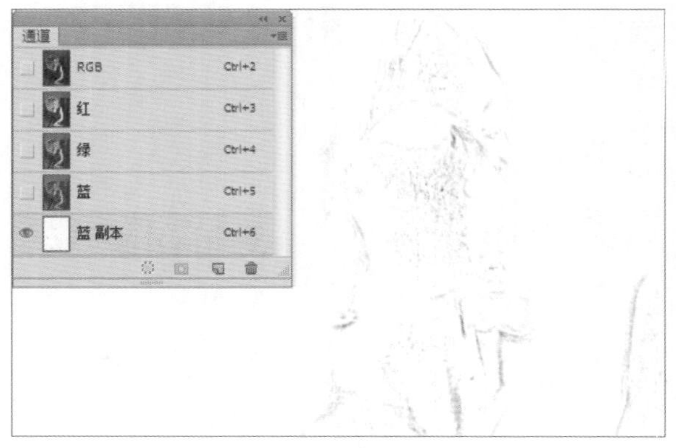


图6-108 涂抹图像

图6-109 反选选区

Step 15 保持选区，新建一个“曲线”图层，提亮脸部坑洼暗部，如图6-110所示。

Step 16 接下来处理脸部坑洼处的亮部，在“通道”面板中重新复制一次“蓝”通道，并在菜单栏中执行“滤镜>其他>高反差保留”命令，在弹出的“高反差保留”对话框中进行参数设置，如图6-111所示。

图6-110 调整曲线参数

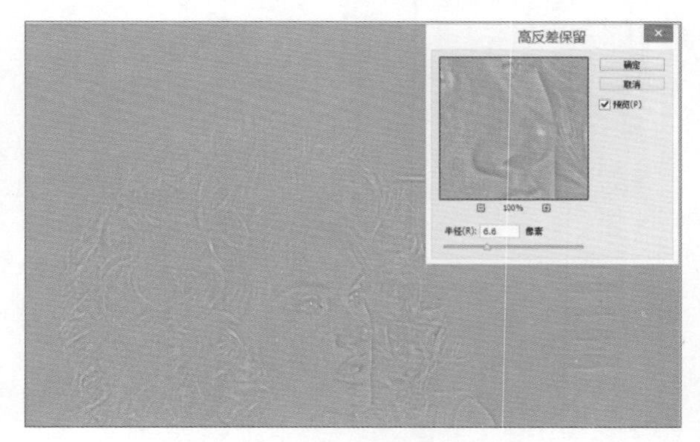


图6-111 “高反差保留”对话框

Step 17 在菜单栏中执行“图像>应用图像”命令，将混合方式设置为“叠加”，重复3次，如图6-112所示。

Step 18 按Ctrl+L组合键调出“色阶”对话框，进行参数设置，直到对比强烈，如图6-113所示。

图6-112 应用图像

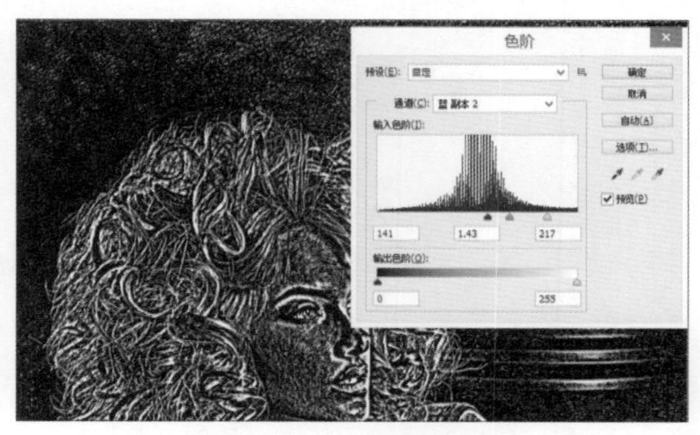


图6-113 “色阶”对话框

Step 19 在工具箱中选择画笔工具，设置前景色为黑色，适当调整画笔大小，设置硬度为40%，涂抹至只剩下皮肤即可，脸上涂不准的地方先放着不涂，如图6-114所示。

Step 20 同样的方式将通道转换为选区，回到“图层”面板，新建“曲线”调整图层，如图6-115所示。

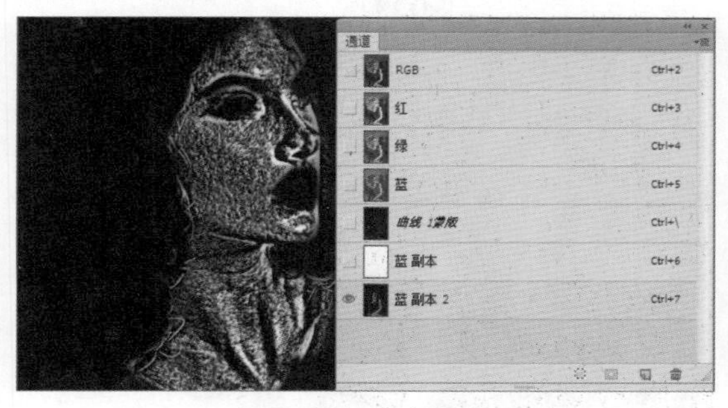


图6-114 涂抹图像

图6-115 创建“曲线”调整图层

Step 21 在该图层蒙版上选择黑色画笔，将鼻子、眼睛、嘴巴涂抹出来，如图6-116所示。

Step 22 按Ctrl+Shift+Alt+E组合键盖印图层，得到完整的模特图层，如图6-117所示。

图6-116 涂抹眼睛、鼻子和嘴巴

图6-117 盖印图层

Step 23 新建“色相/饱和度”调整图层，降低画面饱和度，如图6-118所示。

Step 24 新建“曲线”调整图层，压暗画面，如图6-119所示。

图6-118 新建“色相/饱和度”调整图层

图6-119 新建“曲线”调整图层

Step 25 新建“色阶”调整图层，适当提亮图像整体亮面，如图6-120所示。

Step 26 新建“照片滤镜”调整图层，设置颜色为#0022cd，通过建立并涂抹图层蒙版，给图片边缘及人物头发增加一点蓝调的暗感，如图6-121所示。

图6-120　新建“色阶”调整图层

图6-121　新建“照片滤镜”调整图层

Step 27 将所有图层选中，按Ctrl+G组合键执行编组操作，将新组命名为“模特与背景”，如图6-122所示。

Step 28 新建空白图层，选择横排文字工具，输入标题文字，如图6-123所示。

图6-122　图层编组

图6-123　输入标题

Step 29 双击标题文字图层，为标题文字添加“外发光”图层样式，颜色设置为#eec3ab，具体参数设置如图6-124所示。

Step 30 新建空白图层，选择横排文字工具，拖曳创建文本框并输入文字内容，颜色设置为#b6b5b5，如图6-125所示。

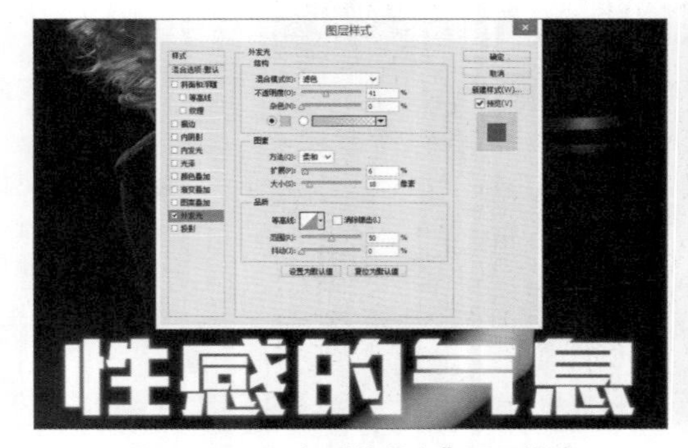


图6-124　添加“外发光”图层样式

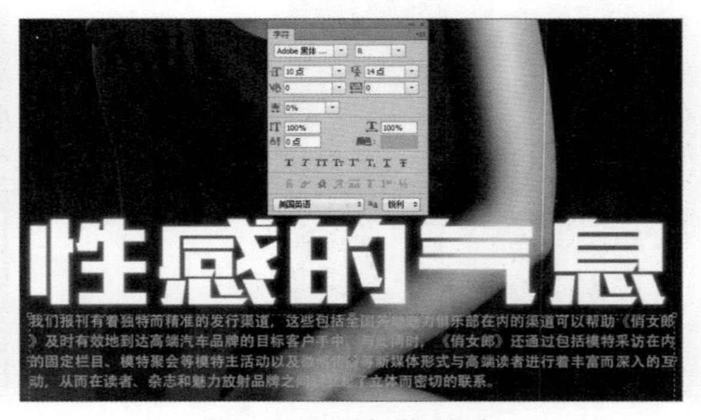


图6-125　添加说明文字

**Step 31** 新建空白图层，选择横排文字工具，输入报刊期数文本，设置文本颜色为#9a0e20，并将这三个文本图层编组，如图6-126所示。

**Step 32** 新建空白图层，选择横排文字工具，输入顶部文字，如图6-127所示。

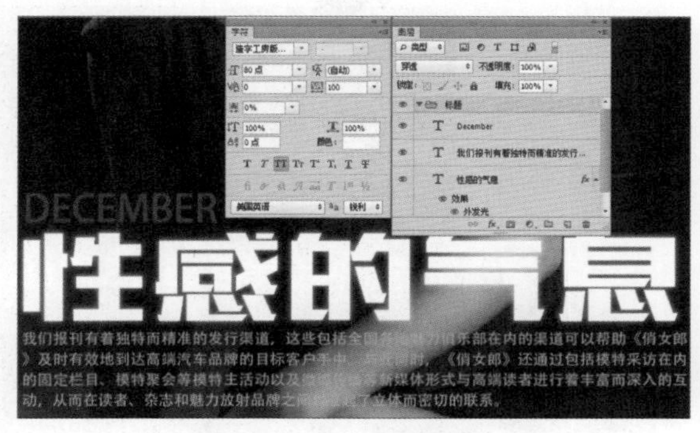


图6-126　创建标题组

图6-127　输入顶部文字

**Step 33** 在“图层”面板将图层填充调整为0%，双击文本图层，在弹出的“图层样式”对话框中勾选“描边”图层样式，颜色设置为#f0d9bf，如图6-128所示。

**Step 34** 接着在“图层样式”对话框勾选 “投影”图层样式，颜色设置为#0c1154，如图6-129所示。

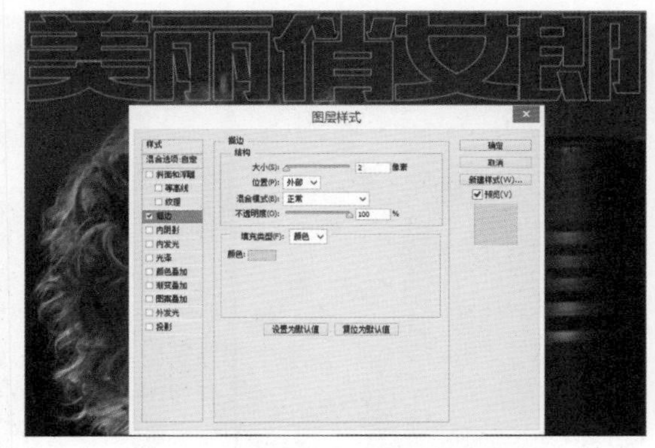


图6-128　添加“描边”图层样式

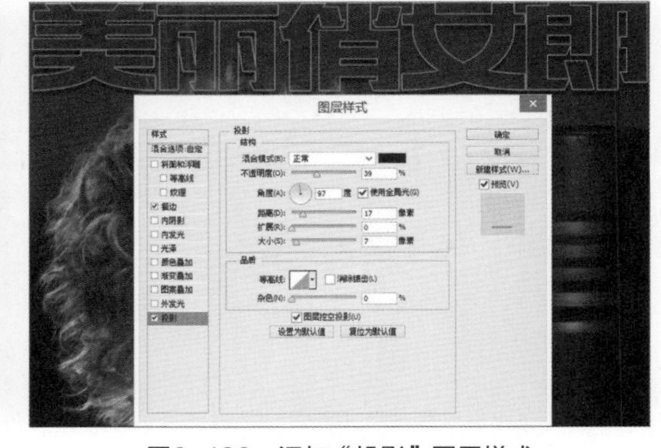


图6-129　添加“投影”图层样式

**Step 35** 按Ctrl+G组合键为该图层编组，然后在组文件夹上添加图层蒙版，用画笔工具涂抹头发上的文字，如图6-130所示。

**Step 36** 新建空白图层，使用横排文本工具输入模特标签和名字文本，设置文本颜色为#c9c9c9，如图6-131所示。

图6-130　添加组蒙版

图6-131　添加签名和名字

Step 37 新建两个文字图层并编组，输入文字，上方文字颜色设置为#ff9030，下方文字颜色设置为白色，文字大小分别为30和12，右端对齐，如图6-132所示。

Step 38 新建空白图层，用画笔工具绘制直线，颜色设置为#8d0a1b，并将其旋转45°，如图6-133所示。

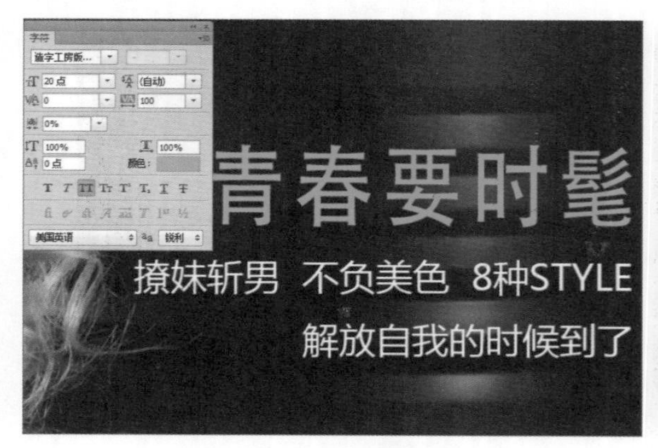


图6-132 输入装饰文字

图6-133 创建装饰线条

Step 39 复制1次上面的组图层，修改里面的内容，并用相同颜色排版下面英文文字，如图6-134所示。

Step 40 至此，本案例制作完成，最终效果如图6-135所示。

图6-134 输入其他装饰性文字

图6-135 查看最终效果

## 设计师点拨 平面设计的用色艺术

色彩编辑是对色彩进行的后期处理，使用Photoshop可以对色彩进行相应的编辑，主要包括局部去色、渐变色、光晕效果、纹理效果等。它们都有一个共同点：通过色彩的变化展现奇妙的画面效果。下面介绍3种常用的用色艺术手法。

### 1. 局部去色

局部去色的目的是创造这样一种氛围：彩色和灰度共存，以此创造对比的效果，强化视觉感受，如图6-136所示。

### 2. 渐变色

渐变色是从某一色相变化到另一色相的过渡过程。色相的个数可以是多个，即从第一色相变化到第二、第三等色相。渐变的模式很多，可以是线性渐变、径向渐变，也可以是角度渐变、对称和菱形渐变。渐变可令图像在色彩过渡时更加自然、美观，如图6-137所示。

图6-136 局部去色

图6-137 渐变

### 3. 光晕效果

光晕效果会产生一个光环，用于模拟逆光拍摄的效果。这一效果利用了色彩的作用，使用Photoshop的滤镜可以实现，光晕效果可以增加图像的美感，如图6-138所示。

图6-138 光晕效果

# 路径和矢量工具的应用

在之前的章节中，经常提到关于路径和矢量工具的应用，如创建路径文字等。Adobe Photoshop CS6不仅仅是一个图像处理软件，在绘制图形时也有不凡的表现。本章将对路径和矢量工具应用的相关知识进行详细讲解，例如路径与锚点的基础知识、钢笔工具的应用、形状工具的应用等。

**核心知识点**

❶ 了解Phototshop的绘图模式
❷ 掌握路径绘制相关工具应用
❸ 掌握形状工具的应用
❹ 掌握颜色调整命令的应用

绘制开放式路径

绘制曲线路径

绘制自由路径

使用磁性钢笔工具绘制路径

# 7.1 认识路径

路径是一种十分重要的矢量对象，作为Photoshop的核心功能，备受Photoshop应用高手的青睐，除了在Photoshop中可以使用到路径，在Adobe Illustrator等其他专业矢量图像处理软件中经常用到，学好关于路径应用的相关知识将利于读者学习其他矢量图像处理软件。下面将对路径应用的相关知识点进行详细讲解。

## 7.1.1 了解绘图模式

在Photoshop中使用钢笔工具或者形状工具等矢量工具，可以绘制各式各样不同样式的图形。使用上述的两种工具可以绘制出“形状”、“路径”和“像素”三种类型的图形，下面将对这三种图形类型的应用进行详细讲解。

### 1. 形状

选择工具箱中的自定形状工具，在其属性栏中选择工具模式为“形状”，选择所需形状后，在文档中绘制形状，即可新建一个形状图层，如图7-1所示。在“路径”面板中该形状路径会被保留，如图7-2所示。

图7-1 绘制形状图形

图7-2 显示绘制的形状路径

### 2. 路径

选择自定形状工具，在其属性栏中选择工具模式为“路径”。选择所需形状后，在文档中进行绘制，此时可以看到“图层”面板中不会独立新建一个形状图层，但是会在图像中显示一个轮廓，如图7-3所示。在“路径”面板中会显示该形状路径，如图7-4所示。

图7-3 绘制路径轮廓

图7-4 显示形状路径

### 3. 像素

选择自定形状工具，在其属性栏中选择工具模式为“像素”。选择所需形状后，在文档中进行绘制，此时可以看到“图层”面板中不会独立新建一个形状图层，如图7-5所示。在“路径”面板中也不会显示绘制的形状路径，如图7-6所示。

图7-5　绘制像素形状

图7-6　不显示形状路径

## 7.1.2　路径的基础知识

严格来讲，路径仅仅是一种轮廓，由一段或者多段直线或曲线段组成。在Photoshop中，路径有很多种用途，不仅可以被填充或者描边形成图像，或就着路径轮廓创建选区，还可以保存在“路径”面板中以备使用。路径分为开放式、闭合式和组合式三种形式，下面对这三种形式的路径分别进行讲解。

### 1. 开放式路径

开放式路径是指首尾不相连的非闭合路径。开放式路径的用途很多，比较重要的一个作用是作为路径文字的基础路径。同时开放式路径也可以进行填充、描边等操作，如图7-7所示。

### 2. 闭合式路径

闭合式路径是指首尾相连的全闭合路径，一般用于选取图像中的部分区域并转换为选区，即抠图。读者也可以对闭合的路径执行描边、填充等操作，如图7-8所示。

图7-7　绘制开放式路径

图7-8　绘制闭合路径

### 3. 组合式路径

组合式路径是多个路径叠加的路径，在“路径”面板中显示在同一个路径图层中。组合式路径一般用于创建一些比较特殊的形状，并做填充处理，也可以用于选取一些带有特定形状的图案，如图7-9所示。

图7-9 绘制组合路径

### 7.1.3 锚点的基础知识

在上面讲述开放式路径时，读者会发现在每一段路径线的节点处有一个点，这个点就是锚点。锚点可以标记每一个路径段的端点，在每个锚点处有一条或者两条方向线，在方向线的末端有方向点，拖动方向点可以控制方向线的倾斜方向，同时可以控制当前锚点处曲线的方向和大小，如图7-10所示。

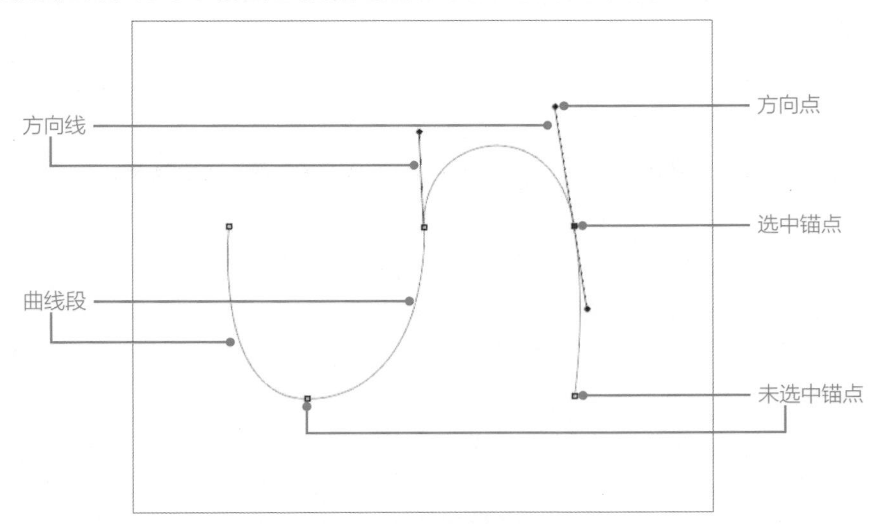


图7-10 开放式路径

> **操作提示：贝塞尔曲线**
>
> 由钢笔工具绘制的曲线称为贝塞尔曲线，它是由法国数学家Pierre Bézier在20世纪70年代早期开发的，原理是在一个锚点上加上两个控制柄，不管调整哪一个控制柄，另一个控制柄始终和它保持一条直线并与曲线相切，这样不仅便于修改，也便于创建。因为能够精确绘制形状和易于修改的特点，贝塞尔曲线被广泛应用于计算机图形领域，为后来矢量图形的发展奠定了基础。

## 7.2 使用钢笔工具绘制路径

在学习了关于路径的相关知识后，本节将介绍钢笔工具的应用方法。钢笔工具是Photoshop中最常用的绘图工具，使用钢笔工具可以绘制各种各样的矢量图像。

## 7.2.1 钢笔工具属性栏

选择工具箱中的钢笔工具后，其属性栏根据创建的对象不同，内容也有所不同。因为钢笔工具不能创建像素，所以仅有两种状态，下面将对这两种状态进行讲解。

使用钢笔工具创建形状时，其工具属性栏如图7-11所示。

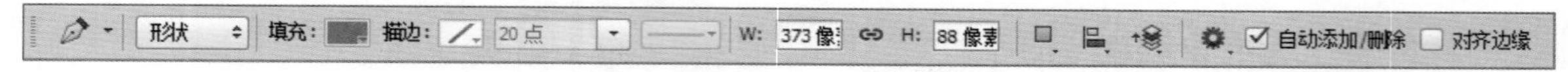


图7-11 创建形状时的钢笔工具属性栏

下面将对创建形状状态下的工具属性栏中各参数应用进行详细讲解。

- **形状：** 选择"形状"选项，表示当前创建的是形状而不是路径。
- **填充：** 用于设置创建形状时内部填充的类型，包括无填充、纯色填充、渐变填充和图案填充。
- **描边：** 用于设置创建形状时外部描边的类型，包括无描边、纯色描边、渐变描边和图案描边。读者还可以根据需要设置描边的粗细和描笔的样式。
- **设置形状宽度/设置形状高度：** 用于定义当前形状的宽度和高度。
- **路径操作：** 当存在多个形状时，单击该下拉按钮可以选择路径的运算类型，与选区的运算类似。
- **路径对齐方式：** 当存在多个形状时，单击该下拉按钮可以选择路径的对齐方式。
- **路径排列方式：** 当存在多个形状时，单击该下拉按钮可以选择路径的排列方式。
- **自动添加/删除：** 勾选该复选框，可以在将光标移动到路径线上时自动添加或者删除锚点。
- **对齐边缘：** 勾选该复选框，可以使路径自动对齐边缘部分。

使用钢笔工具创建路径时，其工具属性栏如图7-12所示。

图7-12 创建路径时的钢笔工具属性栏

下面将对创建路径状态下的工具属性栏中各参数的应用进行详细讲解。

- **路径：** 选择"路径"选项，表示当前创建的是路径而不是形状。
- **选区：** 创建路径后单击该按钮，将打开"建立选区"对话框，可以创建以该路径轮廓为边缘的选区。
- **蒙版：** 创建路径后单击该按钮，可以创建以该路径轮廓为边缘的蒙版。
- **形状：** 创建路径后单击该按钮，可以创建以该路径轮廓为边缘的形状。
- **路径操作：** 当存在多个路径时，单击该下拉按钮可以选择路径的运算类型，与选区的运算类似。
- **路径对齐方式：** 当存在多个路径时，单击该下拉按钮可以选择路径的对齐方式。
- **路径排列方式：** 当存在多个路径时，单击该下拉按钮可以选择路径的排列方式。
- **自动添加/删除：** 勾选该复选框，可以在将光标移动到路径线上时自动添加或者删除锚点。
- **对齐边缘：** 勾选该复选框，可以使路径自动对齐边缘部分。

## 7.2.2 绘制直线路径

要使用钢笔工具绘制直线路径，则首先在工具箱中选择钢笔工具，如图7-13所示。在属性栏中选择工具模式为"路径"，接着在图像中选择一个起点并单击，即可创建第一个锚点，然后选择第二个锚点并单击，即可绘制出一条直线路径，如图7-14所示。

图7-13　选择钢笔工具

图7-14　绘制直线路径

## 7.2.3　绘制曲线路径

在图像中绘制曲线是非常常见的操作。绘制曲线路径的方法需要多多练习，揣摩曲线段之间的过渡关系。在工具箱中选择钢笔工具，如图7-15所示。在属性栏中选择工具模式为“路径”，接着在图像中选择一个起点并单击，即可创建第一个锚点。选择第二个锚点并单击，然后沿曲线方向按曲率拖曳出合适的方向线即可，如图7-16所示。

图7-15　选择钢笔工具

图7-16　绘制曲线路径

## 7.2.4　使用自由钢笔工具

使用自由钢笔工具绘制图像就像使用铅笔在纸上绘图一样，可得到随意自然的路径效果。在工具箱中选择自由钢笔工具，如图7-17所示。接下来在图像中自由绘制路径即可，如图7-18所示。

图7-17　选择自由钢笔工具

图7-18　绘制自由路径

## 7.2.5 使用磁性钢笔工具

磁性钢笔工具比较适合创建一些轮廓简单的路径，也适用于不能熟练使用钢笔工具的新手。在工具箱中选择自由钢笔工具，然后在自由钢笔工具属性栏中勾选“磁性的”复选框，如图7-19所示。即可启用磁性钢笔工具，然后在图像中绘制路径即可，如图7-20所示。

图7-19 启用磁性钢笔

图7-20 绘制路径

# 7.3 使用形状工具绘制路径和形状

在Photoshop中，使用形状工具可以很方便地绘制并调整图形的形状，创建出多种规则或不规则的形状或路径。形状工具包括矩形工具、椭圆工具、多边形工具和直线工具等，本节将介绍使用这些工具绘制各种矢量图形的操作方法。

## 7.3.1 使用矩形工具

使用矩形工具可以在图像窗口中绘制任意的矩形（正方形）路径、指定长宽的矩形路径或所需的矩形形状。下面分别介绍具体绘制方法。

### 1. 绘制任意矩形路径

在工具箱中选择矩形工具，如图7-21所示。在属性栏中选择工具模式为“路径”，然后在图像中选择一个点，按住鼠标左键不放并拖动，即可绘制矩形路径即可，如图7-22所示。读者在绘制时，若按住Shift键，则可绘制任意大小的正方形路径。

图7-21 选择矩形工具

图7-22 绘制矩形路径

### 2. 绘制指定长宽的矩形路径

读者若需要绘制指定大小的矩形路径，则在工具箱中选择矩形工具，接着在图像中单击需要绘制路径的位置，会弹出“创建矩形”对话框，设置要创建矩形的“宽度”和“高度”值，如图7-23所示。单击“确定”按钮后，即可创建指定大小的矩形路径，如图7-24所示。

图7-23 “创建矩形”对话框

图7-24 创建指定大小的矩形路径

下面将对“创建矩形”对话框中主要参数的应用进行介绍。

- **宽度：** 用于设置要创建矩形路径的宽度，单位默认为像素，可通过手动输入修改为“厘米”等其他单位。
- **高度：** 用于设置要创建矩形路径的高度，单位默认为像素，可通过手动输入修改为“厘米”等其他单位。
- **从中心：** 勾选该复选框，Photoshop将认定当前选中的点为中心点绘制矩形。

### 3. 绘制矩形形状

要绘制矩形形状，则在工具箱中选择矩形工具，然后在矩形工具属性栏中选择工具模式为“形状”，同时对形状的填充和描边进行设置，如图7-25所示。接下来在图像中选择一个点，按住鼠标左键不放并拖动，绘制任意形状的矩形形状，如图7-26所示。

图7-25 选择工具模式

图7-26 绘制矩形形状

## 7.3.2 使用圆角矩形工具

使用圆角矩形工具可以绘制出带有一定圆角弧度的圆角矩形路径（选区），绘制的方法和矩形工具基本相同。不同的是，使用圆角矩形工具时，属性栏中会出现“半径”数值框，输入的半径越大，圆角的弧度也越大。下面将对使用圆角矩形工具绘制路径（形状）的方法进行详细讲解。

## 1. 绘制任意圆角矩形路径

在工具箱中选择圆角矩形工具，如图7-27所示。在属性栏中选择工具模式为“路径”，并设置“半径”的值。然后在图像中选择一个点，按住鼠标左键不放并拖动，绘制任意大小的圆角矩形路径，如图7-28所示。

图7-27　选择圆角矩形工具

图7-28　绘制任意大小的圆角矩形路径

**操作提示：绘制圆角矩形时圆角半径的设置**

在绘制任意圆角矩形时，宽度和高度是任意的，但圆角半径是固定的，读者可在圆角矩形工具属性栏中进行设置。

## 2. 绘制指定大小的圆角矩形路径

要绘制指定大小的圆角矩形路径，则在工具箱中选择圆角矩形工具，接着在图像中单击需要绘制路径的位置，会弹出“创建圆角矩形”对话框，设置要创建圆角矩形的参数，如图7-29所示。单击“确定”按钮，即可创建指定大小的圆角矩形路径，如图7-30所示。

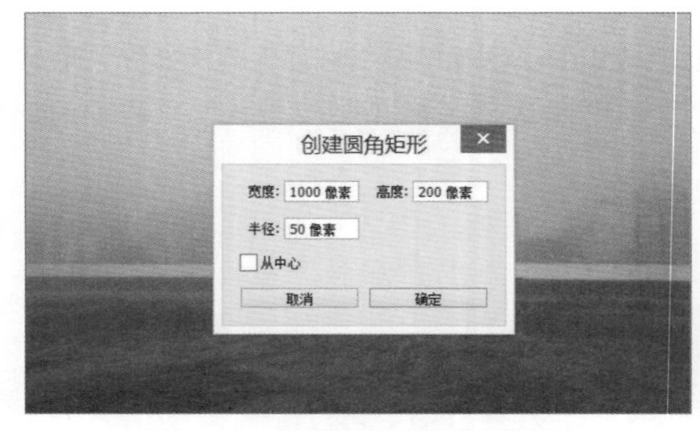


图7-29　“创建圆角矩形”对话框

图7-30　绘制指定大小的圆角矩形路径

下面将对“创建圆角矩形”对话框中主要参数的含义进行介绍。

- **宽度/高度：** 用于设置要创建的圆角矩形路径的宽度/高度，单位默认为像素，读者可以通过手动输入修改为“厘米”、“派卡”等其他单位。
- **半径：** 用于设置要创建的圆角矩形路径的圆角半径大小，单位默认为像素，读者可以通过手动输入修改为“厘米”、“派卡”等其他单位。
- **从中心：** 勾选该复选框，将以当前选中的点为中心点绘制圆角矩形。

## 3. 绘制圆角矩形形状

使用圆角矩形工具绘制圆角矩形形状，和绘制圆角矩形路径一样有两种方法，这里选取其中一种方法进行讲解。首先在工具箱中选择圆角矩形工具，然后在圆角矩形工具属性栏中选择工具模式为“形状”，同时对形状的填充、描边以及半径值进行设置，如图7-31所示。然后在图像中选择一个点，按住鼠标左键不放并拖动，绘制圆角矩形形状即可，如图7-32所示。

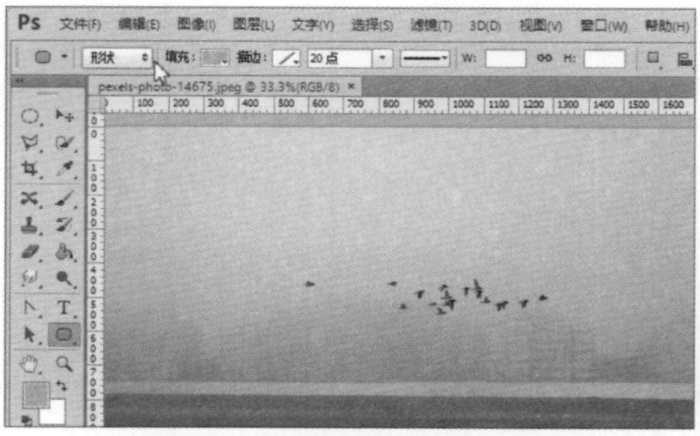

图7-31　圆角矩形工具属性设置

图7-32　绘制圆角矩形形状

## 7.3.3　使用椭圆工具

在Photoshop中，椭圆形状（路径）和正圆形状（路径）是比较常见的，使用椭圆工具可以非常方便地进行绘制操作。下面对椭圆工具的使用方法进行详细讲解。

### 1. 绘制任意椭圆路径

在工具箱中选择椭圆工具，如图7-33所示。在属性栏中选择工具模式为“路径”，然后在图像中选择一个点，接着按住鼠标左键不放并拖动，绘制任意大小的椭圆路径，如图7-34所示。

图7-33　选择椭圆工具

图7-34　绘制任意大小的椭圆路径

### 2. 绘制指定大小的椭圆路径

要绘制指定大小的椭圆路径，则在工具栏中选择椭圆工具，在属性栏中选择工具模式为“路径”，然后在图像中单击需要绘制路径的位置，会弹出“创建椭圆”对话框，设置要创建椭圆的相关参数，如图7-35所示。单击“确定”按钮，即可创建指定大小的椭圆路径，如图7-36所示。

图7-35　“创建椭圆”对话框

图7-36　创建指定大小的椭圆路径

下面将对“创建椭圆”对话框中主要参数的含义进行详细讲解。

- **宽度：** 用于设置要创建椭圆路径的短轴长度，单位默认为像素，可以通过手动输入修改为“厘米”、“派卡”等其他单位。
- **高度：** 用于设置要创建椭圆路径的长轴长度，单位默认为像素，可以通过手动输入修改为“厘米”、“派卡”等其他单位。
- **从中心：** 勾选该复选框，将以当前选中的点为中心点绘制椭圆。

> **操作提示：创建正方形（正圆形）路径**
> 在自由绘制矩形（椭圆）路径时，按住Shift键或者在设置数值时保持宽度和高度一致，即可创建正方形（正圆形）。

#### 3. 绘制椭圆形状

使用椭圆工具绘制椭圆形状和绘制椭圆路径一样有两种方法，这里选取其中一种方法进行讲解。首先在工具箱中选择椭圆工具，然后在椭圆工具属性栏中选择工具模式为“形状”，同时对形状的填充和描边进行设置，如图7-37所示。接下来在图像中选择一个点，按住鼠标左键不放并拖动，绘制椭圆形状即可，如图7-38所示。

图7-37　椭圆工具属性设置

图7-38　绘制椭圆形状

## 7.3.4　使用多边形工具

使用多边形工具可以创建多边形和星形等特殊形状，该工具的使用方法也十分简单，下面将对使用多边形工具绘制路径和形状的操作方法进行详细讲解。

#### 1. 绘制任意多边形路径

在工具箱中选择多边形工具，如图7-39所示。然后在属性栏中选择工具模式为“路径”，在图像中选择一个点，接着按住鼠标左键不放并拖动，绘制多边形路径，如图7-40所示。

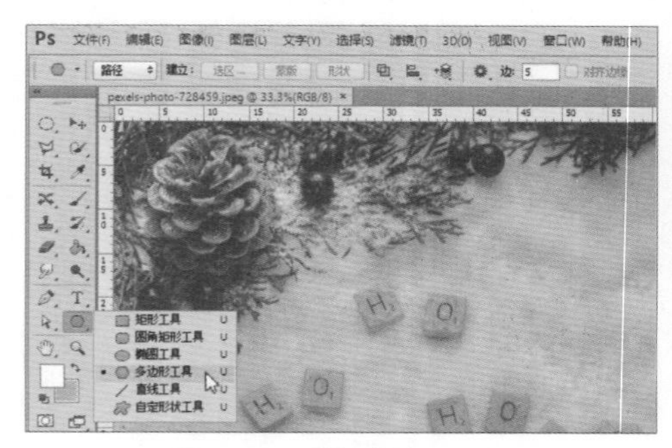

图7-39　选择多边形工具

图7-40　绘制任意多边形路径

### 2. 绘制指定大小的多边形路径

要绘制指定大小的多边形路径，则在工具箱中选择多边形工具，接着在图像中单击需要绘制路径的位置，会弹出“创建多边形”对话框，设要创建多边形的相关参数，如图7-41所示。单击“确定”按钮，即可创建指定大小的多边形路径，如图7-42所示。

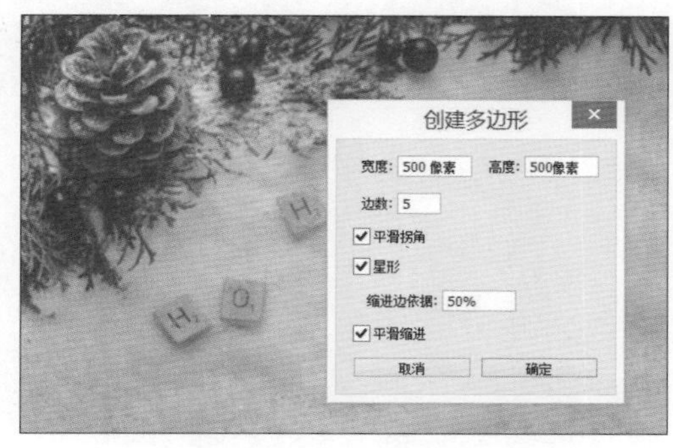

图7-41　“创建多边形”对话框

图7-42　绘制指定大小的多边形路径

下面将对“创建多边形”对话框中主要参数的含义进行介绍。

- **宽度/高度：** 用于设置要创建多边形路径的整体宽度和高度，单位默认为像素，可以通过手动输入修改为“厘米”、“派卡”等其他单位。
- **边数：** 用于设置要创建多边形路径的边数或者星形的顶角数。
- **平滑拐角：** 勾选该复选框，可以将多边形（星形多边形）的尖角替换为圆角。
- **星形：** 勾选该复选框，可以将创建的多边形类型修改为星形。
- **缩进边依据：** 该选项只有在勾选“星形”复选框时才能生效，用于设置缩进边的百分比。
- **平滑缩进：** 该复选框只有在勾选“星形”复选框时才能生效，勾选该复选框可以将缩进的尖角替换为圆角。

### 3. 绘制多边形形状

绘制多边形形状的操作方法和绘制多边形路径类似，首先在工具箱中选择多边形工具，然后在多边形工具属性栏中选择工具模式为“形状”，同时对形状的填充和描边进行设置，如图7-43所示。接下来在图像中选择一个点，按住鼠标左键不放并拖动，即可绘制多边形形状，如图7-44所示。

图7-43　多边形工具属性设置

图7-44　绘制多边形形状

## 7.3.5　使用直线工具

使用直线工具可以创建直线路径（形状），创建的方法十分简单，下面将对如何使用直线工具绘制路径和形状进行详细讲解。

### 1. 绘制直线路径

首先在工具箱中选择直线工具，如图7-45所示。然后在属性栏中选择工具模式为“路径”，在图像中按住鼠标左键不放并拖动，绘制直线路径即可，如图7-46所示。

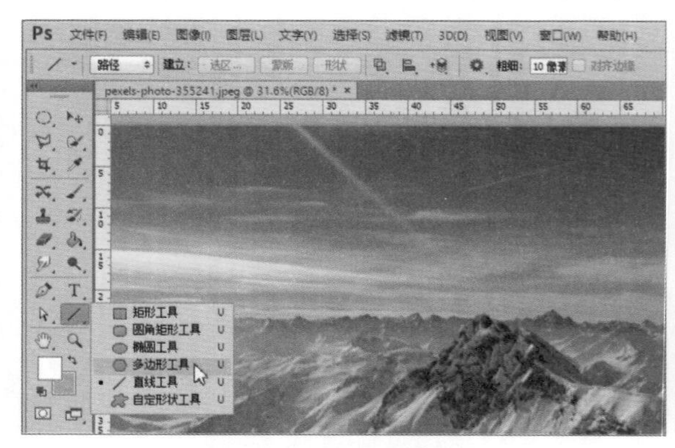


图7-45　选择直线工具

图7-46　绘制直线路径

### 2. 绘制直线形状

要使用直线工具绘制直线形状，则首先在工具箱中选择直线工具，然后在直线工具属性栏中选择工具模式为“形状”，同时对形状的填充和描边进行设置，如图7-47所示。接下来在图像中选择一个点，按住鼠标左键不放并拖动，即可绘制直线形状，如图7-48所示。

图7-47　直线工具属性设置

图7-48　绘制直线形状

**操作提示：快速定义直线的角度**

在绘制直线路径（形状）时按住Shift键，可创建旋转角度为0°（180°）、±45°、±135° 的直线路径（形状）。

## 7.3.6　使用自定形状工具

使用自定形状工具可以创建一些比较特殊的路径（形状）。在Photoshop中提供了大量的预设形状，读者也可以根据需要载入一些外置的形状。下面将对如何使用自定形状工具绘制路径、使用预设形状、载入外部形状以自定形状等操作进行详细讲解。

### 1. 绘制任意自定形状路径

要绘制任意大小的自定形状路径，则在工具箱中选择自定形状工具，在属性栏中选择工具模式为“路径”，如图7-49所示。

图7-49　选择自定形状工具

然后在自定形状工具属性栏中单击“形状”右侧的下拉按钮，在打开的自定形状拾色器面板中选择准备使用的形状样式，如图7-50所示。然后在图像中选择一个点并按住鼠标左键拖动，即可绘制自定形状路径，如图7-51所示。

图7-50　选择形状样式

图7-51　绘制自定形状路径

## 2. 绘制指定大小的自定形状路径

要绘制指定大小的自定形状路径，则在工具箱中选择自定形状工具，接着在图像中单击需要绘制路径的位置，会弹出“创建自定形状”对话框，设置要创建自定形状的相关参数，如图7-52所示。单击“确定”按钮，即可创建所需的自定形状路径，如图7-53所示。

图7-52　“创建自定形状”对话框

图7-53　绘制指定大小的多边形路径

下面将对“创建自定形状”对话框中主要参数的含义进行介绍。

- **宽度/高度：** 用于设置要创建的自定形状路径的整体宽度和高度，单位默认为像素，可以通过手动输入修改为“厘米”、“派卡”等其他单位。

● **从中心**：勾选该复选框，将以当前选中的点为中心点创建自定形状。
● **保留比例**：勾选该复选框，可以保持当前形状的比例。

### 3. 追加预设形状

Photoshop中自带的预设形状，是安装软件之后默认的形状，如图7-54所示。默认的预设形状在实际图像操作中是不能满足需求的，这时可在自定形状拾色器面板中单击右上角的下拉按钮，在弹出的下拉列表中选择“全部”选项，如图7-55所示。

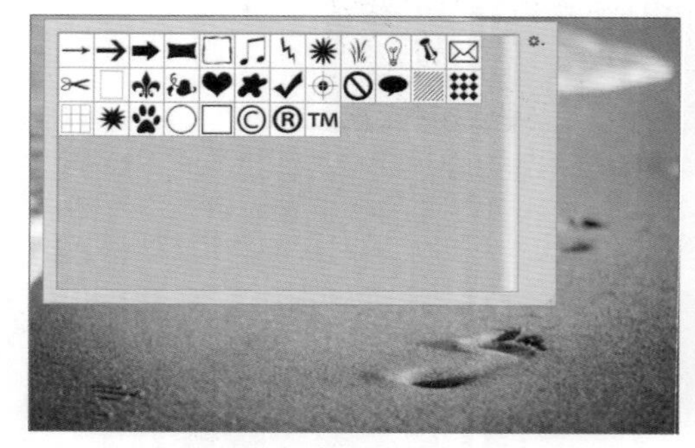

图7-54　自定形状拾色器

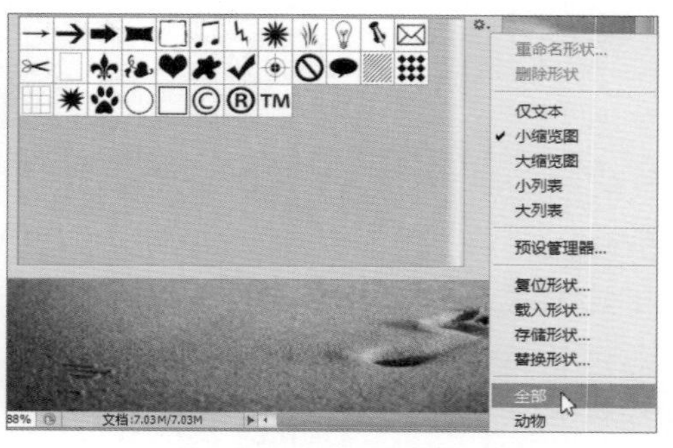


图7-55　选择“全部”选项

会弹出Adobe Photoshop提示对话框，单击“追加”按钮，如图7-56所示。即可在自定形状拾色器面板中看到添加的其他形状，如图7-57所示。

图7-56　Adobe Photoshop提示对话框

图7-57　查看新增的形状

### 4. 载入外部形状

如果Photoshop中自带的预设形状不能满足需要，读者也可以载入一些外部形状，这也是Adobe Photoshop中比较开放的一个表现。在自定形状拾色器面板中单击右上角的下拉按钮，在弹出的列表中选择“载入形状”选项，如图7-58所示。在弹出的“载入形状”对话框中选择要载入的形状，如图7-59所示。

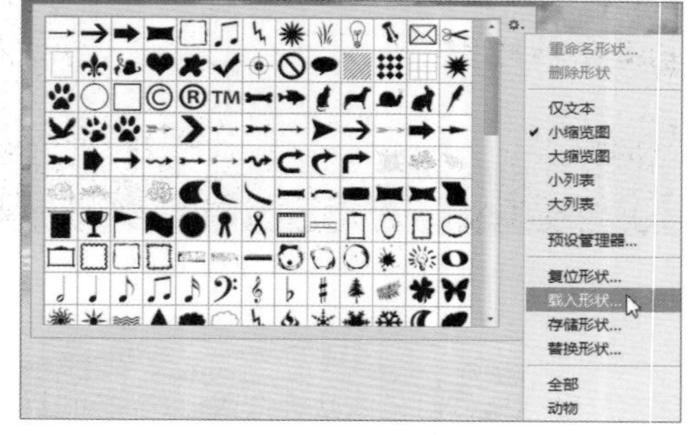


图7-58　选择“载入形状”选项

图7-59　“载入”对话框

单击“载入”按钮，即可在自定形状拾色器面板中看到有大量的形状被载入，这时选择需要的形状样式即可，如图7-60所示。

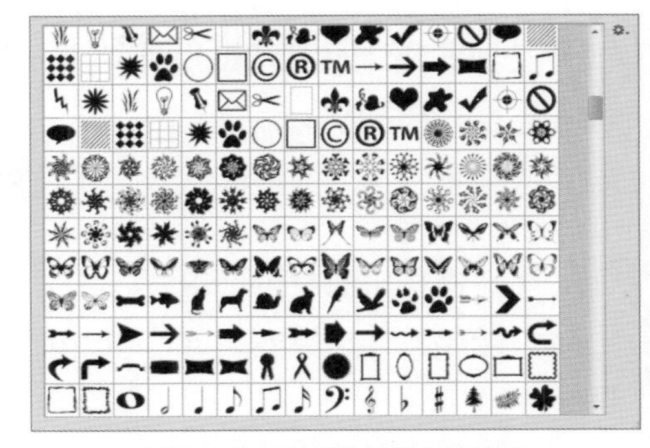

图7-60　查看载入的自定形状

### 5. 定义自定形状

如果系统自带的形状无法满足需要，读者也可以自己定义形状样式。首先在图像中绘制一个形状，如图7-61所示。在菜单栏中执行“编辑>定义自定形状”命令，如图7-62所示。

在弹出的“形状名称”对话框中设置自定形状的名称，如图7-63所示。然后在图像中右击，即可在自定形状拾色器中找到自定义的形状，如图7-64所示。

图7-61　绘制形状

图7-62　执行“定义自定形状”命令

图7-63　“形状名称”对话框

图7-64　查看载入的自定形状

### 6. 绘制自定形状

要使用自定形状工具绘制自定形状，则首先在工具箱中选择自定形状工具，然后在自定形状工具属性栏中选择工具模式为“形状”，然后单击“形状”右侧的下拉按钮，选择所需的形状样式，如图7-65所示。接下来在图像中选择一个点，按住鼠标左键不放并拖动，即可绘制自定形状，如图7-66所示。

图7-65　自定形状工具属性设置

图7-66　绘制自定形状

## 7.4 路径的基础操作

在学习了绘制路径与形状的相关操作后，本节将对路径和锚点的基础操作进行介绍，如添加描点、删除描点、调整路径形状、变换路径、保存路径和删除路径等。

### 7.4.1 添加和删除锚点

锚点是路径节点上的标志点，可以控制路径的曲率方向，下面将对如何添加和删除锚点操作进行详细讲解。

#### 1. 添加锚点

创建路径后，如果发现路径中锚点较少不能满足需要，可以添加锚点。在工具箱中选择添加锚点工具，如图7-67所示。此时光标变为了图7-68所示的样子，在路径中需要添加锚点的地方单击，即可添加锚点。

图7-67 选择添加锚点工具

图7-68 添加锚点

#### 2. 删除锚点

如果路径中的锚点过多，可以删除锚点。在工具箱中选择删除锚点工具，如图7-69所示。此时光标变成了图7-70所示的样式，在路径中需要删除锚点的地方单击，即可删除锚点。

图7-69 选择删除锚点工具

图7-70 删除锚点

### 7.4.2 选择和移动锚点

选择锚点是指选择整个路径上的锚点，移动锚点是指选择独立锚点来进行位置和方向的移动。下面将对如何选择和移动锚点操作进行详细讲解。

### 1. 选择锚点

在工具箱中选择路径选择工具，如图7-71所示。接着在图像文档中已绘制的路径上单击，即可将这条路径上的所有锚点选中，如图7-72所示。

图7-71　选择路径选择工具

图7-72　选择锚点

### 2. 移动锚点

首先在工具箱中选择直接选择工具，如图7-73所示。此时光标变为图7-74所示的形状，接下来在路径中选择需要移动的锚点，按住鼠标左键移到其他位置即可。

图7-73　选择直接选择工具

图7-74　移动锚点

## 7.4.3　调整路径形状

如果发现路径中锚点的方向出现了偏差或者需要对路径形状进行调整，可以在工具箱中选择转换点工具，如图7-75所示。此时光标变成了图7-76所示的形状，选中路径中需要调整形状的锚点，然后对锚点进行移动即可。

图7-75　选择转换点工具

图7-76　移动锚点改变路径形状

## 7.4.4 变换路径

路径的变换类似于图层的自由变换操作。绘制路径后，在“路径”面板中选择相应的路径，如图7-77所示。然后按下Ctrl+T组合键，出现定界框后即可对路径进行自由变换操作，如图7-78所示。

图7-77 “路径”面板

图7-78 自由变换路径

## 7.4.5 保存和复制路径

创建路径后，除了可以对其执行形状调整和变换等操作外，读者还可以保存和复制路径。下面将对如何保存和复制路径的相关操作进行详细讲解。

### 1. 路径的保存

将路径保存可以避免重复绘制路径的麻烦，路径的保存主要在“路径”面板中操作，下面将对如何保存路径进行详细讲解。绘制路径后，在“路径”面板中双击路径，会弹出“存储路径”对话框，如图7-79所示。设置路径的名称后，单击“确定”按钮，在“路径”面板中看到此时路径已经被保存，如图7-80所示。

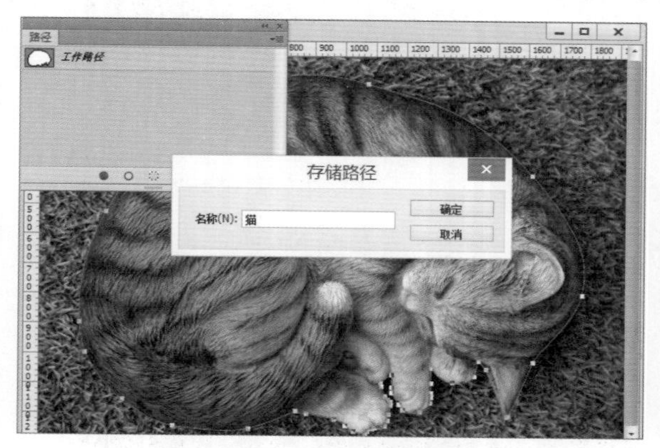

图7-79 “储存路径”对话框

图7-80 查看保存的路径

### 2. 路径的复制

路径的复制操作必须要在路径保存之后才能进行，复制路径后可以进行填充、描边等操作，下面将对如何复制路径进行详细讲解。在“路径”面板选中需要复制的路径并右击，在弹出的快捷菜单中执行“复制路径”命令，如图7-81所示。弹出“复制路径”对话框后，设置复制路径的名称或者直接单击“确定”按钮。接着在“路径”面板中可以看到已经被复制的路径，如图7-82所示。

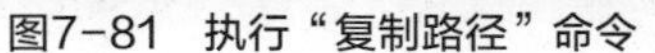
图7-81 执行“复制路径”命令

图7-82 查看复制的路径

## 7.4.6 删除路径

创建路径后，如果不再需要了，可以将其删除。在“路径”面板中单击“删除当前路径”按钮即可，如图7-83所示。读者也可以按下Delete键，将选中的路径删除。

图7-83 删除路径

## 7.4.7 填充与描边路径

绘制好路径后，读者可以为路径添加描边和填充颜色。通过对路径进行填充和描边，可以美化路径或者有效地将其与其他路径区别开。填充和描边后，路径并不会发生改变，下面将对如何进行路径的填充和描边操作进行详细讲解。

### 1. 填充路径

填充路径的内容可以是颜色，也可以是图案。绘制路径后，在“路径”面板中选中需要填充的路径并右击，在弹出的快捷菜单中执行“填充路径”命令，如图7-84所示。

图7-84 执行“填充路径”命令

在弹出的“填充路径”对话框中进行参数设置，如图7-85所示。设置完成后单击“确定”按钮，在文档窗口中可以看到路径已经被填充，如图7-86所示。

图7-85 “填充路径”对话框

图7-86 查看填充路径后效果

## 2. 描边路径

描边路径是沿着路径的轨迹绘制或修饰图像。绘制路径之后，在“路径”面板选中需要描边的路径并右击，在弹出的快捷菜单中执行“描边路径”命令，如图7-87所示。

图7-87 执行“描边路径”命令

在弹出的“填充路径”对话框中进行参数设置，如图7-88所示。设置完成之后单击“确定”按钮，在文档窗口中查看描边路径的效果，如图7-89所示。

图7-88 “描边路径”对话框

图7-89 查看描边路径后效果

## 上机实训 制作狗年日历

学习了路径和矢量工具应用的相关知识后，相信读者已经掌握了绘制路径和矢量形状的相关操作。下面就将通过具体案例来学习制作小狗日历的操作方法，以达到巩固学习、拓展提高的目的。

**Step 01** 打开Photoshop软件后，在工具箱中单击“设置背景色”按钮，在弹出的“拾色器（背景色）”对话框中拾取颜色，如图7-90所示。

**Step 02** 接下来按Ctrl+N组合键，在弹出的“新建”对话框中进行参数设置，如图7-91所示。

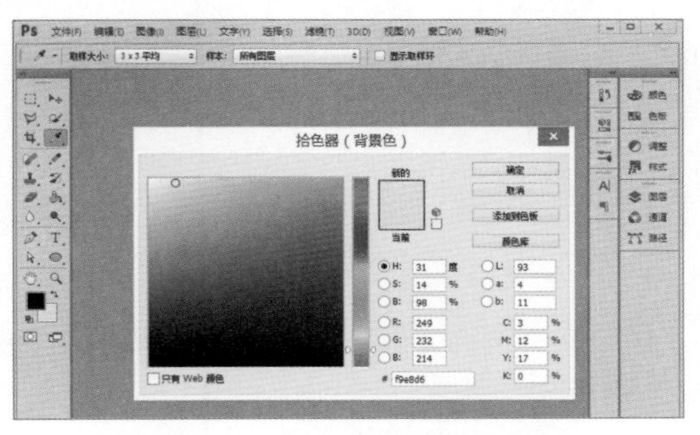

图7-90 “拾色器（背景色）”对话框

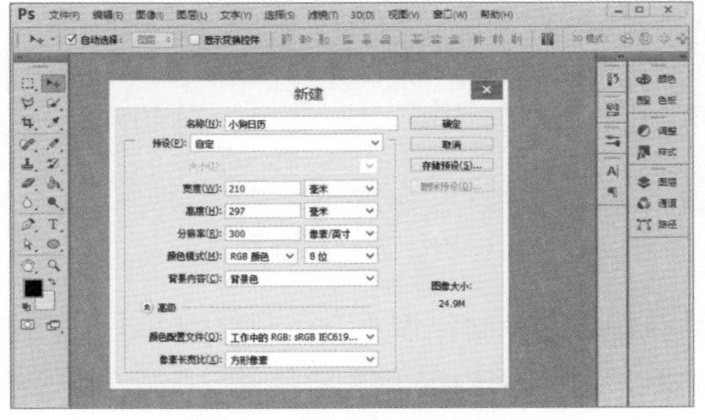

图7-91 “新建”对话框

**Step 03** 按Shift+Ctrl+N组合键，在弹出的“新建图层”对话框中进行参数设置，如图7-92所示。

**Step 04** 然后在工具箱中选择钢笔工具，并在钢笔工具属性栏中进行相关参数设置，如图7-93所示。

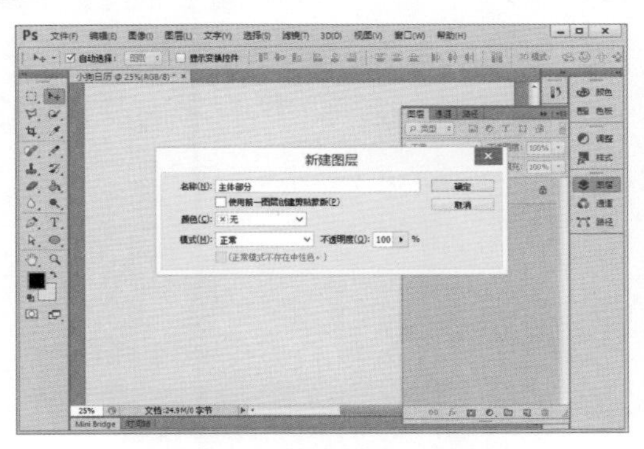

图7-92 “新建图层”对话框

图7-93 设置钢笔工具属性

**Step 05** 按Ctrl+R组合键显示标尺，并创建参考线，如图7-94所示。

**Step 06** 接着使用钢笔工具在图像中绘制图7-95所示的路径。

图7-94 创建参考线

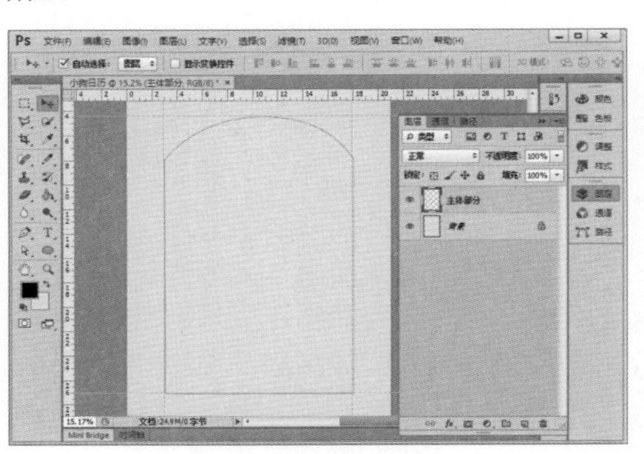

图7-95 绘制路径

**Step 07** 路径绘制完成后，在“路径”面板中选中该路径并对其进行重命名操作，如图7-96所示。

**Step 08** 选择路径并右击，在弹出的快捷菜单中执行“填充路径”命令，如图7-97所示。

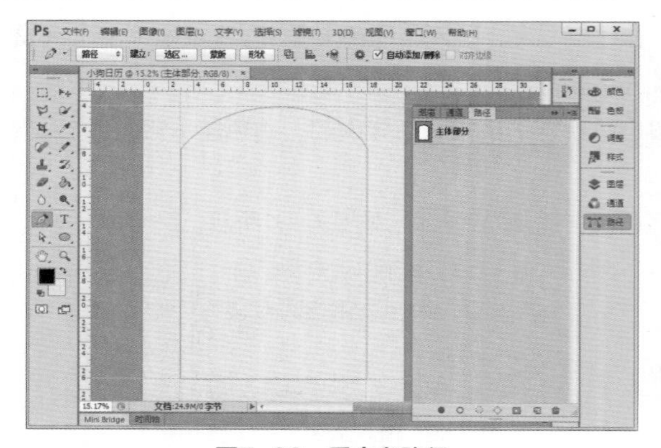

图7-96　重命名路径

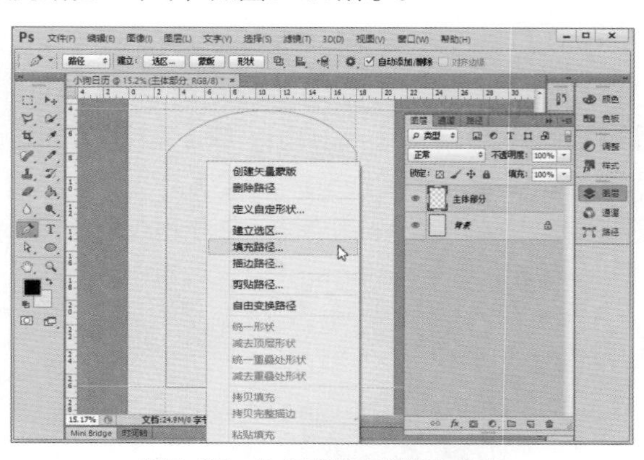


图7-97　执行“填充路径”命令

**Step 09** 在弹出的“路径填充”对话框中单击“使用”下拉按钮，选择“颜色”选项，在弹出的“拾色器（填充颜色）”对话框中对填充颜色进行参数设置，如图7-98所示。

**Step 10** 单击“确定”按钮，查看路径填充效果。再次按Shift+Ctrl+N组合键，并在弹出的“新建图层”对话框中进行参数设置，如图7-99所示。

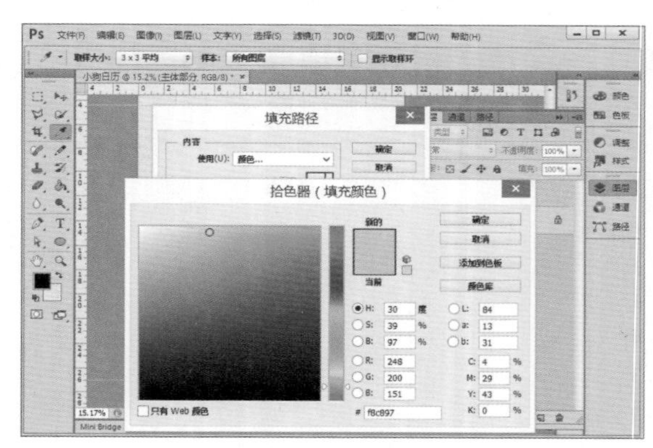


图7-98　设置填充颜色

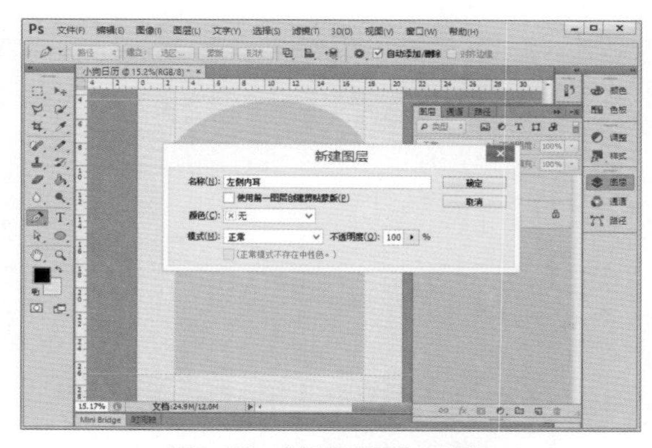


图7-99　“新建图层”对话框

**Step 11** 接着使用钢笔工具绘制图7-100所示的路径。

**Step 12** 绘制完成后，在“路径”面板对绘制的路径进行保存和重命名操作，如图7-101所示。

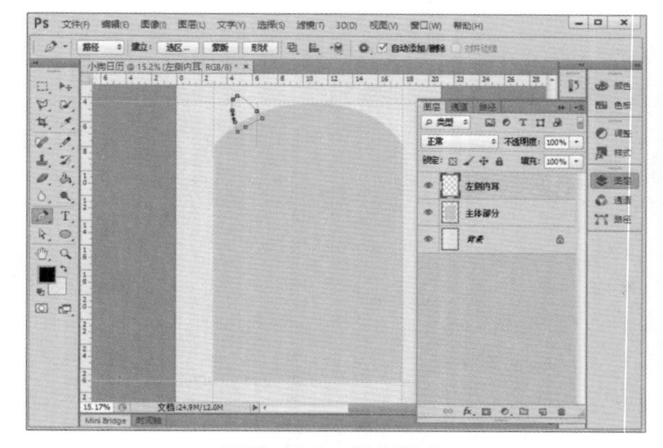

图7-100　绘制路径

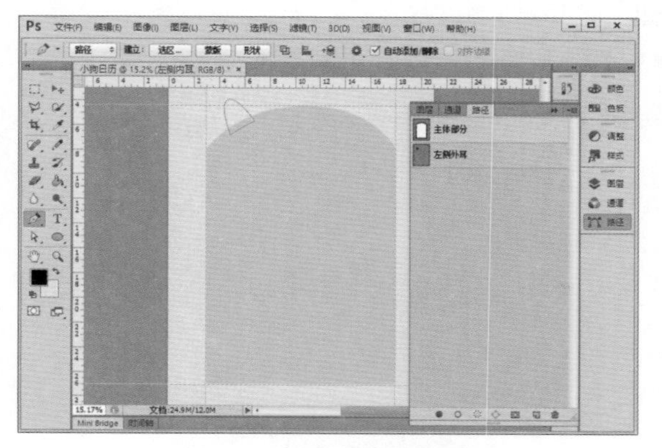

图7-101　保存与重命名路径

Step 13 接着对路径颜色进行填充，如图7-102所示。

Step 14 填充完成之后按Ctrl+J组合键，复制该图层并对复制的图层进行重命名，如图7-103所示。

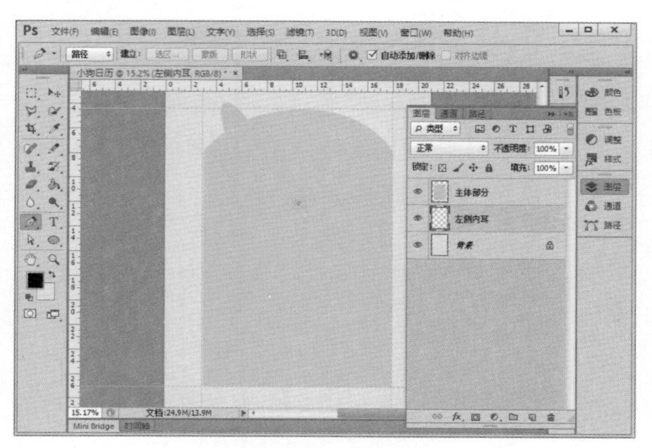

图7-102 填充路径

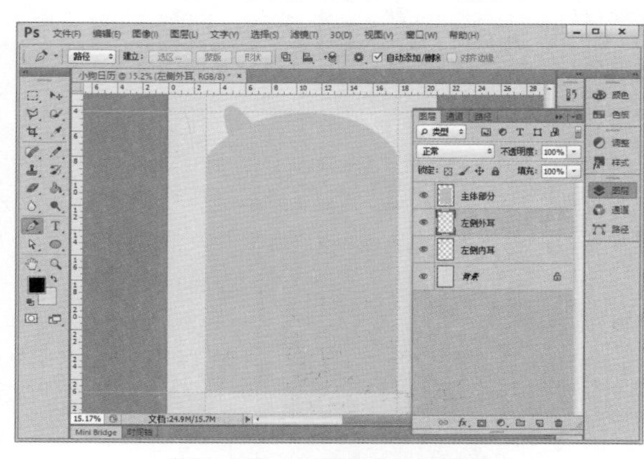

图7-103 复制并重命名图层

Step 15 选中“左侧外耳”图层，并按Ctrl+T组合键，对其进行大小的调整，如图7-104所示。

Step 16 自由变换完成之后，双击“左侧外耳”图层，在弹出的“图层样式”对话框中对“颜色叠加”图层样式进行参数设置，如图7-105所示。

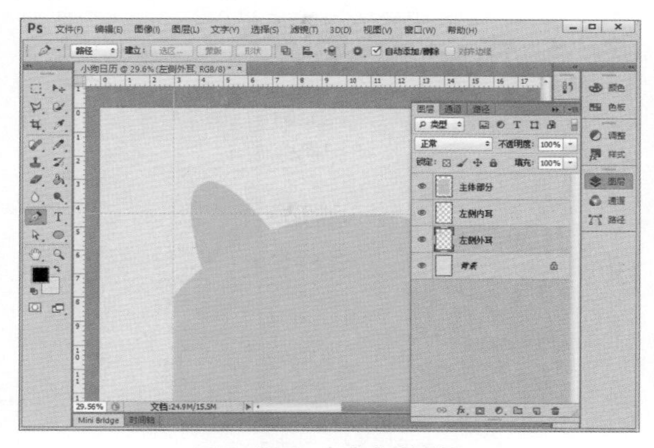

图7-104 自由变换图层

图7-105 设置“颜色叠加”图层样式参数

Step 17 选中图7-106所示的两个图层，然后进行复制与重命名操作。

Step 18 重命名完成后按Ctrl+T组合键，将这两个图层进行水平翻转并移动到图7-107所示的位置。

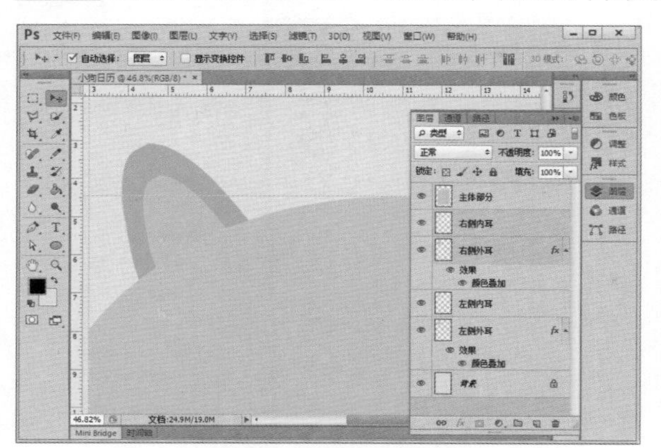

图7-106 复制并重命名图层

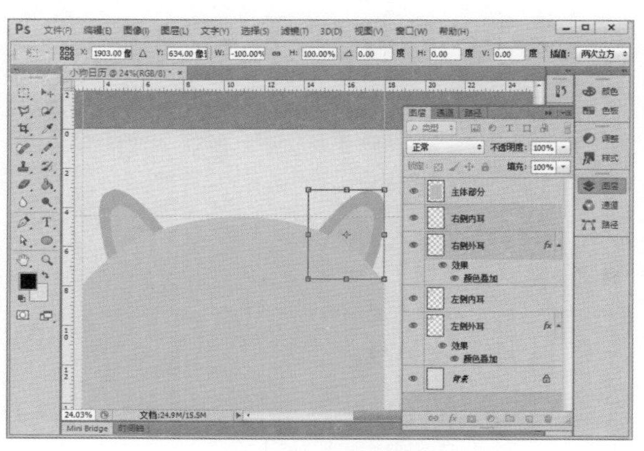

图7-107 自由变换图层

Step 19 选中“右侧外耳”图层并双击，在弹出的“图层样式”对话框中对“颜色叠加”图层样式进行参数设置，如图7-108所示。

Step 20 再次新建图层，在新建图层上使用钢笔工具绘制图7-109所示的路径。

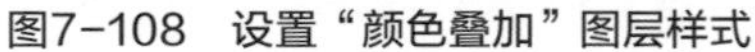

图7-108 设置“颜色叠加”图层样式

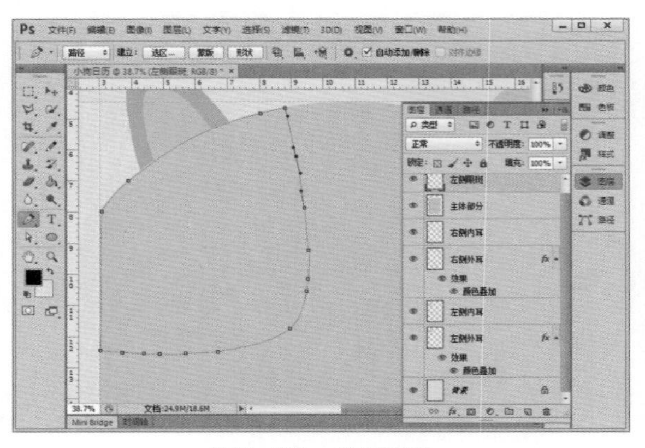

图7-109 绘制路径

Step 21 绘制完成之后，在“路径”面板中对新建路径进行保存与重命名操作，如图7-110所示。

Step 22 接着在工具箱中选择直接选择工具，对绘制的路径进行相应的调整，如图7-111所示。

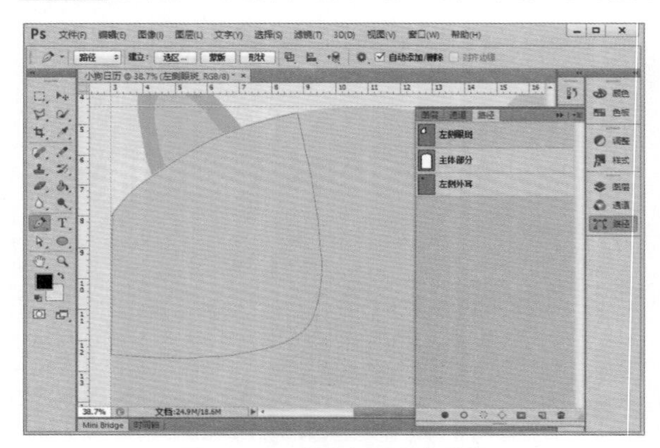

图7-110 保存与重命名路径

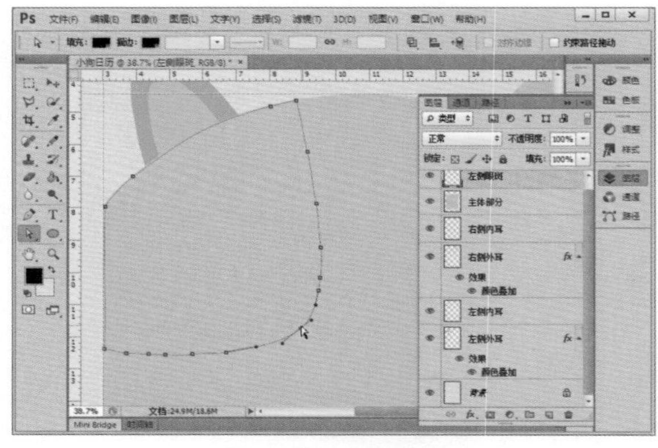

图7-111 调整路径

Step 23 调整完成后对路径进行填充，如图7-112所示。

Step 24 填充完成后，在工具箱中选择椭圆工具，并在其属性栏中进行参数设置，如图7-113所示。

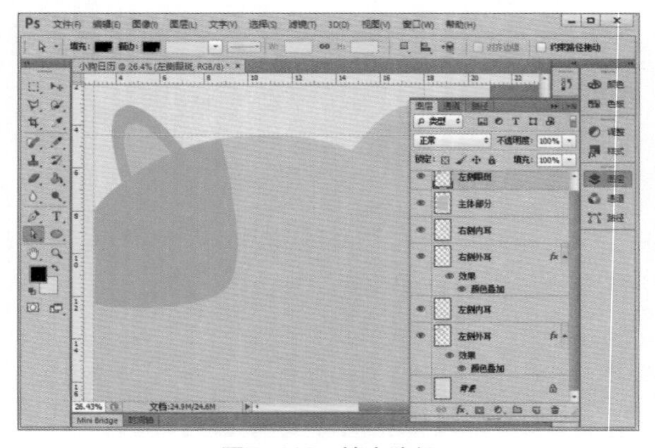

图7-112 填充路径

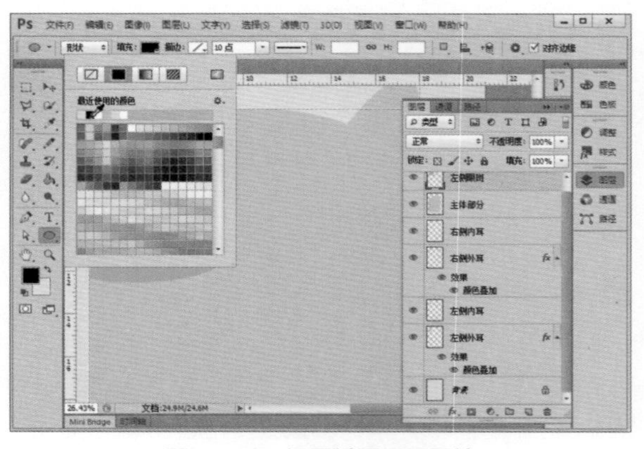

图7-113 设置椭圆工具属性

Step 25 接着在图像中绘制图7-114所示的椭圆，并按下Ctrl+J组合键复制椭圆。

Step 26 绘制完成后，在“图层”面板中对这两个椭圆进行重命名，如图7-115所示。

图7-114　绘制并复制椭圆

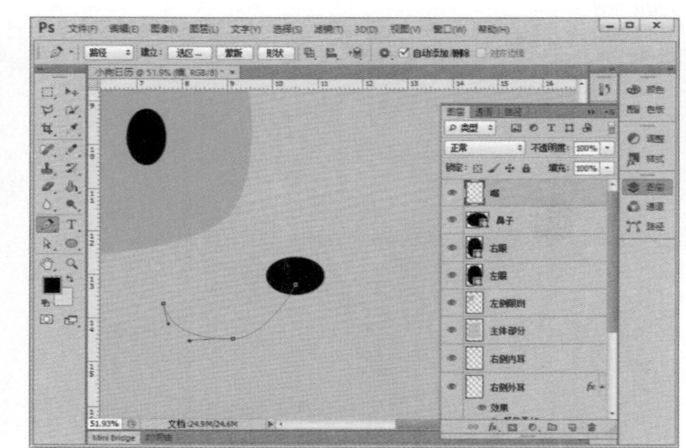

图7-115　重命名图层

Step 27 选中“右眼”图层并复制，按下Ctrl+T组合键，将其旋转90°并移动到图7-116所示的位置。

Step 28 再次新建图层，在新建图层上使用钢笔工具绘制图7-117所示的路径。

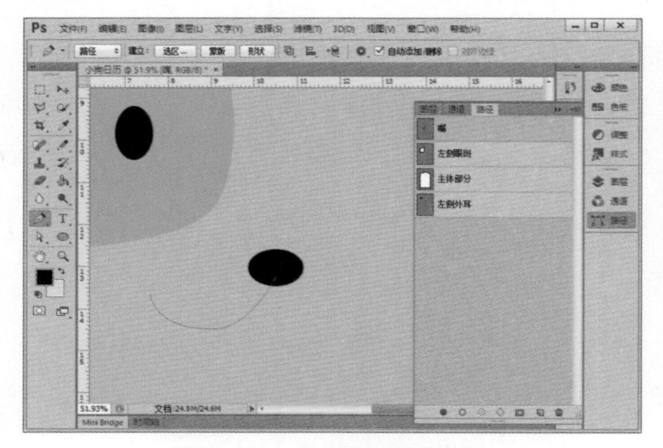

图7-116　旋转并移动图像

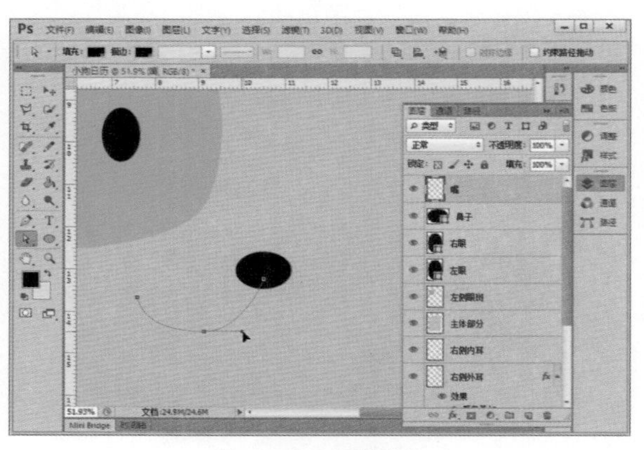

图7-117　绘制路径

Step 29 绘制完成后，在“路径”面板中对新建路径进行保存与重命名操作，如图7-118所示。

Step 30 接着在工具箱中选择直接选择工具，对绘制的路径进行调整，如图7-119所示。

图7-118　保存与重命名路径

图7-119　调整路径

Step 31 调整完成之后在工具箱中选择铅笔工具，在图像中右击，在弹出的“画笔预设”选取器面板中进行参数设置，如图7-120所示。

Step 32 接着在“路径”面板中选择路径并右击，在弹出的快捷菜单中执行“描边路径”命令，如图7-121所示。

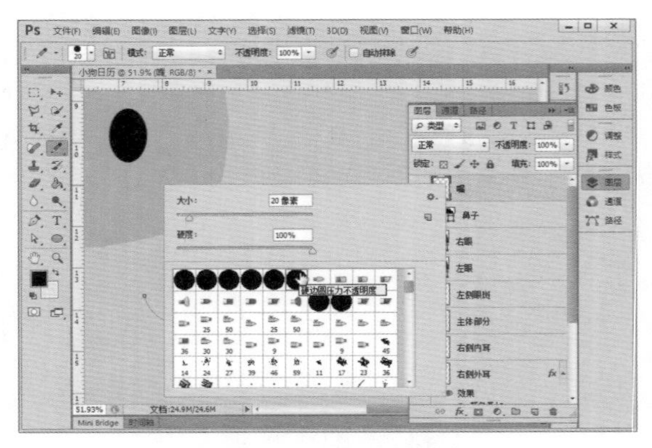

图7-120 设置画笔样式

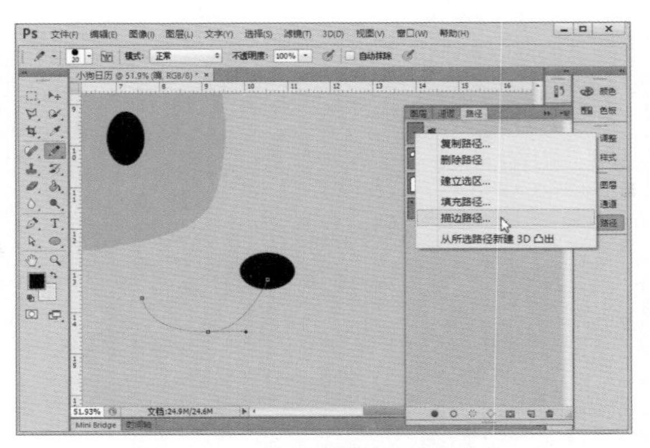

图7-121 执行“描边路径”命令

Step 33 在弹出的“描边路径”对话框中进行参数设置，如图7-122所示。

Step 34 设置描边路径后复制该图层，并将其水平翻转同时移动到合适的位置，如图7-123所示。

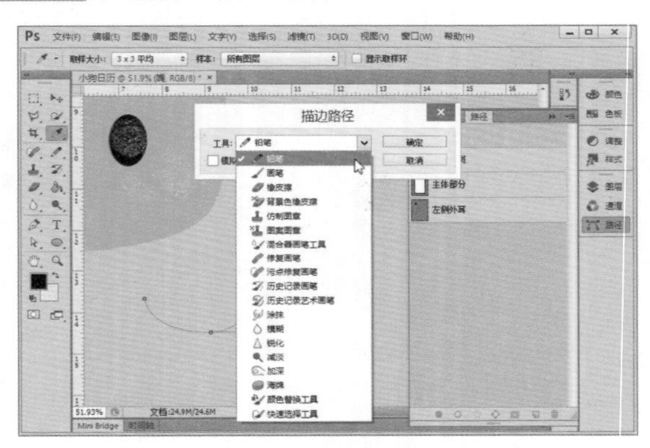

图7-122 设置描边路径参数

图7-123 翻转并移动路径

Step 35 再次新建图层并绘制路径，同时对路径进行保存、重命名以及填充操作，如图7-124所示。

Step 36 重复上一步骤，同时在“图层”面板中对图层顺序和名称进行调整，如图7-125所示。

图7-124 绘制路径

图7-125 调整图层的顺序和名称

Step 37 同时按Ctrl+G组合键，对图层进行编组并对组进行重命名。双击图层组，在弹出的“图层样式”对话框中对“描边”图层样式进行参数设置，如图7-126所示。

Step 38 设置完成后为日历添加文字效果，小狗日历制作完成，效果如图7-127所示。

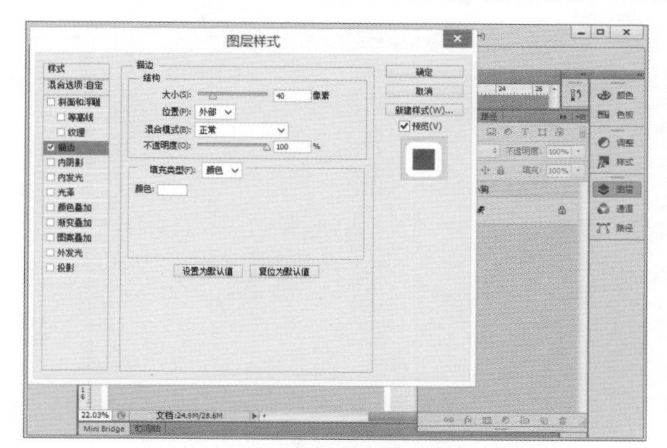

图7-126　设置“描边”图层样式参数

图7-127　查看效果

## 设计师点拨　色彩的构成

要设计出色彩惊艳的平面作品，就需要了解和学习色彩的构成，研究如何根据色彩使用的需求来搭配颜色，从而创造美。

### 1. 什么是色彩构成

“构成”是将两个以上的要素按照一定的规则重新组合，形成新的要素。“色彩构成”是将两个以上的色彩要素按照一定的规则进行组合和搭配，从而形成新的具有美感的色彩关系。

色彩构成有三个因素：其一，要有两个以上的色彩要素；其二，遵循一定的搭配规则；其三，进行重构，形成新的色彩关系。色彩构成的目的是搭配新的色彩关系，形成美感。

### 2. 色彩搭配

色彩构成的主要工作是色彩搭配，在不同的场合下，色彩搭配具有不同的倾向性。例如，在绘画中，色彩搭配注重写实，相应的色相数量、明度和纯度的等级就多一些，色彩比较丰富。而设计用色则正好相反，色彩搭配讲求抽象、装饰性，色相数量、明度和纯度的等级相对较少，色彩简练而鲜明。

现代绘画的风格向多元化发展，色彩的运用已经没有明显的倾向性。在图7-128所示的绘画作品中，使用设计用色技巧，色彩非常简练。

图7-128　色彩搭配的工笔画

# 蒙版与通道的应用

本章将重点学习关于蒙版和通道的相关知识，蒙版和通道的使用频率非常高，仅次于图层的使用。使用蒙版和通道抠像能力要比钢笔工具抠像更加细腻和精确，而通道的混合则更令我们叹为观止。

**核心知识点**

1. 了解蒙版的分类和作用
2. 掌握创建蒙版的方法
3. 掌握蒙版的基础操作
4. 熟悉通道的基础操作和混合

图层蒙版的应用

剪贴蒙版的应用

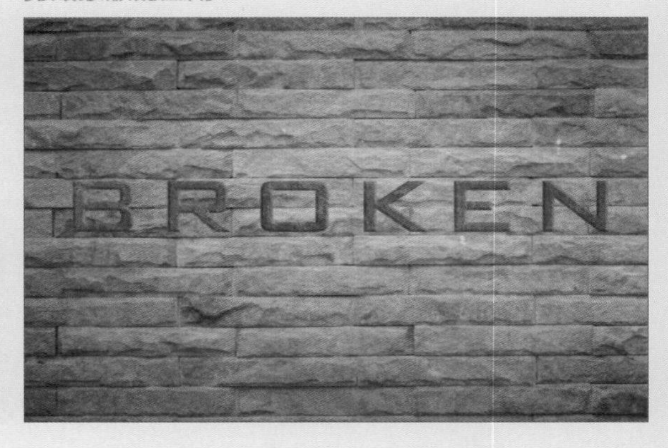


应用图像命令混合通道

“旅行蛙”海报

## 8.1 认识蒙版

蒙版原本为摄影术语，是指用于控制照片不同区域曝光的传统暗房技术，这一技术被完美地应用到Photoshop中。蒙版作为一种灰度图像它可以遮盖处理区域的一部分或者全部，在这个区域可进行模糊、上色等操作，被蒙版遮住部分不会受到影响。

在使用蒙版之前，先了解蒙版的分类，Photoshop提供3种蒙版，分别为图层蒙版、剪贴蒙版和矢量蒙版。

### 1. 图层蒙版

图层蒙版通过蒙版中灰度信息来控制图像的显示区域，可用于隐藏或合成图像。蒙版中白色区域的图像被完全保留，黑色区域中的图像不可见，灰色区域的图像呈半透明效果。如图8-1所示，在文档窗口中可以看到合成之后的图像，但是在“图层”面板中可以发现其实这是由两张图像合成的，发挥关键作用的就是图层蒙版。

### 2. 矢量蒙版

矢量蒙版是指使用矢量工具（如钢笔工具和形状工具）创建的蒙版，和图层蒙版一样都是非破坏性的，也就是说在为图像添加矢量蒙版后仍可以编辑，图8-2所示为使用形状工具创建的矢量蒙版的效果。

图8-1　图层蒙版

图8-2　矢量蒙版

### 3. 剪贴蒙版

剪贴蒙版是指使用某个图层的内容来控制位于其上方图层的显示范围，剪贴蒙版的效果由上方图层和下方图层内容决定，图8-3所示为使用剪贴蒙版创建的艺术字效果。

图8-3　剪贴蒙版

## 8.2 蒙版的创建和基础操作

在了解蒙版的分类以及蒙版的作用之后，本节将对如何创建蒙版以及蒙版的基础操作进行详细介绍。本节详细介绍图层蒙版、矢量蒙版和剪贴蒙版的操作。

### 8.2.1 图层蒙版

图层蒙版一般用于创建和分辨率相同的位图图像，使用图层蒙版可以进行图像合成，本节将重点介绍如何创建图层蒙版以及图层蒙版的基础操作。

#### 1. 直接创建图层蒙版

图层蒙版依附于图层而存在，由图层缩略图和图层蒙版缩略图组成。在Photoshop中置入两张准备合成的图像，接下来在“图层”面板下方单击“添加图层蒙版”按钮，如图8-4所示。

图8-4　单击“添加图层蒙版”按钮

在工具箱中选择渐变填充工具，同时在渐变填充工具属性栏中设置渐变类型，接着在图像中绘制一条从下至上的渐变线，如图8-5所示。然后可在文档窗口中看到合成之后的图像，如图8-6所示。

图8-5　绘制渐变线

图8-6　合成效果

#### 2. 将选区转换为图层蒙版

除了上述介绍直接创建图层蒙版外，读者还可以通过选区来创建图层蒙版，这也是一个比较快捷的扣取图像的方法。打开Photoshop，置入两张图片，选择“图层1”并创建选区，在“图层”面板中单击“添加图层蒙版”按钮，如图8-7所示。接着在文档窗口中看到选区之外的部分被隐藏，只显示选区内的部分，如图8-8所示。

图8-7　单击“添加图层蒙版”按钮

图8-8　将选区转换为图层蒙版的效果

### 3. 编辑图层蒙版

创建图层蒙版后，读者可以根据需要对其进行编辑，这也是使用选区或者钢笔抠图所不能比拟的。下面将对如何编辑图层蒙版进行详细讲解。

Step 01 在菜单栏中执行“文件>置入”命令，在弹出的“置入”对话框中选择合适的图像，如图8-9所示。

Step 02 置入图像后，在“图层”面板中降低置入图像的不透明度以调整置入图像的位置，如图8-10所示。调整完毕之后再恢复不透明度。

图8-9　“置入”对话框

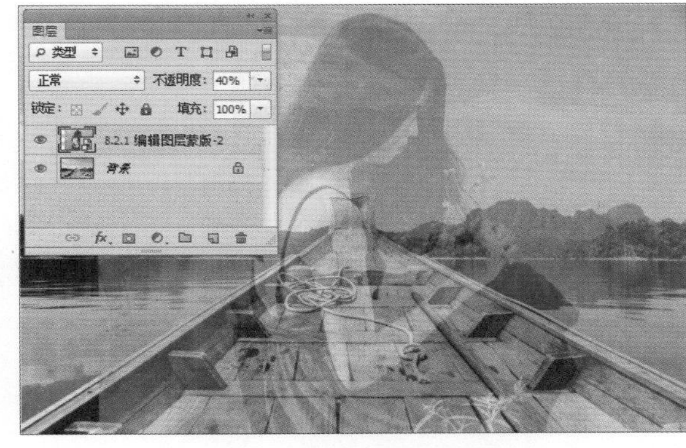


图8-10　调整置入图像的位置

Step 03 在工具箱中选择快速选择工具，并在图像中绘制出美女的大致区域，如图8-11所示。

Step 04 接下来在“图层”面板中单击“创建图层蒙版”按钮以创建图层蒙版，如图8-12所示。

图8-11　创建选区

图8-12　创建图层蒙版

**Step 05** 然后在工具箱中选择画笔工具，并在图像中右击，在打开的面板中调整画笔的类型和大小，如图8-13所示。

**Step 06** 接着在“拾色器（前景色）”对话框中将前景色设置为黑色，如图8-14所示。

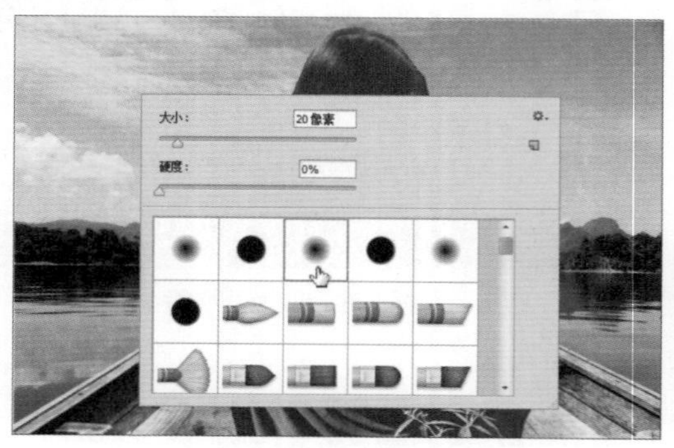

图8-13 设置画笔工具

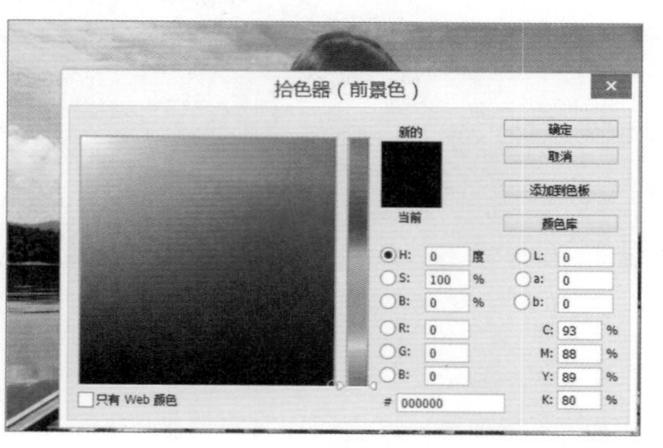

图8-14 设置前景色

**Step 07** 在图像中进行涂抹一些不需要的部分，如果需要显示部分内容可以将前景色修改为白色，同时根据需要调整画笔大小，如图8-15所示。

**Step 08** 最后适当调整背景的自然饱和度，效果如图8-16所示。

图8-15 涂抹不需要的部分

图8-16 最终效果

### 4. 应用图层蒙版

应用图层蒙版是指将图层蒙版中隐藏的部分永久性删除，只留下显示的部分。应用图层蒙版是破坏性操作，下面将对如何应用图层蒙版进行详细讲解。在“图层”面板中选中图层蒙版并右击，在弹出的快捷菜单中选择“应用图层蒙版”命令，如图8-17所示。接下来可以在“图层”面板中看到图层蒙版已经被应用，在图层缩略图中未显示部分被删除，如图8-18所示。

图8-17 选择“应用图层蒙版”命令

图8-18 应用图层蒙版的效果

### 5. 停用图层蒙版

停用图层蒙版是指将当前创建的图层蒙版暂停使用，下面将对如何停用图层蒙版进行详细讲解。在“图层”面板中选择需要停用的蒙版并右击，在弹出的快捷菜单中选择“停用图层蒙版”命令，如图8-19所示。在蒙版缩略图上出现红色的叉号，在文档窗口中显示全部的图像内容，如图8-20所示。

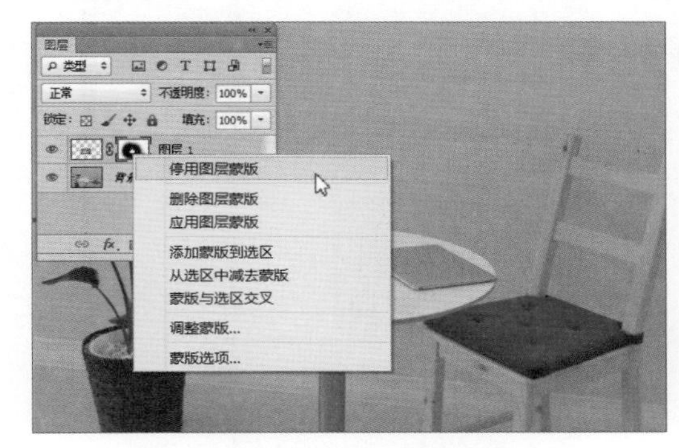


图8-19　选择“停用图层蒙版”命令

图8-20　停用图层蒙版的效果

### 6. 取消图层蒙版链接

图层和蒙版之间是相互链接的，如果需要对其中一个进行独立编辑，可以取消两者的链接，当编辑完成之后再次链接即可。下面将对如何取消图层蒙版链接进行详细讲解。

**Step 01** 创建图层蒙版后，在“图层”面板中单击“指示图层蒙版链接到图层”按钮，如图8-21所示。

**Step 02** 接着选择蒙版并按下Ctrl+T组合键，如图8-22所示。

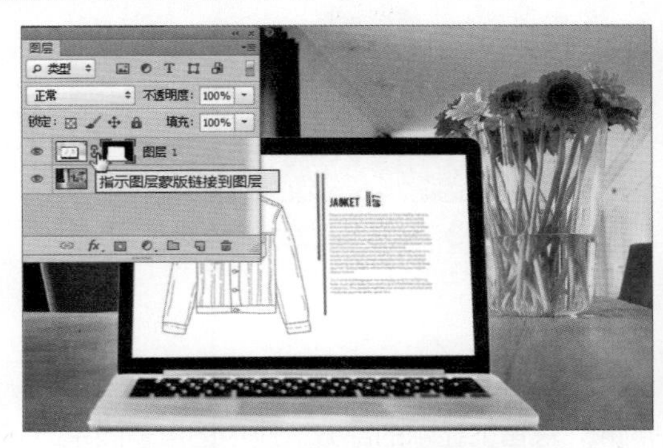


图8-21　单击“指示图层蒙版链接到图层”按钮

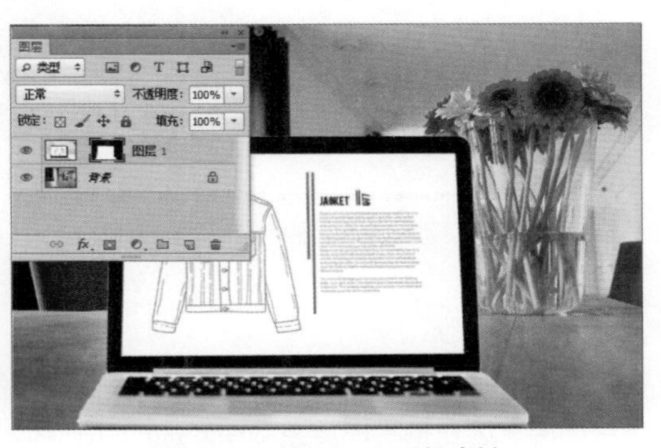


图8-22　按下Ctrl+T组合键

**Step 03** 适当调整蒙版范围，而图层未发生变化，表明图层和蒙版不存在联系，如图8-23所示。

**Step 04** 若要重新链接图层和蒙版，再次单击“指示图层蒙版链接到图层”按钮即可，如图8-24所示。

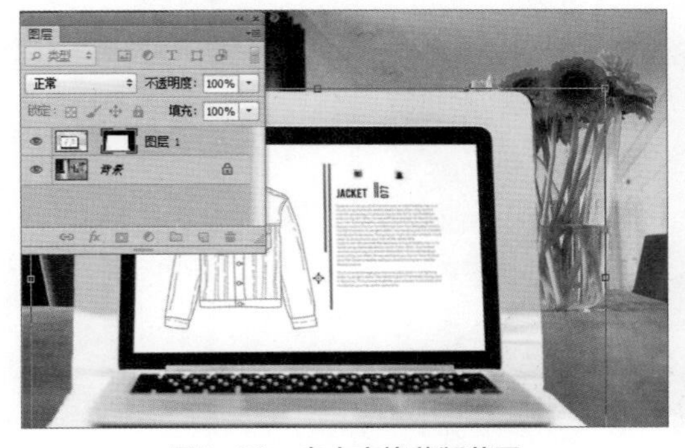


图8-23　自由变换蒙版范围

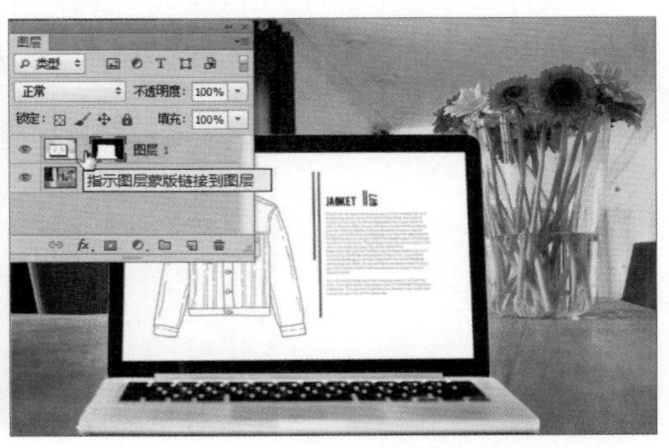


图8-24　单击“指示图层蒙版链接到图层”按钮

### 7. 调整图层蒙版

在“图层”面板中选择需要调整边缘的图层蒙版并右击，在弹出的快捷菜单中选择“调整蒙版”命令，如图8-25所示。弹出“调整蒙版”对话框，设置相关参数对蒙版边缘进行调整，如图8-26所示。

图8-25 选择“调整蒙版”命令

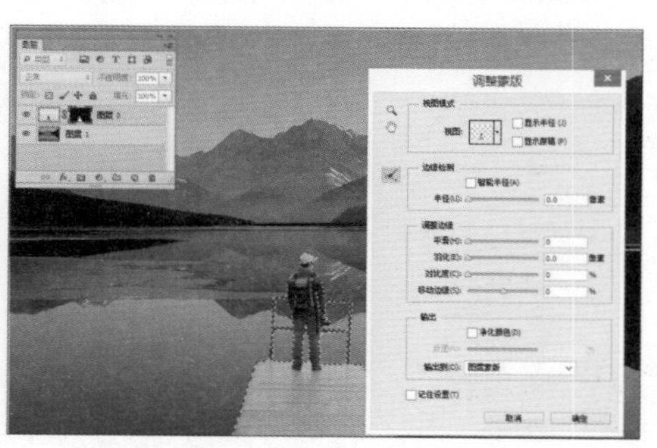


图8-26 “调整蒙版”对话框

### 8. 删除图层蒙版

删除图层蒙版后，相对应的图层蒙版将消失，而图像将被还原。在“图层”面板中选择需要删除的图层蒙版并右击，在弹出的快捷菜单中选择“删除图层蒙版”命令，如图8-27所示。返回文档窗口中可以看到图层蒙版效果已经被删除，如图8-28所示。

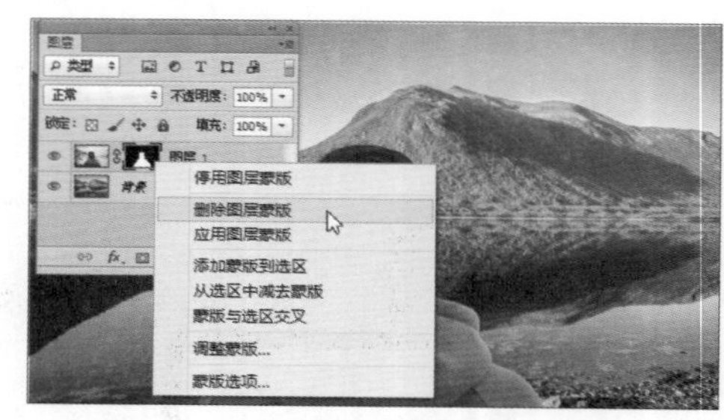


图8-27 选择“删除图层蒙版”命令

图8-28 删除图层蒙版的效果

## 8.2.2 矢量蒙版

矢量蒙版是指使用矢量工具创建的蒙版，通过使用钢笔工具或形状工具绘制路径来控制当前图层的显示范围。本节将介绍创建矢量蒙版、在矢量蒙版中添加形状和转换为图层蒙版。

### 1. 创建矢量蒙版

下面以形状工具为例介绍创建矢量蒙版的方法。在工具箱中选择自定形状工具，在属性栏中设置类型为“路径”，然后选择形状，在图像中绘制一个路径，如图8-29所示。

图8-29 绘制路径

在菜单栏中执行“图层>矢量蒙版>当前路径”命令，如图8-30所示。然后在“图层”面板和“路径”面板中看到矢量蒙版已经被创建，如图8-31所示。

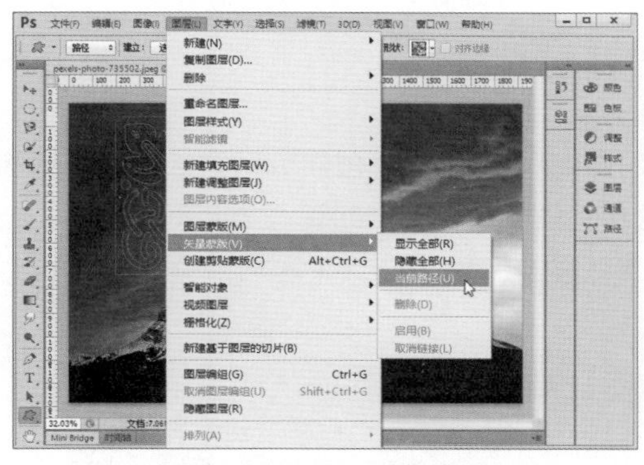


图8-30　执行“当前路径”命令

图8-31　矢量蒙版的效果

## 2. 在矢量蒙版中添加形状

创建矢量蒙版后，读者还可以继续使用钢笔工具或形状工具在矢量蒙版中绘制形状，以增加显示的部分。首先在“图层”面板中选择需要添加形状的矢量蒙版，如图8-32所示。接下来使用自定形状工具再次创建一个形状即可，如图8-33所示。

图8-32　选择矢量蒙版

图8-33　添加形状的效果

## 3. 将矢量蒙版转换为图层蒙版

矢量蒙版和图层蒙版是有差异的，如矢量蒙版不能被编辑，也不能调整边缘。读者可以先将矢量蒙版转换为图层蒙版，然后再进行编辑操作。在“图层”面板中选择矢量蒙版，右击在弹出的快捷菜单中执行“栅格化矢量蒙版”命令，如图8-34所示。操作完成后矢量蒙版已经被转换为图层蒙版了，如图8-35所示。

图8-34　执行“栅格化矢量蒙版”命令

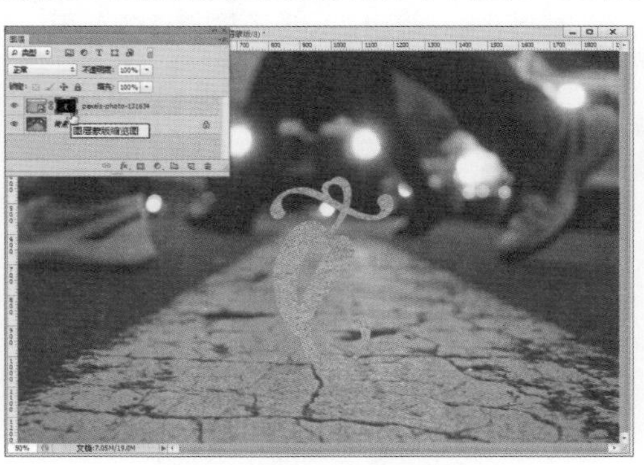


图8-35　转换为图层蒙版

## 8.2.3 剪贴蒙版

剪贴蒙版是指用下方的图层控制上方图层的显示范围，底部内容为非透明内容时，剪贴蒙版将裁剪其上方图层内容，剪贴图层中的其他内容将被遮盖掉。

### 1. 创建剪贴蒙版

首先选择需要创建剪贴蒙版的图层，然后在菜单栏中执行“图层>创建剪贴蒙版”命令或者按下Alt+Ctrl+G组合键，如图8-36所示。在文档窗口中查看剪贴蒙版的效果，如图8-37所示。

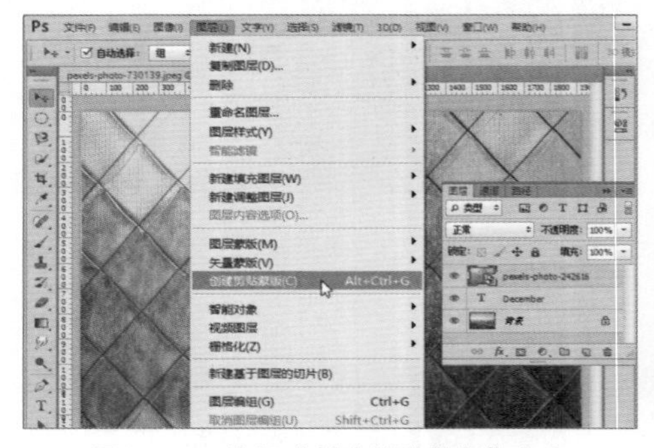

图8-36　执行“创建剪贴蒙版”命令

图8-37　剪贴蒙版的效果

> **操作提示：如何快速创建剪贴蒙版**
>
> 除了使用上述创建剪贴蒙版的方法外，还可以使用以下方法快速创建剪贴蒙版，按住Alt键后将光标移动到需要创建剪贴蒙版的两个图层之间，当光标变成图8-38所示样式时单击即可快速创建剪贴蒙版。
>
> 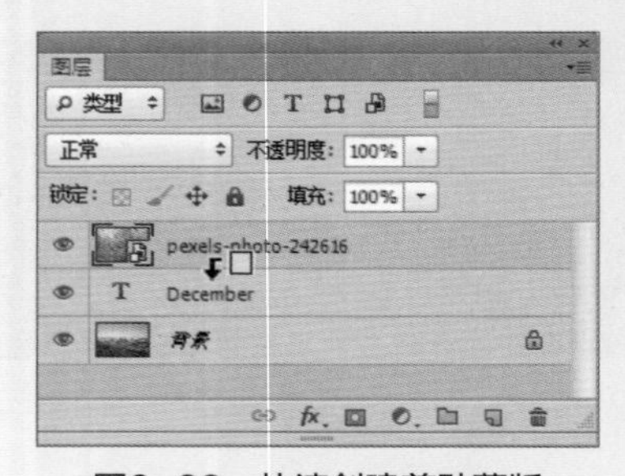
> 
>
> 图8-38　快速创建剪贴蒙版

### 2. 设置剪贴蒙版的不透明度

剪贴蒙版也是一种图层，可以对其不透明度进行调整。在“图层”面板中选择需要调整不透明度的剪贴蒙版图层，如图8-39所示。设置不透明度的效果，如图8-40所示。

图8-39　设置剪贴蒙版图层不透明度

图8-40　查看设置剪贴蒙版图层不透明度后效果

### 3. 设置剪贴蒙版的混合模式

剪贴蒙版也可以更改混合模式，在进行调整时不会影响到剪贴蒙版组中的其他图层。图8-41所示为将剪贴蒙版的混合模式修改为“排除”模式。

图8-41　选择“排除”模式

上述操作完成之后，观看对比效果，如图8-42和图8-43所示。

图8-42　原图像效果

图8-43　修改混合模式后效果

### 4. 释放剪贴蒙版

释放剪贴蒙版是指解除剪贴蒙版关系，首先在“图层”面板中选择需要释放的剪贴蒙版，右击在弹出的快捷菜单中执行“释放剪贴蒙版”命令即可，如图8-44所示。操作完成后剪贴蒙版被释放，如图8-45所示。

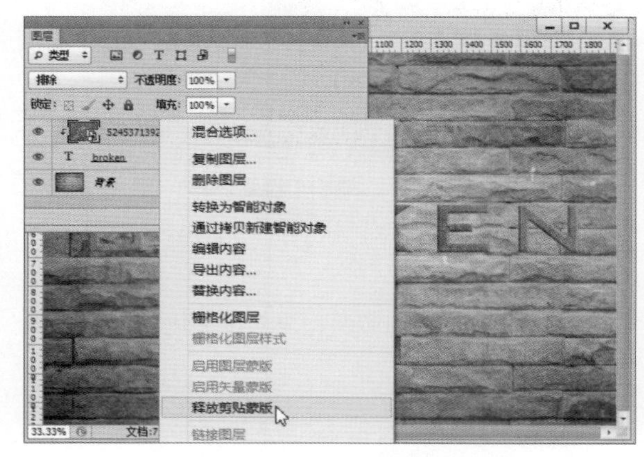


图8-44　执行“释放剪贴蒙版”命令

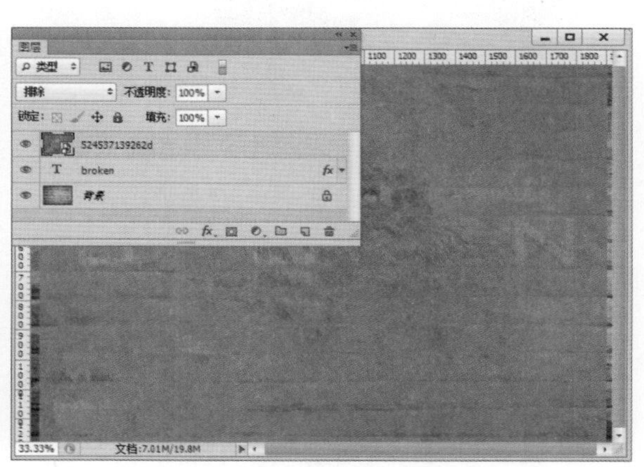


图8-45　释放剪贴蒙版

# 8.3 认识通道

通道是储存不同类型信息的灰色图像，一个图像最多可以有56个通道，所有通道的尺寸和像素信息均与原图像一致。通道的作用有很多，包括存储信息，本节将重点介绍关于通道的相关知识。

## 8.3.1 颜色通道

颜色通道是指构成整体图像的颜色信息整理出来并组成单色图像的工具，同时颜色通道的数量也是根据图像的颜色模式的不同而有所差异的。图8-46为“RGB颜色”模式，在这个颜色模式下图像的颜色通道包括了红、绿、蓝和用于编辑的复合通道。图8-47为“CMYK颜色”模式，在这个颜色模式下的图像颜色通道包括了青色、洋红、黄色、黑色和用于编辑的复合通道。

图8-46 “RGB颜色”模式

图8-47 “CMYK颜色”模式

图8-48为“Lab颜色”模式，在这个颜色模式下的图像通道包括明度、a、b和用于编辑的复合通道。当然也有一个通道的颜色模式，图8-49为“索引”模式仅有一个通道。同时，位图、灰色以及双色调模式也仅有一个通道。

图8-48 “Lab颜色”模式

图8-49 “索引”模式

## 8.3.2 Alpha 通道

Alpha通道是一个很重要的通道，在创建选区后，可以通过新建Alpha通道，来对选区进行储存等操作。这里将对如何新建Alpha通道以及Alpha通道相关的知识进行详细讲解。

### 1. 储存选区

下面介绍Alpha通道的第一个作用，即储存选区。首先使用快速选择工具在图像中创建一个选区，接着在“通道”面板中单击“将选区储存为通道”按钮，如图8-50所示。即可创建一个名为Alpha1的通道，该通道储存了相对应的选区信息，如图8-51所示。

图8-50　单击“将选区储存为通道”按钮

图8-51　创建Alpha通道

### 2. 储存黑白图像

在储存选区的同时，Alpha通道也能够储存黑白图像，在“通道”面板中单击“指示通道可见性”按钮并隐藏其他通道，仅显示Alpha通道，如图8-52所示，在图像中看到汽车的黑白图像，其中白色部分是选区内的图像，而黑色则是选区之外的图像，如图8-53所示。

图8-52　单击“指示通道可见性”按钮

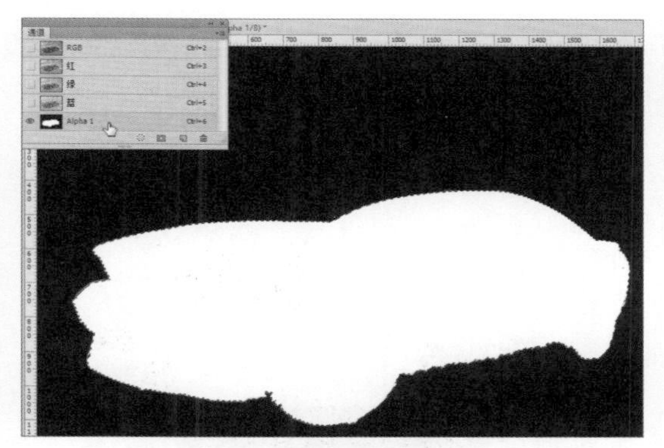

图8-53　黑白图像

### 3. 载入选区

取消选区之后，如果读者想重新创建该选区，可以在“通道”面板中选中Alpha通道，然后单击“将通道作为选区载入”按钮，如图8-54所示。接着可以在图像中看到选区已经被创建，如图8-55所示。

图8-54　单击“将通道作为选区载入”按钮

图8-55　创建选区

## 8.3.3 专色通道

专色通道是指用指定专色油墨的附加版印，它可用于存储专色信息，而且每个专色通道只能存储一种专色信息，同时它具有Alpha通道的特点。下面介绍关于专色通道的相关知识。

### 1. 直接创建专色通道

在“通道”面板中单击右上角的扩展按钮，并在下拉列表中选择“新建专色通道”选项，如图8-56所示。

图8-56　选择“新建专色通道”选项

在弹出的“新建专色通道”对话框中进行参数设置，包括颜色和相对应密度的设置，单击“确定”按钮，如图8-57所示。在“通道”面板中看到新建的专色通道，如图8-58所示。

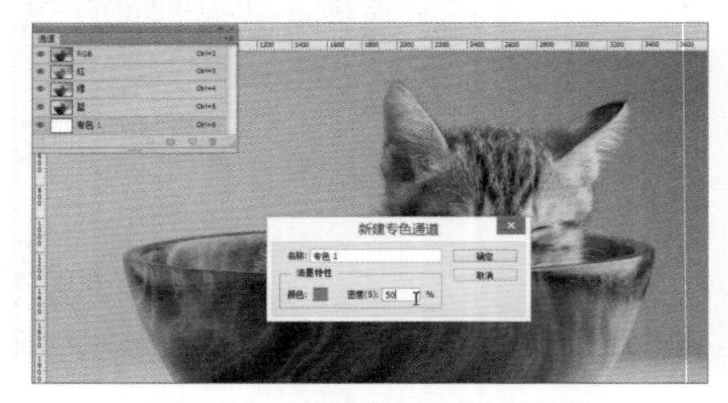


图8-57　“新建专色通道”对话框

图8-58　新建专色通道

### 2. 通过选区创建专色通道

读者还可以通过选区创建专色通道，在创建选区之后在“通道”面板中扩展按钮，并在下拉列表中选择“新建专色通道”选项，如图8-59所示。

图8-59　选择“新建专色通道”选项

在弹出的“新建专色通道”对话框中设置颜色和密度参数，单击“确定”按钮，如图8-60所示，在“通道”面板中看到为选区新建专色通道，如图8-61所示。

图8-60 “新建专色通道”对话框

图8-61 为选区新建专色通道

### 3. 将其他通道转换为专色通道

将其他通道转换为专色通道也一种创建专色通道的方法，一般转换的是Alpha通道。首先创建一个Alpha通道，如图8-62所示。接下来可以在“通道”面板中选择“通道选项”选项，如图8-63所示。

图8-62 创建Alpha通道

图8-63 选择“通道选项”选项

在弹出的“通道选项”对话框中选中“专色”单选按钮，并设置颜色和密度，如图8-64所示，在“通道”面板中可见将Alpha通道转换为专色通道，如图8-65所示。

图8-64 “通道选项”对话框

图8-65 转换为专色通道

**操作提示：创建专色通道的注意事项**

除了位图模式外，所有的颜色模式都可以创建专色通道。

# 8.4 通道的操作

在学习了通道的分类以及创建通道的知识后，本节将对通道的操作进行详细讲解，包括通道的基础操作和通道的高级操作。

## 8.4.1 通道的基础操作

通道的基础操作和图层的基础操作相似，但是也存在一些差异。下面将对通道的基础操作进行详细讲解，如选择通道、复制通道、删除通道以及分离通道。

### 1. 快速选择通道

在“通道”面板中可以看到每个通道后面都有相对应的组合键，按下对应的组合键之后即可快速选择通道，如按下Ctrl+3组合键，可以选择“红”通道，如图8-66所示。按下Ctrl+4组合键，可以选择“绿”通道，如图8-67所示。

图8-66 “红”通道

图8-67 “绿”通道

### 2. 显示/隐藏通道

显示/隐藏通道和显示/隐藏图层的操作方法一样，只需在“通道”面板中单击“指示通道可见性”按钮，如图8-68所示。即可将当前通道隐藏，如图8-69所示。如果需要显示该通道，只需再次单击“指示通道可见性”按钮即可。

图8-68 单击“指示通道可见性”按钮

图8-69 隐藏通道

### 3. 复制通道

下面介绍复制通道常用的3种方法，第一种方法是选中需要复制的通道并右击，在弹出的快捷菜单中执行“复制通道”命令；第二种方法是通过“通道”面板中的面板菜单，在面板菜单中执行“复制通道”命令，执行这两种方法，将打开“复制通道”对话框，进行设置并单击“确定”按钮即可。这里将对第三种方法进行讲解，该方法是最为快捷的，首先在“通道”面板中选中需要复制的通道，并将其拖动到“创建新通道”按钮上方，如图8-70所示。释放鼠标左键，可见该通道已经被复制，如图8-71所示。

图8-70　拖曳通道

图8-71　复制通道

### 4. 删除通道

如果需要删除无用的通道，也可以在“通道”面板中进行。选择需要删除的通道，并将其拖动到“删除当前通道”按钮上方，如图8-72所示。释放鼠标左键发现选中的通道已经被删除，如图8-73所示。

图8-72　拖曳通道

图8-73　删除通道

### 5. 重命名通道

新建通道或者Alpha通道后，读者可以对新建的通道进行重命名操作。在“通道”面板中选中需要重命名的通道并双击，通道的名称为可编辑状态，如图8-74所示。接下来直接输入通道的名称，然后按Enter键确认即可，如图8-75所示。

图8-74　双击通道

图8-75　重命名通道

### 6. 通道的分离

通道的分离是指将图像按照通道的数量进行拆分。在“通道”面板中单击扩展按钮，在列表中选择“分离通道”选项，如图8-76所示。接下来可以看到图层被拆分为3个灰度图像，如图8-77所示。

图8-76　选择“分离通道”选项

图8-77　分离通道的效果

## 8.4.2　通道的高级操作

学习了通道的基础操作后，下面将学习通道的高级操作，包括混合通道，使用通道进行调色。下面将详细讲解通道的高级操作相关知识。

### 1. 使用“应用图像”命令混合通道

使用“应用图像”命令可以将一个文件内的多个图像进行通道的混合并产生奇特的效果，这也是一般的混合所不能比拟的。下面以欢乐的马里奥兄弟为例，介绍使用“应用图像”命令混合通道的方法。

**Step 01** 在菜单栏中执行“文件>置入”命令，并在弹出的“置入”对话框中选择合适的图像，单击“置入”按钮，如图8-78所示。

**Step 02** 在“图层”面板中右击置入的图像的图层，在菜单中选择“栅格化图层”命令，如图8-79所示。

图8-78　“置入”对话框

图8-79　选择“栅格化图层”命令

**Step 03** 在菜单栏中执行“图像>应用图像”命令，如图8-80所示。

**Step 04** 在弹出的“应用图像”对话框中进行参数设置，单击“确定”按钮，如图8-81所示。

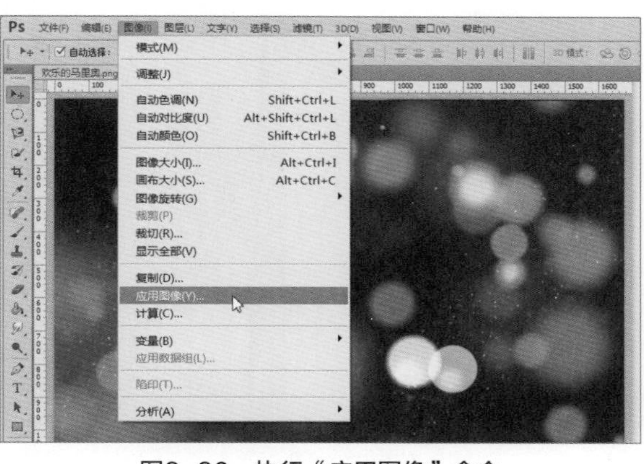


图8-80 执行“应用图像”命令

图8-81 “应用图像”对话框

**Step 05** 上述操作完成之后，观看对比效果，如图8-82和图8-83所示。

图8-82 原图像

图8-83 混合通道后图像

下面将对“应用图像”对话框中的主要参数进行详细讲解。

- **源：** 单击下三角按钮，在列表中选择参与混合通道的文件，而且这个文件必须是打开的。
- **图层：** 单击下三角按钮，在列表中选择参与混合的图层。
- **通道：** 单击下三角按钮，在列表中选择参与混合的通道。
- **反相：** 勾选该复选框可以使选择的通道执行反相操作。
- **目标：** 显示了被混合的对象，显示名称和颜色模式。
- **混合：** 设置“源”对象和“目标”对象混合时的混合模式，混合模式与图层的混合模式相似，单击下三角按钮，在列表中选择即可。
- **不透明度：** 通过对不透明度的设置，可以设置混合的程度。
- **保留透明区域：** 勾选复选框可以将混合效果限制在图层的不透明区域内。
- **蒙版：** 勾选复选框可以显示相关的蒙版选项。

### 2. 使用“计算”命令混合通道

使用“计算”命令混合通道可混合两个来源一致或不一致的单个通道，混合后得到的结果是一个新的灰度图像、选区或者通道。下面以欢乐的马里奥兄弟为例，介绍使用“计算”命令混合通道的方法。

**Step 01** 在菜单栏中执行“文件>置入”命令，并在弹出的“置入”对话框中选择合适的图像，单击“置入”按钮，如图8-84所示。

**Step 02** 在“图层”面板中右击置入图像的图层，选择“栅格化图层”命令，如图8-85所示。

图8-84 “置入”对话框

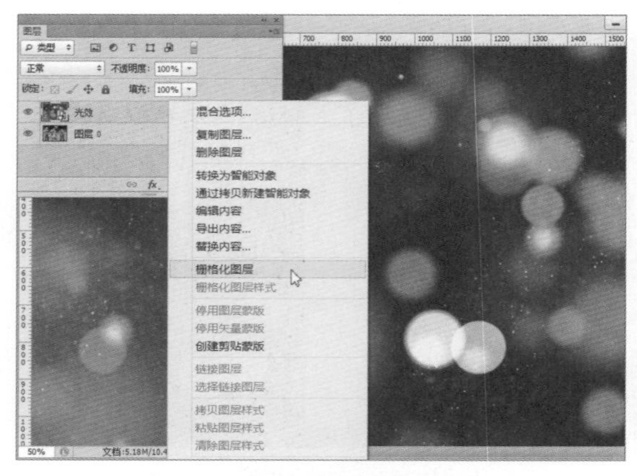


图8-85 选择“栅格化图层”命令

Step 03 在菜单栏中执行“图像>计算”命令，如图8-86所示。

Step 04 在弹出的“计算”对话框中进行参数设置，单击“确定”按钮，如图8-87所示。

图8-86 执行“计算”命令

图8-87 “计算”对话框

Step 05 上述操作完成之后，观看对比效果，如图8-88和图8-89所示。

图8-88 原图像

图8-89 修改后图像

下面将对“计算”对话框中的主要参数进行详细讲解。

- 源1/2：设置参与混合通道的文件。
- 图层：当源文件中存在多个图层时，单击该下三角按钮，选择相应的图层。
- 混合：和“应用图像”对话框中“混合”应用方法一样。
- 结果：用来设置计算之后的结果，包括新建文档、选区和新建通道。

### 3. 使用通道调色

在前面章节中我们学习了对图像进行调色的方法，下面将介绍如何使用通道进行调色，通过通道调色可以使效果更加细腻。首先在“通道”面板中选择“绿”通道，如图8-90所示。接下来按下Ctrl+M组合键调出“曲线”对话框，适当调整曲线，单击“确定”按钮，如图8-91所示。

图8-90 选择“绿”通道

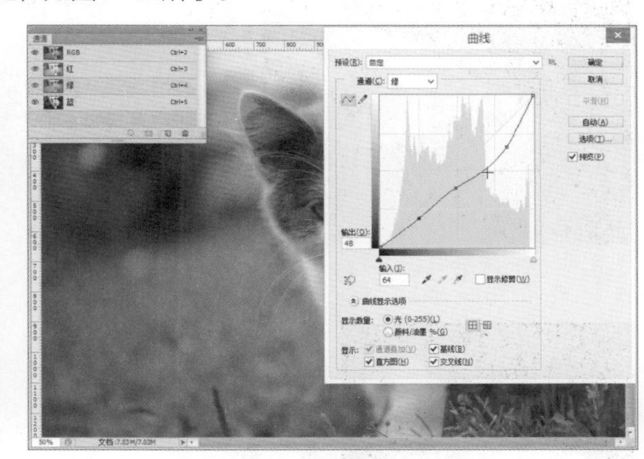

图8-91 “曲线”对话框

上述操作完成之后，观看对比效果，如图8-92和图8-93所示。

图8-92 原图像

图8-93 调色后图像

## 上机实训 制作“旅行蛙”海报

“旅行蛙”游戏掀起了一股狂热，下面使用Photoshop的通道功能快速而精确地抠取一只小青蛙并进行相关设计，制作出“旅行蛙”海报。通过本案例可以进一步巩固学习蒙版和通道的相关知识。

**Step 01** 在Photoshop中打开“树蛙.jpg”素材图片，双击“背景”图层并命名为“树蛙”。按3次Ctrl+J组合键复制3次图层并分别命名为“树蛙高光”、“树蛙中间调”和“树蛙阴影”，如图8-94所示。

**Step 02** 选中“树蛙中间调”图层，打开“通道”面板，选择“绿”通道，然后单击“复制通道”按钮，并命名“树蛙中间调”，如图8-95所示。

**Step 03** 按Ctrl+ L组合键打开“色阶”对话框，调节“色阶”数值，直到“树蛙”亮的部分接近白色，暗的部分接近黑色，如图8-96所示。

**Step 04** 在工具箱中选择画笔工具，将“前景色”调整为黑色，将“树蛙中间调”通道中除树蛙外其他白色区域涂黑，在按住Ctrl键的同时单击“树蛙中间调”通道，创建选区，如图8-97所示。

图8-94　新建并复制图层

图8-95　复制通道

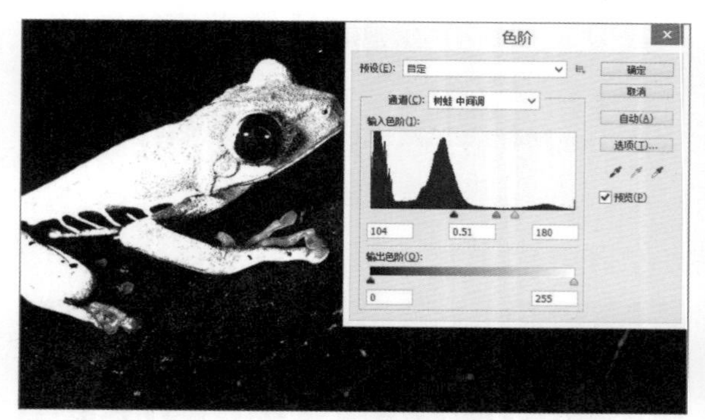


图8-96　“色阶”对话框

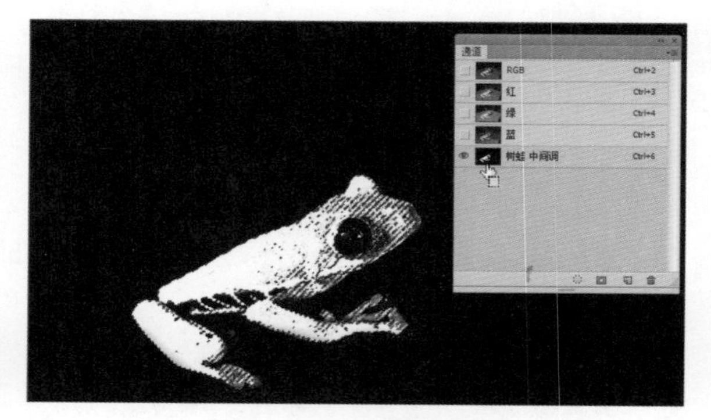


图8-97　创建中间调选区

Step 05 在“图层”面板中，隐藏除“树蛙中间调”图层的其他图层，单击“添加图层蒙版”按钮添加图层蒙版，如图8-98所示。

Step 06 在图层面板中选择“树蛙阴影”图层后，在“通道”面板中选择“蓝”通道复制并命名“树蛙阴影”。按Ctrl+L组合键打开“色阶”对话框进行调整，如图8-99所示。

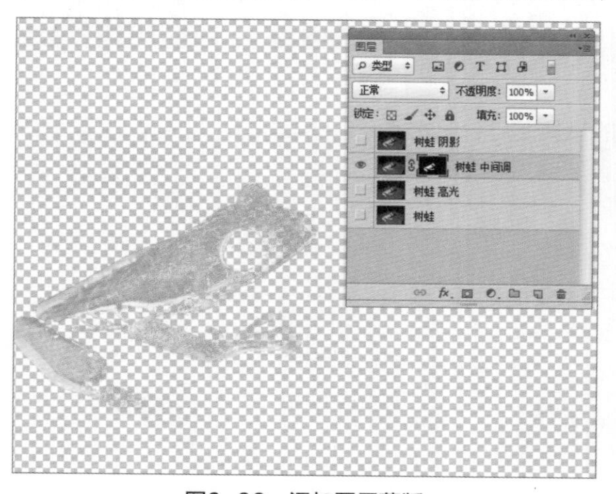


图8-98　添加图层蒙版

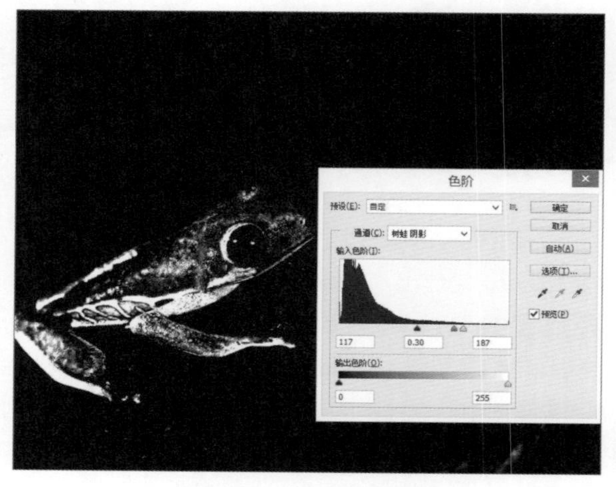


图8-99　“色阶”对话框

Step 07 在工具箱中选择画笔工具，将“前景色”调整为黑色，将“树蛙中间调”通道中除树蛙外其他白色区域涂黑，在按住Ctrl键的同时单击“树蛙阴影”通道，创建选区，如图8-100所示。

**Step 08** 在“图层”面板中，隐藏除“树蛙阴影”图层的其他图层，单击“添加图层蒙版”按钮添加图层蒙版，如图8-101所示。

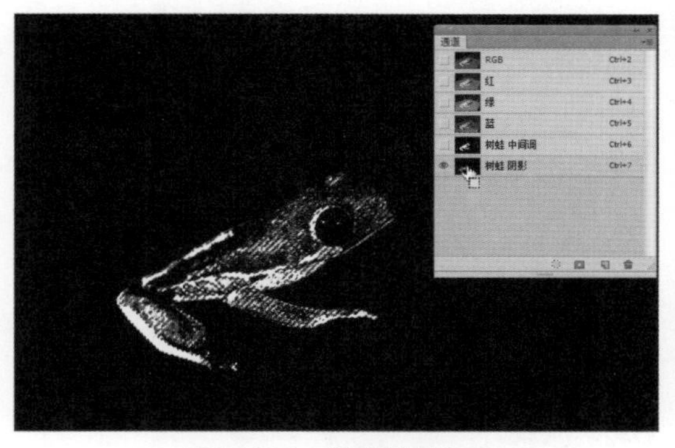

图8-100　创建阴影选区

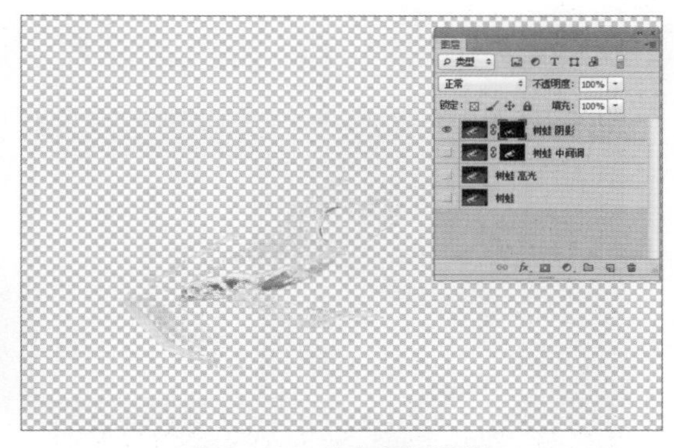

图8-101　添加图层蒙版

**Step 09** 接着在“图层”面板中选择“树蛙高光”图层，在“通道”面板中选择“红”通道，复制通道命名“树蛙高光”，按Ctrl+L组合键打开“色阶”对话框并按照上述原则进行调整，如图8-102所示。

**Step 10** 在工具箱中选择画笔工具，首先前景色调整为白色，将“树蛙高光”通道中树蛙内部黑色区域涂白，接着将前景色调整为黑色将树蛙外的多余白色区域涂黑，在按住Ctrl键的同时单击“树蛙高光”通道，创建选区，如图8-103所示。

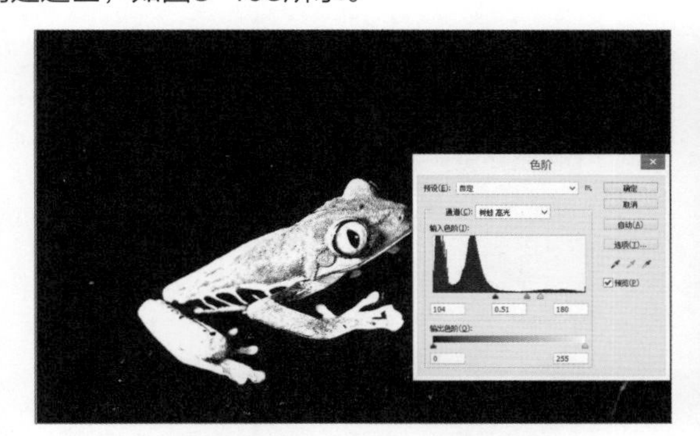

图8-102　“色阶”对话框

图8-103　创建高光选区

**Step 11** 在“图层”面板中，隐藏除“树蛙高光”图层的其他图层，单击“添加图层蒙版”按钮添加图层蒙版，如图8-104所示。

**Step 12** 在打开“图层”面板中新建图层并命名为“背景”，设置前景色为黑色，按Alt+Delete组合键填充背景色为黑色，如图8-105所示。

图8-104　添加图层蒙版

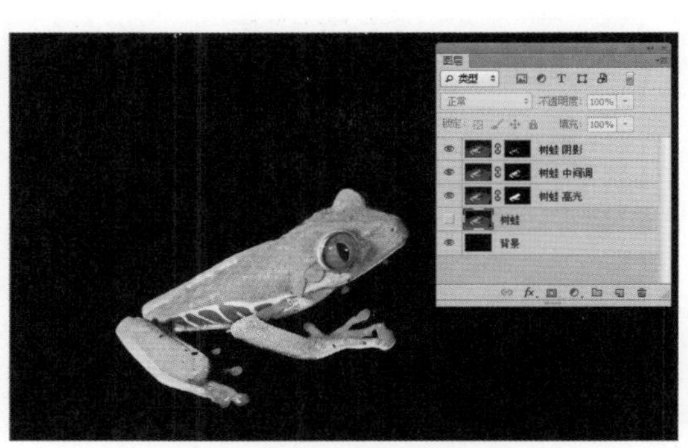

图8-105　添加黑色背景

**Step 13** 在工具箱中选择画笔工具，适当调整画笔的大小和硬度，对各图层的“蒙版”边缘进行最后的调整，如图8–106所示。

**Step 14** 新建图层并命名为“雨滴效果”，填充为黑色后在菜单栏中执行“滤镜>杂色>添加杂色”命令，并在弹出的“添加杂色”对话框中进行参数设置，如图8–107所示。

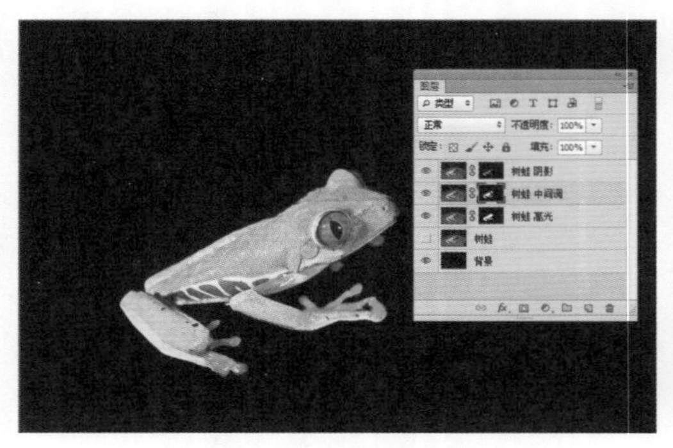

图8–106 调整蒙版边缘

图8–107 “添加杂色”对话框

**Step 15** 接下来在菜单栏中执行“滤镜>模糊>高斯模糊”命令，并在弹出的“高斯模糊”对话框中进行参数设置，如图8–108所示。

**Step 16** 然后在菜单栏中执行“滤镜>模糊>动感模糊”命令，并在弹出的“动感模糊”对话框中进行参数设置，如图8–109所示。

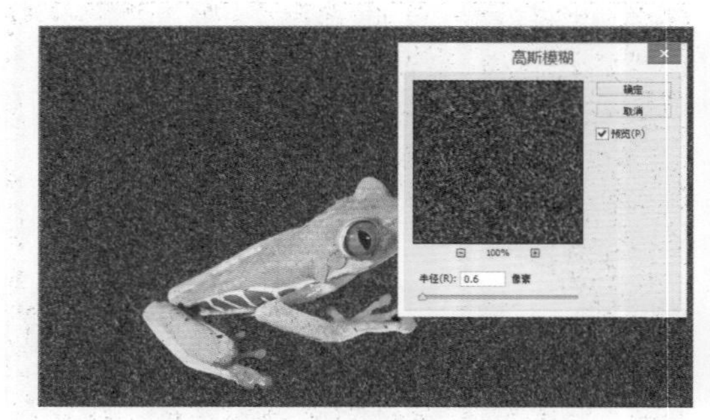


图8–108 “高斯模糊”对话框

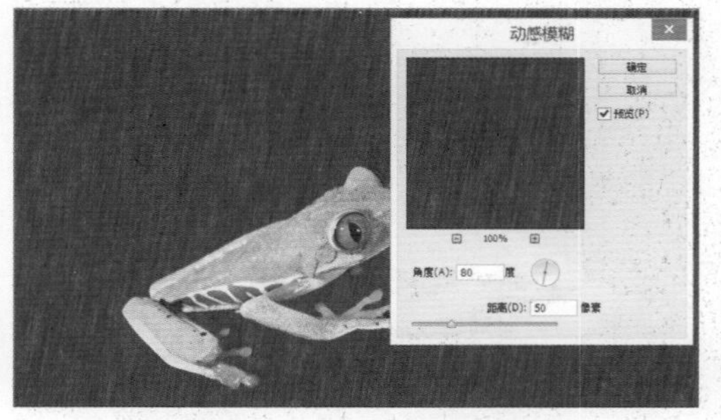


图8–109 “动感模糊”对话框

**Step 17** 为了调整雨滴效果，可以创建一个色阶调整图层，并创建剪贴蒙版，如图8–110所示。

**Step 18** 选中树蛙的三个图层，并按Ctrl+G组合键进行编组，并命名为“树蛙”，按下Ctrl+J组合键，复制该组并命名为“树蛙 阴影”。选中“树蛙 阴影”组，按下Ctrl+T组合键，右击并在弹出的快捷菜单中执行“垂直翻转”命令，如图8–111所示。

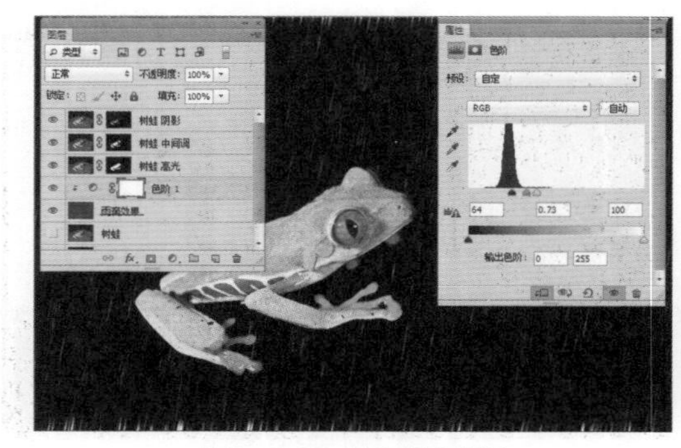

图8–110 创建剪贴蒙版

图8–111 垂直翻转并创建阴影

**Step 19** 在“图层”面板中将“树蛙 阴影”组的“不透明度”调整到合适的值，如图8-112所示。

**Step 20** 新建图层并命名为“水波”，将前景色重置，在菜单栏中执行“滤镜>渲染>云彩”命令，如图8-113所示。

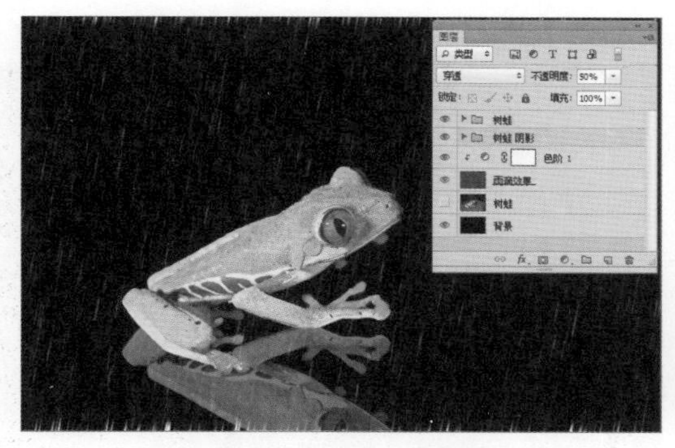

图8-112　调整不透明度

图8-113　添加“云彩”滤镜

**Step 21** 接着在菜单栏中执行“滤镜>模糊>径向模糊”命令，并在弹出的“径向模糊”对话框中进行参数设置，如图8-114所示。

**Step 22** 接着在菜单栏中执行“滤镜>模糊>高斯模糊”命令，并在弹出的“高斯模糊”对话框中进行参数设置，如图8-115所示。

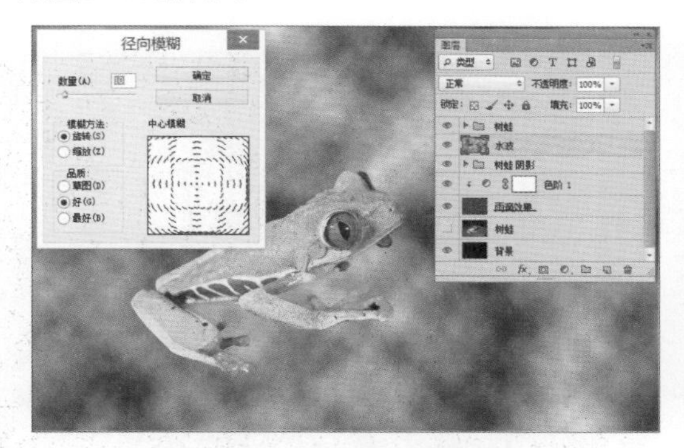


图8-114　“径向模糊”对话框

图8-115　“高斯模糊”对话框

**Step 23** 接着在菜单栏中执行“滤镜>滤镜库”命令在弹出的对话框中选择“素描>基底凸现”滤镜，并在弹出的对话框中进行参数设置，如图8-116所示。

**Step 24** 按Ctrl+T组合键对“水波”图层进行调整，同时更改“水波”图层的“不透明度”，如图8-117所示。

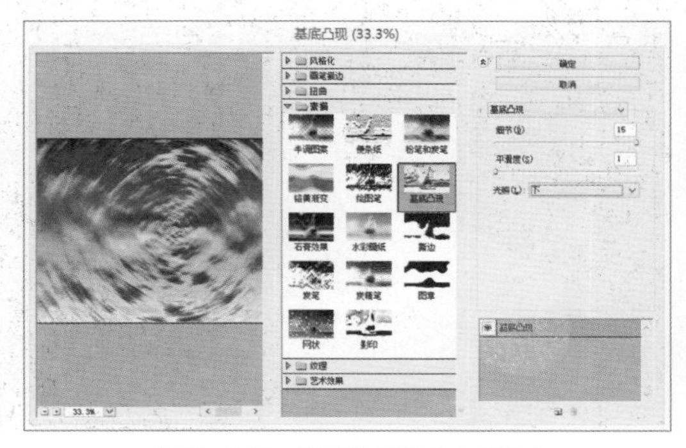


图8-116　“基底凸现”对话框

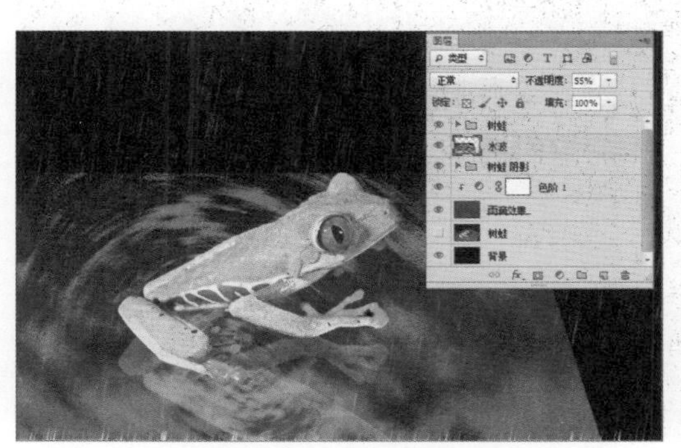

图8-117　调整水波图层

**Step 25** 选中“水波”图层并单击“添加图层蒙版”按钮，并在工具箱中选择画笔工具，适当调整画笔大小和硬度以调整“水波”图层的边缘，如图8-118所示。

**Step 26** 新建组并命名为“文字排版”，在组内新建图层并命名为“印章”。设置前景色为红色，在工具箱中选择画笔工具，选择合适的画笔绘制印章笔刷，如图8-119所示。

图8-118　添加图层蒙版

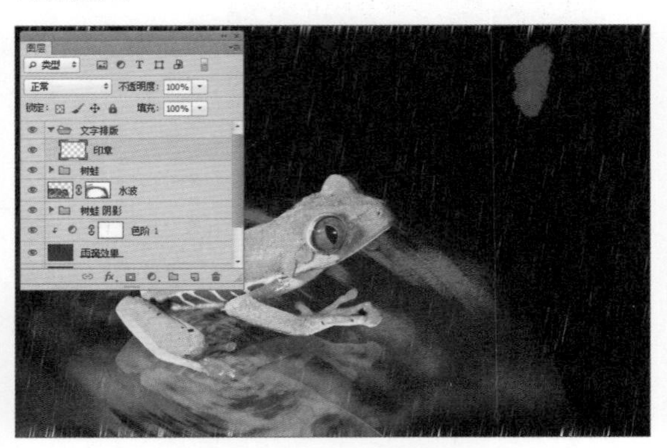

图8-119　绘制印章笔刷

**Step 27** 在工具箱中选择竖排蒙版文字工具，在合适的位置单击并输入需要的文字，如图8-120所示。

**Step 28** 输入完成后使用矩形选框工具移动选区到合适的位置，按下Delete键后再按Ctrl+D组合键即可完成选区文字，如图8-121所示。

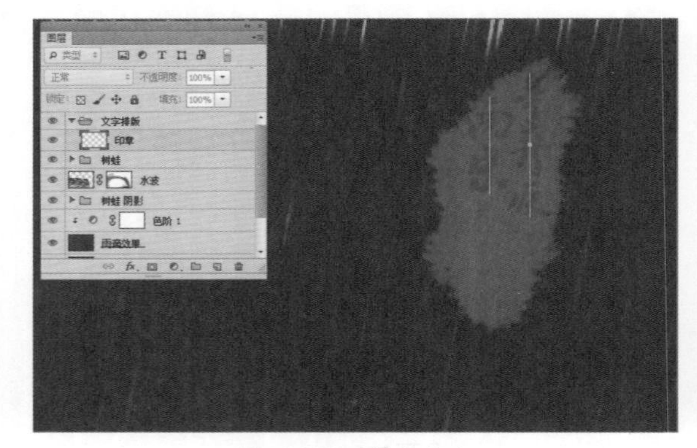

图8-120　输入文字

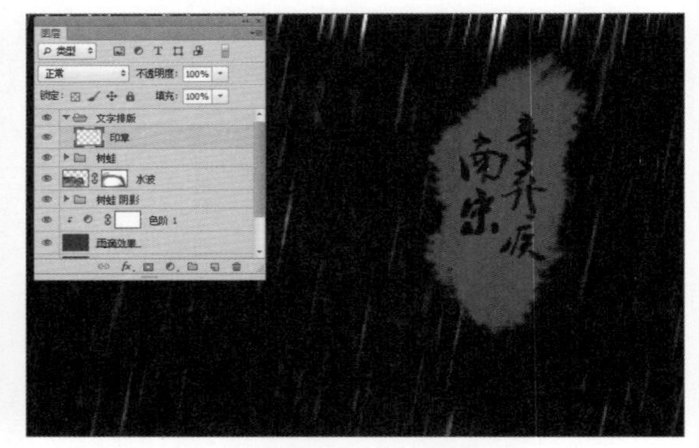

图8-121　选区文字

**Step 29** 在工具箱中选择横排文字工具，选择合适的字体并输入“蛙”字，如图8-122所示。

**Step 30** 最后，为整个图配上文字，并调整位置和大小。至此本案例已经制作完成，如图8-123所示。

图8-122　输入主文字

图8-123　最终效果

## 设计师点拨 关于印刷色

由不同的C、M、Y和K的百分比组成的颜色，通常称为“混合色”。在印刷原色时，这四种颜色都有自己的色版，在色版上记录了这种颜色的网点，这些网点是由半色调网屏生成的，把四种色版合到一起就形成了所定义的原色。调整色版上网点的大小和间距就能形成其他的原色。

实际上，在纸张上面的四种印刷颜色是分开的，只是它们离得很相近，由于我们眼睛的分辨能力有一定的限制，所以分辨不出来。

我们得到的视觉印象就是各种颜色的混合效果，于是产生了各种不同的原色。

C、M、Y、K代表印刷上用的四种颜色，C代表青色，M代表品红色（也称为洋红色），Y代表黄色，K代表黑色，如图8-124所示。

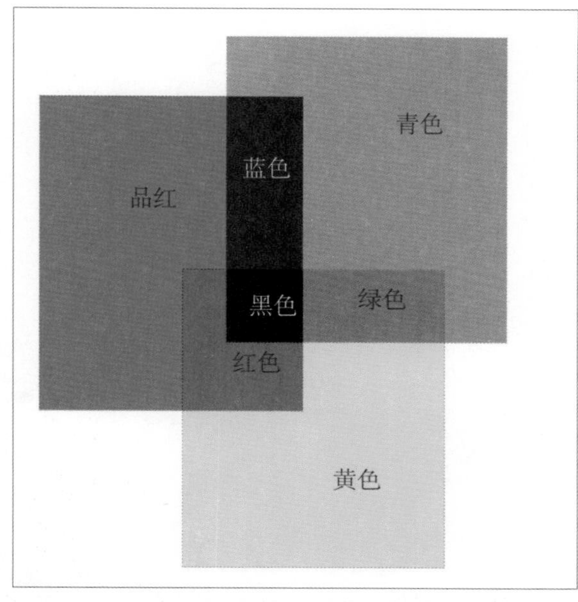


图8-124　CMYK合成颜色图

Y、M、C几乎可以合成所有颜色，但还需要黑色，因为通过Y、M、C产生的黑色是不纯的，在印刷时需要更纯的黑色，且若用Y、M、C来产生黑色会出现局部油墨过多问题。所以在实际引用中，我们引入了K——黑色。黑色的作用是强化暗调，加深暗部色彩。

以文字和黑色实地为主的印刷品，印刷色序一般采用青、品红、黄、黑。但若有黑色文字或实地套印黄色，则应该把黄色放在最后一色。

# 图像的修复与修饰

在Photoshop中，读者不仅可以对图像进行各种效果的调整，还可以利用软件所提供的制作工具对图像进行修复和修饰操作，如处理数码图像中的瑕疵等，本章将进行详细介绍。

核心知识点

1. 掌握前景色与背景色的设置操作
2. 掌握画笔工具的应用
3. 掌握图像修复工具的应用
4. 掌握图像擦除工具的应用
5. 掌握图像填充工具的应用
6. 掌握图像润饰工具的应用

使用画笔工具绘制云朵

使用颜色替换工具修改人物发色

使用锐化工具提高图像清晰度

使用加深工具加深图像色调

## 9.1 前景色和背景色

在Photoshop中，前景色一般用于绘制图像、填充和描边选区、文字颜色添加等；而背景色一般用于生成渐变填充和填充图像中被涂抹的部分。在默认情况下，前景色为黑色，而背景色为白色。在工具箱中单击前景色按钮，如图9-1所示。在弹出的“拾色器（前景色）”对话框中选取前景色的颜色或者进行参数设置，如图9-2所示。

图9-1 单击前景色按钮

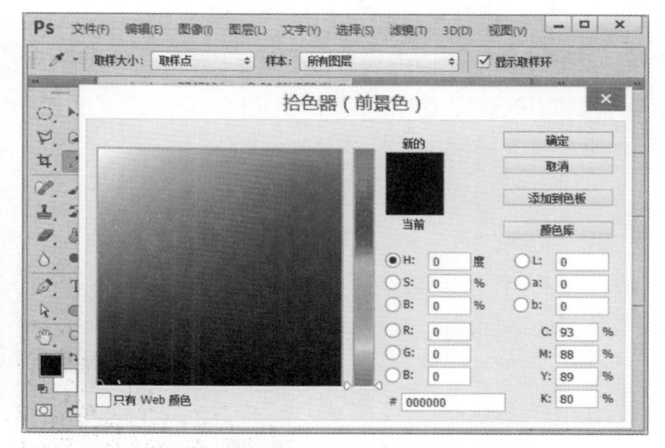


图9-2 “拾色器（前景色）”对话框

在工具箱中单击背景色按钮，如图9-3所示。在弹出的“拾色器（背景色）”对话框中选择背景色的颜色或者进行参数设置，如图9-4所示。

图9-3 单击背景色按钮

图9-4 “拾色器（背景色）”对话框

**操作提示：切换前景色和背景色**

若需要切换前景色和背景色，则在工具箱中单击“切换前景色和背景色”按钮或者按下X快捷键即可，如图9-5所示。

图9-5 “切换前景色和背景色”按钮

## 9.2 颜色的设置

任何图像都离不开颜色，Photoshop中的大部分修饰工具，如画笔、文字、渐变、填充、蒙版等工具在修饰图像时，都需要对颜色进行设置。本节将对拾色器、吸管工具等颜色设置工具的应用，以及“颜色”面板和“色板”面板等调色面板的作用进行讲解。

### 9.2.1 使用拾色器选取颜色

在Photoshop中只要涉及颜色调整，几乎都需要用到拾色器对话框。在拾色器对话框中，读者可以根据需要对RGB、CMYK和Lab颜色模式的参数进行设置。单击工具箱中的前景色按钮，将打开“拾色器（前景色）”对话框，如图9-6所示。

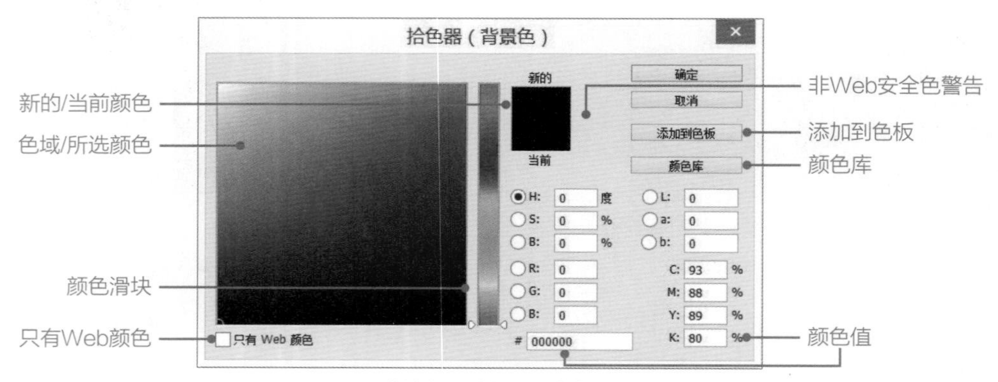


图9-6 “拾色器（前景色）”对话框

下面对“拾色器（前景色）”对话框中各主要参数的含义进行介绍。

- 色域/所选颜色：在色域中按住并拖曳鼠标，可以进行颜色的拾取。
- 只有Web颜色：勾选该复选框，在色域中只显示Web颜色。
- 新的/当前颜色：查看新拾取的颜色和之前拾取的颜色区别。
- 非Web安全色警告：当出现这个图标时，表示当前颜色在Web上无法显示。
- 颜色滑块：通过拖动滑块可以更改当前可选颜色的范围。
- 添加到色板：单击此按钮可以将当前拾取的颜色添加到色板中。
- 颜色库：单击该按钮可以打开“颜色库”对话框，选择合适的颜色。
- 颜色值：除了可以在色域中选择颜色，读者也可以在所需颜色模式对应的数值框中输入相应的色值。

下面介绍修改文本颜色的操作方法。首先在图像中创建文本文字，如图9-7所示。接下来在“字符”面板中单击“设置文本颜色”按钮，在弹出的“拾色器（文本颜色）”对话框中选择合适的颜色，如图9-8所示。

图9-7 创建文本

图9-8 “拾色器（文本颜色）”对话框

完成上述操作之后查看更改文本颜色的对比效果，如图9-9和图9-10所示。

图9-9　原文本颜色

图9-10　修改后文本颜色

## 操作提示：在“颜色库”对话框中选择颜色

在拾色器对话框中单击“颜色库”按钮后，会弹出“颜色库”对话框。“颜色库”对话框中提供了大量的色库供读者选择，如图9-11所示。

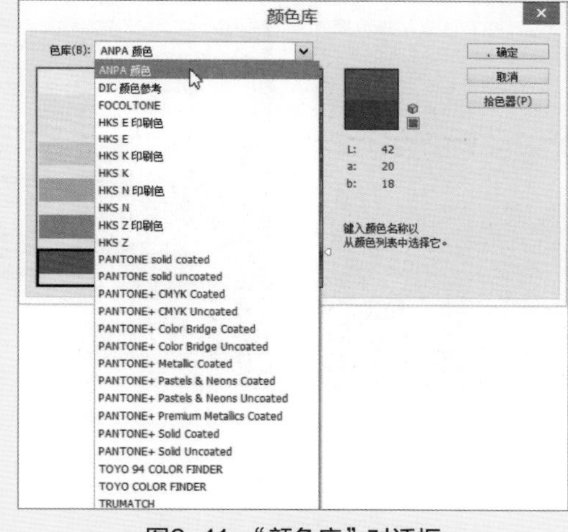


图9-11　“颜色库”对话框

## 9.2.2　使用吸管工具选取颜色

使用吸管工具可以采集图像中任意处的颜色信息，采集之后会自动设置为前景色。如果需要将采集的颜色设置为背景色，只需在采集的同时按住Alt键即可。首先在工具箱中选择吸管工具，如图9-12所示。接下来在图像中需要采集颜色信息的地方单击即可，如图9-13所示。

图9-12　选择吸管工具

图9-13　采集颜色信息

下面将对吸管工具属性栏中的参数进行详细介绍，如图9-14所示。

图9-14 吸管工具属性栏

- **取样大小：** 用于设置吸管工具在当期样本中的取样范围。
- **样本：** 用于设置吸管工具的样本范围。
- **显示取样环：** 勾选该复选框会出现取样环，但是取样环一定要在开启“使用图形处理器”功能时才能被激活。

## 9.2.3 “颜色”面板

在“颜色”面板中可以非常细致地反馈当前选中的颜色信息。在菜单栏中执行“窗口>颜色”命令，即可调出“颜色”面板。在“颜色”面板中可以看到相关颜色的详细信息，同时也可以根据色彩模式的不同对“颜色”面板中的内容进行修改。图9-15是RGB色彩模式下的“颜色”面板，将色彩模式修改为CMYK颜色模式之后，可以看到“颜色”面板发生了改变，如图9-16所示。

图9-15 RGB色彩模式的“颜色”面板

图9-16 CMYK色彩模式的“颜色”面板

## 9.2.4 “色板”面板

“色板”面板中是一些系统预设的颜色，如果需要使用色板中的某一个颜色，在选择合适的颜色后单击即可将其设置为前景色，下面将对如何添加和删除色板操作进行讲解。

### 1. 添加色板

在使用吸管工具采集颜色之后，在“色板”面板中单击“创建前景色的新色板”按钮，如图9-17所示。接下来会弹出“色板名称”对话框，设置新建色板的名称，如图9-18所示。

图9-17 “创建前景色的新色板”按钮

9-18 “色板名称”对话框

上述操作完成之后可以在“色板”面板中看到了新建的色板，如图9-19和图9-20所示。

图9-19　原始“色板”面板

图9-20　新建色板

### 2. 删除色板

如果需要删除色板，只需将要删除的色板选中并拖曳到“删除色板”按钮上即可，如图9-21所示。

图9-21　删除色板

## 9.3　绘画工具

使用绘画工具不仅能绘制传统意义上的插画，也可以对数码照片进行美化，为图像制作各种特效。在Photoshop中，常用的绘画工具有画笔工具、铅笔工具、颜色替换工具和混合器画笔工具等，下面将对“画笔”面板和绘画工具的应用进行讲解。

### 9.3.1　“画笔”面板

在学习使用绘画工具之前，需要先了解“画笔”面板应用的相关知识。“画笔”面板是一个十分重要的面板，可以设置绘画工具、修饰工具的笔刷种类、画笔大小和硬度等相关属性。读者可以在菜单栏中执行“窗口>画笔”命令或直接按下F5功能键，如图9-22所示。

图9-22　执行“画笔”命令

即可调出“画笔”面板，如图9-23所示。

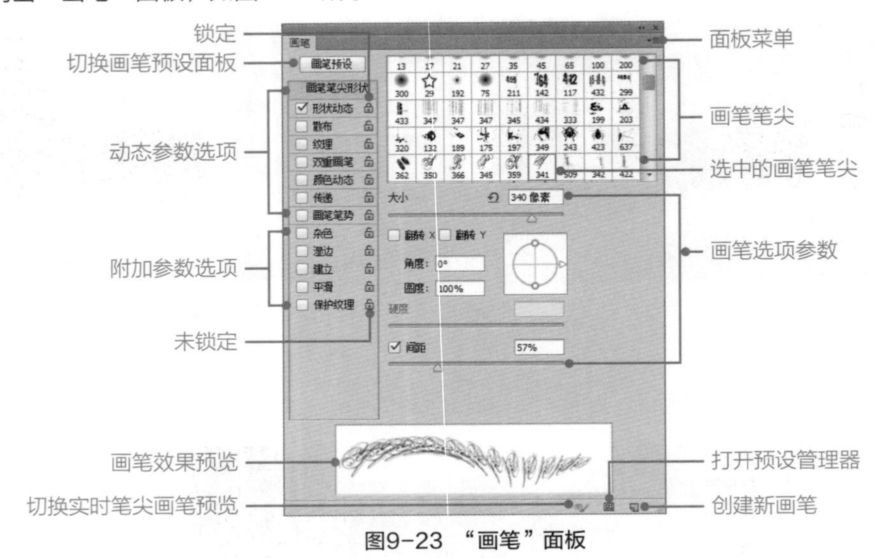


图9-23 “画笔”面板

下面对“画笔”面板中主要参数的应用进行介绍。

- **切换画笔预设面板：** 单击该按钮，可以打开“画笔预设”面板。
- **动态参数选项：** 在该区域内显示的一系列选项是可以设置的动态参数，包括“形状动态”、“散布”、“纹理”、“双重画笔”、“颜色动态”和“传递”等复选框。
- **附加参数选项：** 在该区域内显示的是一些附加参数设置选项，勾选这些复选框可以为画笔增加杂色和湿边等效果。
- **锁定/未锁定：** 显示当前复选框的锁定/未锁定状态，可以进行自由变换。
- **画笔效果预览：** 选择一个画笔样式后，可以在这里预览选中画笔的笔尖状态。
- **选中的画笔笔尖：** 显示了当前选中的画笔笔尖样式。
- **面板菜单：** 单击该下拉按钮，可以打开“画笔”面板的菜单列表。
- **画笔笔尖：** 在该区域内显示Photoshop中预设和载入的画笔笔尖。
- **画笔选项参数：** 用于对选中的画笔进行基础参数设置。
- **切换实时笔尖画笔预览：** 该按钮仅在使用毛刷笔尖时可用，可以在图像中实时显示笔尖的形状。
- **打开预设管理器：** 单击该按钮可以打开“预设管理器”对话框。
- **创建新画笔：** 设置好画笔之后，单击该按钮可以将当前画笔保存为一个新的预设画笔。

### 1. “画笔预设”面板

在“画笔预设”面板中，读者可以对Photoshop中预设和后期载入的画笔进行管理，如图9-24所示。

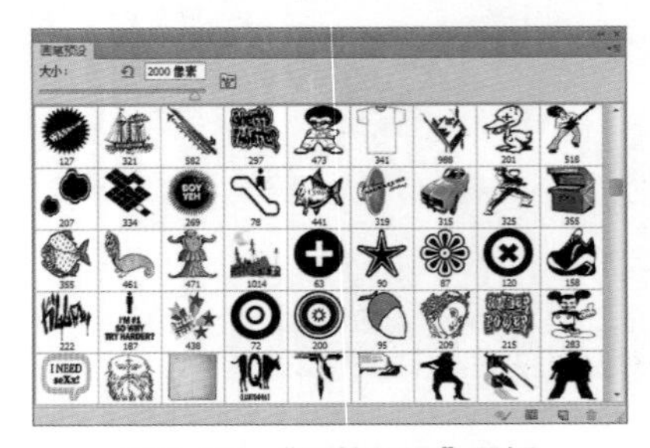

图9-24 “画笔预设”面板

### 2. 编辑画笔的常规参数

在“画笔”面板中，读者可以对画笔的常规参数进行设置，包括“大小”、“角度”、“圆度”、“间距”等属性，设置完成后，在画笔效果预览区域中可以查看预览效果，如图9-25和图9-26所示。

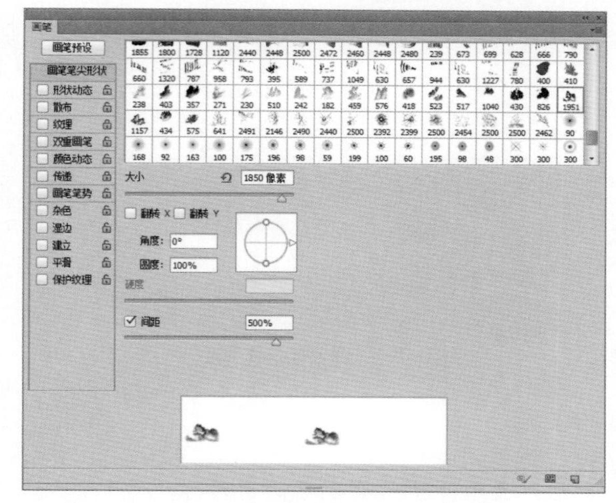


图9-25 “大小”为1850像素、“间距”为500%

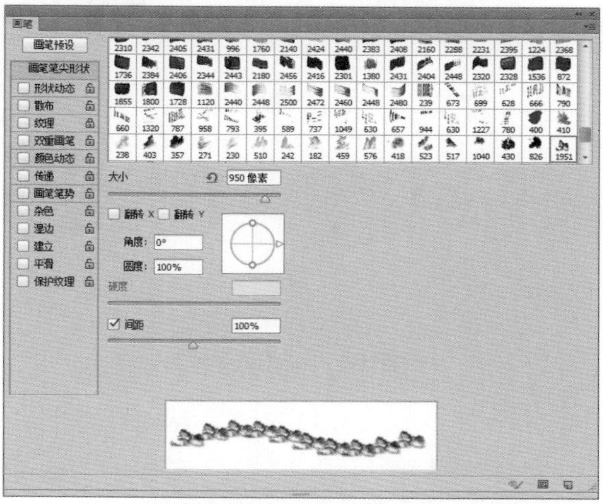

图9-26 “大小”为950像素、“间距”为100%

下面将对“画笔”面板中常规参数的含义进行详细介绍。

- 大小：用于对选中的画笔笔尖的大小进行设置，除了可以输入参数，也可以拖动滑块调整。
- 还原：单击该按钮，可以还原之前的操作。
- 翻转X/Y：勾选这两个复选框，可以将画笔笔尖在X轴或者Y轴上翻转。
- 角度：用于对画笔的旋转角度进行调整。
- 圆度：用于对画笔的圆度进行调整。
- 硬度：用于对画笔的硬度进行调整，硬度越小，画笔笔尖的边缘越柔和。
- 间距：用于控制连续画笔时两个画笔的距离。

上述操作完成之后，查看连续画笔绘画的效果对比，如图9-27和图9-28所示。

图9-27 “大小”为1850像素、“间距”为500%的效果

图9-28 “大小”为950像素、“间距”为100%的效果

### 3. 形状动态

在“画笔”面板中勾选“形状动态”复选框，会出现“形状动态”属性栏，用于对描边中的画笔笔迹变化进行控制，通过对参数的调整能够对画笔的大小、圆度等产生随机变化的效果。设置完成后，在效果预览区域可以看到效果预览，如图9-29和图9-30所示。

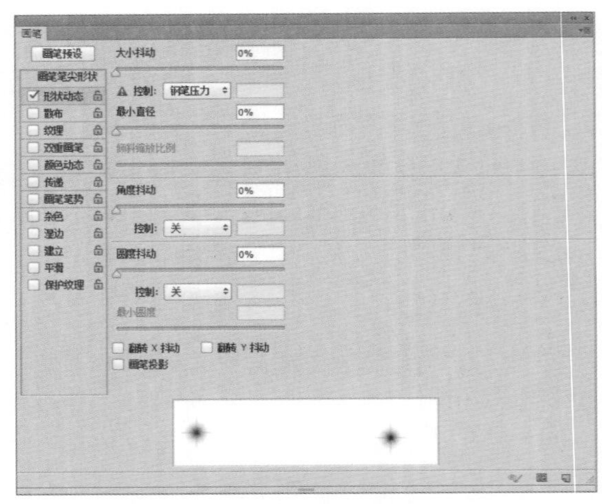


图9-29　正常效果预览

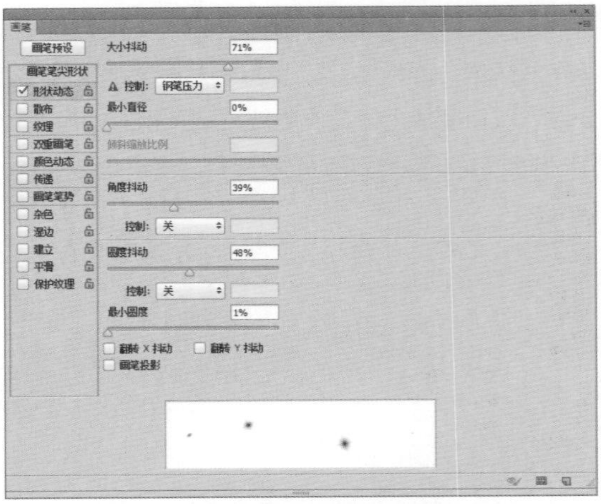

图9-30　调整后效果预览

下面将对“形状动态”属性栏中各参数的含义进行详细介绍。

- **大小抖动：** 用于控制画笔大小的随机改变，数值越大，随机的频率越高。
- **控制：** 用于选择大小抖动的方式，包括“无”、“渐隐”、“钢笔压力”、“钢笔斜度”和“光笔轮”选项，后三者需要计算机配置有数位板。
- **最小直径：** 当启用“大小抖动”选项后，可以在这里设置画笔笔尖缩放的最小缩放百分比，数值越高，画笔笔尖直径越小。
- **倾斜缩放比例：** 当“大小抖动”的控制方式为“钢笔斜度”时，可以在这里设置画笔高度的比例因子。
- **角度抖动/控制：** 这个选项是用来控制画笔角度的随机改变，数值越大，随机的频率越高，同时可以在“控制”选项中选择控制的方式，这个和之前的“控制”是一样的。
- **圆度抖动/控制：** 用于控制画笔角度的随机改变，数值越大，随机的频率越高。在“控制”选项列表中可以选择控制的方式。
- **翻转X/Y抖动：** 勾选这两个复选框，可以将画笔在X轴或者Y轴上进行翻转。
- **画笔投影：** 勾选该复选框，可以控制画笔的投影效果。

进行画笔形状参数设置后，查看连续画笔绘制的效果对比，如图9-31和图9-32所示。

图9-31　原始效果

图9-32　调整后效果

### 4. 散布

在“画笔”面板中勾选“散布”复选框，会出现“散布”属性栏，用于对画笔的散布和散布数量进行相应的调整，如图9-33和图9-34所示。

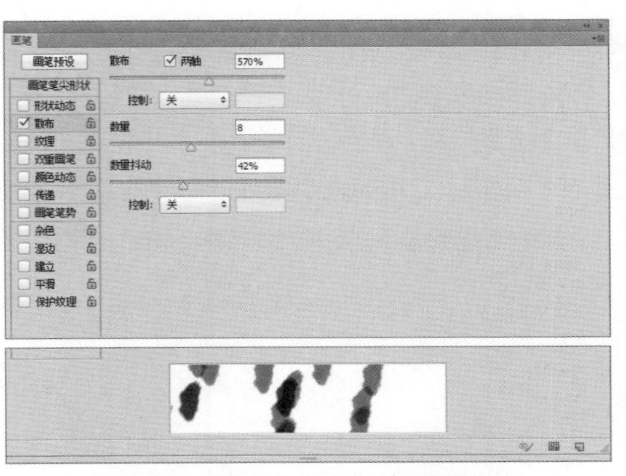

图9-33 “散布”为570%的效果预览

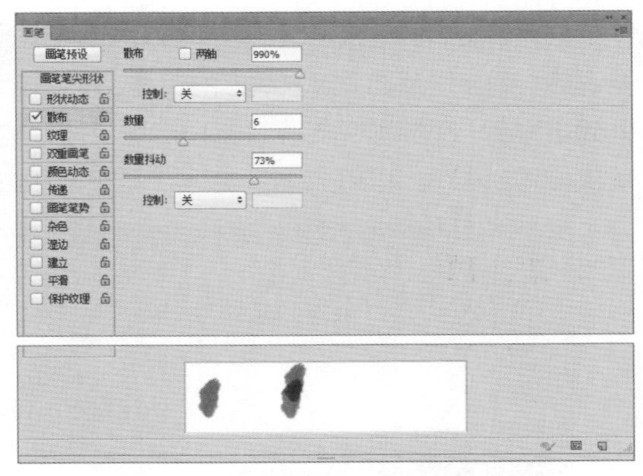

图9-34 “散布”为990%的效果预览

下面将对“散布”属性栏中各选项的应用进行详细介绍。

- **散布**：在数值框中输入数值或者通过滑块调整数值，可以控制画笔笔迹的分散程度，数值越高，分散范围越广。
- **两轴**：勾选该复选框时，画笔笔迹将以中心点为基准向两侧分散。
- **控制**：用于选择改变散布的方式，包括“无”、“渐隐”、“钢笔压力”、“钢笔斜度”、“光笔轮”和“旋转”选项，后面四个选项需要计算机配置有数位板。
- **数量**：用于控制每个画笔间隔的画笔笔迹重复的数量，数值越高，笔迹重复数量越大。
- **数量抖动/控制**：用于设置画笔笔迹数量的随机性，同时可以在“控制”下拉列表中设置数值抖动的方式。

对画笔散布效果进行设置后，查看画笔绘制的效果对比，如图9-35和图9-36所示。

图9-35 “散布”为570%的效果

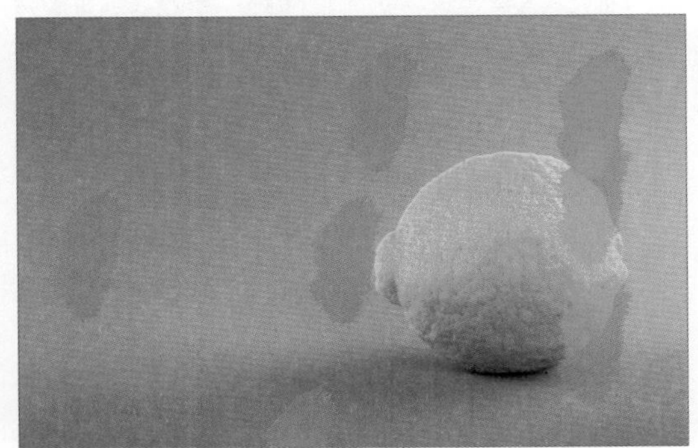

图9-36 “散布”为990%的效果

### 5. 纹理

在“画笔”面板中勾选“纹理”复选框，会出现“纹理”属性栏，通过对画笔叠加图案，使得画笔绘制的笔迹产生纹理效果，如图9-37和图9-38所示。

下面将对“纹理”属性栏中的选项进行详细介绍。

- **选择纹理**：单击缩略图右侧的图案拾色器按钮，可以选择合适的图案作为纹理。
- **反相**：勾选该复选框，可以基于图案中的色调来反转纹理中的亮点和暗点。
- **缩放**：用于设置图案的缩放比例，数值越小，对应的纹理越多，反之纹理越少。
- **亮度**：用于设置纹理相对于画笔的亮度。
- **对比度**：用于设置纹理相对于画笔的对比度。
- **为每个笔尖设置纹理**：勾选该复选框，可以将选定的纹理单独应用于画笔描边的每个画笔笔迹。

- **模式：**单击右侧下拉按钮，选择图案和画笔的混合模式。
- **深度：**用于设置油彩渗入纹理的深度，数值越大，渗入的深度越大。
- **最小深度：**该选项只有启用“深度抖动”中的“控制”参数才会显现，设置的是油彩渗入纹理的最小深度。
- **深度抖动/控制：**用于设置油彩渗入深度的随机性，在“控制”下拉列表中可以选择深度抖动的方式。

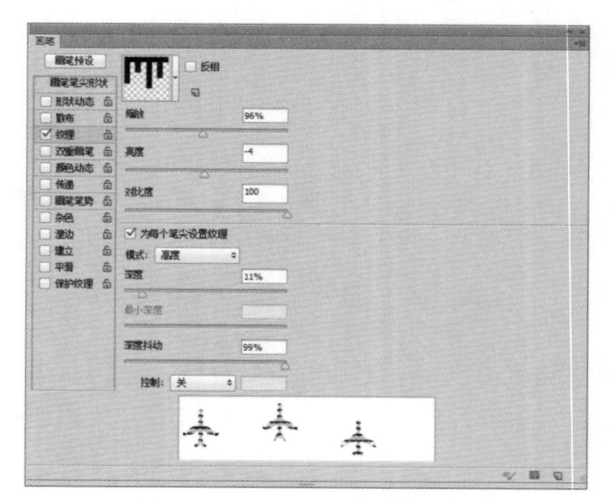

图9-37　pattern纹理效果预览

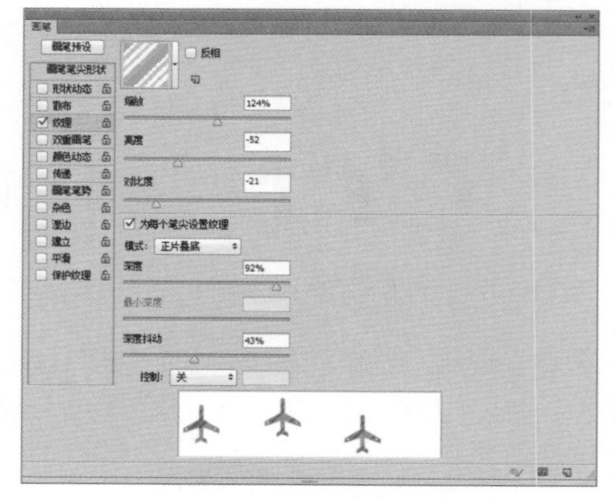

图9-38　010纹理效果预览

对纹理参数进行设置后，查看应用纹理画笔绘制的效果对比，如图9-39和图9-40所示。

图9-39　pattern纹理效果

图9-40　010纹理效果

## 6. 双重画笔

在“画笔”面板中勾选“双重画笔”复选框，会出现“双重画笔”属性栏。双重画笔是指使用两个画笔笔尖来创建画笔笔迹，在选择主画笔之后，可以在这里选择另外一个画笔，并对另一个画笔参数进行相对应的设置，如图9-41和图9-42所示。

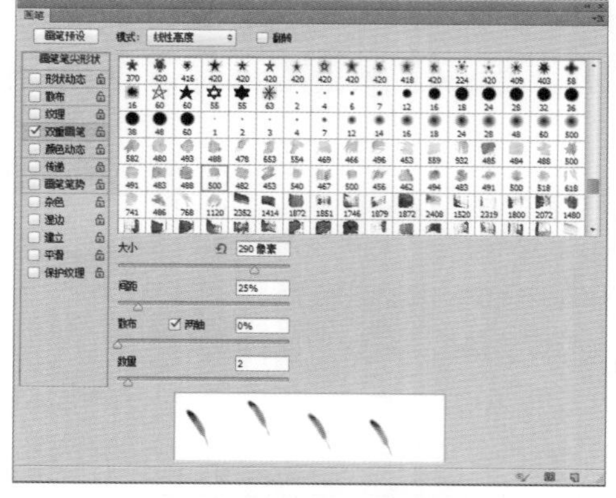

图9-41　500#双重画笔效果预览

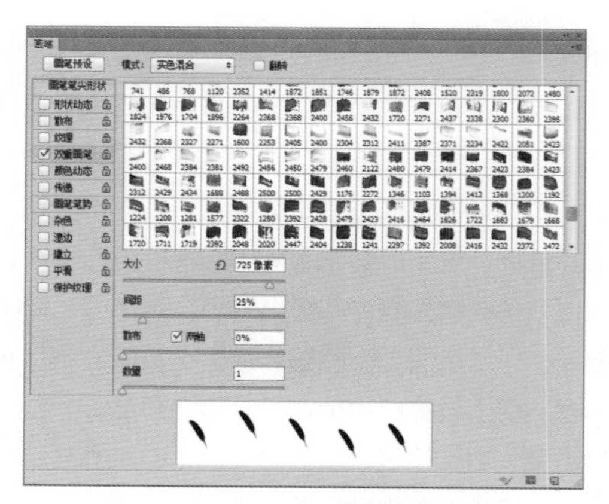

图9-42　1288#双重画笔效果预览

下面将对“双重画笔”属性栏中各选项含义进行详细介绍。

- **模式**：用于设置两个画笔笔尖的混合模式。
- **翻转**：勾选该复选框，可以启用画笔笔尖随机翻转。
- **大小**：用于设置双重画笔笔尖的大小。
- **间距**：用于设置双重画笔笔迹之间的间距。
- **散布**：用于设置双重画笔笔迹的分布形式。
- **两轴**：勾选该复选框，可以使双重画笔笔迹按径向分布。
- **数量**：用于设置双重画笔笔迹的散布的数量。

对“双重画笔”属性进行设置后，查看双重画笔绘制的效果对比，如图9-43和图9-44所示。

图9-43　500#双重画笔效果预览

图9-44　1288#双重画笔效果预览

### 7. 颜色动态

在“画笔”面板中勾选“颜色动态”复选框，会出现“颜色动态”属性栏。通过添加颜色动态，可以对绘制的笔迹进行色相、明度和饱和度调整，如图9-45和图9-46所示。

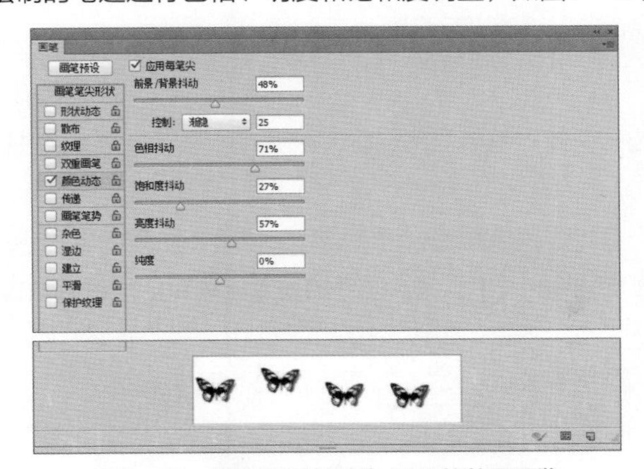


图9-45　前景/背景抖动为48%的效果预览

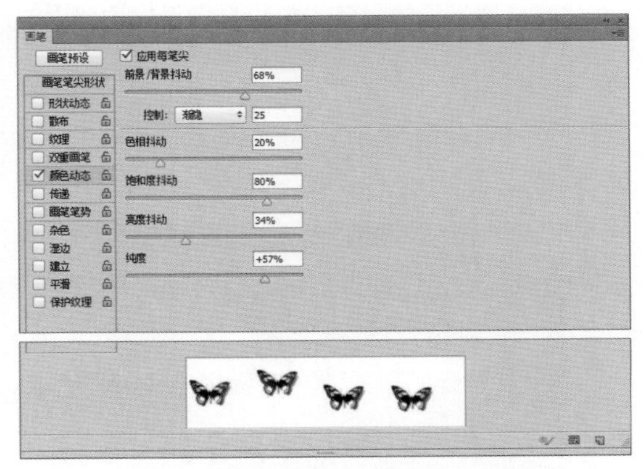


图9-46　前景/背景抖动为68%的效果预览

下面将对“颜色动态”属性栏中各选项的含义进行详细介绍。

- **前景/背景抖动**：用于设置前景色/背景色的随机变化程度。
- **控制**：用于选择前景/背景抖动的方式。
- **色相抖动**：用于对画笔笔尖色相的随机变化值进行设置。
- **饱和度抖动**：用于对画笔笔尖饱和度的随机变化值进行设置。
- **亮度抖动**：用于对画笔笔尖亮度的随机变化值进行设置。
- **纯度**：用于设置颜色的纯度，数值越低，纯度越高。

设置画笔的“颜色动态”参数后，查看画笔绘制的效果对比，如图9-47和图9-48所示。

图9-47　前景/背景抖动为48%的效果

图9-48　前景/背景抖动为68%的效果

## 8. 传递

在“画笔”面板中勾选“传递”复选框，会出现“传递”属性栏，可以调整油彩在使用画笔笔尖时的不透明度、流量以及湿度参数，如图9-49所示。

下面将对“传递”属性栏中各选项的含义进行详细介绍。

- **不透明度/控制/最小**：用于对画笔笔尖不透明度的随机变化值进行设置，可以在“控制”下拉列表中对变化方法进行设置，在“最小”数值框中可以对不透明度的最小值进行设置。
- **流量抖动/控制/最小**：用于对画笔笔尖流量的随机变化值进行设置，可以在“控制”下拉列表中对变化方法进行设置，在“最小”数值框中可以对流量的最小值进行设置。
- **湿度抖动/控制/最小**：用于对画笔笔尖湿度的随机变化值进行设置，可以在“控制”下拉列表中对变化方法进行设置，在“最小”数值框中可以对湿度的最小值进行设置。
- **混合抖动/控制/最小**：用于对画笔笔尖混合的随机变化值进行设置，可以在“控制”下拉列表中对变化方法进行设置，在“最小”数值框中可以对混合的最小值进行设置。

## 9. 画笔笔势

在“画笔”面板中勾选“画笔笔势”复选框，会出现“画笔笔势”属性栏，用于对画笔笔势的变化进行设置，如图9-50所示。

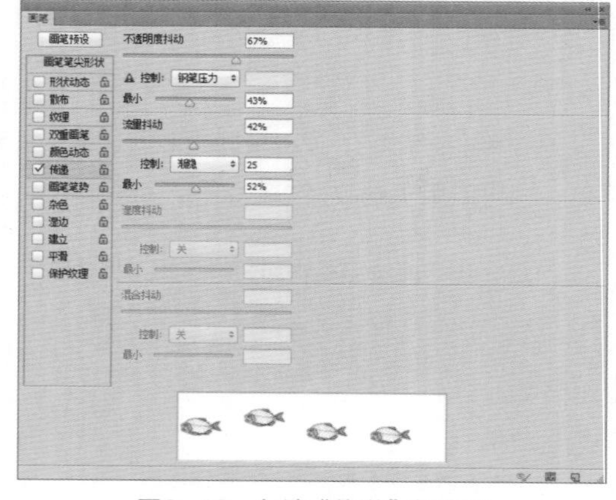


图9-49　勾选“传递”复选框

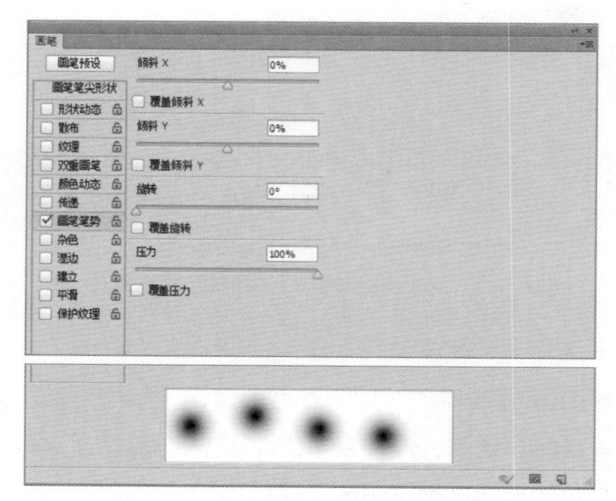


图9-50　勾选“画笔笔势”复选框

下面将对“画笔笔势”属性栏中各选项的含义进行详细介绍。

- **倾斜X/覆盖倾斜X**：用于设置默认画笔光笔在X轴上的笔势，勾选“覆盖倾斜X”复选框会覆盖之间的笔势数据。

- **倾斜Y/覆盖倾斜Y：**用于设置默认画笔光笔在Y轴上的笔势，勾选“覆盖倾斜Y”复选框会覆盖之间的笔势数据。
- **旋转/覆盖旋转：**用于设置默认画笔光笔的旋转角度，勾选“覆盖旋转”复选框会覆盖之间的旋转角度数据。
- **压力/覆盖压力：**用于设置默认画笔光笔的压力值，勾选“覆盖压力”复选框会覆盖之间的压力数据。

### 10. 附加参数选项

在“画笔”面板中，其他的附加参数选项如图9-51所示。

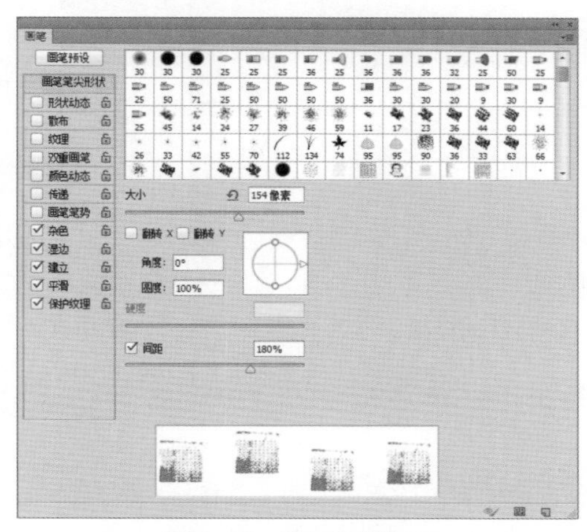


图9-51　附加参数选项

下面将对附加参数选项中各选项的参数进行详细介绍。

- 杂色：勾选该复选框，可以为当前的画笔笔尖添加杂色，在使用柔边画笔时最有效。
- 湿边：勾选该复选框，可以增大油墨，从而强调画笔描边的边缘。
- 建立：勾选该复选框，可以启用喷枪样式的建立效果。
- 平滑：勾选该复选框，可以使鼠标绘制的路径平滑，一般用于压感笔绘制插画时。
- 保护纹理：在对“纹理”选项进行设置之后，勾选该复选框，可以在改变画笔预设时纹理不发生变化。

## 9.3.2　画笔工具

学习了“画笔”面板的相关知识后，下面将对画笔工具的应用进行介绍。画笔工具的使用效果类似于毛笔，使用频率非常高，除了可以绘制线条对图像进行装饰外，也可以用于修改通道和蒙版。选择工具箱中的画笔工具后，其工具属性栏如图9-52所示。

图9-52　画笔工具属性栏

下面将对画笔工具属性栏中各主要参数的含义进行讲解。

- **“画笔预设”选取器：**单击右侧下拉按钮，可以打开“画笔预设”选取器面板，选择画笔并调整画笔的大小。
- **切换画笔面板：**单击该按钮，可以打开“画笔”面板。
- **模式：**单击右侧的下拉按钮，在打开的下拉列表中对绘画模式进行选择。

● **不透明度：** 用于对画笔的不透明度进行设置。

● **流量：** 用于对画笔的流量进行设置。

接下来将对画笔工具的具体使用操作进行讲解。

**Step 01** 首先在工具箱中单击“设置背景色”按钮，在打开的“拾色器（背景色）”对话框中对背景色进行设置，如图9-53所示。

**Step 02** 然后按Ctrl+N组合键，在弹出的“新建”对话框中进行参数设置，如图9-54所示。

图9-53 “拾色器（背景色）”对话框

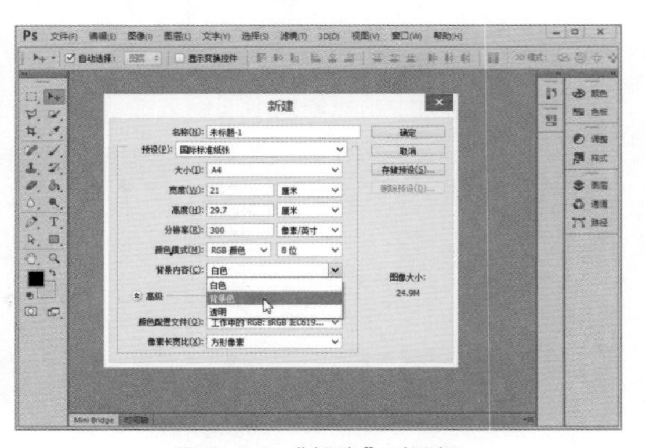

图9-54 “新建”对话框

**Step 03** 单击“确定”按钮后，按Shift+Ctrl+N组合键，在弹出的“新建图层”对话框进行参数设置，如图9-55所示。

**Step 04** 单击“确定”按钮后，在工具箱中选择画笔工具，如图9-56所示。

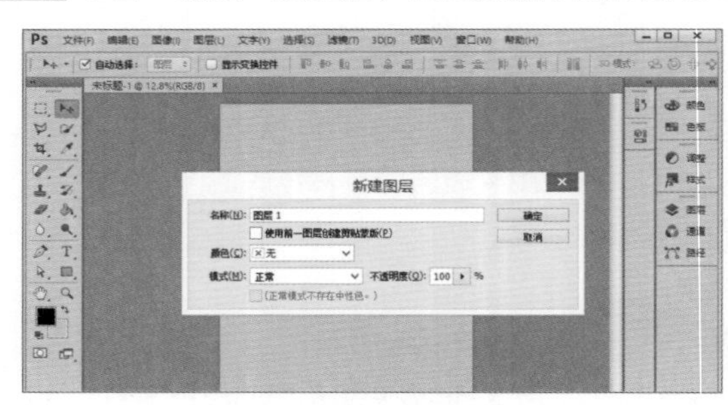

图9-55 “新建图层”对话框

图9-56 选择画笔工具

**Step 05** 选择画笔工具后在图像中右击，在弹出的“画笔预设”选取器面板中选择合适的笔刷，如图9-57所示。

**Step 06** 接着按下F5功能键，在弹出的“画笔”面板中对笔刷的基础参数进行设置，如图9-58所示。

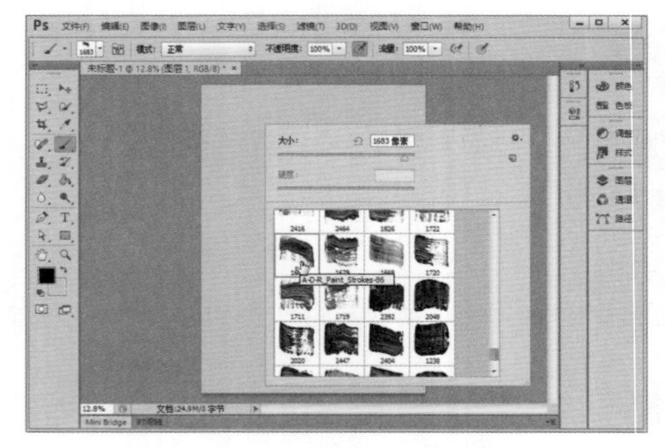

图9-57 “画笔预设”选取器面板

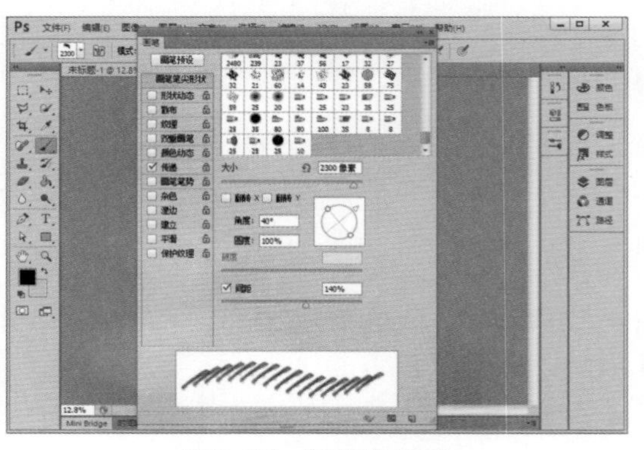

图9-58 “画笔”面板

Step 07 设置完成后，对前景色进行设置，如图9-59所示。

Step 08 然后在新建的图层上使用画笔绘制图9-60所示的笔迹。

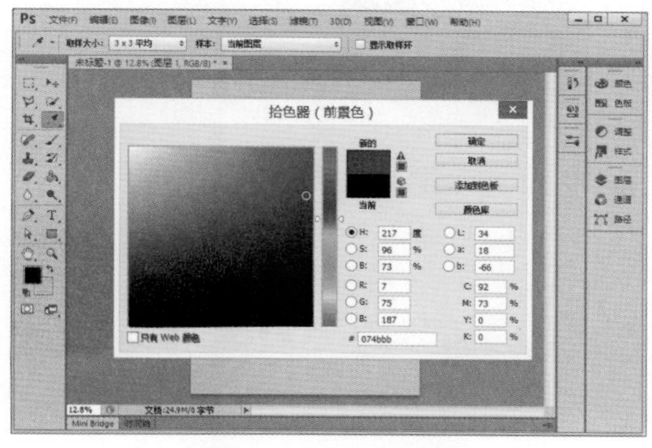

图9-59　设置前景色

图9-60　绘制笔迹

Step 09 绘制完成后，在工具箱中选择矩形工具，如图9-61所示。

Step 10 在矩形工具属性栏中进行相关参数设置，如图9-62所示。

图9-61　选择矩形工具

图9-62　矩形工具属性设置

Step 11 接着在图像中绘制一个正方形，如图9-63所示。

Step 12 然后将正方形栅格化并添加图层蒙版，如图9-64所示。

图9-63　绘制正方形

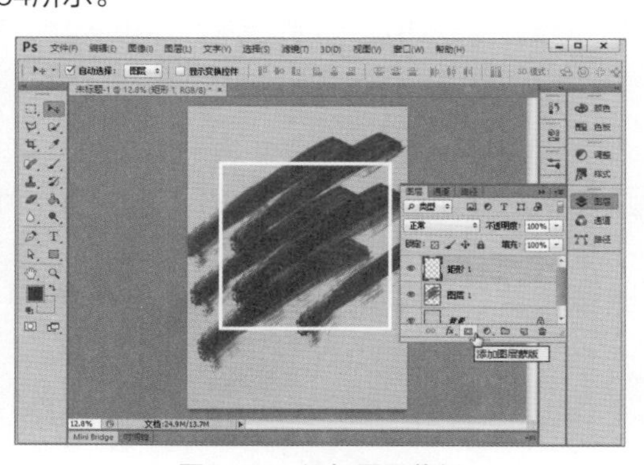

图9-64　添加图层蒙版

Step 13 选择画笔工具并右击，在“画笔预设”选取器面板中选择一个柔边圆画笔，同时设置画笔的大小，如图9-65所示。

Step 14 将前景色/背景色设置为默认颜色后，选中正方形的图层蒙版，使用柔边圆画笔对蒙版进行修改,如图9-66所示。

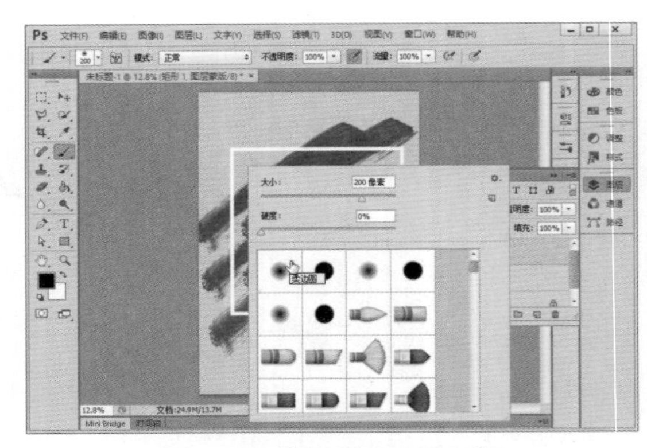

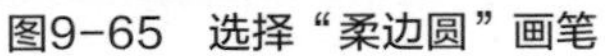

图9-65　选择“柔边圆”画笔

图9-66　修改蒙版

**Step 15** 接着使用文字工具添加一些文字，并添加一些装饰性线条，如图9-67所示。

**Step 16** 最后将文字图层的混合方式修改为“叠加”，最终效果如图9-68所示。

图9-67　添加装饰元素

图9-68　查看最终效果

## 9.3.3　铅笔工具

铅笔工具和画笔工具的基本功能类似，最大的不同的是铅笔工具只能绘制边缘较硬的线条。图9-69所示的两个线条分别是使用画笔工具和铅笔工具绘制出来的。

图9-69　画笔线条和铅笔线条

选择工具箱中的铅笔工具，其属性栏如图9-70所示。下面将对铅笔工具属性栏中各参数的应用进行讲解。

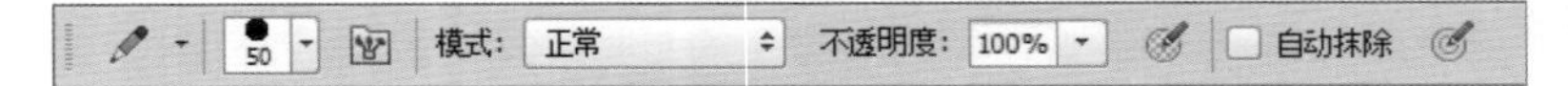


图9-70　铅笔工具属性栏

- **“画笔预设”选取器：** 单击右侧下拉按钮，可以打开“画笔预设”选取器面板，选择画笔并调整画笔的大小。
- **切换画笔面板：** 单击该按钮，可以打开“画笔”面板。
- **模式：** 单击右侧下三角按钮，在下拉列表中可以对绘画模式进行选择。
- **不透明度：** 用于对画笔的不透明度进行设置。
- **自动抹除：** 勾选该复选框，可以将包含前景色的区域涂抹为背景色，也可以将不包含前景色的区域涂抹为前景色，但只适用于原始图像。



## 9.3.4 颜色替换工具

使用颜色替换工具可以将指定的颜色替换为其他颜色，常用于为人物修改发色或者衣服颜色。下面以修改人物发色为例进行介绍，首先设置所需的前景色，然后选择颜色替换工具，在属性栏中进行相对应的参数设置，如图9-71所示。然后在图像中人物发上涂抹，效果如图9-72所示。

图9-71　选择颜色替换工具

图9-72　修改人物发色

选择颜色替换工具后，其属性栏如图9-73所示。接下来将对颜色替换工具属性栏中主要参数的含义进行讲解。

图9-73　颜色替换工具属性栏

- **模式：** 单击右侧下拉按钮，在下拉列表中对替换颜色的属性进行选择，包括“色相”、“饱和度”、“颜色”和“明度”选项，其中默认为“颜色”模式。
- **取样：** 对颜色的取样方式进行设置，取样方式包括连续、一次和背景色板3个按钮。当选择连续时，可以对颜色进行连续取样；选择一次，则表示取样一次；选择背景色板，则表示仅替换包含背景色的区域。
- **限制：** 用于确定替换颜色的范围，包括“不连续”、“连续”和“差值边缘”3个选项。其中“不连续”是指在替换时仅替换样本下的颜色，“连续”是指替换光标范围内以及周围相近的颜色，“查找边缘”是指在替换时保留形状边缘的锐化程度。
- **容差：** 对替换颜色的容差进行设置，容差值越高，可以替换的范围越广。
- **消除锯齿：** 勾选该复选框，可以有效地消除边缘的锯齿。

## 9.3.5 混合器画笔工具

使用混合器画笔工具可以模拟出较为真实的绘画效果，也可以模拟在不同湿度下的绘画效果。首先在工具箱中选择混合器画笔工具并在工具属性栏中进行参数设置，如图9-74所示。接下来在图像中绘制一条直线，即可看到混合器画笔的混合效果，如图9-75所示。

图9-74　选择混合器画笔工具

图9-75　查看混合颜色效果

在工具箱中选择混合器画笔工具后，其属性栏如图9-76所示。下面将对属性栏中主要参数的含义进行讲解。

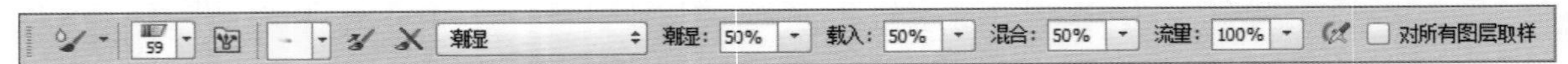


图9-76　混合器画笔工具属性栏

- **当前画笔载入：** 用于对当前载入的画笔进行设置，包括“载入画笔”、“清理画笔”和“只载入纯色”3个选项。
- **每次描边后载入画笔：** 单击该按钮，可以在每次描边之后自动载入画笔。
- **每次描边后清理画笔：** 单击该按钮，可以在每次描边之后自动清理画笔。
- **预设：** 单击右侧下拉按钮，在下拉列表中选择混合色画笔的不同预设选项，包括“干燥”、“湿润”和“潮湿”等预设选项。
- **潮湿：** 用于控制从画布中拾取的油彩量，数值越高，相对应的湿度越大。
- **载入：** 用于控制储槽中的油彩数量，数值越低，画笔描边干燥的速度越快。
- **混合：** 用于控制在选择储槽中油彩数量时的比例，数值越低，储槽中油彩数量所占比例越高。
- **流量：** 用于对应用油彩时的颜色流动速率进行控制。
- **对所有图层取样：** 勾选该复选框，可以拾取所有可见图层中的画布颜色。

### 操作提示：混合器画笔预设选项

在混合器画笔工具属性栏中可以选择不同的预设选项，每个预设所对应的湿度、载入和混合量都是不同的，如图9-77所示。

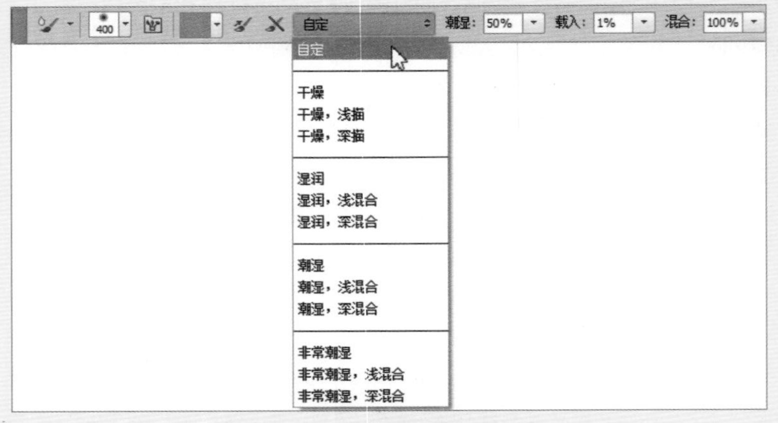


图9-77　混合色画笔预设下拉列表

# 9.4 图像修复工具

常用的图像修复工具包括仿制图章工具、图案图章工具和修复画笔工具等，使用这些图像修复工具可以修复图像中的一些瑕疵，如镜头中出现不想要的部分可以对其进行删除、对人像拍摄进行美化处理，或者制作一些创意图像。下面将对如何使用这些图像修复工具进行讲解。

## 9.4.1 “仿制源”面板

在使用仿制图章工具和图案图章工具时，均需要用到“仿制源”面板来对仿制源进行设置。首先打开一张图像，在菜单栏中执行“窗口>仿制源”命令，即可打开“仿制源”面板，如图9-78所示。

图9-78 “仿制源”面板

接下来将对“仿制源”面板中各主要参数的应用进行讲解。

- **仿制源：** 单击任一仿制源按钮后，使用仿制图章工具（或者图案图章工具）同时按住Alt键选取取样点，即可在仿制源按钮下方看到对应的取样对象，这样的取样对象最多可以有5个，取样对象会一直保留除非关闭取样源图像。
- **位移：** 如果想对取样点的特定位置进行绘制，可以对X/Y像素的位移值进行设置。
- **缩放：** 对仿制对象的大小进行缩放调节。
- **旋转：** 对仿制对象进行旋转调节。
- **翻转：** 对仿制对象进行水平/垂直翻转调节。
- **重置转换：** 单击该按钮，可以复位仿制源的大小和方向。
- **帧位移/锁定帧：** 如果想对取样点相关的特定帧进行绘制，可以在这里输入对应的帧数，并进行锁定。

## 9.4.2 仿制图章工具

要使用仿制图章工具进行图像修饰，首先在工具箱中选择仿制图章工具，如图9-79所示。接下来按住Alt键同时在图像中选择仿制源，如图9-80所示。然后在合适的位置绘制仿制源即可。

图9-79　选择仿制图章工具

图9-80　选择仿制源

完成上述操作后查看效果对比，如图9-81和图9-82所示。

图9-81　原图像效果

图9-82　应用仿制图章工具后效果

## 9.4.3　图案图章工具

图案图章工具可以利用Photoshop中自带的图案或者读者自定义的图案进行绘画。首先在图像中创建需要绘制的选区，如图9-83所示。在图案图章工具属性栏中对仿制图案进行设置，如图9-84所示。接着即可绘制图案图章。

图9-83　绘制选区

图9-84　图案图章工具属性设置

完成上述操作后查看效果对比，如图9-85和图9-86所示。

图9-85　原图像效果

图9-86　应用图案图章工具后的效果

图案图章工具属性栏和仿制图章工具属性栏中大部分参数是相同，如图9-87所示。下面将对图案图章工具属性栏中特有的参数的应用进行讲解。

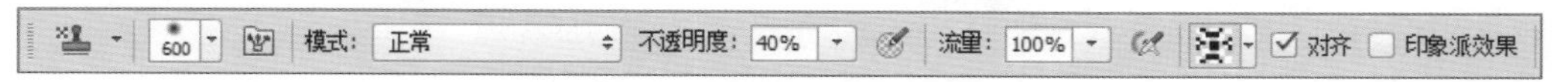


图9-87　图案图章工具属性栏

- 图案拾色器：单击右侧下拉按钮，在弹出的“图案”拾色器面板中选择合适的图案。
- 对齐：勾选该复选框，可以保持图案和原始起点的连续性。
- 印象派效果：勾选该复选框，可以模拟出印象派效果的图案。

## 9.4.4　污点修复画笔工具

污点修复画笔工具与仿制图章工具类似，也是利用图像或者图案中的样本来绘制，但是取样一般是从被修饰区域的周围进行取样，同时会将样本的纹理、光照、透明度和阴影等与被修饰区域进行匹配，非常适合修饰人的面部。首先在工具箱中选择污点修复画笔工具，然后在属性栏中进行参数设置，如图9-88所示。接下来即可在图像中对人物的面部进行修饰，如图9-89所示。

图9-88　选择污点修复画笔工具

图9-89　修饰人物面部

完成上述操作后，查看效果对比，如图9-90和图9-91所示。

图9-90　原图像

图9-91　修复后图像效果

接下来将对污点修复画笔工具属性栏中各主要参数的应用进行讲解，属性栏如图9-92所示。

图9-92　污点修复画笔工具属性栏

● **近似匹配：** 选择该单选按钮，可以使用选区边缘的像素来查找用作区域修补的样本。

● **创建纹理：** 选择该单选按钮，可以将选区内的所有像素创建为修复选中区域的样本。

● **内容识别：** 选择该单选按钮，可以使用选区周围的像素作为样本进行修复。

### 9.4.5 修复画笔工具

修复画笔工具的使用方法与仿制图章工具相似，从功能上讲与污点修复画笔工具相似，但相较于污点修复画笔工具，污点修复工具在使用时要求较高，它是不能对样本的纹理、光照等进行匹配，也可以对人物的面部进行修复。首先在工具箱中选择修复画笔工具，然后在修复画笔工具属性栏中进行参数设置，如图9-93所示。接下来在需要修复的区域附近选择一个相似的点作为样本，接着即可在图像中对人物的面部进行修饰，如图9-94所示。

图9-93　修复画笔工具属性设置

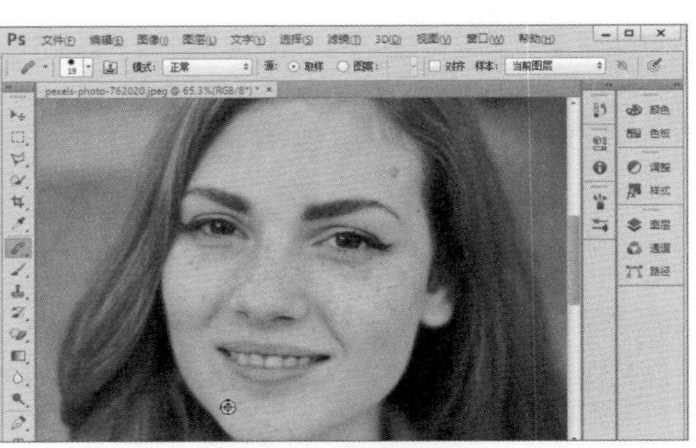

图9-94　修饰图像

完成上述操作后查看效果对比，如图9-95和图9-96所示。

图9-95　原图像效果

图9-96　修复后图像效果

选择修复画笔工具后，其属性栏如图9-97所示。下面将对修复画笔工具属性栏中主要参数的含义进行讲解。

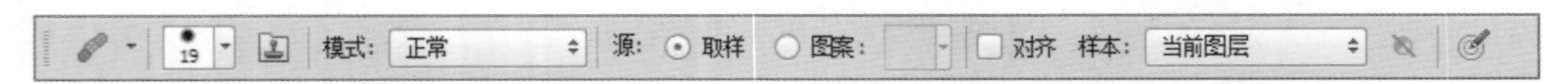


图9-97　修复画笔工具属性栏

● **取样：** 选择该单选按钮，修复时所选取的样本为图像中的某个区域。

● **图案：** 选择该单选按钮，修复时所选取的样本为软件自带的图案。

● **对齐：** 勾选该复选框，可以将图案和所选的区域对齐。

● **样本：** 单击右侧下拉按钮，在下拉列表中可以对样本的范围进行选择。

## 9.4.6 修补工具

修补工具可以利用样本或图案修复所选区域不理想的部分。在工具箱中选择修补工具，如图9-98所示。在图像中选中需要修补的部分，然后移动到需要替代的位置即可，如图9-99所示。

图9-98 选择修补工具

图9-99 修复图像

完成上述操作后查看效果对比，如图9-100和图9-101所示。

图9-100 原图像效果

图9-101 修复后图像效果

选择修补工具后，其属性栏如图9-102所示，下面将对修补工具属性栏中主要参数的含义进行讲解。

图9-102 修补工具属性栏

- 选区运算：这里的选区运算和工具箱中选区工具的选区运算功能是相似的。
- 修补：在下拉列表中可以选择修补的模式。单击“源”按钮，可以使用选区内的内容修补需要的部分；单击“目标”按钮，选区将被目标区域替换。
- 透明：勾选该复选框，可以将修补的图像和原图像叠出加透明效果。
- 使用图案：在右侧图案拾色器面板中选择一个图案，单击该按钮可以使用图案修补选区内的图像。

## 9.4.7 内容感知移动工具

内容感知移动工具同样可以选择和移动局部图像，当图像被选择和移动后，出现的空洞可以被自动填充。打开图像，在工具箱中选择内容感知移动工具，如图9-103所示。按住鼠标左键圈住热气球，并向上移动，如图9-104所示。

图9-103　选择内容感知移动工具

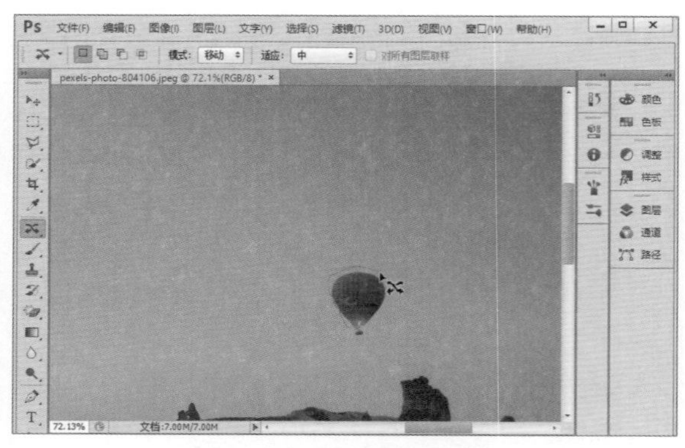
图9-104　修复图像

完成上述操作后查看效果对比，如图9-105和图9-106所示。

图9-105　原图像效果

图9-106　修复后图像

在内容感知移动工具属性栏中单击“适应”下三角按钮，在下拉列表中可以选择区域保留的严格程度，如图9-107所示。

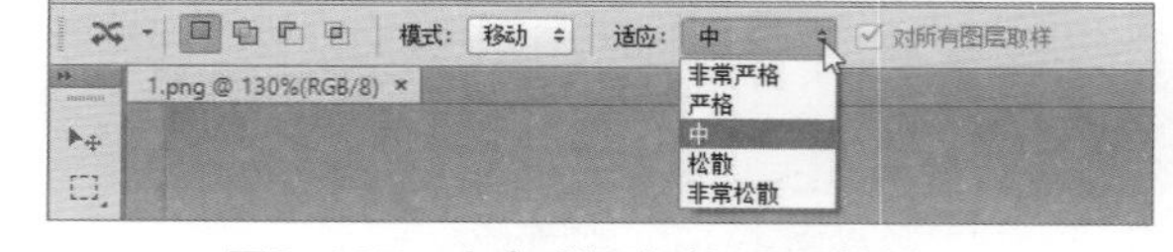

图9-107　内容感知移动工具属性栏

## 9.4.8　红眼工具

红眼工具可以去除用闪关灯拍摄人物照片中的红眼，以及动物照片中的白光或者反光。首先在工具箱中选择红眼工具，在其属性栏中进行参数设置，如图9-108所示。接下来在人物的瞳孔上进行修复即可，如图9-109所示。

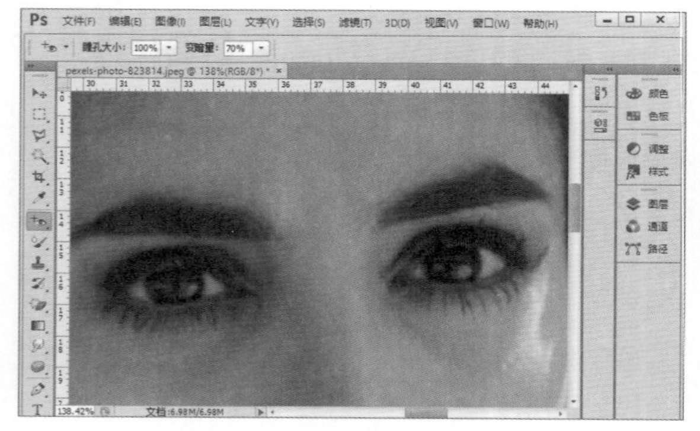
图9-108　红眼工具属性设置

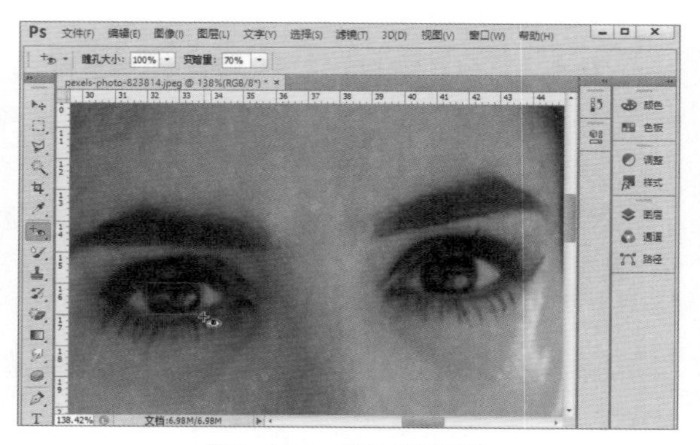
图9-109　修复红眼现象

完成上述操作后查看效果对比，如图9-110和图9-111所示。

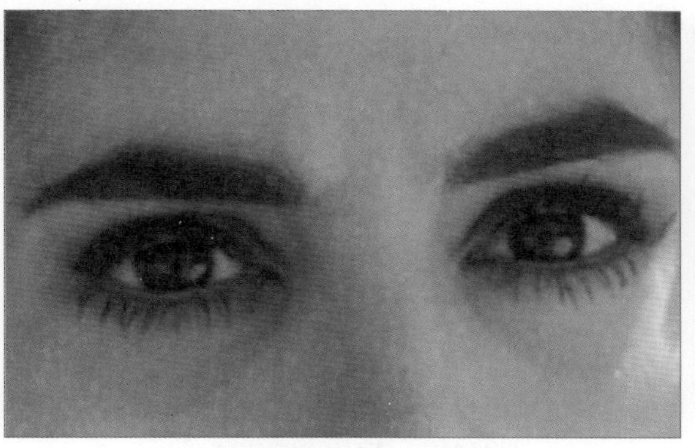

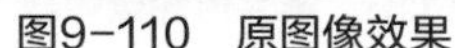

图9-110　原图像效果

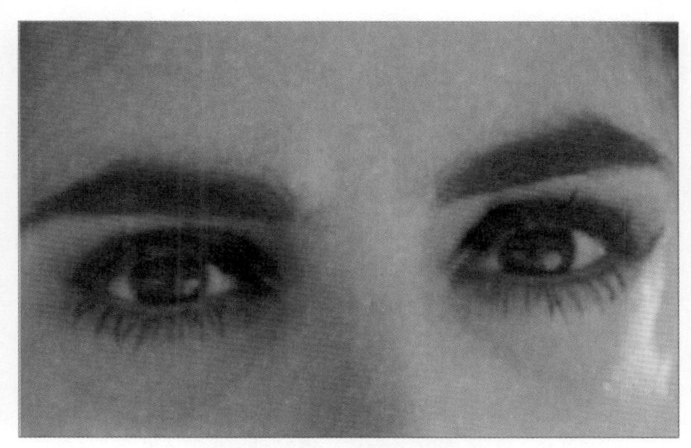

图9-111　修复后图像效果

选择红眼工具后，其属性栏如图9-112所示。接下来将对红眼工具属性栏中主要参数的含义进行讲解。

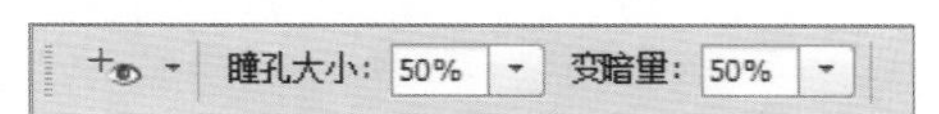


图9-112　红眼工具属性栏

- 瞳孔大小：用于对需要修复瞳孔的大小进行设置。
- 变暗量：用于对瞳孔的暗度进行设置。

## 9.5　图像擦除工具

在Photoshop中，图像擦除工具包括橡皮擦工具、背景橡皮擦工具和魔术橡皮擦工具。使用图像擦除工具，可以快捷地擦除图像中多余的部分，下面将对如何使用图像擦除工具进行讲解。

### 9.5.1　橡皮擦工具

使用橡皮擦工具可以将图像中的像素更改为透明或者背景色，从而达到擦除图像中多余部分的目的。如果在未锁定透明像素的图像中使用橡皮擦工具，擦除的像素将变成透明，但是一旦锁定透明像素，擦除的像素将变成背景色。首先在工具箱中选择橡皮擦工具，然后在橡皮擦工具属性栏中进行参数设置，如图9-113所示。接着将光标移动到图像中需要擦除的部分，进行擦除即可，如图9-114所示。

图9-113　选择橡皮擦工具

图9-114　擦除图像

完成上述操作后查看效果对比，如图9-115和图9-116所示。

图9-115 原图像效果

图9-116 擦除后图像效果

在橡皮擦工具属性栏中单击“模式”右侧的下三角按钮，下拉列表中包括“画笔”、“铅笔”和“块”3种模式，用于对抹除的模式进行设置。

图9-117 橡皮擦工具属性栏

## 9.5.2 背景橡皮擦工具

背景橡皮擦工具是一个相对智能化的擦除工具，设置完背景色后，使用背景橡皮擦工具可以在擦除背景的同时保留前景色对象的边缘。首先在工具箱中选择背景橡皮擦工具，同时在其属性栏中进行参数设置，如图9-118所示。接下来在图像中擦除多余的部分即可，如图9-119所示。

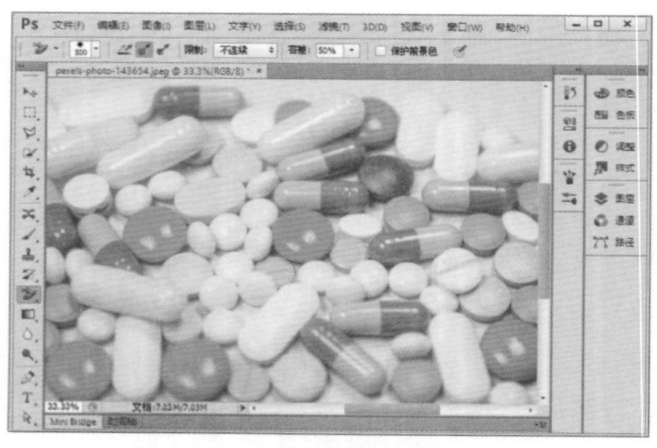
图9-118 选择背景橡皮擦工具

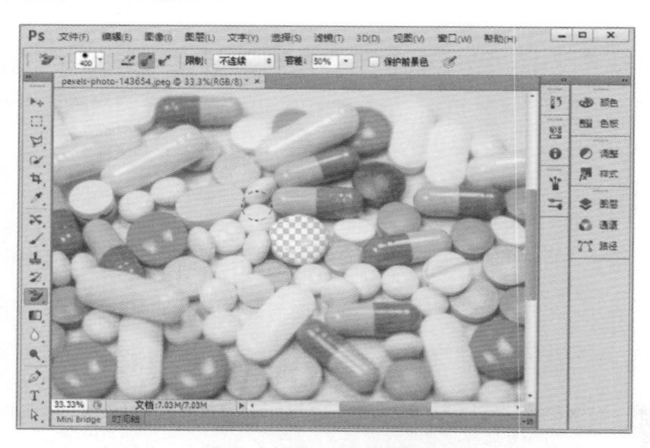
图9-119 擦除图像

完成上述操作之后查看效果对比，如图9-120和9-121所示。

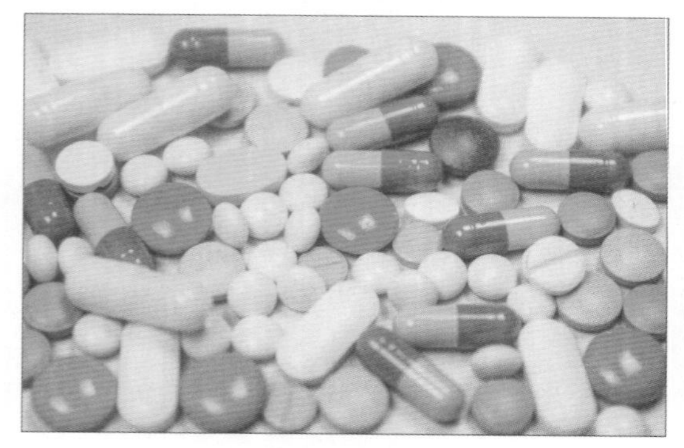
图9-120 原图像

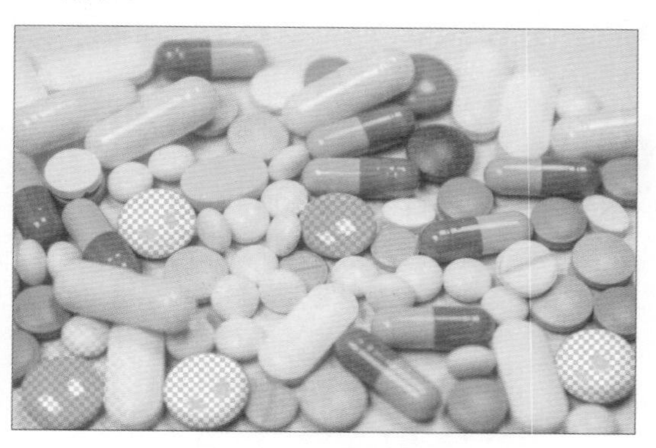
图9-121 擦除后图像

在背景橡皮擦工具属性栏中，若勾选“保护前景色”复选框，则可以在涂抹图像时保护前景色，如图9-122所示。

图9-122　橡皮擦工具属性栏

## 9.5.3　魔术橡皮擦工具

使用魔术橡皮擦工具可以将图像中选中的像素及相似的像素更改为透明或者背景色，如果在未锁定透明像素的图像中使用，更改的像素将变成透明，但是一旦锁定透明像素，更改的像素将变成背景色。首先在工具箱中选择魔术橡皮擦工具，在魔术橡皮擦工具属性栏中进行参数设置，如图9-123所示。

图9-123　选择魔术橡皮擦工具

使用魔术橡皮擦工具擦除图像的对比效果，如图9-124和图9-125所示。

图9-124　原图像效果

图9-125　擦除图像后效果

**操作提示：背景橡皮擦工具和魔术橡皮擦工具的区别**

背景橡皮擦工具功能上与魔术橡皮擦工具类似，都是将像素涂抹成透明像素，但是从操作上讲两者存在明显的不同，前者利用类似于画笔涂抹的操作方式，后者则是典型的区域型操作方法。

# 9.6 图像填充工具

通过使用图像填充工具可以对图像添加装饰效果，Photoshop中图像填充工具包括渐变工具和油漆桶工具，下面将对如何使用图像填充工具进行讲解。

## 9.6.1 渐变工具

使用渐变工具可以在整个文档或者选区内填充渐变色，并达到多种颜色混合的效果，该工具的应用非常广泛，还可以填充图层蒙版和快速蒙版等操作，是Photoshop中应用频率最高的工具之一。首先在工具箱中选择渐变工具，在渐变工具属性栏中进行参数设置，如图9-126所示。接下来图像中绘制渐变线即可，如图9-127所示。

图9-126 选择渐变工具

图9-127 绘制渐变线

完成上述操作之后查看效果对比，如图9-128和图9-129所示。

图9-128 原图像

图9-129 应用渐变填充后图像效果

选择渐变工具后，其属性栏如图9-130所示。下面对渐变工具属性中的主要参数的应用进行讲解。

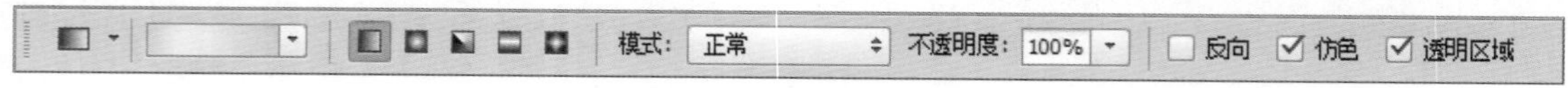


图9-130 渐变工具属性栏

- **渐变编辑器：** 单击该按钮，可以打开“渐变编辑器”对话框，对渐变的相关参数进行设置。
- **渐变类型：** 在该区域中可以对渐变的类型进行选择。“线性渐变”是默认的渐变类型，“径向渐变”可以以圆形方式从起点到终点渐变，“角度渐变”可以创建围绕起点逆时针扫描方式的渐变，“对称渐变”可以以均衡的线性渐变在起点任意一侧创建渐变，“菱形渐变”可以以菱形方式从起点向外创建渐变。

“渐变编辑器”对话框如图9-131所示，下面对该对话框中各主要参数的含义进行讲解。

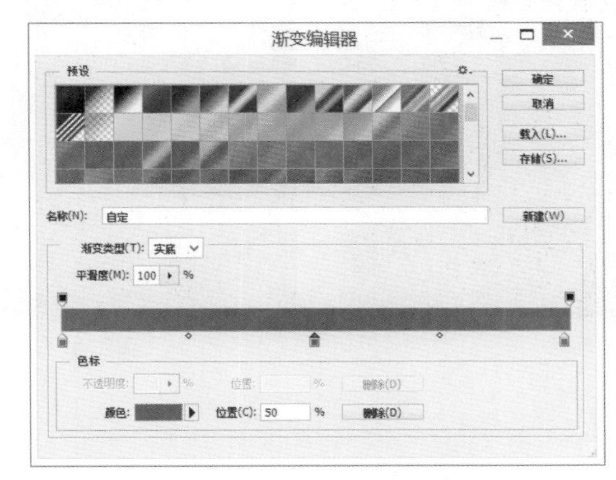


图9-131 “渐变编辑器”对话框

- 预设：在该选项区域中可以选择不同类型的渐变预设。
- 名称：在选择预设选项后，在这里会显示预设的名称，同时在创建渐变预设时也可以在这里输入对应的名称。
- 渐变类型：单击该下拉按钮，对渐变的类型进行选择，包括“实底”和“杂色”两个选项，前者为默认的渐变色。
- 平滑度：用于对渐变色的平滑度进行设置。
- 不透明度色标：通过移动不透明色标，可以精确地确定色标的不透明度和位置。
- 不透明度中点：用于对不透明色标的中心位置进行设置。
- 色标：通过拖曳色标，可以确定色标的颜色和具体位置。
- 删除：单击该按钮，可以删除不透明色标或者色标。

## 9.6.2 油漆桶工具

使用油漆桶工具可以在整个文档或者选区内填充前景色或者图案，类似于“颜色叠加”图层样式的效果，但是油漆桶工具可以对图层的局部进行填色。首先在工具箱中选择油漆桶工具，并在其属性栏中进行参数设置，如图9-132所示。接下来在图像中进行填充，如图9-133所示。

图9-132 选择油漆桶工具

图9-133 填充图像

完成上述操作后查看效果对比，如图9-134和图9-135所示。

图9-134　原图像

图9-135　填充后图像效果

# 9.7　图像润饰工具

Photoshop中的图像润饰工具包括模糊工具、锐化工具、涂抹工具等，通过使用图像润饰工具可以对图像的局部明暗以及饱和度进行处理。

## 9.7.1　模糊工具

模糊工具可以柔化硬边缘或减少图像中的细节。选择模糊工具后，可以在其属性栏中的设置“强度”的值来设置模糊的强度，如图9-136所示。

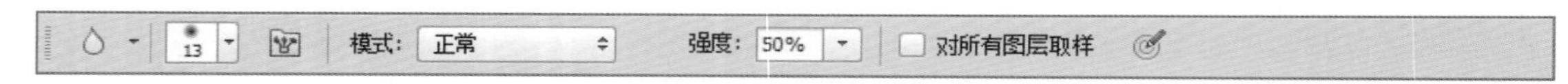


图9-136　模糊工具属性栏

图9-137所示为原图像效果，在多次使用模糊工具后变成了图9-138所示的图像效果。

图9-137　模糊前图像

图9-138　模糊后图像

## 9.7.2　锐化工具

锐化工具可以增强图像中相邻像素之间的对比，提高图像的清晰度。选择锐化工具后，在属性栏中勾选“保护细节”复选框，以在锐化处理时对细节进行保护，如图9-139所示。

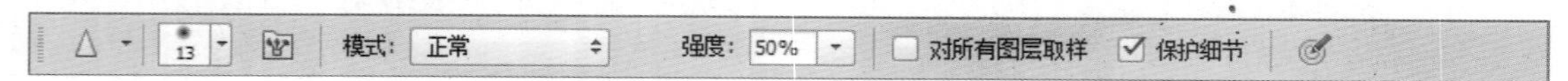


图9-139　锐化工具属性栏

图9-140中的主体是经过修饰美化的，若需要将它的细节表现出来，可使用锐化工具多次涂抹，之后变成图9-141所示的图像效果。

图9-140　原图像

图9-141　锐化后图像

## 9.7.3　涂抹工具

涂抹工具可以模拟手指划过湿油漆之后所产生的效果。选择工具箱中的涂抹工具后，在其属性栏中勾选“手指绘画”复选框，可以使用前景色对图像进行涂抹。涂抹工具属性栏如图9-142所示。

图9-142　涂抹工具属性栏

图9-143是未经任何处理的图像。使用涂抹工具对图像进行涂抹，涂抹后效果如图9-144所示。

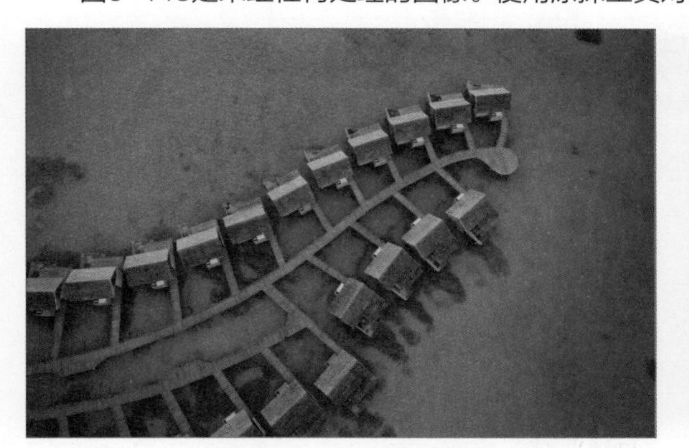

图9-143　原图像

图9-144　涂抹后图像

## 9.7.4　减淡工具

使用减淡工具可以对图像进行减淡处理，通过增强图像中像素的明暗度达到减淡的目的。选择减淡工具后，其属性栏如图9-145所示。

图9-145　减淡工具属性栏

下面对减淡工具属性栏中主要参数的含义进行介绍，具体如下。

- **范围**：在下拉列表中对需要修改的色调进行选择，包括“中间调”、“阴影”和“高光”3个选项。
- **曝光度**：用于对减淡工具指定曝光度，数值越高，效果越明显。

图9-146为使用减淡工具前的效果，图9-147为应用减淡工具后的图像效果。

图9-146　原图像

图9-147　减淡后图像

## 9.7.5　海绵工具

使用海绵工具可以为图像的局部或者全部区域调整色彩饱和度，如果是灰度图像，则会通过灰阶远离或者靠近中间灰色来增加或降低对比度。选择海绵工具后，在其属性栏中单击“模式”下三角按钮，下拉列表中包括“饱和”、“降低饱和度”选项，选择前者时可以增加饱和度，而后者则会降低饱和度，如图9-148所示。

图9-148　海绵工具属性栏

图9-149是使用海绵工具前的效果，图9-150为图像应用海绵工具调整后的效果。

图9-149　原图像

图9-150　使用海绵工具后图像效果

## 9.7.6　加深工具

加深工具可以通过降低图像中像素的明暗度，对图像进行加深处理。原图像效果如图9-151所示。使用加深工具进行处理后的效果，如图9-152所示。

图9-151　原图像

图9-152　加深后图像

## 上机实训　制作啤酒宣传广告

喝啤酒有健脾的功效，很多朋友将啤酒作为日常酒品甚至是代替饮料，尤其是每年夏天，啤酒广告遍布大街小巷和网络媒体。本案例将使用到图层蒙版、图层混合模式、钢笔工具等功能，制作一幅啤酒的宣传广告图，具体操作方法如下。

**Step 01** 首先创建一个空白文档，命名为“啤酒宣传广告”，并对参数进行设置，然后单击“确定”按钮，如图9-153所示。

**Step 02** 打开“拾色器（前景色）”对话框，设置前景色为浅蓝色，色值为C28、M0、Y5、K0，按Ctrl+Shift+N组合键新建图层，接着按Alt+Delete组合键填充图层，如图9-154所示。

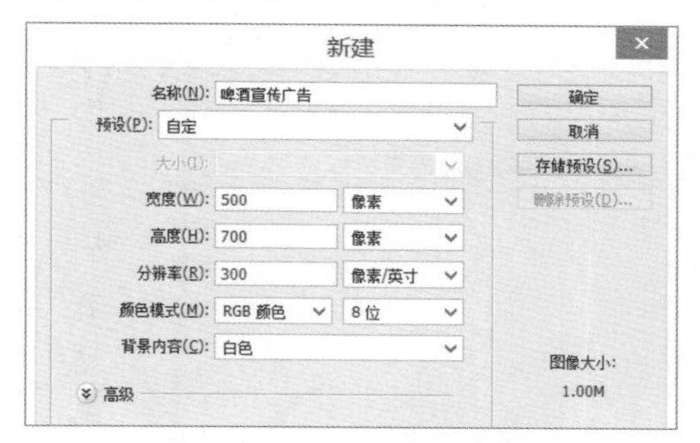


图9-153　“新建”对话框

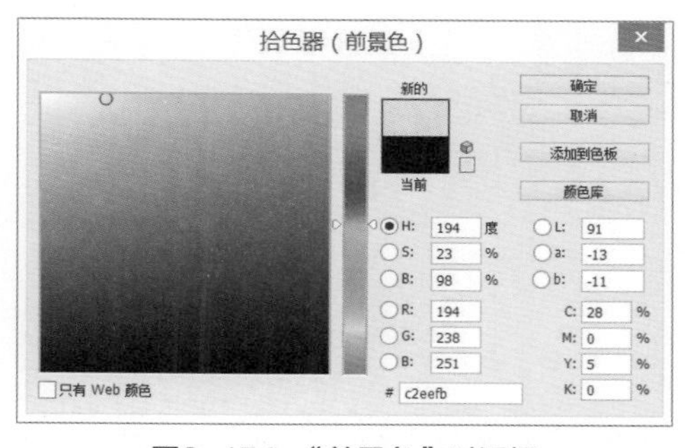


图9-154　“前景色”对话框

**Step 03** 打开“拾色器（前景色）”对话框，设置前景色为白色。选择画笔工具，在画笔工具属性面板中调整画笔大小为308、硬度为0%，选择画笔形状为柔边圆形，如图9-155所示。

**Step 04** 按Ctrl+Shift+N组合键新建图层，命名为“中心留白”。在文档的右下方，使用画笔工具涂抹白色的光区，图层不透明度设置为60%，如图9-156所示。

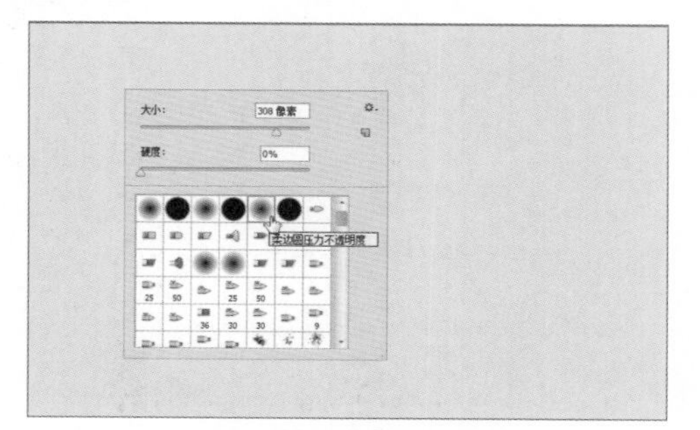


图9-155　设置画笔属性

图9-156　使用画笔工具涂抹

Step 05 再次按Ctrl+Shift+N组合键新建图层，并命名为“提亮图层”，使用画笔工具在图像的下方涂抹白色的光区，如图9-157所示。

Step 06 将“水面波纹.jpg”素材图像拖曳到啤酒宣传广告文档中，图层命名为“水面波纹”，设置图层混合模式为“正片叠底”，如图9-158所示。

图9-157 提亮图像

图9-158 移动图像

Step 07 为“水面波纹”图层添加“亮度/对比度”调整图层，在创建调整图层时按住Alt+Ctrl+G组合键以建立剪贴蒙版，如图9-159所示。

Step 08 将“水珠.png”素材图片拖曳到啤酒宣传广告文档中，图层命名为“水珠”，设置图层混合模式为“正片叠底”，如图9-160所示。

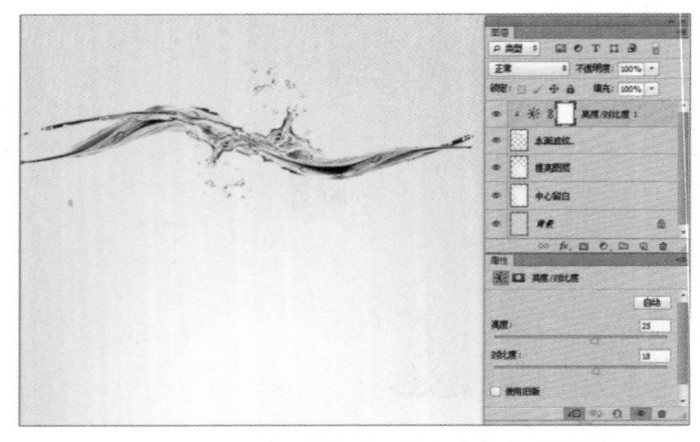

图9-159 添加“亮度/对比度”调整图层

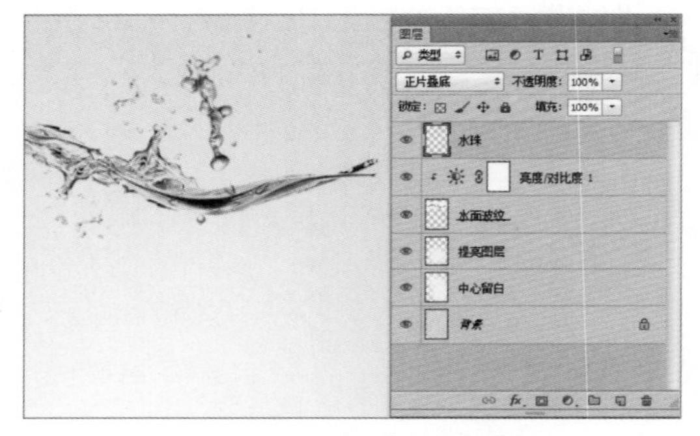


图9-160 添加“水珠”素材

Step 09 将“水花.png”素材拖曳到啤酒宣传广告文档中，将图层命名为“水花”，如图9-161所示。

Step 10 选中“水花”图层，按Ctrl+T组合键，出现定界框后，右击并在弹出的快捷菜单中执行“变形”命令，如图9-162所示。

图9-161 添加“水化”素材

图9-162 执行“变形”命令

Step 11 拖曳节点向上方拉伸，使水花的尾部与水面波纹衔接，然后按下回车键确定操作，如图9-163所示。

Step 12 将“酒瓶.jpg”素材拖曳到啤酒宣传广告文档中，旋转一定角度，将图层命名为“酒瓶”，如图9-164所示。

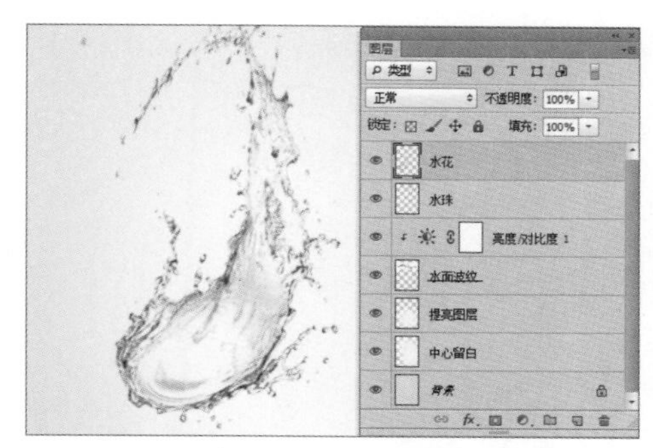

图9-163 图像变形

图9-164 置入酒瓶素材

Step 13 选中“酒瓶”图层，单击“图层”面板中“添加图层蒙版”按钮，添加图层蒙版。将前景色设置为黑色，选择画笔工具，涂抹酒瓶之外的部分，如图9-165所示。

Step 14 接着为“酒瓶”图层添加“色相/饱和度”调整图层，在创建调整图层时按住Alt+Ctrl+G组合键以建立剪贴蒙版，如图9-166所示。

图9-165 原图像

图9-166 添加调整图层

Step 15 选择“水花”图层，使用橡皮擦工具擦去图像中多余的部分，如图9-167所示。

Step 16 将“绿叶.png”素材分别拖曳到啤酒宣传广告文档中，图层命名为“绿叶01”、“绿叶02”、“绿叶03”，将图层混合模式均改为“正片叠底”，如图9-168所示。

图9-167 擦除多余部分

图9-168 导入装饰素材

Step 17 将花的素材分别拖曳到啤酒宣传广告文档中，图层命名为“花01”和“花02”，将图层混合模式改为“变暗”，如图9-169所示。

Step 18 将“蝴蝶.png”的素材拖曳到啤酒宣传广告文档中，图层命名为“蝴蝶”，单击“图层”面板下方的设置图层属性按钮，在列表中选择“色相/饱和度”选项，在打开的“属性”面板中设置“色相”和“饱和度”的值分别为0和-26，然后右键该图层，执行“创建剪贴蒙版”命令，得到的最终效果如图9-170所示。

图9-169 导入其他装饰素材

图9-170 查看最终效果

## 设计师点拨 光源色与物体色

色彩分光源色和物体色两种类型，光源色由发光体产生，物体色则由物体反射的光源线形成。下面对这两种光分别进行介绍。

### 1. 光源色

光源色由光源发出的可见光形成。由于光源发出的光具有自己的波长和强度，因此光源色也会呈现相应的色彩。

一切能够发光的物质都可以看作是光源，常见的光源有阳光、灯光、激光等。阳光属于自然光，灯光和激光为人造光。

由于光源的种类多，光源的波长和强度存在差异，因此光源色也呈现出不同的色彩。

例如，阳光呈现七色混合的白色自然光；波长相对长一些的节能灯呈现黄色灯光；波长短一些的节能灯呈现偏蓝色光；霓虹灯由于添加了不同的化学物质，使气体以不同的波长发光，从而形成五光十色的效果；激光发生器由于使用不同的元素，可呈现红色、蓝色、绿色等颜色。图9-171为经过三棱镜折射后的太阳光，可以看到白色的自然光是由七种颜色的混合光构成的。

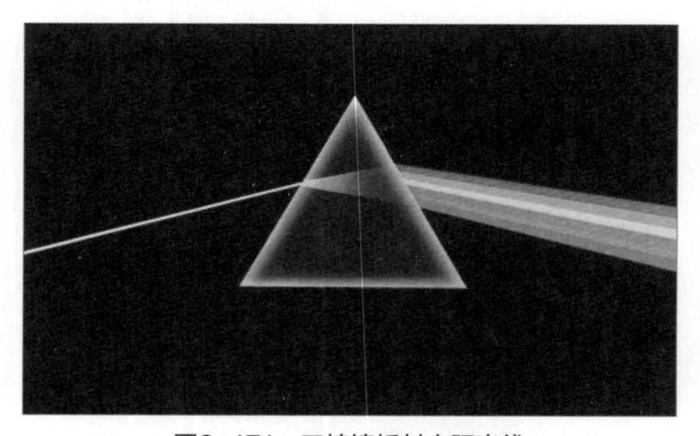

图9-171 三棱镜折射太阳光线

## 2. 物体色

非光源的物体，其本身不发光，所表现出来的物体色由物体本身的反射光线形成，图9-172为物体本身的颜色反射光线到人眼中。

图9-172　物体本身的颜色反射光线到人眼中

决定物体色彩的因素有两个：物体表面的特性和光源光的特性。当两个因素同时或任意一个发生变化时，物体的色彩就会发生变化，原因如下。

（1）物体表面的特性

这一特性表现在物体表面吸收光和反射光的能力。物体之间表面特性的差异，使物体呈现不同的色彩。图9-173所示的色彩缤纷的花卉就是相互之间特性不同的缘故。

图9-173　物体表面的特性呈现不同的色彩

当光线照射到物体表面时，部分光被物体表面吸收，另一部分反射回来，形成了物体的色彩。如紫色的花朵反射回来的是紫色光，吸收的是其他颜色的光。

（2）光源光的特性

光源光有全色光、复色光、单色光之分，当不同的光源照射到相同物体上时，所呈现的色彩会不同。图9-174所示为不同光线下同一物体所呈现的不同颜色。

图9-174　不同颜色光源下同一物体的颜色不同

# 滤镜的使用

在Photoshop中，使用滤镜可以快速为图像添加各种艺术效果。滤镜的工作原理是利用对图像中像素的分析，通过对像素的色素、亮度等参数的调节，创造出丰富的特效。本章将详细介绍各种滤镜的使用方法和参数设置，读者熟练掌握各种滤镜的功能后，可以制作出各种奇妙的图像效果。

核心知识点

❶ 了解常用滤镜的种类
❷ 掌握滤镜的使用原则与技巧
❸ 掌握滤镜库与特殊滤镜的应用
❹ 熟悉各滤镜组的功能与特点

使用自适应广角滤镜校正图像

使用镜头校正滤镜校正图像

为图像应用油画滤镜

为图像应用波浪滤镜

## 10.1 认识滤镜

Photoshop中滤镜功能是比较强大的，通过使用滤镜可以制作出各种特殊效果。本节将为读者介绍滤镜的种类以及滤镜使用时的原则和技巧。

### 10.1.1 滤镜的种类

在Photoshop CS6中自带了超过100种滤镜，其中“滤镜库”、“自适应广角”、“镜头校正”、“液化”、“油画”和“消失点”为特殊滤镜，“风格化”、“模糊”、“扭曲”、“锐化”、“视频”、“像素化”、“渲染”、“杂色”和“其他”为滤镜组。图10-1为“滤镜”菜单。

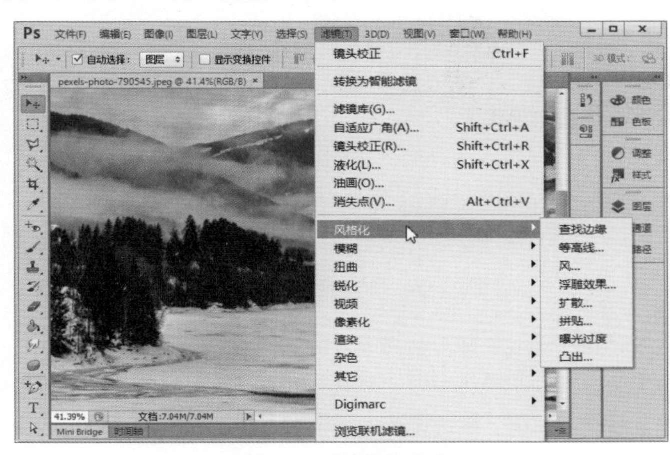


图10-1 “滤镜”菜单

### 10.1.2 滤镜的使用原则和技巧

下面将介绍使用滤镜时需要遵循下列原则，同时介绍一些实用的技巧。熟悉这些原则并掌握操作技巧，可以极大地提高读者使用滤镜的能力。

- **可见原则：** 需要添加滤镜的图层必须是可见的，不可见的图层是无法添加滤镜的。
- **选区原则：** 当所选图层中存在选区时，滤镜效果只会应用于选区之内，如果没有选区则会应用于整个图层。
- **像素原则：** 在应用滤镜时一般以像素为单位，因此在使用相同参数处理不同分辨率的图像时，效果是不一样的。
- **颜色模式原则：** 在某些颜色模式下，如索引模式和位图颜色模式，所有的滤镜不可用；在CMYK颜色模式下某些滤镜不可用，这时需要将图像转换为RGB颜色模式后才能使用。
- **蒙版原则：** 滤镜除了可以处理图像，也可以处理图层蒙版。
- **使用技巧：** 在应用完某个滤镜后，会在“滤镜”菜单中第一行出现该滤镜的名称，同时参数会智能保留，若再次应用该滤镜，只需选择该选项即可。在应用滤镜时，按住Alt键可以将滤镜对话框中“取消”按钮变成“复位”按钮，单击即可将参数复位。如若需要取消滤镜，按下ESC键即可。

## 10.2 特殊滤镜

特殊滤镜是比较独特的滤镜，其针对性非常强。特殊滤镜的功能相对比较复杂，下面将对特殊滤镜的应用进行详细讲解。

## 10.2.1 滤镜库概述

滤镜库是多个滤镜组的合集，这些滤镜组中包含了大量常用的滤镜。图10-2为“滤镜库”对话框，在该对话框中可以选择一个或多个滤镜应用于所选图层，同时还可以进行参数调整，以达到想要的效果。

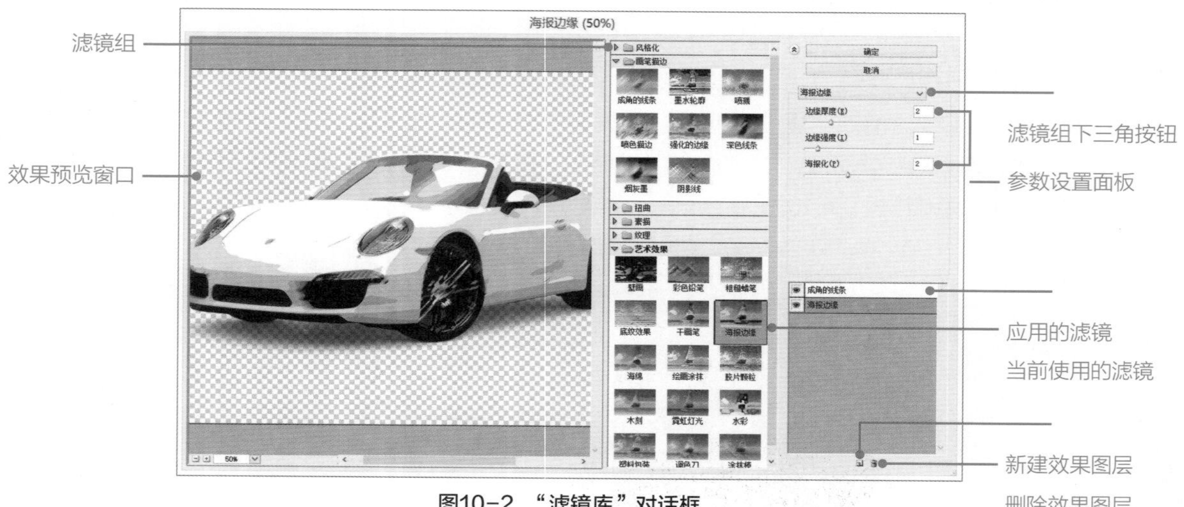


图10-2 “滤镜库”对话框

下面将对“滤镜库”对话框中主要参数进行详细介绍。

- **效果预览窗口：** 这里可以看到滤镜应用后的效果，同时在预览窗口的下方可以缩小/放大预览窗口。
- **滤镜组：** 滤镜库包含多个滤镜组，在每个滤镜组中有一个或者多个滤镜可以应用。
- **滤镜组下三角按钮：** 单击下三角按钮在列表中可以选择不同的滤镜。
- **参数设置面板：** 选择滤镜后可以在该区域对当前使用的滤镜进行参数设置。
- **应用的滤镜：** 显示已经应用的滤镜。
- **当前使用的滤镜：** 显示当前使用的滤镜。
- **新建效果图层：** 单击“新建效果图层”按钮可以创建一个新的效果图层，通过多个滤镜重叠可以达到一个理想的效果。
- **删除效果图层：** 单击该按钮可以删除当前选中的效果图层。

**操作提示：如何提高滤镜的处理性能**

在对一些高分辨率的图像应用滤镜时，读者会发现需要加载很长的时间，这是内存不够的明显体现。读者可以关闭一些暂时不用的应用，也可以在应用滤镜之前执行“编辑>清理”命令，释放部分内存。还可以在“首选项”对话框中设置Photoshop更多的内存使用量。

## 10.2.2 “自适应广角”滤镜

“自适应广角”滤镜是Photoshop CS6中新增的滤镜，使用该滤镜可以拉直在使用广角镜头或鱼眼镜头时产生的弯曲效果，也可以拉直一张全景图。在菜单栏中执行“滤镜>自适应广角”命令，即可打开“自适应广角”对话框，通过绘制约束线来对图像进行校正，如图10-3所示。

下面将对“自适应广角”对话框中的主要参数进行详细介绍。

- **约束工具：** 使用该工具可以沿着弯曲对象的边缘绘制约束线，并对约束的对象进行自动校正。
- **多边形约束工具：** 使用该工具可以创建多边形约束线。

- **移动工具：** 选择该工具后，可以在画布中拖动移动内容。
- **抓手工具：** 选择该工具，可以实现图像画面的移动和查看选择区域。
- **缩放工具：** 选择该工具，单击或拖动可以放大图像。按住Alt键的同时单击或拖动，可以缩小图像。
- **校正：** 单击该下三角按钮，在下拉列表中可以对校正的投影方式进行设置，列表中包含“鱼眼”、“透视”、“自动”和“完整球面”选项。
- **缩放：** 通过拖曳滑块或在数值框中输数值，对图像进行缩放调整。
- **焦距：** 用于设置镜头焦距。
- **裁剪因子：** 该参数与“缩放”配合使用，以补偿应用滤镜时引入的任何空白区域。
- **细节：** 在进行校正时，可以在这里看到光标下的校正细节。

图10-3 “自适应广角”对话框

为图像应用“自适应广角”滤镜后查看对比效果，如图10-4和图10-5所示。

图10-4 原图像效果

图10-5 校正后图像效果

## 10.2.3 “镜头校正”滤镜

在Photoshop CS6中，“镜头校正”滤镜是一个独立的滤镜，可用于修复常见的镜头瑕疵，如桶形失真、枕形失真、晕影等。在菜单栏中执行“滤镜>镜头校正”命令，即可打开“镜头校正”对话框，并设置相关参数，如图10-6所示。

图10-6 “镜头校正”对话框

下面将对“镜头校正”对话框中的主要参数进行详细介绍。

- **移去扭曲工具**：使用该工具在图像中拖动、可使图像拉直或膨胀。
- **拉直工具**：用于绘制一条线，以将图像拉直到新的横轴或纵轴。
- **移动网格工具**：使用该工具拖动以对齐网格。
- **抓手工具/缩放工具**：这两个工具用于在窗口中拖动，以引动图像或扩展区域。

为图像应用“镜头校正”滤镜后查看效果，如图10-7和图10-8所示。

图10-7 原图像效果

图10-8 镜头校正后图像的效果

## 10.2.4 “液化”滤镜

“液化”滤镜可以对图形进行任意扭曲，同时可以对扭曲的强度和范围进行自定义，这对于制作变形图像和一些特殊效果是十分有效的。在菜单栏中执行“滤镜>液化”命令，弹出“液化”对话框，如图10-9所示。

下面将对“液化”对话框中的主要参数进行详细介绍。

- **向前变形工具**：使用该工具在图像上拖动时，会使图像的像素随着涂抹产生向前变形的效果。
- **重建工具**：使用该工具在图像上拖动时，会使操作区域恢复原状。
- **褶皱工具**：使用该工具在图像上拖动时，会使图像产生挤压效果。
- **膨胀工具**：使用该工具在图像上拖动时，会使图像产生膨胀效果。
- **左推工具**：使用该工具在图像上拖动时，图像的像素将发生位移变形效果。
- **抓手工具**：使用该工具，可以拖动图像以显现未预览的图像。
- **缩放工具**：使用该工具，可以改变图像预览的缩放比例。

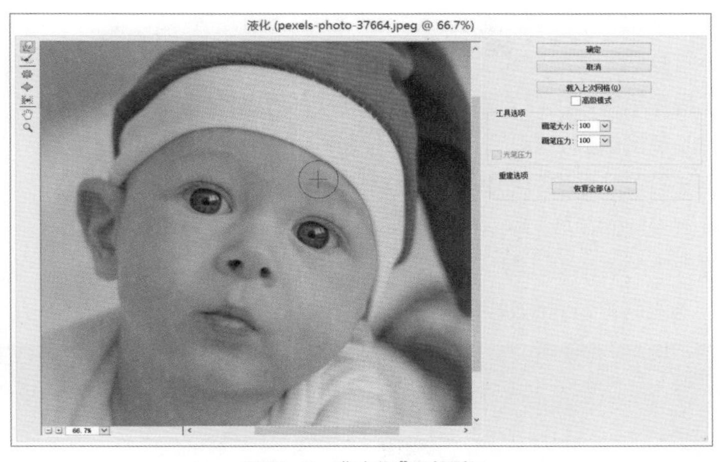


图10-9 “液化”对话框

为图像应用“液化”滤镜后查看对比效果，如图10-10和图10-11所示。

图10-10 未液化图像

图10-11 液化后图像

## 10.2.5 “油画”滤镜

“油画”滤镜是Photoshop CS6中新增的一个滤镜，使用该滤镜可以快速制作出油画效果。打开图像后，在菜单栏中执行“滤镜>油画”命令，打开“油画”对话框，如图10-12所示。

图10-12 “油画”对话框

下面将对“油画”对话框中的主要参数进行详细介绍。

- **样式化**：用于设置画笔的笔触样式。
- **清洁度**：用于设置画笔绘制纹理的柔和程度，数值越低，纹理越生硬。
- **缩放**：用于设置画笔描边的比例。
- **硬毛刷细节**：用于设置画笔细节的丰富程度。
- **角方向**：用于设置光照的角度。
- **闪亮**：用于设置纹理的清晰度，数值越低，纹理越模糊。

为图像应“油画”滤镜后查看对比效果，如图10-13和图10-14所示。

图10-13　原图像

图10-14　添加“油画”滤镜后图像效果

## 10.3　滤镜组

滤镜组是滤镜的主要构成部分，包括“风格化”、“模糊”、“扭曲”等诸多滤镜组，其中每一个滤镜组下包含若干个滤镜。本节将对这些滤镜组以及对应滤镜的应用进行详细讲解。

### 10.3.1　“风格化”滤镜组

“风格化”滤镜组中有8种滤镜，主要可以置换像素、查找并增加图像的对比度，制作出绘画和印象派风格化效果。该滤镜组包括“查找边缘”、“等高线”、“风”、“浮雕效果”、“扩散”、“拼贴”、“曝光过度”和“凸出”滤镜，下面将对一些较为常见滤镜的应用进行详细讲解。

#### 1. “风”滤镜

使用“风”滤镜，可以在图像中添加细小的水平线来模拟出风吹的效果，仅仅在水平方向发挥作用。在菜单栏中执行“滤镜>风格化>风”命令，在弹出的“风”对话框中进行参数设置，如图10-15所示。

图10-15　“风”对话框

下面将对“风”对话框中的主要参数的含义进行详细介绍。

- **预览区域：** 用于预览添加滤镜的效果。
- **方法：** 用于设置风的类型，包括“风”、“大风”和“飓风”3个单选按钮。
- **方向：** 用于设置风吹的方向，包括“向左”和“向右”两个单选按钮。

为图像应用“风”滤镜后查看对比效果，如图10-16和图10-17所示。

图10-16　原图像

图10-17　添加“风”滤镜后图像效果

### 2.“浮雕效果”滤镜

使用“浮雕效果”滤镜可以勾画图像或选区轮廓，通过降低勾画图像或选区周围色值，产生凸起或者凹陷的效果。在菜单栏中执行“滤镜>风格化>浮雕效果”命令，在弹出的“浮雕效果”对话框中进行参数设置，如图10-18所示。

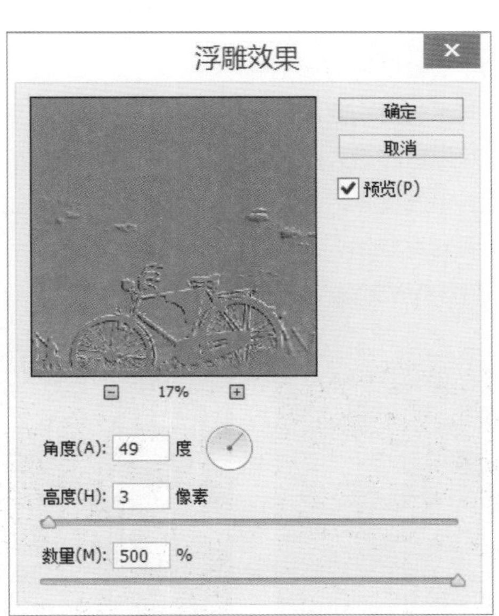


图10-18　“浮雕效果”对话框

下面将对“浮雕效果”对话框中的主要参数进行详细介绍。

- **角度：** 用于对凸起/凹陷的角度进行设置。
- **高度：** 用于对凸起/凹陷的高度进行设置。
- **数量：** 用于对浮雕效果作用的范围进行调整和设置。

为图像应用“浮雕效果”滤镜后查看对比效果，如图10-19和图10-20所示。

图10-19　原图像

图10-20　添加“浮雕效果”滤镜后图像效果

### 3.“拼贴”滤镜

使用“拼贴”滤镜，可以将图像分成块状并使其偏离原本的位置。在菜单栏中执行“滤镜>风格化>拼贴”命令，在弹出的“拼贴”对话框中进行参数设置，如图10-21所示。

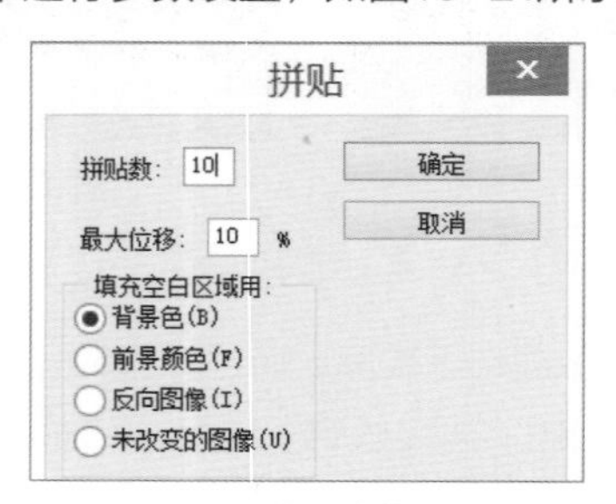


图10-21　“拼贴”对话框

下面将对“拼贴”对话框中的主要参数进行详细介绍。

- **拼贴数：**设置每行和每列要显示的拼块数量。
- **最大位移：**设置拼贴偏移原始位置的最大距离。
- **填充空白区域用：**选中相应的单选按钮，设置拼贴块偏移后填充空白区域的方法。

为图像应用“拼贴”滤镜后查看对比效果，如图10-22和图10-23所示。

图10-22　原图像

图10-23　添加“拼贴”滤镜后图像效果

## 10.3.2 “模糊”滤镜组

“模糊”滤镜组中的滤镜可以对相邻像素之间的对比度进行柔化、削弱，使图像产生模糊效果。“模糊”滤镜组包括“高斯模糊”、“动感模糊”、“表面模糊”、“方框模糊”、“模糊和进一步模糊”、“径向模糊”、“平均”、“特殊模糊”和“形状模糊”等14种滤镜。下面将对几个常见滤镜的应用进行详细介绍。

### 1. “动感模糊”滤镜

“动感模糊”滤镜可以沿着图像中指定角度和距离进行模糊，进而产生类似于在固定曝光时间拍摄高速运动对象的效果。在菜单栏中执行“滤镜>模糊>动感模糊”命令，在弹出的“动感模糊”对话框中进行参数设置，如图10-24所示。

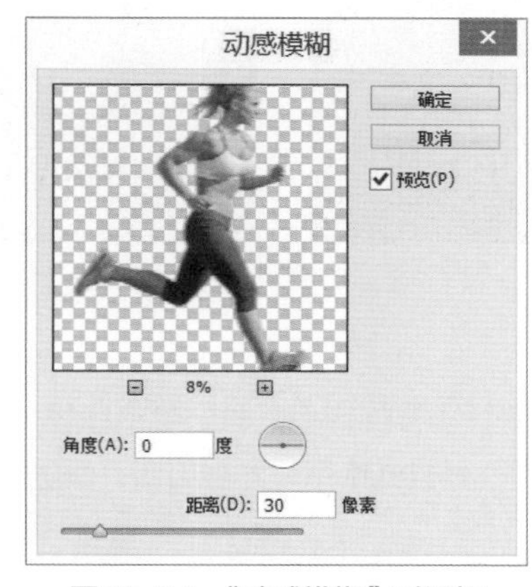


图10-24 “动感模糊”对话框

下面将对“动感模糊”对话框中的主要参数进行详细介绍。

- **角度：** 设置模糊的方向，可以输入角度值或拖动指针来调整角度。
- **距离：** 设置模糊的距离。

为图像应用“动感模糊”滤镜后查看对比效果，如图10-25和图10-26所示。

图10-25 原图像

图10-26 添加“动感模糊”滤镜后图像效果

### 2. “高斯模糊”滤镜

使用“高斯模糊”滤镜可以向图像中添加低频细节，以产生一种朦胧的模糊效果。在菜单栏中执行“滤镜>模糊>高斯模糊”命令，在弹出的“高斯模糊”对话框中进行参数设置，如图10-27所示。

在“高斯模糊”对话框中，可以通过“半径”值的设置来模糊像素的区域大小，数值越大，模糊效果越好。对图像执行“高斯模糊”滤镜后，查看对比效果，如图10-28和图10-29所示。

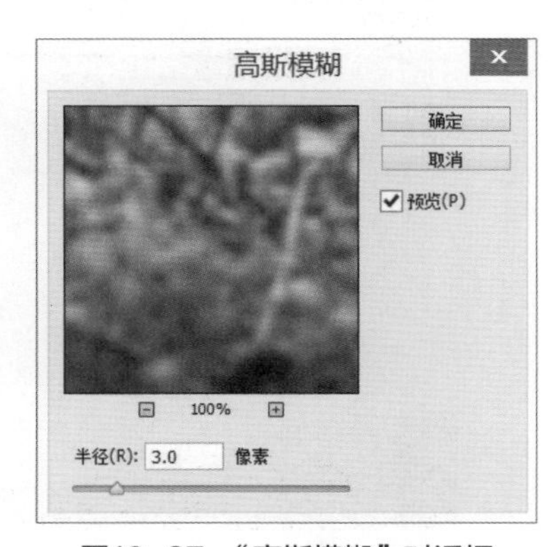


图10-27 “高斯模糊”对话框

图10-28　原图像

图10-29　添加“高斯模糊”滤镜后图像效果

### 3.“径向模糊”滤镜

使用“径向模糊”滤镜可以模拟缩放或者旋转相机时产生的模糊效果。在菜单栏中执行“滤镜>模糊>径向模糊”命令，在弹出的“径向模糊”对话框中进行参数设置，如图10-30所示。

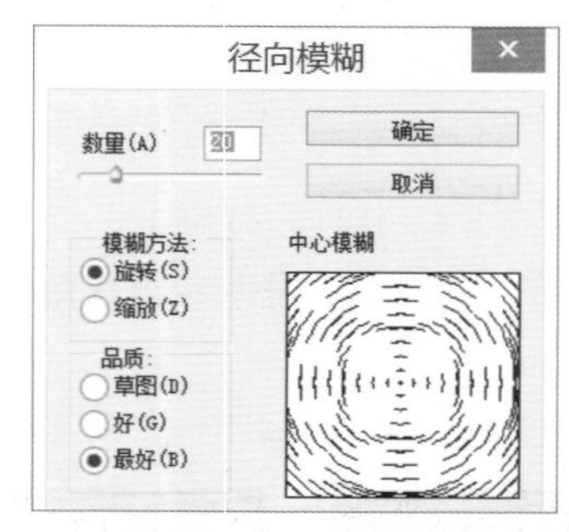


图10-30　“径向模糊”对话框

下面将对“径向模糊”对话框中的主要参数进行详细介绍。

- **数量**：设置模糊的强度，数值越高，模糊效果越明显。
- **模糊方法**：选择“旋转”单选按钮时，图像会沿同心圆环线旋转进而产生模糊效果；选择“缩放”单选按钮时，可以从中心向外产生反射模糊效果。
- **中心模糊**：将光标移至设置框中，使用鼠标左键拖曳可以定位模糊原点，模糊原点的不同也决定了模糊中心的不同。
- **品质**：设置模糊效果的质量，“草图”的处理效果较快，但是会产生颗粒效果；“好”和“最好”的处理速度较慢，但是产生的效果较好。

为图像应用“径向模糊”滤镜后查看对比效果，如图10-31和图10-32所示。

图10-31　原图像

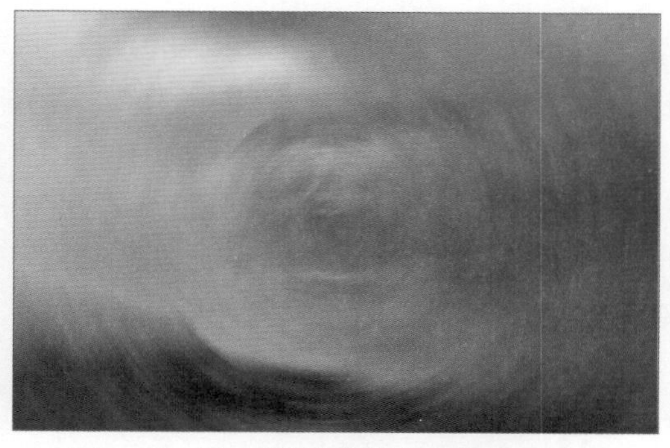

图10-32　添加“径向模糊”滤镜后图像效果

### 4.“镜头模糊”滤镜

“镜头模糊”滤镜可以为图像添加模糊效果，如果图像中存在图层蒙版，可以为图像中特定的对象创建景深效果，使这个对象在焦点内而其他部分变模糊。在汽车之外创建选区，在菜单栏中执行“滤镜>模糊>镜头模糊”命令，在弹出的“镜头模糊”对话框中进行参数设置，如图10-33所示。

图10-33 “镜头模糊”对话框

下面将对“镜头模糊”对话框中的主要参数进行详细介绍。

- **预览**：设置预览模糊效果的方式，“更快”选项下生成预览效果较快，但是效果较差；“更加准确”选项生成预览效果时间较长，但是效果较好。
- **深度映射**：从“源”列表中可以选择创建景深效果；“焦距模糊”选项用来设置位于焦点内的像素深度；“反相”复选框则是用来反转图层蒙版或者Alpha通道。
- **光圈**：表现类似调整虹膜那样的模糊效果。
- **镜面高光**：在该选项组下可以对镜面高光的范围进行设置，包括高光的亮度和终止点。
- **杂色**：在该选项组中可以为模糊添加杂色，同时为杂色添加分布方式以及是否单一色。

为图像应用“镜头模糊”滤镜后查看对比效果，如图10-34和图10-35所示。

图10-34 原图像

图10-35 添加“镜头模糊”滤镜后图像效果

#### 5. “特殊模糊”滤镜

“特殊模糊”滤镜可以对图像或部分区域进行准确模糊。在菜单栏中执行“滤镜>模糊>特殊模糊”命令，并在弹出的“特殊模糊”对话框中进行参数设置，如图10-36所示。

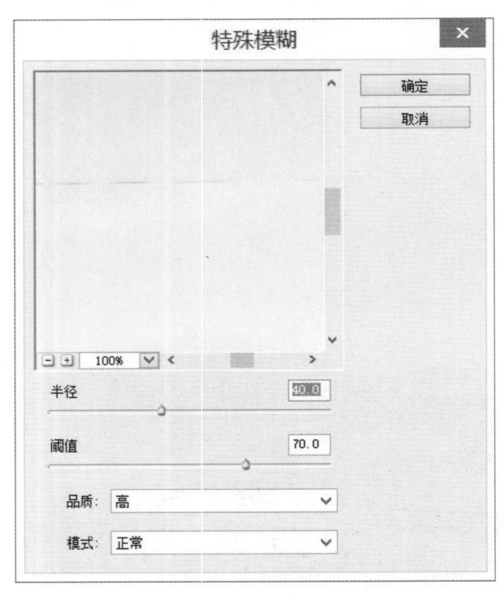


图10-36 “特殊模糊”对话框

下面将对“特殊模糊”对话框中的主要参数进行详细介绍。

- **半径：** 设置应用模糊的范围，该值越高，模糊效果越明显。
- **阈值：** 设置像素具有多大差异后才会被模糊处理。
- **品质：** 对模糊的品质进行设置包括“低”、“中”和“高”3个选项。
- **模式：** 对特殊模糊的模式进行设置，包括“正常”、“仅限边缘”和“叠加边缘”3个选项。

为图像应用“特殊模糊”滤镜后查看对比效果，如图10-37和图10-38所示。

图10-37 原图像

图10-38 添加“特殊模糊”滤镜后图像效果

### 10.3.3 “扭曲”滤镜组

“扭曲”滤镜组中的滤镜可以对图像进行扭曲，创建3D或者其他整形效果。“扭曲”滤镜组中包括“波浪”、“波纹”、“玻璃”、“海洋波纹”、“极坐标”、“挤压”、“扩散亮光”、“切变”和“球面化”等12种滤镜。下面将对一些较为常见滤镜的应用进行详细讲解。

### 1.“波浪”滤镜

使用“波浪”滤镜可以在图像上创建类似于波浪起伏的效果。在菜单栏中执行“滤镜>扭曲>波浪”命令，在弹出的“波浪”对话框中进行参数设置，如图10-39所示。

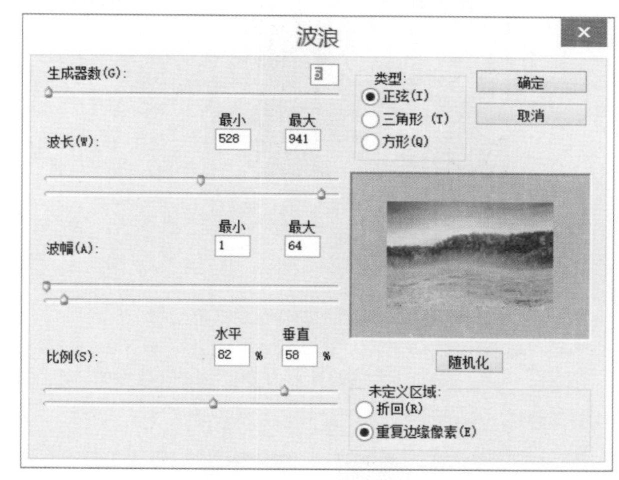


图10-39 “波浪”对话框

下面将对“波浪”对话框中的主要参数进行详细介绍。

- **生成器数：** 用于设置波浪的强度
- **波长：** 用于设置相邻两个波峰之间的水平距离，包括“最小”和“最大”两个参数。
- **波幅：** 用于对波浪波幅的“最小”和“最大”值进行设置。
- **比例：** 用于对波浪在水平方向和垂直方向的波动幅度进行设置。
- **类型：** 用于设置波浪的形态，包括“正弦”、“三角形”和“方形”3种形态。
- **随机化：** 读者如果对自己设置的波浪效果不满意，可以单击“随机化”按钮生成随机效果。
- **未定义区域：** 用于对空白区域的填充方式进行设置。

为图像应用“波浪”滤镜后查看对比效果，如图10-40和图10-41所示。

图10-40 原图像

图10-41 添加“波浪”滤镜后图像效果

### 2.“波纹”滤镜

“波浪”滤镜在功能上与“波浪”滤镜相似，但是只能控制波纹的数量和大小。在菜单栏中执行“滤镜>扭曲>波纹”命令，在弹出的“波纹”对话框中进行参数设置，如图10-42所示。

图10-42 “波纹”对话框

在“波纹”对话框中，“数量”和“大小”参数用于设置波纹的数量和大小。为图像添加“波浪”滤镜后查看对比效果，如图10-43和图10-44所示。

图10-43 原图像

图10-44 添加“波纹”滤镜后图像效果

### 3.“球面化”滤镜

“球面化”滤镜可以将选区内的图像或者整个图像扭曲为球形。在菜单栏中执行“滤镜>扭曲>球面化”命令，在弹出的“球面化”对话框中进行参数设置，如图10-45所示。

图10-45 “球面化”对话框

下面将对“球面化”对话框中的主要参数进行详细介绍。

- **数量**：用于设置球面化的程度，该值为正值时，图像向外凸起；负值时向内收缩。
- **模式**：用于设置图像挤压的方式，包括“正常”、“水平优先”和“垂直优先”3种模式。

为图像应用“球面化”滤镜后查看对比效果，如图10-46和图10-47所示。

图10-46　原图像

图10-47　添加“球面化”滤镜后图像效果

## 10.3.4 “锐化”滤镜组

“锐化”滤镜组中的滤镜可以增强图像中相邻像素间的对比度来聚焦模糊的图像，使图像变清晰。“锐化”滤镜组包括“USM锐化”、“进一步锐化”、“锐化边缘”、“智能锐化”等滤镜。下面将对几种较为常见的锐化滤镜的应用进行详细讲解。

### 1. “USM锐化”滤镜

“USM锐化”滤镜用于查找图像中颜色变化较为明显的区域并将其锐化。在菜单栏中执行“滤镜>锐化>USM锐化”命令，在弹出的“USM锐化”对话框中进行参数设置，如图10-48所示。

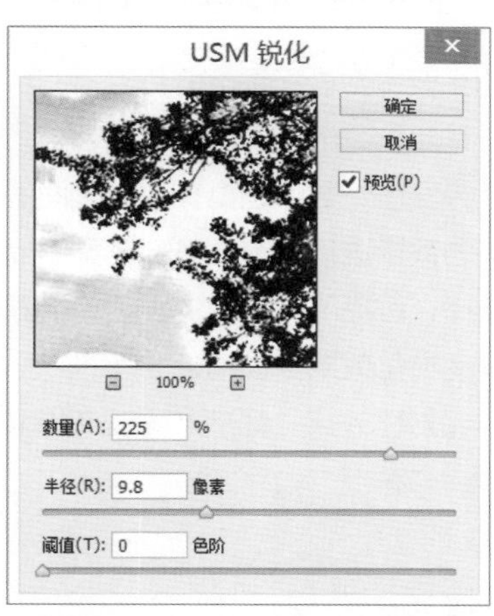


图10-48　“USM锐化”对话框

下面将对“USM锐化”对话框中的主要参数进行详细介绍。

- **数量**：用于设置锐化的精细程度，该值越高，锐化效果越明显。
- **半径**：用于设置图像锐化的半径大小。
- **阈值**：只有在相邻像素之间的差值达到所设置的阈值才会被锐化。

为图像应用“USM锐化”滤镜后查看对比效果，如图10-49和图10-50所示。

图10-49　原图像

图10-50　添加“USM锐化”滤镜后图像效果

### 2.“智能锐化”滤镜

使用“智能锐化”滤镜，可以查找图像中颜色变化较为明显的区域并将其锐化。在菜单栏中执行“滤镜>锐化>智能锐化”命令，在弹出的“智能锐化”对话框中进行参数设置，如图10-51所示。

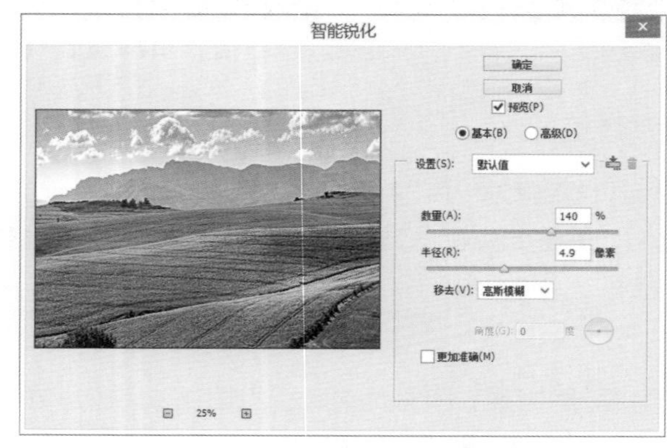


图10-51　“智能锐化”对话框

下面将对“智能锐化”对话框中的主要参数进行详细介绍。

- **设置**：一般是默认设置，也可对其他参数进行设置后存储起来，在以后调出来使用。
- **数量**：对锐化图像的精细程度进行设置，数值越高，边缘之间的对比度越强。
- **半径**：对受锐化影响的边缘像素的数量进行设置，数值越高，受影响的边缘越宽。
- **移去**：对锐化图像的算法进行选择，包括“高斯模糊”、“动感模糊”和“角度”3个选项。
- **更加准确**：勾选该复选框，可以使锐化效果更加精确。

为图像应用“智能锐化”滤镜后查看对比效果，如图10-52和图10-53所示。

图10-52　原图像

图10-53　添加“智能锐化”滤镜后图像效果

**操作提示：“智能锐化”对话框中的高级选项**

在“智能锐化”对话框的高级选项中，除了可以对“锐化”参数进行设置外，还可以对“阴影”和“高光”进行设置，如图10-54所示。

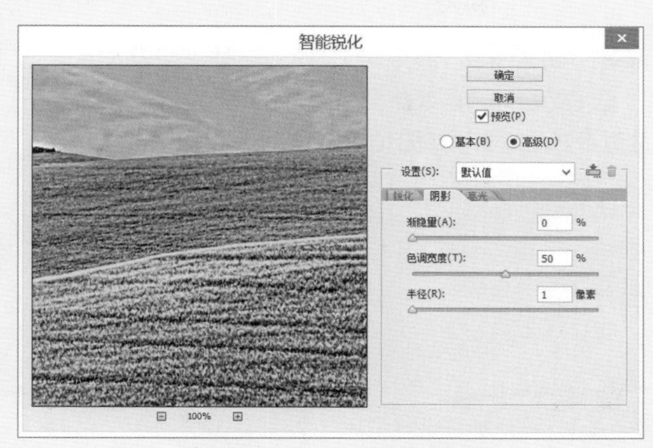


图10-54 “阴影”相关参数

## 10.3.5 “视频”滤镜组

“视频”滤镜组中只有“NTSC颜色”和“逐行”两种滤镜，通过从设备中提取的图像进行隔行扫描的方式，使图像可以被视频设备接受。“NTSC颜色”滤镜可以将色域限制在电视机重新可以接受的范围之内，而“逐行”滤镜则可以将视频图像中的奇数或偶数行移除，使从视频上捕捉的运动图像变得平滑。

## 10.3.6 “像素化”滤镜组

“像素化”滤镜组中的滤镜是通过使单元格中颜色相似的像素结成块，来对一个选区做清晰的定义，可以制作出彩块、点状、晶格和马赛克等特殊效果。“像素化滤镜组”包括“彩块化”、“点状化”、“晶格化”、“马赛克”、“碎片”和“铜版雕刻”等滤镜。

### 1. “彩块化”滤镜

使用“彩块化”滤镜可以将纯色或者颜色相近的像素结成相近颜色的像素块，常用来制作手绘图像、抽象派绘画等艺术效果。打开图像文件，如图10-55所示。在菜单栏中执行“滤镜>像素化>彩块化”命令后，效果如图10-56所示。

图10-55 原图像

图10-56 添加“彩块化”滤镜后图像效果

## 2.“彩色半调”滤镜

使用“彩色半调”滤镜可以将图像中每种颜色分离，分散为随机分布的网点，如同点状绘画效果。在菜单栏中执行“滤镜>像素化>彩色半调”命令，在弹出的“彩色半调”对话框中进行参数设置，如图10-57所示。

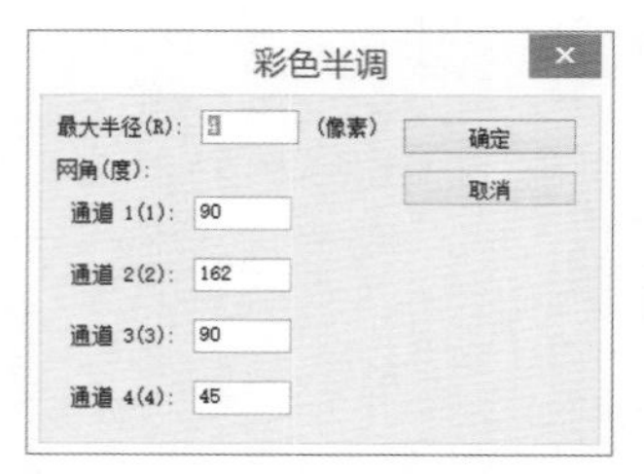

图10-57 “彩色半调”对话框

在“彩色半调”对话框中，“最大半径”参数用于对生成的网点的最大半径进行设置；“网角（度）”选项组可以对图像各个原色通道进行设置。为图像应用“彩色半调”滤镜后查看对比效果，如图10-58和图10-59所示。

图10-58 原图像

图10-59 添加“彩色半调”滤镜后图像效果

## 3.“马赛克”滤镜

“马赛克”滤镜使像素结为方形块，块颜色为选区中的颜色。在菜单栏中执行“滤镜>像素化>马赛克”命令，在弹出的“马赛克”对话框中进行参数设置，如图10-60所示。

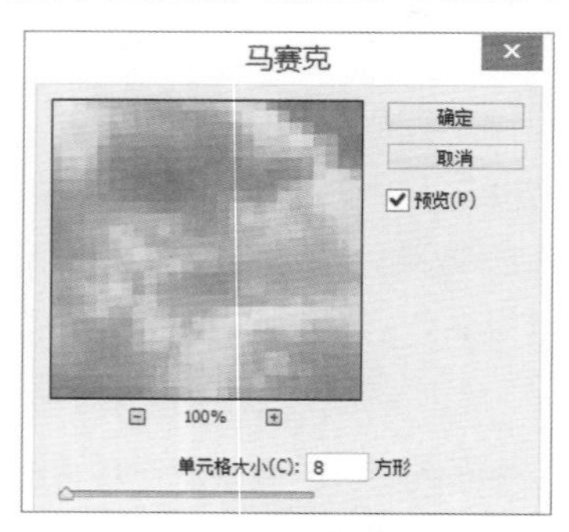

图10-60 “马赛克”对话框

在“马赛克”对话框中，“单元格大小”参数可以设置每个多边形色块的大小。应用马赛克滤镜后查看与原图的对比效果，如图10-61和图10-62所示。

图10-61 原图像

图10-62 添加“马赛克”滤镜后图像效果

## 10.3.7 “渲染”滤镜组

“渲染”滤镜组中的滤镜可以在图像中创建3D形状、云彩图案、折射图案或者模拟光的反射，是Photoshop中一个十分重要的特效制作滤镜。“渲染”滤镜组包括 “分层云彩”、“纤维”、“光照效果”、“镜头光晕”和“云彩”等滤镜。

### 1. “分层云彩”滤镜

“分层云彩”滤镜可以将云彩数据和现有的图像像素以“差值”方式混合。打开图像文件，如图10-63所示，在菜单栏中执行“滤镜>渲染>分层云彩”命令后，效果如图10-64所示。

图10-63　原图像

图10-64　添加“分层云彩”滤镜后图像效果

### 2. “镜头光晕”滤镜

“镜头光晕”滤镜可以模拟亮光折射到相机镜头所产生的光晕效果。在菜单栏中执行“滤镜>渲染>镜头光晕”命令，在弹出的“镜头光晕”对话框中进行参数设置，如图10-65所示。

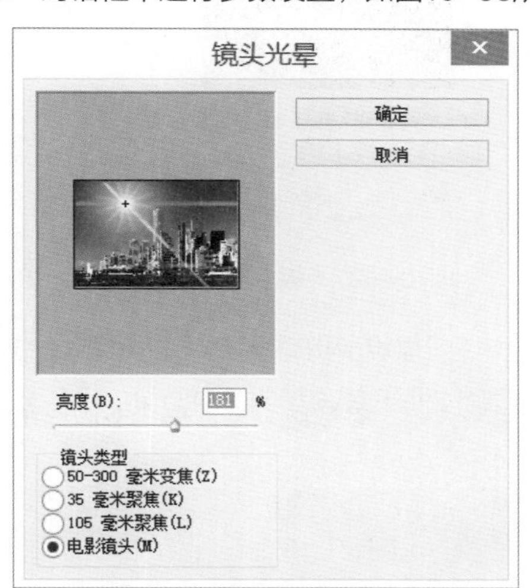


图10-65　“镜头光晕”对话框

下面将对“镜头光晕”对话框中的主要参数进行详细介绍。

- **预览窗口：** 在该窗口中可以拖曳调节镜头光晕的中心位置。
- **亮度：** 用于设置镜头光晕的亮度大小。
- **镜头类型：** 用于设置不同类型的镜头。

应用“镜头光晕”滤镜后查看与原图的对比效果，如图10-66和图10-67所示。

图10-66 原图像

图10-67 添加“镜头光晕”滤镜后图像效果

## 10.3.8 “杂色”滤镜组

“杂色”滤镜组中的滤镜可以为图像添加和移除杂色效果。“杂色”滤镜组包括“减少杂色”、“蒙尘与划痕”、“去斑”、“添加杂色”和“中间值”滤镜。

### 1. “蒙尘与划痕”滤镜

“蒙尘与划痕”滤镜可以通过修改具有差异化的像素来减少杂色。在菜单栏中执行“滤镜>杂色>蒙尘与划痕”命令，在弹出的“蒙尘与划痕”对话框中进行参数设置，如图10-68所示。

图10-68 “蒙尘与划痕”对话框

在“蒙尘与划痕”对话框中，“半径”参数用于设置柔化图像边缘的范围；“阈值”参数可以设置用来视为杂色的像素差异值，数值越高，消除杂色的能力越弱。为图像应用“蒙尘与划痕”滤镜后查看对比效果，如图10-69和图10-70所示。

图10-69 原图像

图10-70 添加“蒙尘与划痕”滤镜后图像效果

### 2.“添加杂色”滤镜

“添加杂色”滤镜可以在图像中添加随机像素，使其混合到图像中产生色散的效果。在菜单栏中执行“滤镜>锐化>智能锐化”命令，在弹出的“智能锐化”对话框中进行参数设置，如图10-71所示。

下面将对“添加杂色”对话框中的主要参数进行详细介绍。

- **数量**：用于对随机添加杂色的数量进行设置。
- **分布**：用于对随机添加杂色的分布类型进行选择，包括“平均分布”和“高斯模糊”两个单选按钮。
- **单色**：勾选该复选框后，杂色只会对原有像素的亮点造成影响，像素的颜色不会发生变化。

应用“添加杂色”滤镜后查看对比效果，如图10-72和图10-73所示。

图10-71 “添加杂色”对话框

图10-72 原图像

图10-73 添加“添加杂色”滤镜后效果

## 10.3.9 “其他”滤镜组

“其他”滤镜组中滤镜的功能差异较大，除了读者自定义的滤镜外，还有能够修改蒙版的滤镜，其中包括“高反差保留”、“位移”、“自定”、“最小值”、“最大值”等滤镜。下面将对“高反差保留”滤镜的应用进行介绍。

“高反差保留”滤镜可以在图像中具有强烈颜色变换的地方按指定的半径来保留细节。在菜单栏中执行“滤镜>其他>高反差保留”命令，在弹出的“高反差保留”对话框中对“半径”值进行设置，“半径”参数用于分析处理图像的像素范围，将“半径”设置为171.8时，观看效果对比，如图10-74和图10-75所示。

图10-74 原图像

图10-75 添加“高反差保留”滤镜后图像效果

# 上机实训 制作复古风格的促销海报

本案例将结合本章所学内容，利用红绿重影特效制作一张复古欧美风格的促销海报，具体操作步骤如下。

**Step 01** 首先按Ctrl+N组合键，打开“新建”对话框，对新建文档的参数进行设置后，单击“确定”按钮，创建一个新文档，如图10-76所示。

**Step 02** 执行“文件>打开”命令，在弹出的“打开”对话框中选择素材图片，使用移动工具，将图片移动到新建文档中的合适位置，将该图层命名为“照片”，如图10-77 所示。

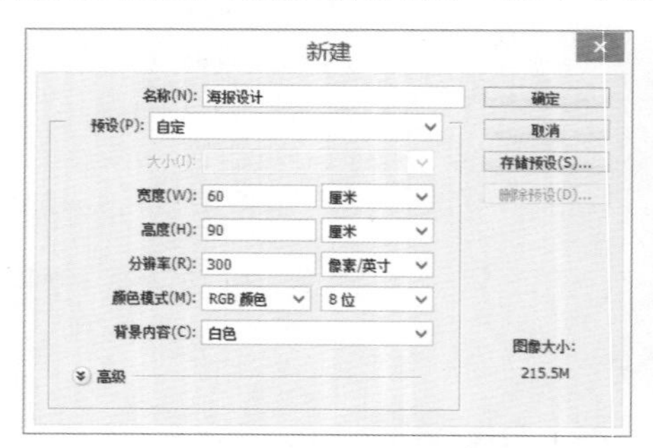


图10-76 “新建”对话框

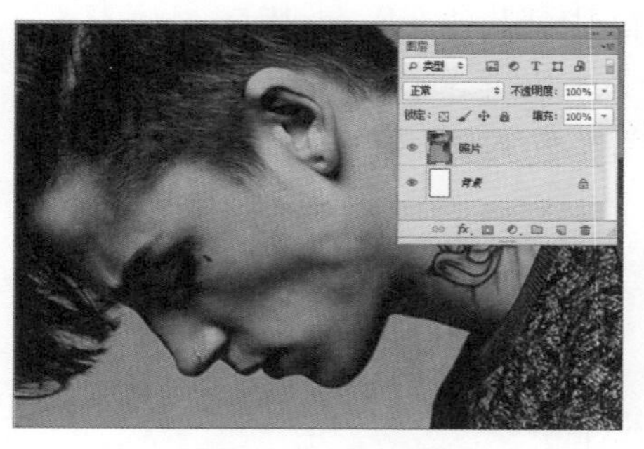

图10-77 移动图像

**Step 03** 按Ctrl+J组合键，复制“照片”图层，得到“照片 副本”图层，双击该图层，在打开的“图层样式”对话框中设置“混合选项”图层样式，在“高级混合”选项区域取消勾选“通道”下的R复选框，如图10-78所示。

**Step 04** 然后勾选“光泽”复选框，在右侧面板中设置相关参数，如图10-79所示。

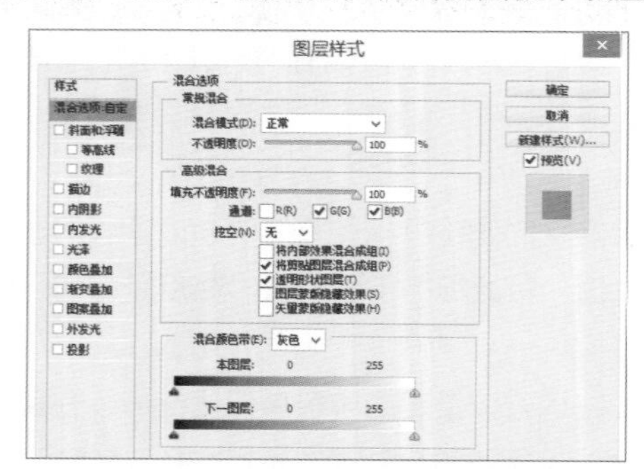


图10-78 “混合选项”图层样式设置

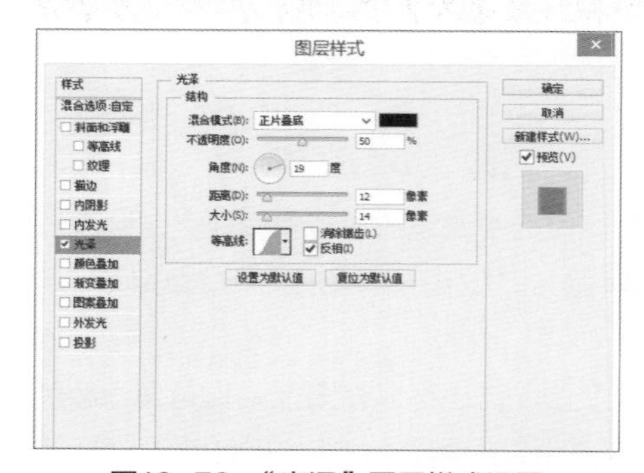


图10-79 “光泽”图层样式设置

**Step 05** 单击“确定”按钮，查看调整效果，如图10-80所示。

**Step 06** 选中“照片 副本”图层，向右平移，这时画面会出现红绿重影的效果，如图10-81所示。

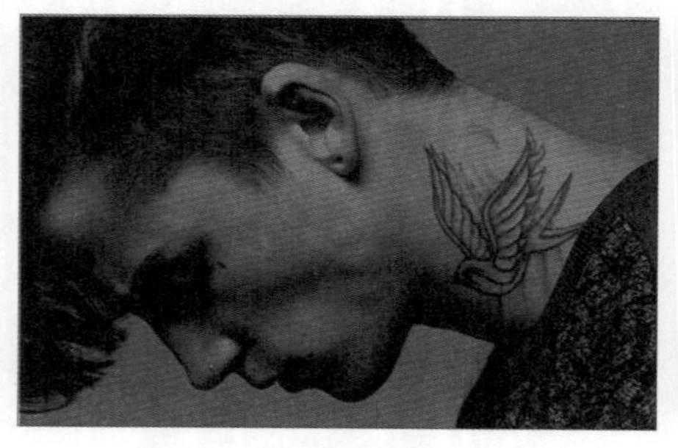

图10-80 查看调整后效果

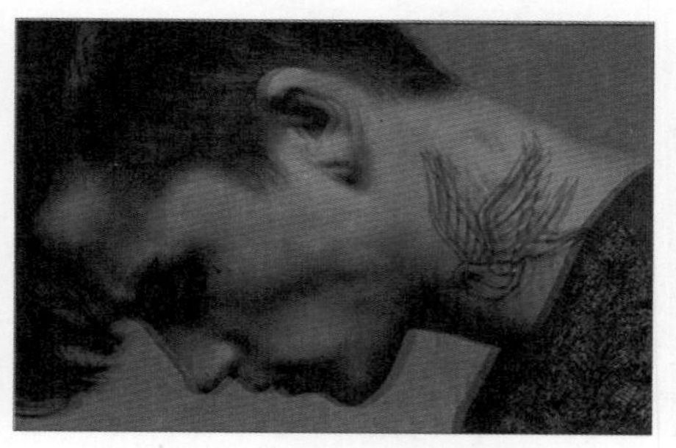

图10-81 查看红绿重影效果

Step 07 按Ctrl+J组合键，复制“照片 副本”图层，得到“照片 副本2”图层，执行“滤镜>风格化>风”命令，如图10-82所示。

Step 08 在弹出的“风”对话框中选择“方法”为“飓风”、“方向”为“向右”，如图10-83所示。

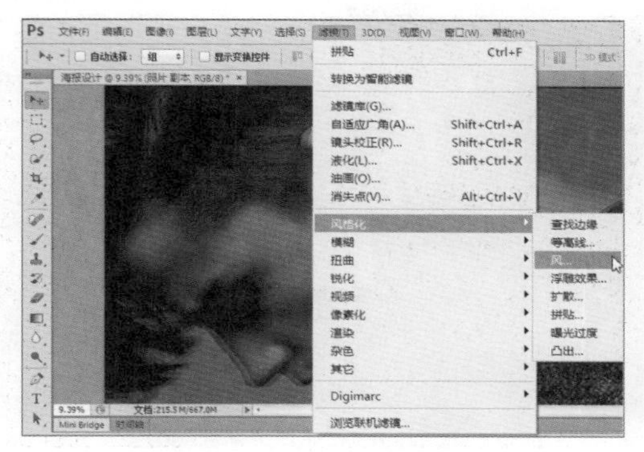

图10-82 执行“风”命令

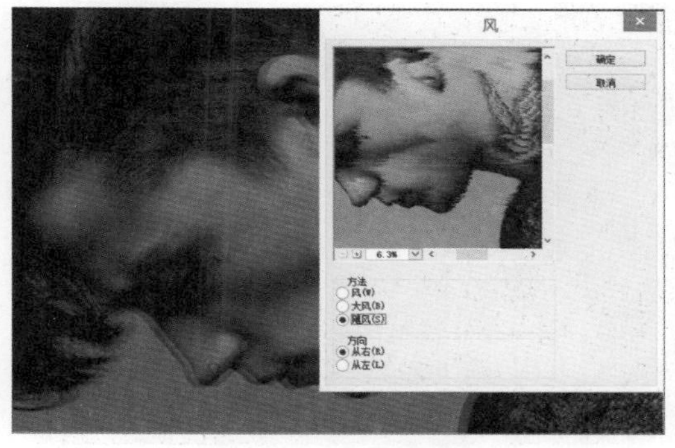

图10-83 “风”对话框

Step 09 选中“照片 副本2”图层，执行“滤镜>杂色>添加杂色”命令，如图10-84所示。

Step 10 在弹出的“添加杂色”对话框中进行相应的参数设置，在使画面更接近复古色调，单击“确定”按钮，如图10-85所示。

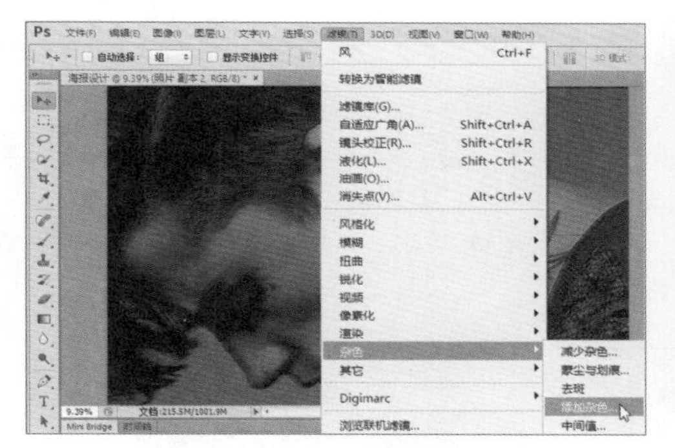

图10-84 执行“添加杂色”命令

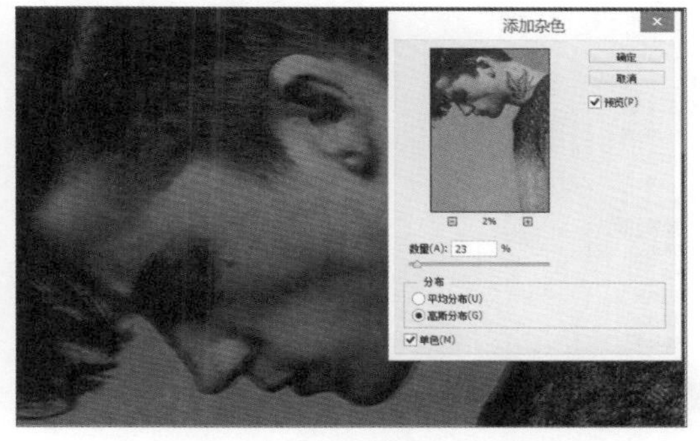

图10-85 “添加杂色”对话框

Step 11 至此，海报基础底图已经制作完成。接着在工具箱中选择多边形工具，在图像中单击，在弹出的“创建多边形”对话框进行参数设置，如图10-86所示。

Step 12 按下Ctrl+T组合键，将三角形调整至合适的大小。在多边形工具属性栏中设置三角形的“描边”为“40像素”，颜色为R213、G36、B42，如图10-87所示。

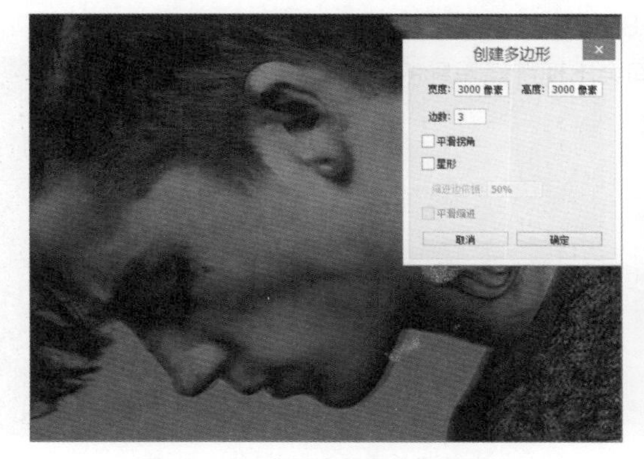

图10-86 “创建多边形”对话框

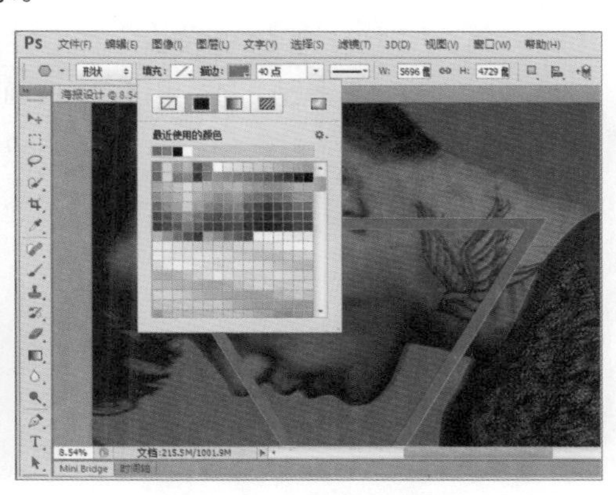

图10-87 设置描边参数

Step 13 在“图层”面板中将三角形的“不透明度”设置为62%，如图10-88所示。

Step 14 使用横排文字工具在三角形中添加文字后，使用矩形工具在“律动”文字下方绘制矩形框衬，并将文字进行编组，如图10-89所示。

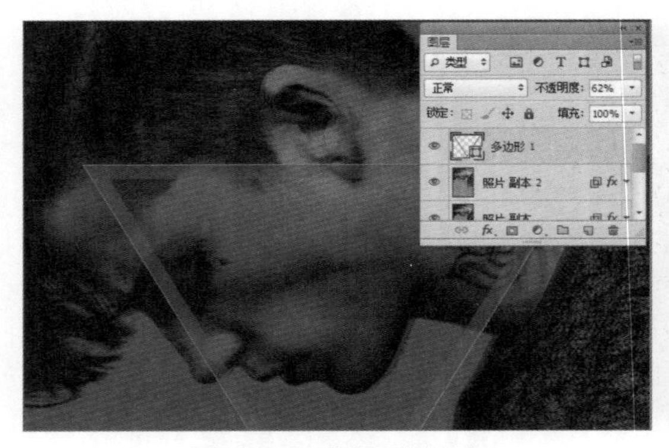

图10-88　设置不透明度

图10-89　输入主要文字

Step 15 接着双击数字7图层，在打开的“图层样式”对话框中设置“内阴影”图层样式，颜色设置为#bb6163，如图10-90所示

Step 16 接着设置“外发光”图层样式，颜色设置为#d52a38，如图10-91所示。

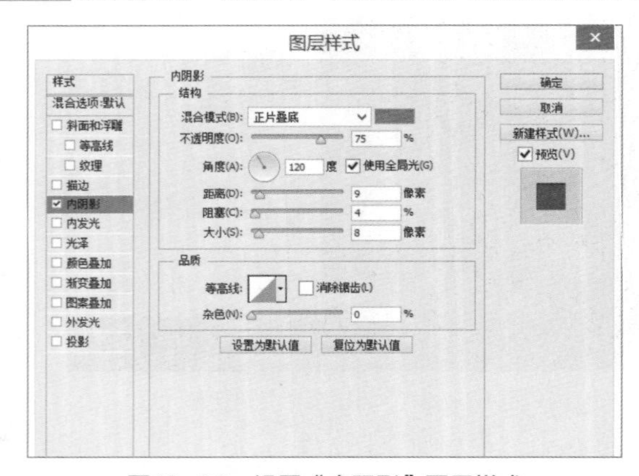

图10-90　设置“内阴影”图层样式

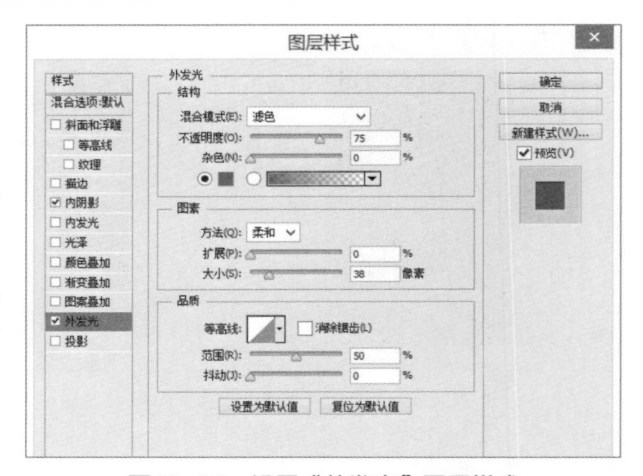

图10-91　设置“外发光”图层样式

Step 17 接着设置“投影”图层样式，颜色设置为黑色，单击“确定”按钮，如图10-92所示。

Step 18 使用“照片”图层的处理方式，处理画面中的love文字。然后使用横排文字工具继续输入文字，丰富海报画面，并将这一部分编组，如图10-93所示。

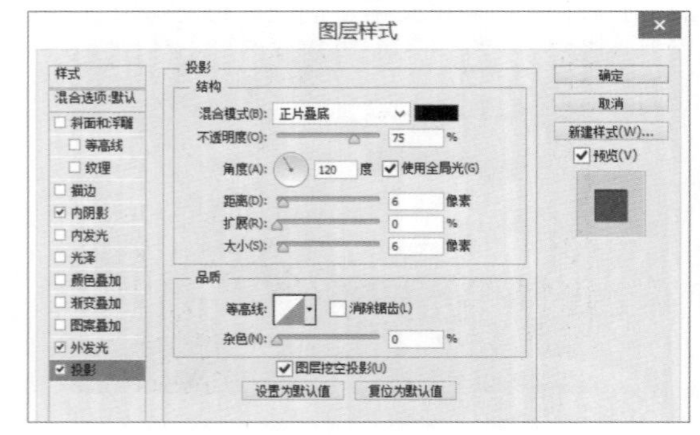

图10-92　设置“投影”图层样式

图10-93　输入主内容文字

**Step 19** 为了使整体画面更加丰富饱满，使用矩形工具在画面中添加矩形框，颜色可根据画面色调进行调整，这里主要设置了四种颜色，分别为R213、G36、B42；R255、G0、B255；R23、G234、B63；R255、G255、B255，调整完成之后，同样对其编组，如图10-94所示。

**Step 20** 至此，本案例已经制作完成，最终如图10-95所示。

图10-94　添加装饰线条

图10-95　查看最终效果

## 设计师点拨　平面设计的构成要素

构图是设计者为了表现一定的思想、意境、情感，在一定范围内，运用审美原则，对各种形象或符号进行的合理安排。这种安排包括平面与立体两个层面，但立体层面上的构图由于角度可变，所以形象或符号的空间很难用固定的方法论述。因此，在研究构图问题时，多指平面构图。平面构图包括3个方面的构成要素，下面将逐一对这3个要素进行介绍。

### 1. 内容要素

内容要素包括文字、插图、标志，在其转化成画面的过程中，必须将文字、插图、标志等转化为点、线、面等，并遵循平面构成的原理。同时，在转化过程中，应以信息传达为第一要务，不能单纯为了形式美而忽视信息内容的传达。图10-96为一张标准的手表广告图，但同样不失艺术美感。

### 2. 形式要素

平面设计包括了很多形式要素，对于构图有直接影响的主要有以下三种要素：

- 画幅：主要是从尺度和形态上影响构图。因此，在进行构图时，必须要考虑画幅的尺度和形态。
- 边框：主要是指画幅的边缘，在构图时必须要对其进行线性处理。这样可以起到限定画幅、强化画面、增强视觉冲击力的作用。图10-97为一张依托边框烘托整体效果的图片。
- 地子：是指一定面积的色域或图形形象，在画面中主要是为了衬托主要形象而存在的。

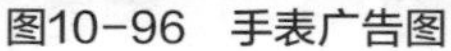

图10-96　手表广告图　　　　图10-97　边框艺术图

### 3. 关系要素

关系要素与内容要素、形式要素是密不可分的。内容要素、形式要素均呈现出独立的形态，要将这些独立的形态恰当地融合在一起，必须要处理好相互之间的关系，并且要正确突出和强化主要形态，处理好次要形态，从而使两者形成一定的视觉秩序，以便更好地完成视觉传达的功能。图10-98为一张眼睛的创意图，通过构图，我们很容易被眼睛的突出效果吸引。

那么，在构图中需要考虑的关系要素包括哪些呢？形状、位置、面积、方向、层次等都是应该为设计者所考虑的。下面对其依次进行介绍。

- **形状关系：** 主要是指设计要素的大小、长短、宽窄、方圆和曲直等形态差异。
- **位置关系：** 在构图中，中心位置往往是最容易引起人们的关注点。这就要求设计者要将重要内容放在其中，同时采用位置的相离、相接、相叠等或密集，或疏离的关系，引起人们的注意。图10-99为一张强调中间位置信息的广告图。

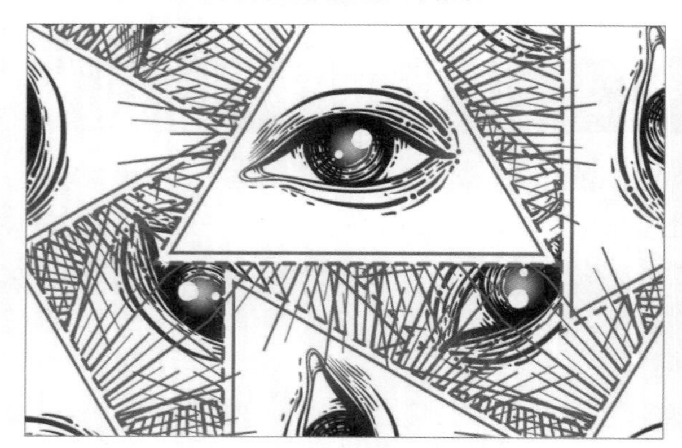

图10-98　眼睛创意图

图10-99　强调中间位置信息的广告图

- **面积关系：** 不同的面积会引起人们不同的注意，进而形成视觉冲击。通常来说，整个画幅由正形和负形组成。正形通常是指设计要素，而负形则指地子等衬托正形的要素，它们所占的面积大小均有所不同。若是将其进行变化，也可将正、负形进行转化。
- **方向关系：** 通过方向的变化与差异，也可以营造出不同的注意力。其中，对比性较强的方向注意值较高，而对比性较弱的方向则更具秩序感。各形态之间的方向有横竖、正斜、平行、成角等差异。
- **层次关系：** 层次的重叠可使平面营造出三维的效果，并形成先后的变化。其中前进感较强的为第一层次，适合安排主要形态；而后退感较强的为第二和第三层次，适合安排些次要形态或地子。

# 动画制作

在Photoshop CS6中，用户可以对图像进行编辑，使其形成基于帧的动画，并可将其导出为视频文件。读者也可以在Photoshop中导入需要进行编辑的视频文件或者图像，然后对其进行相应的编辑和修饰操作。本章将对Photoshop CS6的动画制作功能的应用进行详细地讲解。

**核心知识点**

1. 认识“时间轴”面板
2. 创建视频文档
3. 编辑视频图层
4. 保存视频文件
5. 创建动画帧

导入视频文件

校正像素比例

制作人物睁眼动画

制作人物闭眼动画

# 11.1　动画制作基础

在制作动画之前，读者需要先了解关于视频图层以及“时间轴”面板的相关知识。本节将对Photoshop CS6视频图层以及“时间轴”面板的应用进行详细讲解。

## 11.1.1　认识视频图层

在Photoshop CS6中，可以直接打开AVI、WMV等多种格式的视频文件。打开一个视频文件或者图像序列文件后，在“图层”面板上会自动创建一个视频组，在视频组下包含视频图层，如图11-1所示。

视频组创建以后，用户可以向视频组内添加视频图层，也可以对视频图层进行编辑操作。视频图层的编辑与普通图层一样，可以执行自由变换、混合选项、图层样式、滤镜、蒙版等操作。还可以调整视频组和视频图层的色阶、曲线以及色相/饱和度等属性，并且不会对视频组中视频图层造成任何破坏。为视频组添加“曲线”调整图层的效果，如图11-2所示。

图11-1　视频图层

图11-2　添加“曲线”调整图层

## 11.1.2　认识“时间轴”面板

进行动画制作时，“时间轴”面板是必不可少的，在菜单栏中执行“窗口>时间轴”命令，即可打开“时间轴”面板。Photoshop CS6的“时间轴”面板包含两种模式，分别为帧动画模式和视频时间轴模式，下面分别进行介绍。

### 1. 帧动画模式

在帧动画模式下可以看到每一帧的缩览图，利用面板底部的工具可以浏览每一帧的画面，还可以根据需要复制、增加或删除帧，如图11-3所示。在“图层”面板中，每一帧为一个图层，因此也可以通过自由变换、混合模式或图层样式等功能来调节每一帧图像的属性。

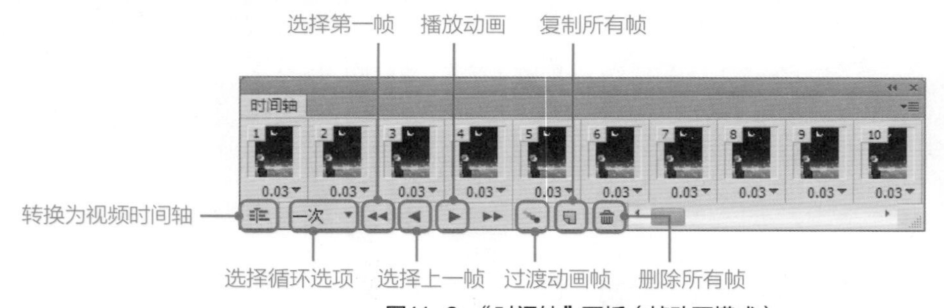


图11-3　“时间轴”面板（帧动画模式）

#### 2. 视频时间轴模式

在“时间轴”面板中单击左下角的“转换为视频时间轴”按钮，即可将“时间轴”面板转换为视频时间轴模式，如图11-4所示。

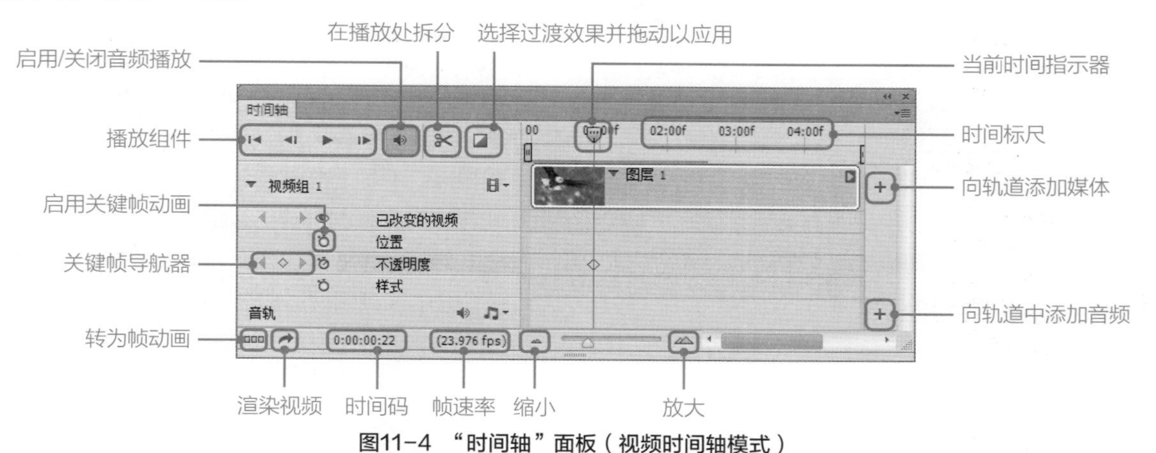


图11-4 “时间轴”面板（视频时间轴模式）

下面对视频时间轴模式下“时间轴”面板中各主要参数进行介绍。

- **播放组件：** 该区域包括4个播放组件按钮，分别为“转到第一帧”、“转到上一帧”、“播放”和“转到下一帧”。
- **启用/关闭音频播放：** 单击该按钮，可以启用或者关闭音频播放。
- **在播放头处拆分：** 在时间指示器的位置对视频图层进行拆分。
- **选择过渡效果并拖动以应用：** 单击该按钮，可以选择视频图层或者帧动画之间的过渡效果，并拖到轨道中进行应用。
- **时间标尺：** 用于指示当前的时间或者帧数。
- **当前时间指示器：** 拖曳当前时间指示器可以浏览不同时间点的帧。
- **向轨道添加媒体：** 单击该加号按钮，可以为当前轨道添加媒体。
- **向轨道添加音频：** 单击该加号按钮，可以为当前轨道添音频。
- **启用关键帧动画：** 用于应用或者停用图层属性的关键帧。
- **关键帧导航器：** 用于为当前帧创建时间关键帧，同时可以通过左右箭头移动关键帧位置。
- **转为帧动画：** 单击该按钮，可以将当前视频转换为帧动画。
- **渲染视频：** 视频制作完成后，可以使用Adobe Media Encoder渲染视频，支持输出视频和视频的图像序列。单击该按钮，将打开“渲染视频”对话框，进行相关参数的设置。
- **时间码：** 显示了当前帧的时间位置，可拖曳设置时间。
- **帧速率：** 显示帧速率。

## 11.2 创建视频文档和图层

任何动画都是基于视频文档和视频图层进行操作的，在学习了视频图层和“时间轴”面板的相关知识后，本节将介绍创建视频文档和视频图层的相关操作。

### 11.2.1 创建视频文档

创建视频文档和创建图像文档的操作是一样的，首先在菜单栏中执行“文件>新建”命令，在弹出的

“新建”对话框中设置“预设”为“胶片和视频”，如图11-5所示。然后在“大小”下拉列表中设置视频的制式，其中包括NTSC、PAL、HDTV等，我国默认的制式为PAL，如图11-6所示。

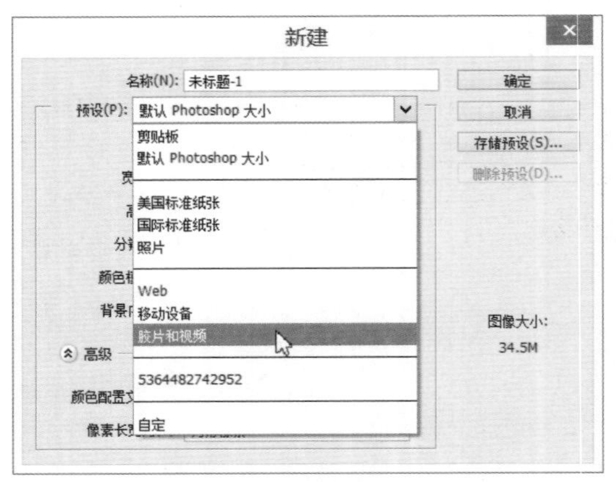


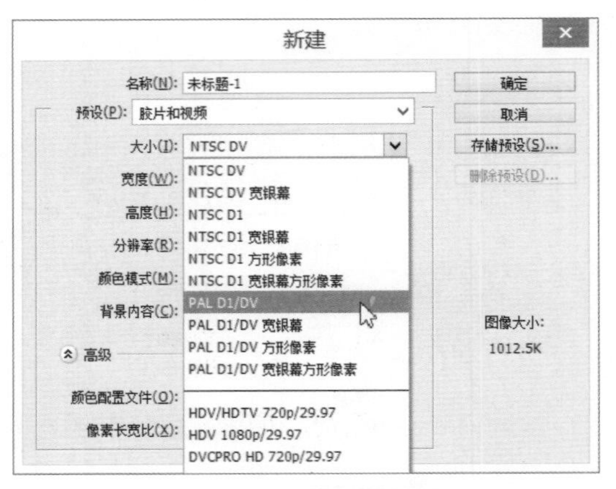


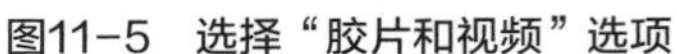

图11-5　选择“胶片和视频”选项　　图11-6　选择视频制式

## 11.2.2　创建视频图层

创建视频图层的方法很多，除了打开视频文件时会自动生成视频图层外，也可以在菜单栏中执行“图层>视频图层>新建空白视频图层”命令，新建一个空白的视频图层。读者还可以在菜单栏中执行“图层>视频图层>从文件新建视频图层”命令，将视频文件或者图像序列以视频图层的形式导入到打开的文档中。

Photoshop一般支持MPEG-1（.mpg）、MPEG-4（.MP4）、MOV、AVI等视频格式，下面将对常见的视频格式进行讲解。

### 1. MPEG-4（.MP4）格式

MP4是一套用于音频、视频信息的压缩编码标准，由国际标准化组织（ISO）和国际电工委员会（IEC）下属的“动态图像专家组”（Moving Picture Experts Group，即MPEG）制定，这也是我们最常使用的视频格式。

### 2. MOV格式

MOV即QuickTime影片格式，它是Apple公司开发的一种音频、视频文件格式，用于存储常用数字媒体类型。当选择QuickTime（*.mov）作为保存类型时，动画将保存为MOV文件。QuickTime用于保存音频和视频信息，它的清晰度高于MP4格式，所以这也是较为常见的一种视频格式。

### 3. AVI格式

AVI是一种音频视频交错格式，是微软公司于1992年11月推出作为Windows视频软件一部分的一种多媒体容器格式。AVI文件将音频（语音）和视频（影像）数据包含在一个文件容器中，允许音视频同步回放，类似DVD视频格式，AVI文件支持多个音视频流。这种格式的优点是在合成后压缩比小，清晰度度高，同时带来的缺点是占用空间大。

## 11.3　编辑视频图层

创建视频文档和视频图层后，读者可以对其进行编辑操作，包括导入视频和图像序列、校正像素比例、修改视频图层的属性等，下面将对编辑视频图层的相关操作进行详细讲解。

## 11.3.1 导入视频和图像序列

除在Photoshop中直接打开视频文件外，读者还可以将视频文件或图像序列导入，下面介绍具体操作方法。

### 1. 导入视频

在Photoshop CS6中，可以直接打开视频文件，也可以在打开的文档中导入视频。执行“文件>导入>视频帧到图层”命令，在打开的“打开”对话框中选择需要导入的视频，单击“打开”按钮。弹出“将视频导入图层”对话框，设置相关参数，读者可以单击播放按钮预览效果，单击“确定”按钮，即可完成视频的导入，如图11-7所示。

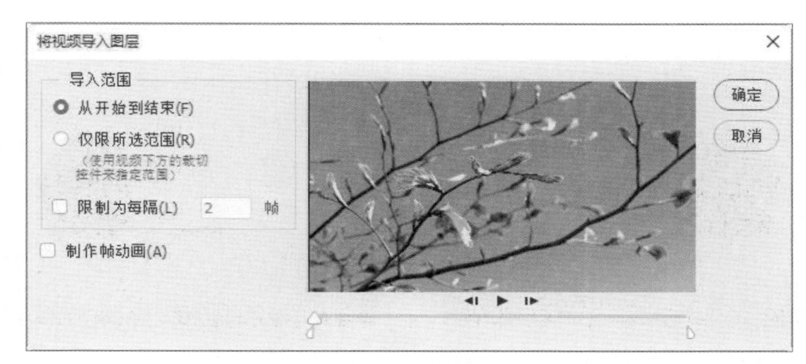


图11-7　导入视频

### 2. 导入图像序列

在导入包含序列图像文件的文件夹时，每一个图像将转换为视频图层中的帧，同时在序列图像文件夹中应当包含所有的序列图像文件，并按顺序命名，在序列图像文件具有相同的像素尺寸时将有可能创建动画。

## 11.3.2 校正像素比例

像素长宽比一般用于描述帧中的单一像素的宽度与高度的比例。不同的视频制式使用了不同标准的像素长宽比，同时计算机中显示的像素形状和视频编码设备上显示的像素形状是不一样的，因此需要对像素长宽比进行校正，以防止在使用Photoshop打开视频文件时出现像素的扭曲。在菜单栏中执行“视图>像素长宽比校正”命令，即可进行校正，如图11-8所示。

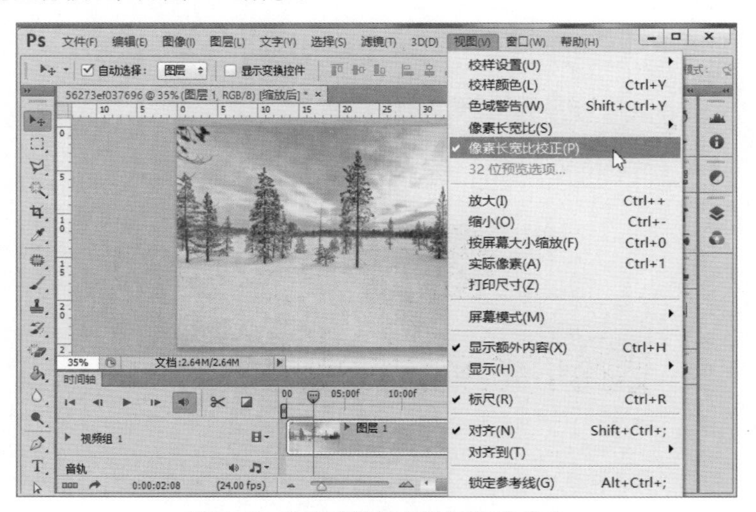


图11-8　执行“像素长宽比校正”命令

## 11.3.3 修改视频图层属性

在导入视频文件或者序列图像后，读者可以通过修改视频图层的属性来创建帧动画。视频图层的属性包括位置、不透明度和样式，下面将以飞行的纸飞机为例创建一个关键帧动画。首先在“时间轴”面板中单击“启用关键帧动画”按钮，如图11-9所示。接下来将时间指示器移动到第5秒的位置，同时将纸飞机的位置进行适当拖曳并创建关键帧，如图11-10所示。根据相同的方法，在移动时间指示器后适当调整纸飞机的位置并创建关键帧，即可创建一个简单的关键帧动画，读者可以根据相同方法设置其他属性。

图11-9 单击“启用关键帧动画”按钮

图11-10 添加第二个关键帧

## 11.3.4 插入、复制和删除空白视频帧

在新建视频图层后，读者可以在其中插入、复制和删除空白视频帧。在菜单栏中执行“图层>视频图层>插入空白帧”命令，即可在当前时间处插入一个空白帧。复制帧和删除帧的操作与插入空白帧的方法一样。

## 11.3.5 保存视频文件

对视频图层编辑完成后，可以将动画储存为GIF格式的文件，以便在Web上查看，同时也可以将其储存为QuickTime影片或者PSD文件。在菜单栏中执行“文件>存储为Web所用格式”命令，在弹出的“存储为Web所用格式”对话框中进行参数设置即可，如图11-11所示。

图11-11 “存储为Web所用格式”对话框

### 11.3.6 预览和渲染视频

视频的效果可以在文档窗口中预览，只要按下空格键即可播放动画。而渲染视频则需要在菜单栏中执行“文件>导出>渲染视频”命令，在弹出的“渲染视频”对话框中进行参数设置，然后单击“渲染”按钮，如图11-12所示。

图11-12 “渲染视频”对话框

## 11.4 创建帧动画

帧动画与关键帧动画是有所区别的，帧动画是以帧为单位并在每个独立的帧下有一个独立的动作，进而串联形成完整的动画。本节将对帧模式“时间轴”面板以及如何编辑动画帧进行详细讲解。

### 11.4.1 认识帧模式“时间轴”面板

在“时间轴”面板中，单击“转为帧动画”按钮即可转换为帧模式“时间轴”面板，如图11-13所示。

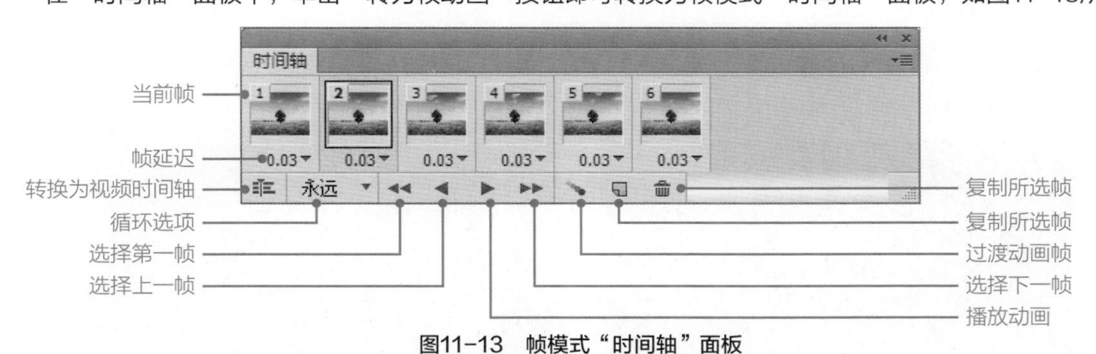


图11-13 帧模式“时间轴”面板

下面对帧模式“时间轴”面板中的主要参数进行介绍。

- **当前帧：** 当前的帧。
- **帧延迟：** 当前帧的帧延迟。

- **转换为视频时间轴：** 单击该按钮可以将帧模式“时间轴”面板转换为视频“时间轴”面板。
- **循环选项：** 在列表中选择循环选项，包括“一次”、“三次”和“永远”3种循环选项。
- **选择第一帧：** 单击该按钮可以选择第一帧。
- **选择上一帧：** 单击该按钮可以选择上一帧。
- **播放动画：** 单击该按钮可以播放整个动画。
- **过渡动画帧：** 在动画帧之间应用转场过渡效果。
- **复制所选帧：** 单击该按钮可以复制当前选中的视频帧。
- **删除所选帧：** 单击该按钮可以删除当前选中的视频帧。

### 11.4.2 编辑动画帧

在帧模式“时间轴”面板菜单中，可以选择一个或多个视频帧，然后执行包括新建帧、删除单个或者多个帧、删除动画、拷贝/粘贴帧、反向帧等操作，如图11-14所示。

图11-14　帧模式“时间轴”面板菜单

## 上机实训　制作闪星动画效果

学习了Photoshop动画制作的相关知识后，下面将以制作流星划过人物眨眼睛的动画进一步巩固本章所学知识，具体操作如下。

**Step 01** 在菜单栏中执行“文件>打开”命令，打开“背景.jpg”素材图片，如图11-15所示。

**Step 02** 然后置入“流星.psd”素材图片，放在右侧星星的上方，如图11-16所示。

图11-15　打开背景素材

图11-16　置入素材图片

Step 03 接着置入“开眼.psd”素材图片，然后放置在文档窗口的左下角，如图11–17所示。

Step 04 置入“闭眼.psd”素材图片，放在开眼相同的位置，如图11–18所示。

图11–17　置入人物睁眼睛素材

图11–18　置入人物闭眼睛素材

Step 05 在菜单栏中执行“窗口>时间轴”命令，打开“时间轴”面板，如图11–19所示。

Step 06 单击“时间轴”面板中的“创建帧动画”按钮，创建一个动画帧，如图11–20所示。

图11–19　打开“时间轴”面板

图11–20　创建动画帧

Step 07 单击“时间轴”面板底部的“复制所选帧”按钮，创建第2个帧画面，如图11–21所示。

Step 08 选择第1个帧，设置延迟时间为1秒，同时在“图层”面板中设置隐藏“流星”和“闭眼”图层，如图11–22所示。

图11–21　复制动画帧

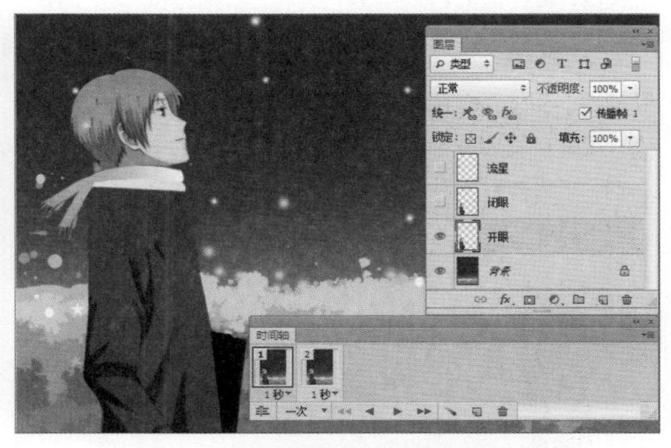


图11–22　设置延迟时间并隐藏图层

Step 09 选择第2个帧，在“图层”面板中设置隐藏“流星”和“开眼”图层，如图11-23所示。

Step 10 单击“时间轴”面板左下角的“转换为视频时间轴”按钮，转换为“时间轴”面板，如图11-24所示。

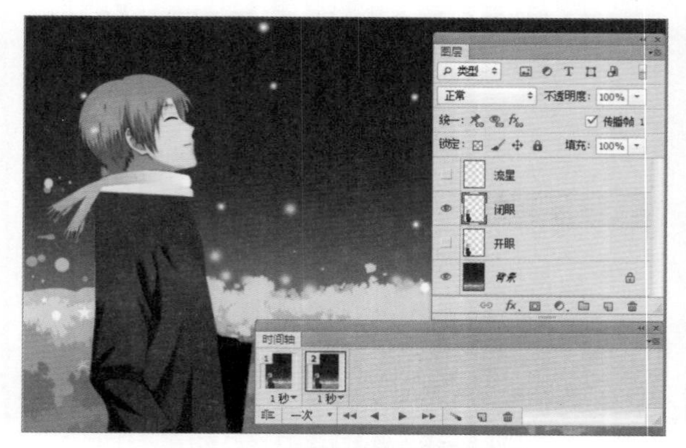


图11-23 选择第2帧并隐藏图层

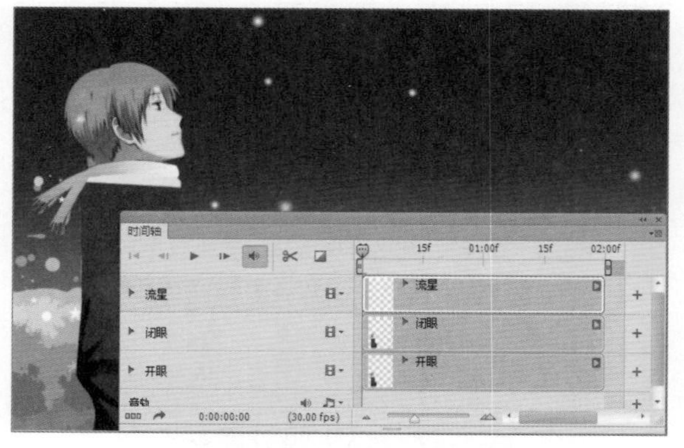


图11-24 转换为“时间轴”面板

Step 11 在“时间轴”面板中单击“流星”图层前面的折叠按钮，将时间指示器移动到最左侧的开始位置，如图11-25所示。

Step 12 单击“位置”层左侧的“启用关键帧动画”按钮，在时间轴的开始位置上添加关键帧，如图11-26所示。

图11-25 移动时间指示器

图11-26 创建关键帧

Step 13 然后把时间轴上的指针移动到最右侧，根据相同的方法添加关键帧，如图11-27所示。

Step 14 选择“流星”图层，并把流星向左移动到图11-28所示的位置。

图11-27 添加关键帧

图11-28 移动流星的位置

Step 15 选择“流星”图层，单击“添加图层蒙版”按钮，选择渐变工具，设置黑白的线性渐变，在蒙版上由上往下拉出沿30° 渐变效果，如图11-29所示。

Step 16 接着在菜单栏中执行“文件>导出>储存为Web所用格式”命令，并在弹出的“存储为Web所用格式”对话框进行参数设置，如图11-30所示。

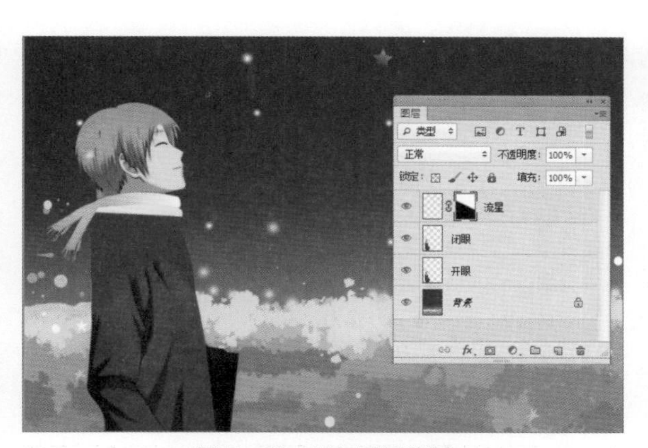


图11-29　添加图层蒙版

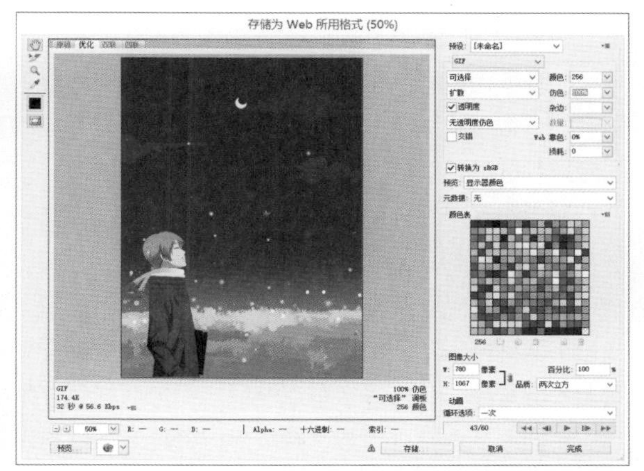


图11-30　“存储为Web所用格式”对话框

Step 17 单击“存储”按钮，在打开的“将优化结果存储为”对话框中设置文件名为“闪星动画.gif”，单击“保存”按钮，最终效果如图11-31和图11-32所示。

图11-31　睁眼动画

图11-32　闭眼动画

## 设计师点拨　平面设计的色彩对比

人们在观察色彩时，往往很自然地能感觉到某些色彩醒目，而另一些色彩平淡。实际上，在评价色彩醒目或平淡的时候，已经在大脑中进行了下意识的对比。

对比发生在两个以上的色彩之间，只有对比才能发现差别。人类对色彩差别的敏感度从高到低依次是：明暗、色相、纯度。

色彩对比是色彩设计中比较重要的内容，了解色彩的对比规律，掌握驾驭色彩对比的手段，就能较好地解决色彩设计问题，从而设计出美的色彩搭配。下面从5个方面进行介绍。

### 1. 视觉错误对比

在观察色彩时，读者或许有这样的经验：看某一颜色久了，再看其他景物，会感觉景物偏色。最常见的例子是，戴上太阳镜刚开始的一段时间，可感觉到镜片色彩的存在，但过后就会习惯。摘下太阳镜后，短时间内景物的颜色变了，这就是视觉错误造成的。

视觉错误产生前后的色彩对比有两种形式：其一，同时对比；其二，连续对比。

（1）同时对比

在同一时间、同一空间里观察色彩所产生的错觉称为“同时对比”。同时对比具有如下的视觉特性：

①两种色相不同的颜色放在一起，看上去趋向两色的互补关系。例如，当红色与黄色并排放置时，红色看上去偏紫色，黄色好像有点偏绿。橙色与绿色并排放置时，橙色看上去有些偏红，如图11-33所示。

②把互补色并排放置，纯度显得更高。通俗地说，红的更红，绿的更绿，如图11-34所示。

图11-33　橙色与绿色

图11-34　红配绿

③具有明度差异和纯度差异的两色并排放置时，会向各自的极端方向发展，即明度和纯度高的显得更高，低的显得更低。

④当彩色与无彩色的黑、白、灰并排放置时，看上去彩色纯度略有提高，而无彩色方则略偏向彩色的互补色。

⑤两个面积不等的颜色并排放置，面积小的颜色视觉错误较明显，如图11-35所示。

图11-35　黑白颜色的不同面积进行对比

（2）连续对比

在一段连续的时间里观察色彩所产生的错觉称为“连续对比”。

前面提到摘下太阳镜前后的情形，就是这种连续对比的例子。连续一段时间注视某一颜色，然后再看其他物体，就会产生该颜色的互补色。

连续对比的视觉特性如下：

①注视时间长短与视觉错误的程度有关，注视某色彩的时间越长，看其他物体的互补色感觉越强烈。

②观察两个互补色时，看到的色彩纯度提高，显得更加鲜艳，如图11-36所示。

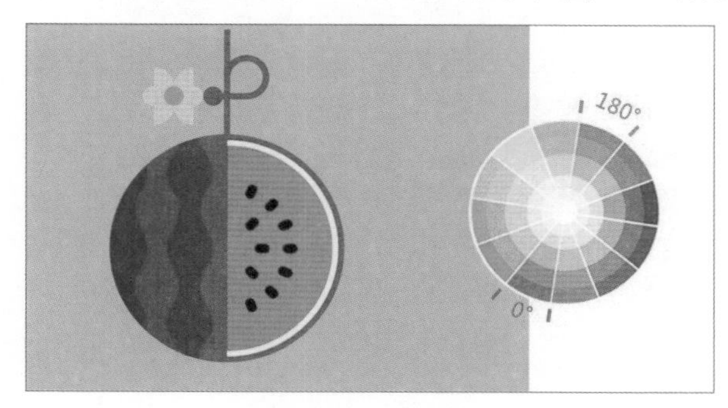


图11-36 互补色

## 2. 明度对比

在同一地点，两个以上不同明度的色彩可产生明度对比。色彩明度是色相和纯度存在的必要条件，没有明度，色彩就不可见，色相和纯度也就没有意义。

## 3. 色相对比

两个以上不同色相的颜色排列在一起，构成色相对比。在实际运用中，一个主色相确定后，要按照色相对比的规律确定其他色相，使人们产生正确的视觉感受。

色相对比的强弱与色相之间的距离有关。两个色相在色相环上的距离越近，色相对比越弱，反之亦然，如图11-37所示。色相对比从弱到强依次是：

①同类色为最弱的对比：单纯、柔和、协调，适合表现文静、高雅、含蓄的题材。

②相邻色为中等的对比：鲜明、清晰、可视性好，视觉感受和谐、单纯、雅致。

③对比色为稍强的对比：刺激较强、饱满、丰富，视觉感受兴奋、激动。

④互补色为最强的对比：华丽、活跃、生机盎然，视觉感受刺激、醒目，如图11-38所示。

图11-37 相近色

图11-38 蓝与黄互补色

色相对比的处理要适度，过度或不恰当会造成呆板、不安定等不良的视觉效果。

### 4. 纯度对比

两个纯度存在差异的颜色摆放在一起，构成纯度对比。人们观察纯度不如明度那样敏感，只有当纯度差异较大时，才能清晰地辨认。图11-39为部分纯度表。

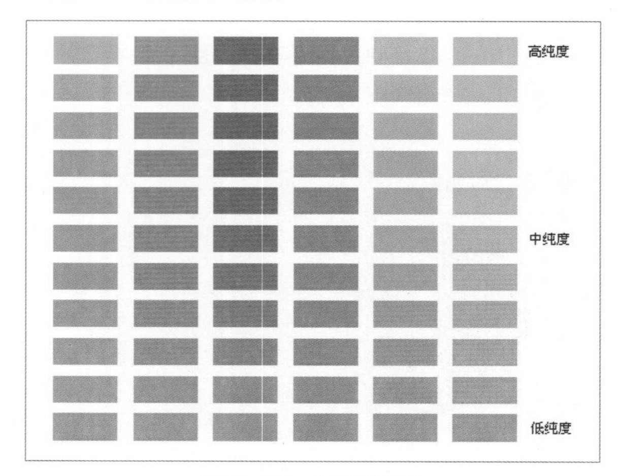


图11-39　色彩纯度表

### 5. 冷暖对比

两个具有冷暖差异的颜色摆放在一起，构成冷暖对比。人们在观察颜色时，往往和自然现象联系在一起，如暖融融的金黄阳光、凉爽的蓝色天空、寒冷的雪山等。这是一种心理上的感觉，而非生理上的真实感受。

色相环上具有冷暖感觉的颜色，如图11-40所示。蓝色和橙色分别是冷极和暖极，其他颜色分别向中性区域过渡。由冷到中性分别是：蓝、蓝紫、蓝绿、紫、绿，由中性到暖分别为红紫、黄绿、红、黄、橙。

明度对冷暖程度能够起到重要的调节作用。明度增加，色彩向冷的方向发展：明度降低，则偏向暖的方向。冷色看上去有后退和收缩的感觉。暖色则正好相反，显得突出和膨胀。

由于冷色有后退、收缩感，暖色有突出、膨胀感，因此，可利用此原理创造空间感。

通过改变冷、暖色的对比程度，可改变空间的距离感和人物的胖瘦感。冷、暖的强烈对比可以有效地增加视觉冲击力，使人过目不忘。图11-41为红色和蓝色的强烈对比，产生了冰与火的冲击感。

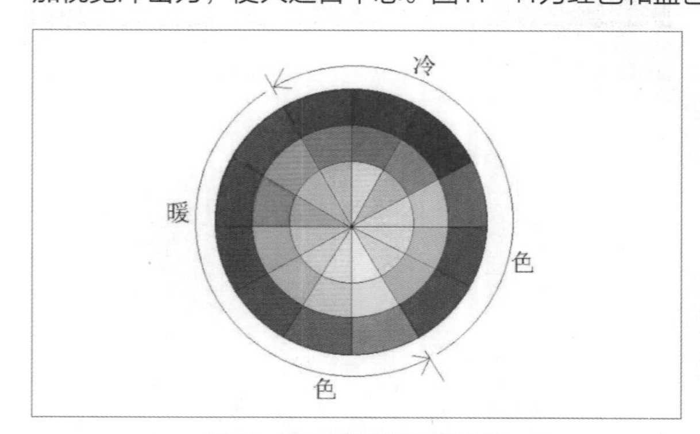


图11-40　冷色系与暖色系

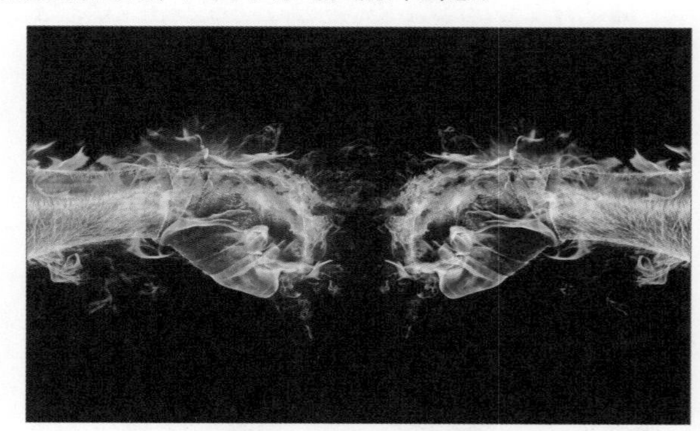

图11-41　冰与火的冲击

在设计时，为了寻求画面的平衡感，红、橙等暖色的面积要适当小一些，高明度色、蓝色等冷色的面积要大一些。

# 动作和任务自动化

Photoshop提供了动作和任务自动化处理功能，读者可以通过录制动作，使软件自动对图像进行相同的操作，这对于为多张图片进行同时处理时是很有帮助的。本章将对动作和图像编辑自动化的相关知识进行详细介绍。

**核心知识点**

1. 熟悉“动作”面板的应用
2. 掌握动作录制操作
3. 掌握动作的基础操作
4. 掌握批处理文件的相关操作

播放动作

录制动作

批处理文件

## 12.1 动作

动作是指在单个或者多个文件上执行的一系列任务，如菜单任务、面板选项和工具动作等，读者可以通过创建动作，然后对其他图像应用相同的动作。

### 12.1.1 “动作”面板

动作中包含了相应的步骤，同时可以执行无法记录的任务（如绘画）。在Photoshop中，动作是批处理基础，快捷批处理可以看作是一些小的程序，能够自动处理一些文件。学会使用动作可以节省很多图像处理的时间，首先学习关于“动作”面板应用的相关知识，如图12-1所示。

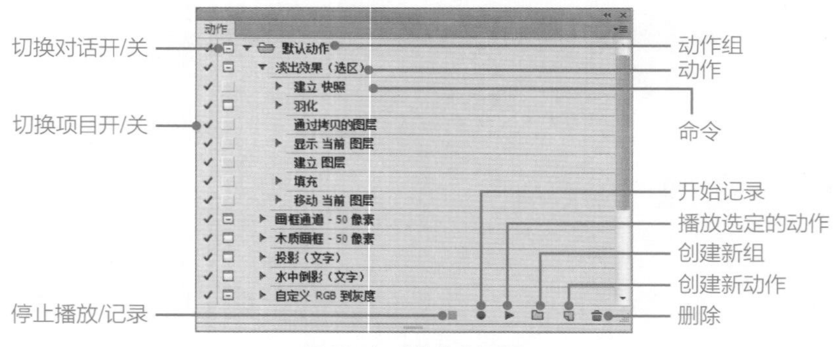


图12-1 “动作”面板

下面对“动作”面板中主要参数的应用进行介绍。

- **切换对话开/关：** 如果在动作组或者动作之前出现该图标并显示为红色，表示这个动作中有部分命令设置了暂停。如果在命令前显示该图标，则表示执行到该命令时会暂停，这时可以打开对应的对话框并修改命令的参数。
- **切换项目开/关：** 如果在动作组、动作和命令前显示该图标表示当前的动作组。动作和命令可以执行，否则不能够被执行。
- **动作组/动作/命令：** 动作组中包含了一系列的动作，而动作中包含了一系列的命令。
- **停止播放/记录：** 用来停止播放动作或者停止记录动作。
- **开始记录：** 单击该按钮可以开始记录动作。
- **播放选定的动作：** 单击该按钮可以播放选定的动作。
- **创建新组：** 单击该按钮可以创建一个新的动作组。
- **创建新动作：** 单击该按钮可以创建一个新的动作。
- **删除：** 单击该按钮可以删除选定的动作组、动作或者命令。

### 12.1.2 播放和录制动作

录制和播放动作常用于对图片的处理，记录处理的动作，然后应用到需要同样处理的图片上。本节将对如何播放和录制动作进行详细讲解。

#### 1. 播放动作

首先要讲解的是播放动作，这里选用Photoshop中自带的默认动作，选定动作之后，在“动作”面板中单击“播放选定的动作”按钮，如图12-2所示。接着软件会自动执行动作下的命令，命令全部执行完毕之后，可见在图片四周添加了边框，如图12-3所示。

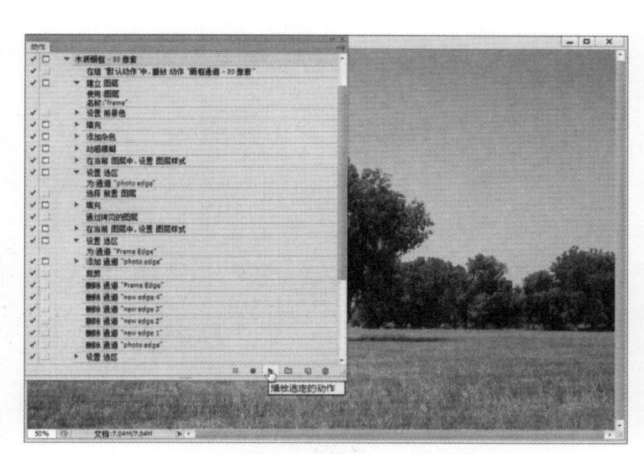


图12-2 单击“播放选定的动作”按钮

图12-3 最终效果

## 2. 录制动作

除了Photoshop自带的“默认动作”组中的动作，读者在实际图像编辑时，还可以将常用的操作或命令录制下来，以便下次使用时能快速调用。下面将对如何录制动作进行详细讲解。

**Step 01** 首先在“动作”面板中单击“创建新动作”按钮，如图12-4所示。

**Step 02** 在弹出的“新建动作”对话框中进行参数设置，单击“记录”按钮，如图12-5所示。

图12-4 单击“创建新动作”按钮

图12-5 “新建动作”对话框

**Step 03** 然后按Ctrl+M组合键，在打开的“曲线”对话框中进行参数设置，如图12-6所示。

**Step 04** 单击“确定”按钮，在菜单栏中执行“滤镜>风格化>拼贴”命令，在弹出的“拼贴”对话框中进行参数设置，如图12-7所示。

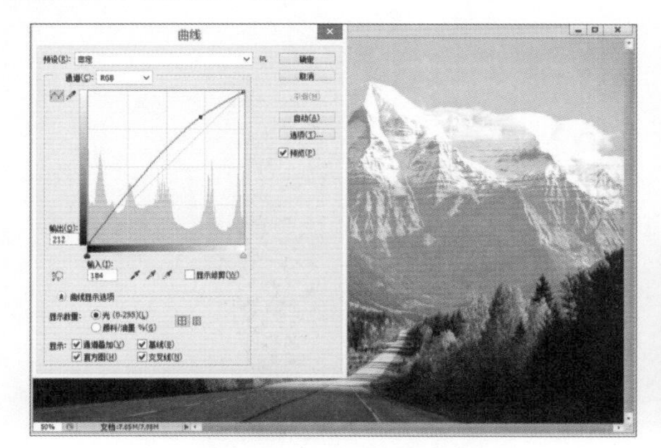


图12-6 “曲线”对话框

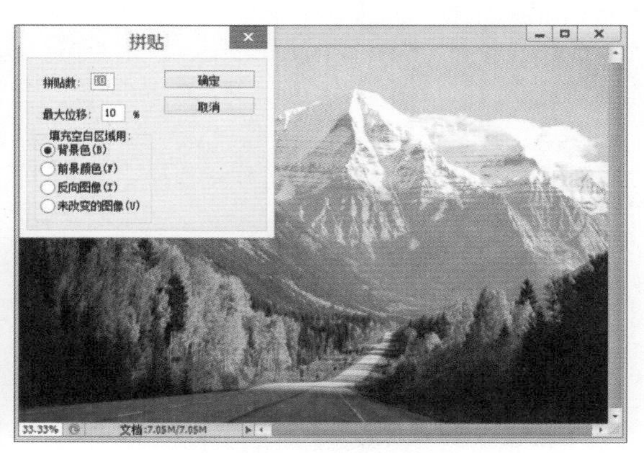


图12-7 “拼贴”对话框

Step 05 操作完成后，在“动作”面板中单击“停止播放/记录”按钮，动作已经录制完成，如图12-8所示。

Step 06 接着打开其他图像并应用这个命令，效果如图12-9所示。

图12-8 动作录制完成

图12-9 查看应用动作后的效果

## 12.1.3 动作的基础操作

录制动作后，读者可以对动作进行一些基础操作，包括重排、复制和删除动作等，下面对动作的基础操作进行详细讲解。

### 1. 重排动作

如果需要对动作中的命令进行重新排列，则首先选择需要重新排列的命令，然后拖动到合适的位置，如图12-10所示。接着释放鼠标，即可完成对动作中命令的重新排列。

### 2. 复制和删除动作

如果需要复制动作中的某一个命令，可以在选择需要复制的动作后，将其拖动到“创建新动作”按钮上方，如图12-11所示。然后释放鼠标，即可完成对该命令的复制。如果需要删除某个动作或者命令，在选择动作或命令后直接按下Delete键即可。

### 3. 动作的重命名

如果需要将动作组、动作或者命令进行重命名，可以双击对应的名称，名称为可编辑状态，然后重新输入名称即可，如图12-12所示。

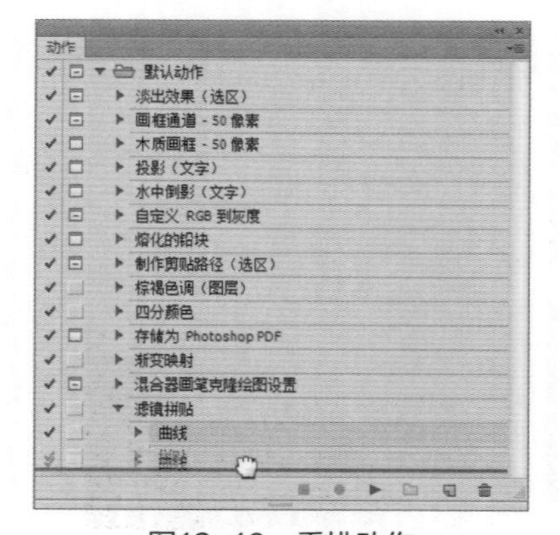


图12-10 重排动作

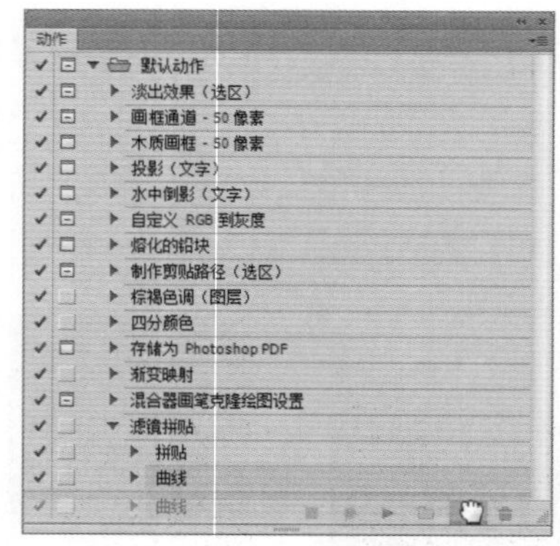


图12-11 复制动作命令

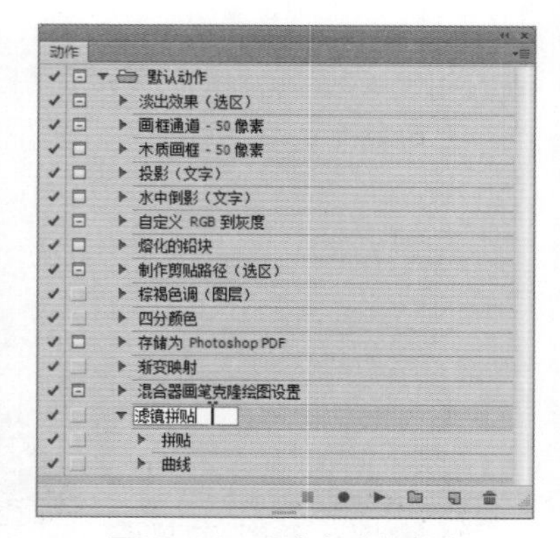


图12-12 重命名动作命令

## 12.2 批处理文件

批处理是指将动作应用于所有的目标文件中，通过批处理完成大量相同的、重复性高的操作，可以节省大量的时间。在菜单栏中执行“文件>自动>批处理”命令，打开“批处理”对话框，如图12-13所示。在“播放”选项区域中可以选择需要应用的动作组和相对应的动作；在“源”选项区域中，可以选择需要处理的文件夹，设置完成后单击“确定”按钮即可。

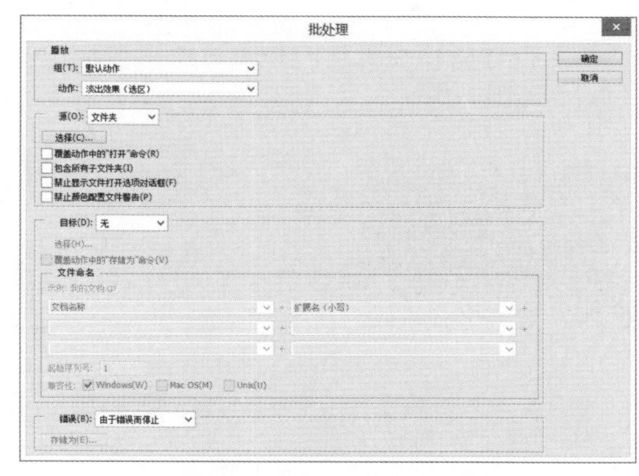


图12-13 “批处理”对话框

## 12.3 脚本

Photoshop通过脚本支持外部动作，与动作相比，脚本提供了更多的可能，它可以执行逻辑判断、重命名文档等操作。在菜单栏中执行“文件>脚本”命令，在子菜单中执行对应的脚本命令，如图12-14所示。

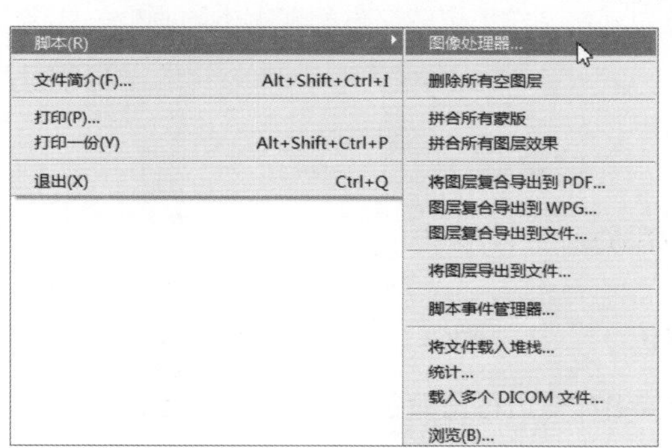


图12-14 “脚本”命令

- **图像处理器：** 执行该命令可以使用图像处理器转换和处理多个文件，相比之下，它不需要创建动作即可处理文件。
- **删除所有空图层：** 执行该命令后可以删除图像中所有的空图层，以减小图像文件的体积。
- **将图层复合导出文件：** 执行该命令可以将图层复合导出到单独的文件中。
- **将图层导出文件：** 执行该命令可以将图层导出到单独的文件中，可以使用多种格式将图层作为单个文件导出和存储。
- **脚本事件管理器：** 执行该命令可以将脚本和动作设置为自动运行，用事件来触发动作和脚本。
- **将文件载入堆栈：** 执行该命令可以将多个图像载入到图层中。
- **统计：** 执行该命令可以统计脚本自动创建和渲染图形堆栈。
- **浏览：** 执行该命令可以浏览存储在其他位置的脚本。

## 上机实训 批处理照片

在学习了本章知识之后，读者可以掌握动作和任务自动化的基本操作。下面将通过批处理照片实例的学习，达到巩固学习、拓展提高的目的。

Step 01 在菜单栏中执行“文件>自动>批处理”命令，打开“批处理”对话框，选择“动作”为“木质画框–50像素”，然后单击“选择”按钮，如图12–15所示。

Step 02 打开“浏览文件夹”对话框，选择素材文件夹，单击“确定”按钮，回到“批处理”对话框，再单击“确定”按钮，如图12–16所示。

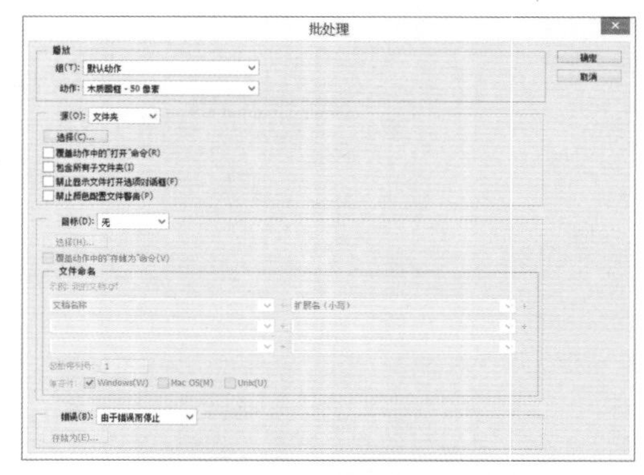

图12–15 “批处理”对话框

图12–16 “浏览文件夹”对话框

Step 03 在弹出的“信息”对话框中单击“继续”按钮直至结束，如图12–17所示。

Step 04 操作完成后，即可批量为素材文件夹里的文件都加上木质画框，如图12–18所示。

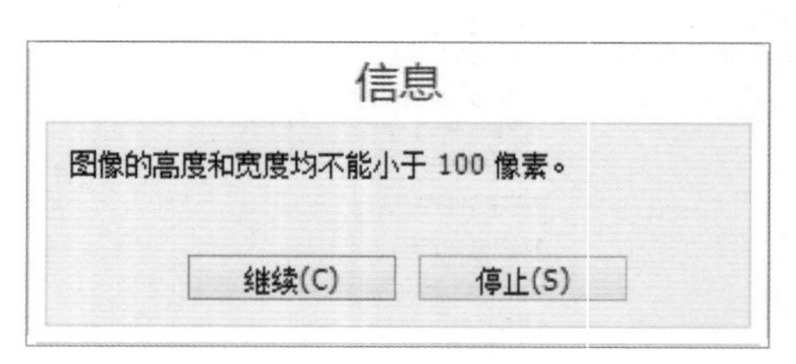


图12–17 “信息”对话框

图12–18 批处理添加木质画框

Step 05 按Ctrl+O组合键，在打开的对话框中打开“背景.jpg”文件，如图12–19所示。

Step 06 置入批量加相框的文件，执行“编辑>变换>缩放”命令，适当调整图片的大小并移动到合适的位置，如图12–20所示。

图12–19 打开图像

图12–20 置入图像

**Step 07** 按照同样的方法将其他加相框的文件置入，并执行“编辑>变换>缩放”命令，调整其大小并进行排列，如图12-21所示。

**Step 08** 接着使用钢笔工具绘制马路，并使用油漆桶工具填充颜色，效果如图12-22所示。

图12-21　置入所有图像

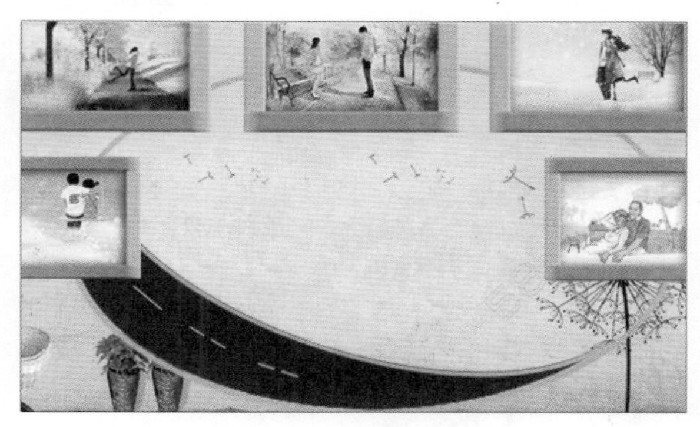

图12-22　绘制马路

**Step 09** 置入“跑步.png”文件，执行“编辑>变换>缩放”命令，调整大小并移至马路上方，如图12-23所示。

**Step 10** 使用矩形选框工具绘制方形柱子选区，并填充黄色，如图12-24所示。

图12-23　置入“跑步”素材

图12-24　绘制柱子形状

**Step 11** 在菜单栏中执行“窗口>动作”命令，打开“动作”面板，单击面板底部的“创建新组”按钮，如图12-25所示。

**Step 12** 弹出“新建组”对话框，在“名称”文本框中输入“成长日记”，单击“确定”按钮，如图12-26所示。

图12-25　单击“创建新组”按钮

图12-26　“新建组”对话框

**Step 13** 单击“动作”面板底部的“创建新动作”按钮，打开“新建动作”对话框，单击“记录”按钮，如图12-27所示。

**Step 14** 此时，“动作”面板底部的“开始记录”按钮变成了红色的圆点，表示已经进入动作操作记录状态，如图12-28所示。

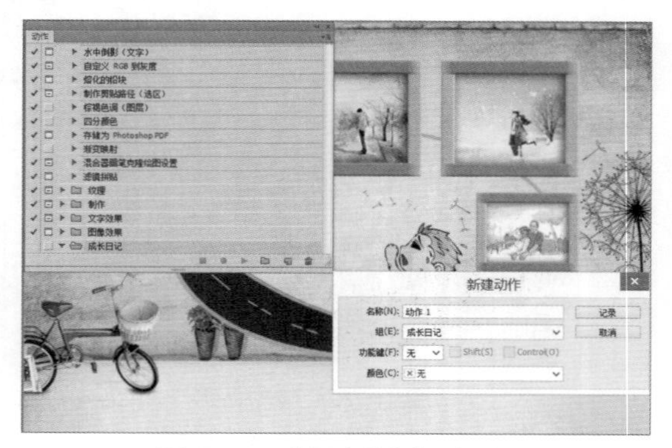


图12-27　“新建动作”对话框

图12-28　开始记录

**Step 15** 选择柱子素材图层并右击，在快捷菜单中选择“复制图层”命令，命名为“柱子2”，如图12-29所示。

**Step 16** 然后移动“柱子2”并向上拉长柱子，如图12-30所示。

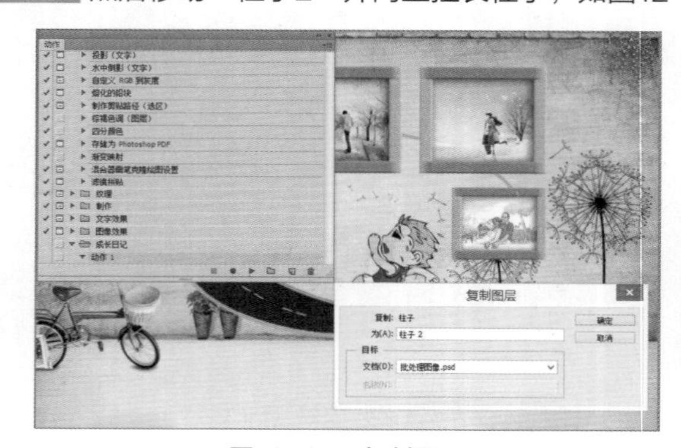


图12-29　复制图层

图12-30　移动柱子

**Step 17** 在“动作”面板中单击“停止播放/记录”按钮，动作记录结束，选择“柱子2”图层，单击“播放选定的动作”按钮，如图12-31所示。

**Step 18** Photoshop将执行刚刚记录的动作，自动复制出柱子3图形，并且复制出的柱子3比柱子2按一定的比例增长了，如图12-32所示。

图12-31　播放动作

图12-32　创建“柱子3”图形

**Step 19** 选择“柱子3”图层，单击“播放选定的动作”按钮，Photoshop自动执行刚由柱子复制柱子3的动作，复制出柱子4图形，柱子4比柱子3按一定的比例增长了，如图12-33所示。

**Step 20** 按照同样操作，复制其他柱子，如图12-34所示。

图12-33　创建柱子4图形

图12-34　创建柱子5图形

**Step 21** 选择动作1，单击“动作”面板右下脚的“删除”按钮，如图12-35所示。

**Step 22** 在弹出的提示框中单击“确定”按钮，删除动作1，如图12-36所示。

图12-35　单击“删除”按钮

图12-36　确认删除动作

**Step 23** 打开“人物.psd”文件，按Ctrl+A组合键后，在菜单栏中执行“编辑>拷贝”命令，粘贴到图像中并放置在合适的位置，如图12-37所示。

**Step 24** 然后在页面底部输入相应的文字，最终效果如图12-38所示。

图12-37　粘贴图像

图12-38　查看最终效果

## 设计师点拨 出血与纸张开本

出血又叫“出血位”（实际为“初削”），是指印刷时为保留画面有效内容预留出的方便裁切的部分，是一个常用的印刷术语。

印刷中的出血是指加大产品外尺寸的图案，在裁切位加一些图案的延伸，专门给各生产工序在其工艺公差范围内使用，以避免裁切后的成品露白边或裁到内容。

设计尺寸时，分设计尺寸和成品尺寸两种，设计尺寸总是比成品尺寸大，大出来的边是需要在印刷后裁切掉的，这个要印出来并裁切掉的部分就称为出血或出血位，如图12-39所示。

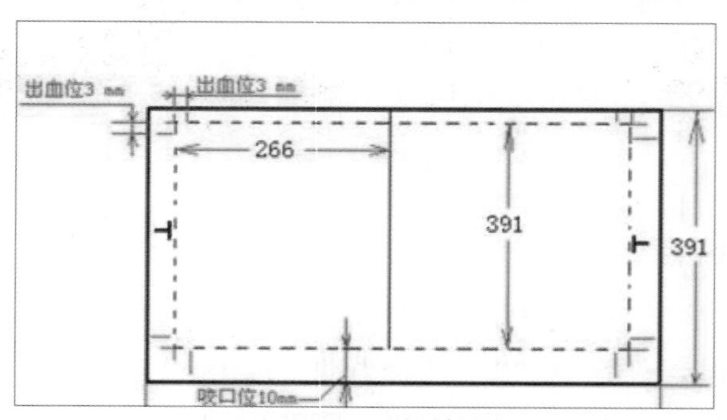


图12-39　出血位示意图

“开本”是印刷行业中专门用以表示纸张幅面大小的行业用语，在印刷、平面设计领域中使用的频率相当高，因此正确理解“开本”的含义，对平面设计师来说是相当重要的。

所谓“开本”，是用全开纸张开切的若干等份来表示纸张幅面的大小。一张按国家标准切好的平板纸称为全开纸，在不浪费纸张、便于印刷和装订生产作业的前提下，把全开纸裁切成面积相等的若干小张，裁切为多少份，则称之为多少开，如图12-40所示。

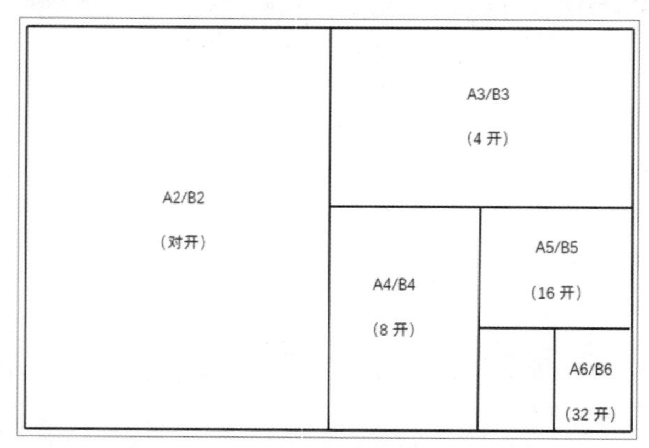


图12-40　纸张开本

常见的纸张规格如下：

- 全开：787mm×1092mm；
- 对开：736mm×520mm；
- 4开：520mm×368mm；
- 8开：368mm×260mm；
- 16开：260mm×184mm；
- 32开：184mm×130mm。

在平面设计中，不同的纸张尺寸，应用于不同的平面设计作品，当然也可以根据具体情况，选择需要的纸张尺寸。

# Part 02 综合应用篇

前面的基础知识篇学习了Photoshop CS6的基础知识、各种工具和功能的应用，也学习了针对各章知识点的案例制作，相信读者对Photoshop在平面设计中的应用有了深刻的了解。本部分将提供各种不同的案例，帮助读者进行平面创意设计的实际操作，从而提高读者对Photoshop软件的整体应用水平。本篇将从创意合成、平面广告以及包装和封面设计几个方面介绍相关案例，读者可以通过这些案例的学习，充分发挥个人的想象力，设计出更加精美、独特的平面作品。

# 创意合成设计

熟练掌握Photoshop软件的应用后，可以将多张图像文件进行合成，从而创作出不同风格、不同效果的合成图像。合成图像是平面设计中常用的手法，它可以充分发挥个人的想象空间。本章主要介绍以数码相机、汽车和水土流失为主题进行创意合成的操作方法。

**核心知识点**

❶ 掌握蒙版应用
❷ 掌握“模糊”滤镜组的应用
❸ 掌握图像调整的方法
❹ 熟悉渐变工具的应用

数码相机创意合成

汽车创意合成

水土流失创意合成

# 13.1 数码相机的创意合成

本案例将制作数码相机的创意合成，分为3大步骤，分别是构图、调色和细节处理。在学习时首先要弄清楚想要建立一个什么样的画面，确立好主体和环境，再考虑细节，细节往往是要花更多的时间。学习该案例后，读者可以改变主体和场景，灵活地运用到许多产品案例中。

## 13.1.1 相机背景设计

首先介绍数码相机合成场景图的背景设计，背景的整体是鲜明、阳光的，从而突出黑色相机的主体，也寓意着该数码相机的拍摄效果很完美。下面介绍具体操作方法。

**Step 01** 按Ctrl+N组合键，打开“新建”对话框，设置新文档的尺寸为1800×1000像素、分辨率为120像素/英寸，单击“确定”按钮，如图13-1所示。

**Step 02** 执行“文件>置入”命令，在打开的对话框中选择“草原.jpg”素材图片，单击“置入”按钮，调整素材的大小并移至合适的位置，按Enter键确认，右击该图层选择“栅格化图层”命令，如图13-2所示。

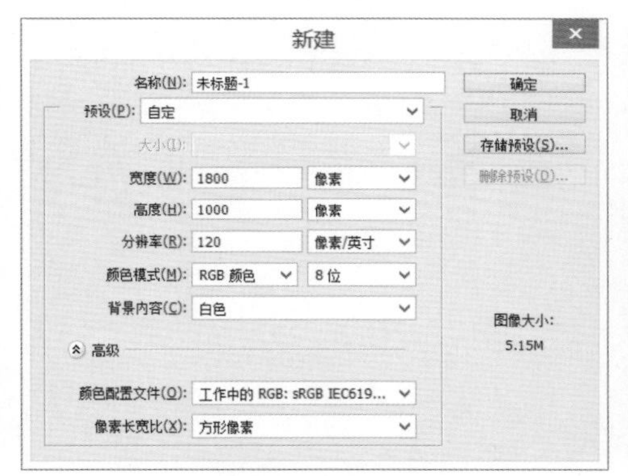


图13-1 新建文档

图13-2 置入草原素材

**Step 03** 然后单击“图层”面板下方的“添加图层蒙版”按钮，为当前图层添加图层蒙版，如图13-3所示。

**Step 04** 选择渐变工具，在属性栏中单击“线性渐变”按钮，单击渐变颜色条，打开“渐变编辑器”对话框，在“预设”选项区域选择合适的渐变效果，单击“确定”按钮，如图13-4所示。

图13-3 添加图层蒙版

图13-4 设置渐变

**Step 05** 选中图层蒙版，在图像中由上往下拉出渐变效果，对素材图片的天空部分进行隐藏，如图13-5所示。

**Step 06** 单击“图层”面板下方“创建新的填充或调整图层”下三角按钮，在列表中选择“色相/饱和度”选项，在打开的面板中适当降低饱和度，如图13-6所示。

图13-5　创建渐变效果

图13-6　降低饱和度

**Step 07** 置入“天空.jpg”素材图片，调整位置和大小，按下Enter键确认，并右击图层在弹出的快捷菜单中选择“栅格化图层”命令，如图13-7所示。

**Step 08** 选择渐变工具，并设置和之前相同的渐变效果，在属性栏中勾选“反向”复选框，如图13-8所示。

图13-7　置入天空素材

图13-8　设置渐变工具

**Step 09** 在“天空”图层建立空白图层蒙版，然后在图像中由上往下拉出渐变的效果，以隐藏天空的下半部分，如图13-9所示。

**Step 10** 单击“创建新的填充或调整图层”下三角按钮，在列表中选择“可选颜色”选项，打开“可选颜色”面板中设置“蓝色”的相关参数，按Ctrl+Alt+G组合键向下创建剪贴蒙版，如图13-10所示。

图13-9　为蒙版添加渐变

图13-10　创建剪贴蒙版

**Step 11** 在“创建新的填充或调整图层”的列表中选择“色相/饱和度”选项，在打开的面板中降低饱和度，向下创建剪贴蒙版，如图13-11所示。

**Step 12** 拖入素材图片“地面01.jpg”，调整位置和大小，按下Enter键确认，并右击图层在弹出快捷菜单中选择“栅格化图层”命令，如图13-12所示。

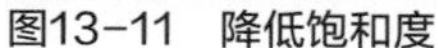

图13-11　降低饱和度

图13-12　置入地面素材图片

**Step 13** 单击“添加图层蒙版”按钮，快速建立空白图层蒙版，选择渐变工具，取消勾选“反向”复选框，由上往下在图像上拉出渐变效果，如图13-13所示。

**Step 14** 选择画笔工具，设置大小为150像素，硬度为0%，前景色为黑色#000000，在蒙版中涂抹白色泛光的区域，如图13-14所示。

图13-13　添加图层蒙版

图13-14　除去多余部分

**Step 15** 在“创建新的填充或调整图层”的列表中选择“色相/饱和度”选项，在打开的面板中设置参数，向下创建剪贴蒙版，如图13-15所示。

**Step 16** 选中所有图层，按Ctrl+G组合键进行编组，并命名为“远景”，如图13-16示。

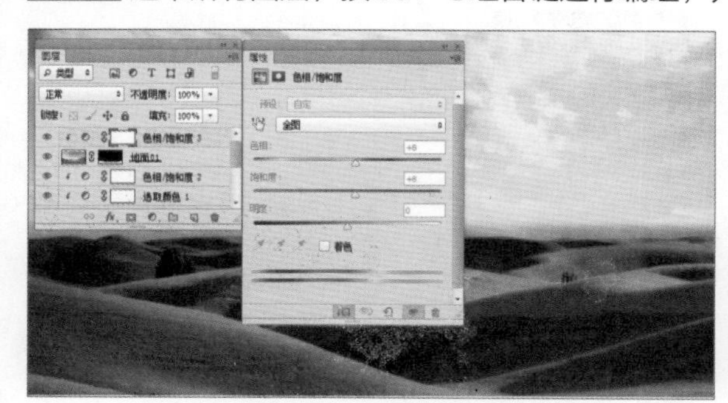

图13-15　设置色相饱和度

图13-16　编组图层

**Step 17** 新建空白图层，选择矩形选框工具，在工作区绘制一个细长的矩形，并填充白色，如图13−17所示。

**Step 18** 按Ctrl+J组合键复制一次该图层，然后按Ctrl+T组合键进行自由变换，将中心点拖至矩形外，将复制的矩形旋转30°，如图13−18所示。

图13−17　绘制矩形并填充

图13−18　复制矩形并旋转

**Step 19** 根据相同的方法创建7个矩形，并进行旋转，如图13−19所示。

**Step 20** 将所有白色矩形图层选中，按Ctrl+E组合键合并图层，按Ctrl+T组合键调整位置和大小，并栅格化图层，如图13−20所示。

图13−19　多次创建矩形

图13−20　合并矩形

**Step 21** 选择该图层，执行“滤镜>模糊>方框模糊”命令，打开“方框模糊”对话框，设置半径为60像素，单击“确定”按钮，如图13−21所示。

**Step 22** 为该图层建立空白图层蒙版，选择渐变工具，类型为“径向渐变”，设置“黑，白渐变”的效果，勾选“反向”复选框，如图13−22所示。

图13−21　设置方框模糊数值

图13−22　设置渐变颜色

Step 23 然后在工作区由内向外拉出渐变效果，选择画笔工具，设置前景色为黑色#000000，硬度为0%，在图层蒙版中涂抹天空以下的位置，如图13-23所示。

Step 24 新建图层，设置图层混合模式为“滤色”，设置渐变填充，色标从左至右的色值为#fae2a4和#e37720，关闭“渐变编辑器”对话框，拖动渐变位置后再关闭“渐变填充”对话框，如图13-24所示。

图13-23 使用画笔工具涂抹天空

图13-24 填充渐变的颜色

Step 25 置入“地面02.jpg”素材文件，调整素材的位置和大小，按下Enter键确认，并栅格化图层，如图13-25所示。

Step 26 选择仿制图章工具，按下Alt键同时单击岩石周围的图案，释放Alt键单击岩石处，替换右下角的一块石头，如图13-26所示。

图13-25 置入素材

图13-26 使用仿制图章工具替换图案

Step 27 使用钢笔工具沿着山岸绘制路径，按Ctrl+Enter组合键建立选区，单击“图层”面板下方“添加图层蒙版”按钮，建立图层蒙版，如图13-27所示。

Step 28 拖入素材图片“素材-草坪.jpg”至文档中，调整素材的大小，按下Enter键确认，并右击图层在弹出快捷菜单中选择“栅格化图层”命令，如图13-28所示。

图13-27 抠出多余的部分

图13-28 置入并调整素材

**Step 29** 将置入的素材移至右侧只显示部分草地即可，单击“添加图层蒙版”按钮，给图层新建图层蒙版。选择画笔工具，设置大小和硬度，并设置前景色为白色，涂抹出草坪区域，如图13-29所示。

**Step 30** 在“创建新的填充或调整图层”列表中选择“色相/饱和度”选项，在打开的面板中适当加大饱和度，向下创建剪贴蒙版，如图13-30所示。

图13-29 添加图层蒙版

图13-30 设置色相饱和度的值

**Step 31** 在“创建新的填充或调整图层”列表中选择“色相/饱和度”选项，在打开的面板中调节“黄色”参数，向下创建剪贴蒙版，如图13-31所示。

**Step 32** 在“创建新的填充或调整图层”列表中选择“曲线”选项，在打开的面板中调节RGB和“红”属性参数，向下创建剪贴蒙版，如图13-32所示。

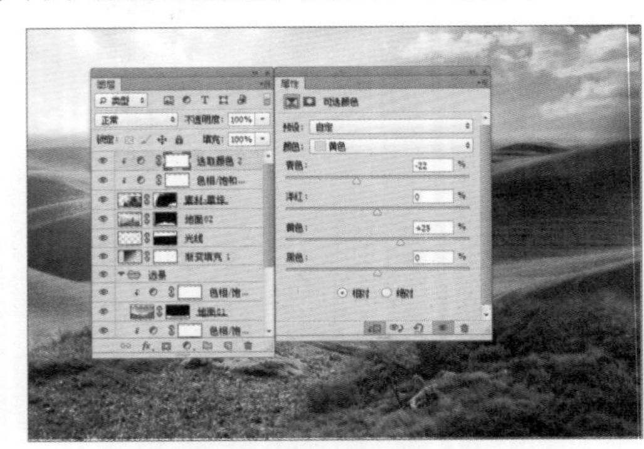

图13-31 设置可选颜色参数

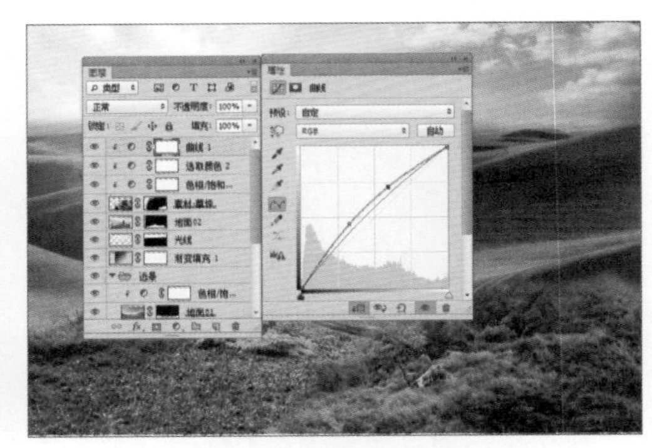

图13-32 设置曲线参数

**Step 33** 新建空白图层，向下创建剪贴蒙版，选择画笔工具，设置前景色为#fff1aa，大小为25像素，硬度为0%，在草坪边缘绘制高光，如图13-33所示。

**Step 34** 将未编组的图层编组并命名为“近景”，至此，背景已经设计完成，如图13-34所示。

图13-33 为草坪绘制高光

图13-34 背景设计效果

## 13.1.2　主体相机设计

背景设计完成后，我们需要添加主体数码相机，为了突出数码相机，还需要对其进行调整，如设置曲线、添加图层蒙版以及制作相机的阴影等。下面介绍具体的操作方法。

**Step 01** 执行“文件>置入”命令，在打开的对话框选择“相机.jpg”素材，单击“置入”按钮，调整素材大小，移至画面中间部位，按Enter键确认，并右击图层在弹出的快捷菜单中选择“栅格化图层”命令，如图13-35所示。

**Step 02** 选择魔棒工具，选中图片中白色区域，按Ctrl+Shift+I组合键进行反向选择，然后单击“添加图层蒙版”按钮，如图13-36所示。

图13-35　置入相机素材

图13-36　添加图层蒙版

**Step 03** 在“创建新的填充或调整图层”列表中选择“曲线”选项，在打开的面板中将曲线稍微向下拖曳，适当压暗相机，按Ctrl+Alt+G组合键向下创建剪贴蒙版，如图13-37所示。

**Step 04** 然后按Ctrl+I组合键进行反相蒙版，选择画笔工具，设置硬度为0%，透明度降至20%，前景色为白色，在蒙版中涂抹出相机的暗部，如图13-38所示。

图13-37　设置曲线参数

图13-38　涂抹相机暗部

**Step 05** 再次创建“曲线”图层，并向下创建剪贴蒙版，整体提亮相机，如图13-39所示。

**Step 06** 再次执行反相蒙版操作，然后在蒙版中涂抹相机的亮部，至此，相机主体已经调整完成，然后对其进行编组，如图13-40所示。

图13-39 调整曲线的参数

图13-40 添加反相蒙版

**Step 07** 选择“相机”图层，在该图层下新建空白图层，并按Ctrl+G组合键进行编组，命名“相机阴影”，如图13-41所示。

**Step 08** 选择多边形套索工具在相机的底部绘制阴影选区，按Alt+Delelte组合键填充前景色为#060606，按Ctrl+J组合键复制一层，并分别为图层命名，如图13-42所示。

图13-41 新建组并命名

图13-42 绘制相机阴影

**Step 09** 选中“下阴影”图层，执行“滤镜>模糊>高斯模糊”命令，在打开的“高斯模糊”对话框设置半径为6像素，选中“上阴影”图层，执行同样操作，半径值为40像素，效果如图13-43所示。

**Step 10** 为阴影图层添加图层蒙版，设置前景色为黑色，使用画笔工具涂抹多余阴影部分，如图13-44所示。

图13-43 设置阴影的模糊

图13-44 涂抹阴影部分

**Step 11** 新建空白图层，选择多边形套索工具绘制选区，填充颜色为#060606，如图13-45所示。

**Step 12** 按Ctrl+D组合键取消选区，然后执行“滤镜>模糊>高斯模糊”命令，在打开的对话框设置半径为9.2像素，单击“确定”按钮，如图13-46所示。

图13-45 绘制选区并填充颜色

图13-46 设置高斯模糊的参数

**Step 13** 设置图层的混合模式为“正片叠底”，不透明度为70%，如图13-47所示。

**Step 14** 新建空白图层，设置图层混合模式为“正片叠底”，在相机下方绘制选区并填充颜色#010100，如图13-48所示。

图13-47 设置混合模式

图13-48 绘制选区并填充颜色

**Step 15** 执行“滤镜>模糊>方框模糊”命令，在打开的对话框中设置半径为47像素，单击“确定”按钮，并适当降低图层不透明度，如图13-49所示。

**Step 16** 使用多边形套索工具建立镜头左下部分的选区并右击，在快捷菜单中选择“羽化”命令，在打开的对话框中设置半径为2像素，单击“确定”按钮，如图13-50所示。

图13-49 设置方框模糊参数

图13-50 创建选区并羽化操作

**Step 17** 按Delete键删除选区部分，相机部分的阴影就制作完成了，如图13-51所示。

图13-51　查看数码相机的效果

## 13.1.3　添加装饰元素

背景和主体设计完成后，画面还是略显单调不够完美，下面将为合成场景添加装饰元素，进行点缀。为了整体画面美观统一，还需要对添加的元素进行调整，下面介绍具体操作方法。

**Step 01** 置入“树.png”素材图片，调整图片大小，并移至画面的右侧只显示一半，按下Enter键确认，然后执行“栅格化图层”命令，如图13-52所示。

**Step 02** 执行“滤镜>模糊>动感模糊”命令，打开“动感模糊”对话框，设置角度为34度，距离为15像素，单击“确定”按钮，如图13-53所示。

图13-52　置入树素材

图13-53　设置动感模糊

**Step 03** 在“新建的填充或调整图层”列表中选择“色彩平衡”选项，分别设置“阴影”、“中间调”和“高光”的参数，按Ctrl+Alt+G组合键向下创建剪贴蒙版，如图13-54所示。

**Step 04** 新建空白图层，设置前景色为#5d5f2c，绘制大小不等的落叶，执行“滤镜>模糊>动感模糊”命令，在打开的对话框设置参数，多复制一层并调整大小和位置，同时对其进行重命名，如图13-55示。

**Step 05** 拖入素材图片“蝴蝶.png”，抠出几只蝴蝶并摆放在相机旁边，选中没有落脚的蝴蝶并进行“动感模糊”设置，落在相机上的蝴蝶使用画笔工具为其添加阴影，如图13-56所示。

Step 06 拖入素材图片“热气球.jpg”，使用快速选择工具抠出气球，调整好位置和大小。复制图层，添加图层蒙版隐藏部分区域，同时按Ctrl+U组合键打开“色相/饱和度”对话框，调整色相数值，并降低图层不透明度，如图13-57所示。

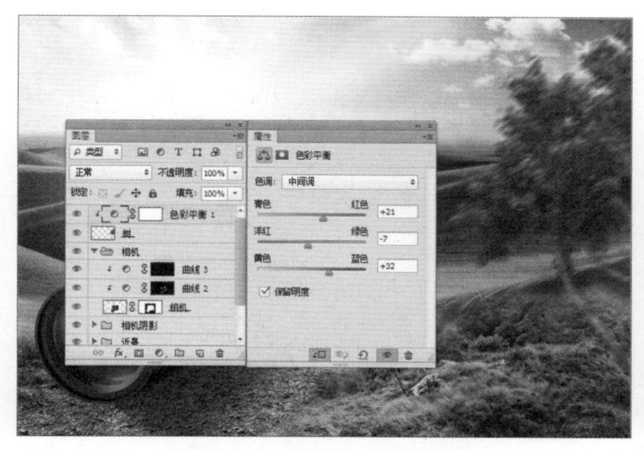
图13-54 设置色彩平衡参数

图13-55 绘制落叶形状

图13-56 添加蝴蝶元素

图13-57 添加热气球元素

Step 07 拖入素材图片“素材-树叶.jpg”，并栅格化图层，使用快速选择工具抠出部分树叶，调整好位置和大小，并进行“动感模糊”操作，如图13-58所示。

Step 08 在“创建新的填充或调整图层”列表中选择“色相/饱和度”选项，打开“色相/饱和度”面板，设置相关参数，向下创建剪贴蒙版，如图13-59所示。

图13-58 添加树叶元素

图13-59 设置树叶的色相饱和度

Step 09 拖入素材图片“素材-小花.png”，并栅格化图层，然后抠出部分花朵，并复制一次，调整好位置和大小，如图13-60所示。

Step 10 打开“曲线”面板，将曲线向下拖曳，并向下创建剪贴蒙版，如图13-61所示。

图13-60 置入花素材

图13-61 设置曲线参数

Step 11 打开素材图片“云雾.psd”，从中选择一些云雾复制到文档中，调整位置和大小，如图13-62所示。

Step 12 拖入素材图片“素材-鸽子.jpg”，使用矩形选框工具选出两只鸽子，并删除多余部分，调整位置和大小，如图13-63所示。

图13-62 添加云雾素材

图13-63 置入鸽子素材

Step 13 选择快速选择工具，抠选出鸽子部分，在“调整边缘”面板中，适当设置相关参数，调整细节，如图13-64所示。

Step 14 打开“曲线”面板设置相关参数，向下创建剪贴蒙版，如图13-65所示。

图13-64 抠选鸽子

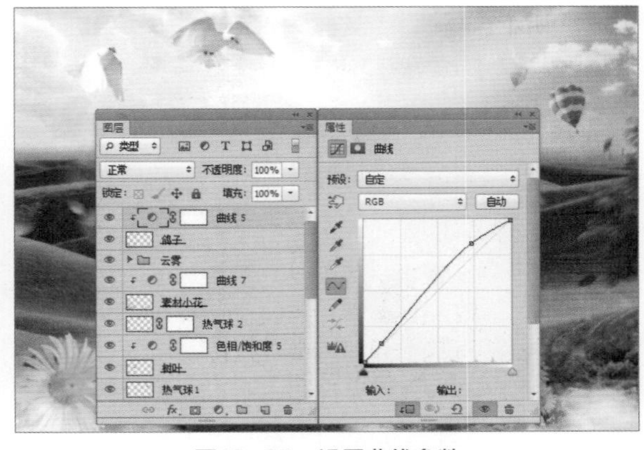


图13-65 设置曲线参数

**Step 15** 新建空白图层，向下创建剪贴蒙版，选择画笔工具，设置前景色为白色，硬度为0%，不透明度10%，在鸽子边缘进行高光涂抹，操作完成之后将其编组，如图13-66所示。

**Step 16** 新建图层，设置图层混合模式为“滤色”，选择渐变工具，设置左色标为#ffb1b1，中间色标为#ff9b5e，适当降低图层不透明度，如图13-67所示。

图13-66　绘制高光部分

图13-67　设置渐变颜色

**Step 17** 复制渐变图层，移动渐变中心到树上，给树增添泛光效果，如图13-68所示。

**Step 18** 新建空白图层，设置前景色为黑色，按Alt+Delete组合键填充黑色，执行“滤镜>渲染>镜头光晕”命令，在打开的“镜头光晕”对话框中设置亮度为89%，在“镜头类型”选项区域中选中“50-300毫米变焦”单选按钮，单击“确定”按钮，如图13-69所示。

图13-68　为树添加泛光效果

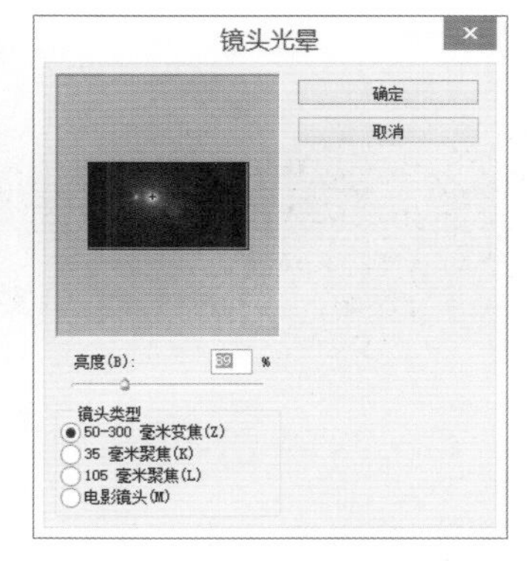


图13-69　设置镜头光晕效果

**Step 19** 设置图层混合模式为“滤色”，适当移动光源至太阳位置。至此，数码相机合成场景制作完成，如图13-70所示。

**Step 20** 下面是将数码相机合成场景应用到户外广告牌上，效果如图13-71所示。

图13-70　查看效果

图13-71　查看应用户外广告牌的效果

## 13.2 汽车创意合成

本案例将通过汽车的创意合成操作，制作一款新能源汽车海报，汽车的品牌为奥维，主打新能源汽车。这里将紧扣主题，以环保、健康为设计主思路制作该海报。

### 13.2.1 汽车主体设计

首先要制作的是海报的主体，也就是汽车主体的设计，这里将以汽车的轮廓为原型，结合环保的元素制作出创意汽车主题，下面将介绍具体操作方法。

**Step 01** 按Ctrl+O组合键，打开“汽车素材.jpg”素材文件，如图13-72所示。

**Step 02** 选择钢笔工具，沿着汽车外形绘制路径，按Ctrl+Enter组合键，将其转换为选区，如图13-73所示。

图13-72　打开素材

图13-73　创建选区

**Step 03** 创建选区后，按Ctrl+J组合键复制为“图层1”，之后按住Ctrl键单击“图层1”，调出选区，新建一个图层，为选项填充为白色，然后隐藏背景图层，如图13-74所示。

**Step 04** 将“土层.png”素材图片置入到文档中，放到“图层2”图层的上方，向下建立剪贴蒙版，如图13-75所示。

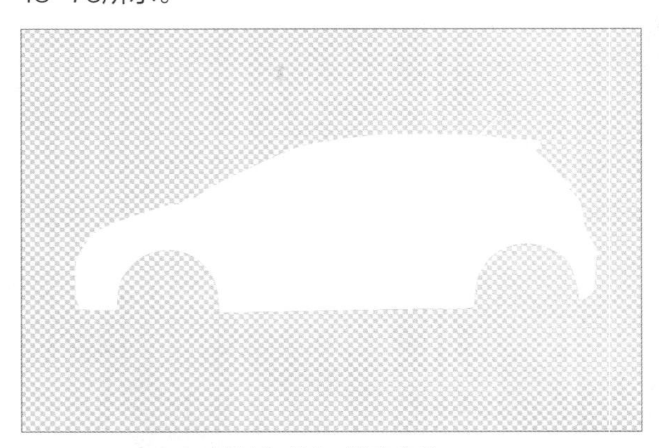

图13-74　填充白色

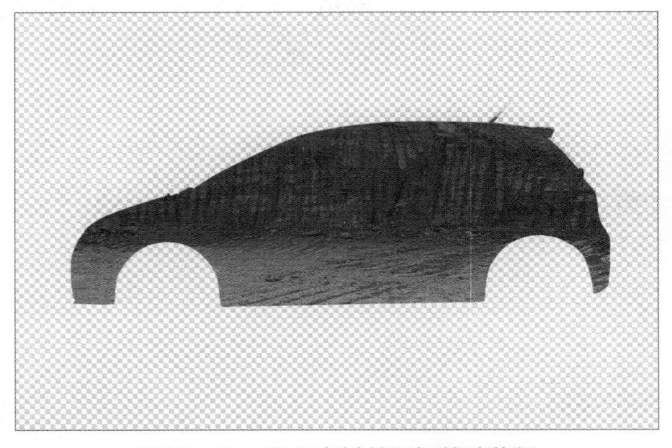

图13-75　置入素材并添加剪贴蒙版

**Step 05** 选择“土层”图层并右击，执行“栅格化图层”命令。然后选择橡皮擦工具，在属性栏中设置笔刷的“大小”为123像素，“硬度”为0%，擦去不需要的部分，如图13-76所示。

**Step 06** 接着拖入“草原.jpg”素材图片，将草原图层放到顶层，创建剪贴蒙版到图层2，并对图层执行栅格化操作，同样使用橡皮擦工具进行调整，如图13-77所示。

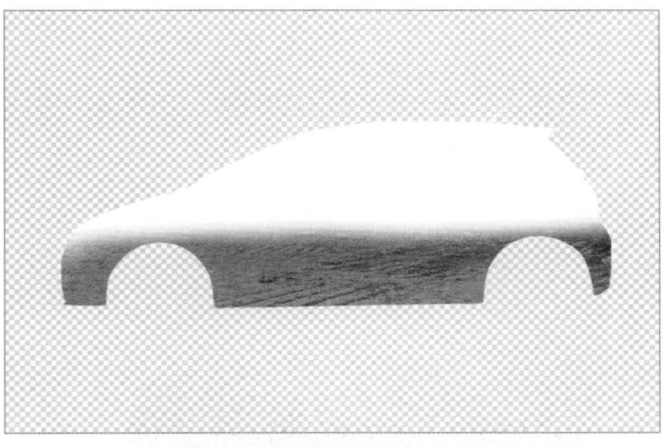

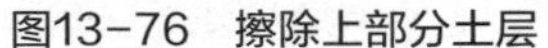
图13-76 擦除上部分土层

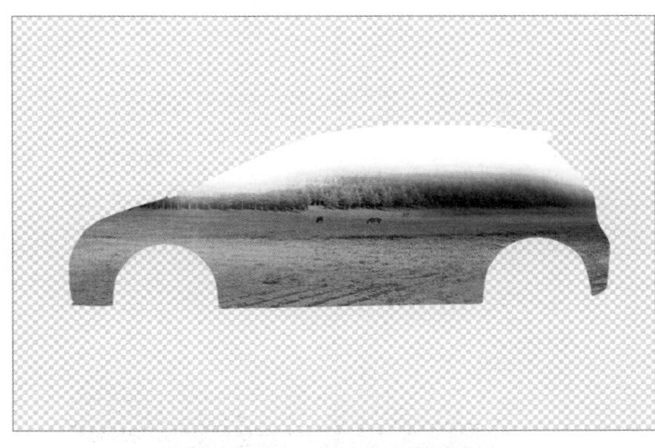

图13-77 置入并调整素材

**Step 07** 然后拖入“森林素材1.png”素材图片，放到所有的图层上面，并栅格化图层，在按住Ctrl键的同时单击“图层1”创建选区，然后为“森林素材1”添加图层蒙版，并使用画笔工具调整图层蒙版，效果如图13-78所示。

**Step 08** 继续拖入“森林素材2.png”素材图片，进入自由变换模式，单击鼠标右键，在快捷菜单中选择“水平翻转”命令。按照同样的方法为该图层创建图层蒙版，如图13-79所示。

图13-78 置入森林素材

图13-79 置入森林素材

**Step 09** 置入“冰山素材.png”素材图片，使用和之前相同的方法调整图层，如图13-80所示。

**Step 10** 使用钢笔工具，在冰山图层中沿着冰山顶部绘制路径，然后按Ctrl+Enter组合键转换为选区，然后按Delete键删除，如图13-81所示。

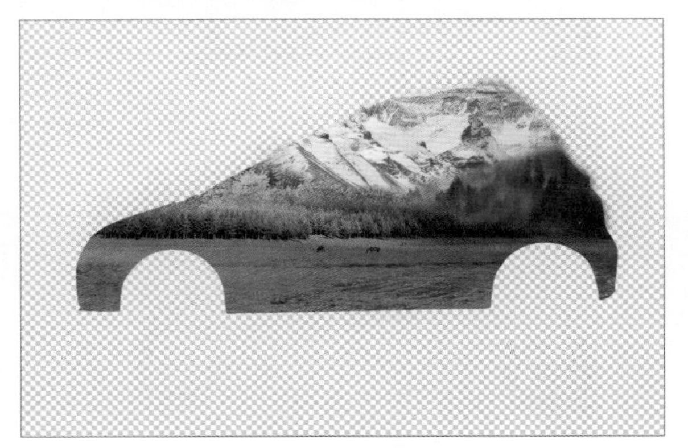

图13-80 置入冰山素材

图13-81 绘制冰山顶部轮廓

## 13.2.2 添加装饰元素

接下来需要添加装饰元素，同样紧扣环保主题，同时添加一些说明文字，这样，一张汽车创意合成海报就制作完成，下面将介绍具体操作方法。

**Step 01** 置入“梅花鹿.png”素材，调整到合适大小，放入车头的位置，如图13-82所示。

**Step 02** 选择椭圆工具，在梅花鹿的下方绘制一个椭圆形状，并填充为黑色，如图13-83所示。

图13-82 置入梅花鹿素材

图13-83 绘制椭圆形状

**Step 03** 栅格化椭圆图层后，在菜单栏中执行“滤镜>模糊>高斯模糊”命令，并在弹出的“高斯模糊”对话框中进行参数设置，然后将椭圆图层拉到梅花鹿图层的下方，作为梅花鹿的阴影，如图13-84所示。

**Step 04** 置入“轮胎.psd”素材，调整大小和位置，然后复制一个轮胎并放在合适的位置，如图13-85所示。

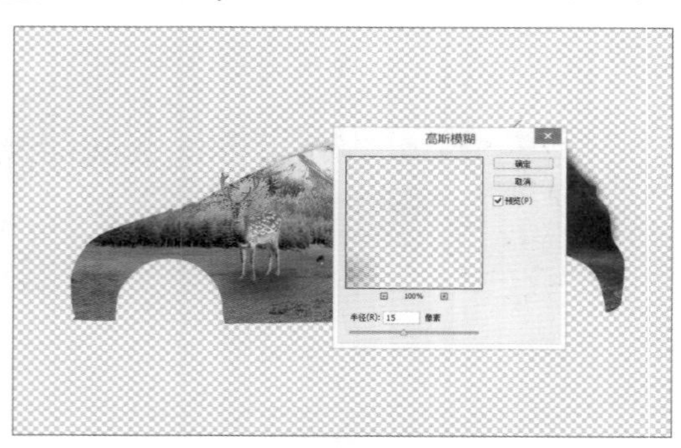

图13-84 设置高斯模糊参数

图13-85 置入轮胎素材

**Step 05** 将除“背景”图层以外的所有图层进行编组，并复制该组作为备用，然后按Ctrl+E组合键合并图层，如图13-86所示。

**Step 06** 选中合成的图层，执行“图像>调整>亮度/对比度”命令，设置亮度为150，对比度为-42，如图13-87所示。

图13-86 合并图层

图13-87 设置亮度对比度

**Step 07** 打开“曲线”面板，将曲线调整成V字形状，如图13-88所示。

**Step 08** 接着打开“色相/饱和度”面板，设置“蓝色”的色相、饱和度和明度的值，具体参数如图13-89所示。

图13-88　调整曲线

图13-89　设置色相饱和度

**Step 09** 设置完成后，查看调整图像后的效果，如图13-90所示。

**Step 10** 接着在“组1”图层下面新建一个背景图层，并填充为白色，如图13-91所示。

图13-90　查看效果

图13-91　新建图层并填充白色

**Step 11** 接着双击“组1”图层，打开“图层样式”对话框，添加“投影”图层样式，在右侧面板中设置相关参数，如图13-92所示。

**Step 12** 接着复制“组1”图层，按下Ctrl+T组合键，单击鼠标右键，在快捷菜单中选择“垂直翻转”命令，调整到合适的位置，并调整它的不透明度，如图13-93所示。

图13-92　添加“投影”图层样式

图13-93　调整复制的图层

**Step 13** 接着使用椭圆工具绘制一个椭圆，然后设置高斯模糊，作为汽车的阴影并调整至两车中间的位置，如图13-94所示。

**Step 14** 最后选择横排文本工具，根据需要输入新能源车的广告语，如图13-95所示。

图13-94　绘制椭圆

图13-95　查看最终效果

# 13.3　水土流失创意合成

水土流失已成为当今社会一个十分严峻的问题，本实例将通过元素的对比来衬托出保护水土的重要性，主要表现在蓝天和雾霾的对比、青山和石山的对比，呈现出强烈的对比感。

## 13.3.1　背景制作

首先制作的是海报的背景，这里将制作出蓝天与雾霾的对比，其中最主要的知识点是蒙版的应用，下面介绍具体操作方法。

**Step 01** 在菜单栏中执行“文件>打开”命令，在打开的对话框中打开“背景云层.jpeg”素材，如图13-96所示。

**Step 02** 在“图层”面板中双击背景图层，在打开的对话框中命名为“背景云层”，如图13-97所示。

图13-96　打开图像

图13-97　命名图层

**Step 03** 按Ctrl+T组合键，通过自由变换改变背景云层的大小，如图13-98所示

**Step 04** 在“图层”面板中单击“创建新的填充或调整图层”下三角按钮，在列表中选择“纯色”选项，如图13-99所示。

图13-98　调整背景图层

图13-99　选择“纯色”选项

**Step 05** 在弹出的“拾色器（纯色）”对话框中设置颜色为#fcc07b，单击“确定”按钮，如图13-100所示。

**Step 06** 同时设置填充图层的混合方式为“色相”，并向下创建剪贴蒙版，操作完成之后查看图像的效果，如图13-101所示。

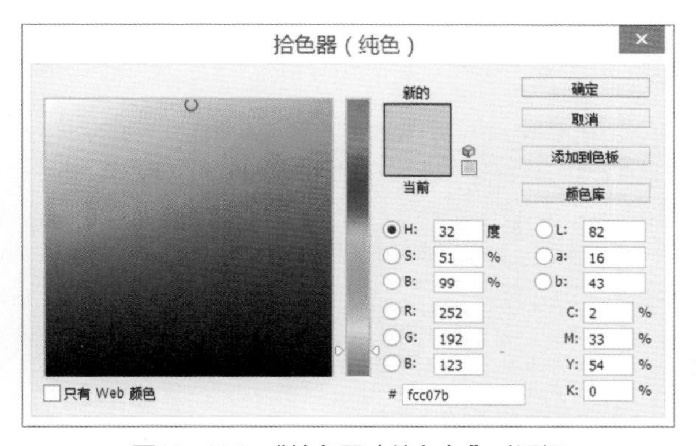


图13-100　“拾色器（纯色）”对话框

图13-101　调整图层混合方式

**Step 07** 在菜单栏中执行“文件>打开”命令，打开 “背景云层2.jpeg”文件，如图13-102所示。

**Step 08** 将“背景云层2”图像拖动到主图像中并通过自由变换调整大小，如图13-103所示。

图13-102　打开云层图像

图13-103　拖入并调整图像

**Step 09** 选择背景云层2所在的图层，单击“添加图层蒙版”按钮，如图13-104所示。

**Step 10** 在工具栏中选择渐变工具，在“渐变编辑器”对话框中设置为由黑至白的渐变类型，如图13-105所示。

图13-104　创建图层蒙版

图13-105　“渐变编辑器”对话框

**Step 11** 在“图层”面板中选择蒙版，并使用渐变工具在图像上由下向上绘制渐变线，如图13-106所示。

**Step 12** 渐变线绘制完成之后，查看效果图，如图13-107所示。

图13-106　绘制渐变线

图13-107　查看效果

**Step 13** 再次创建纯色调整图层，设置颜色为#f5b4f3，如图13-108所示，同时设置图层混合模式为“饱和度”，调整“不透明度”为40%。

**Step 14** 操作完成之后，将上述图层编组并命名为“背景”，查看背景效果，如图13-109所示。

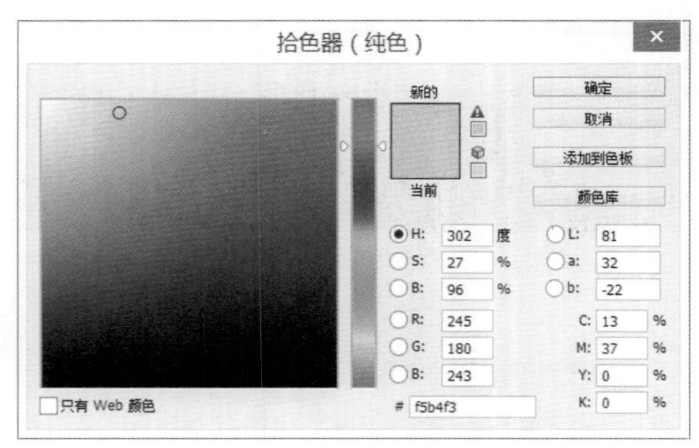

图13-108　“拾色器（纯色）”对话框

图13-109　背景效果

## 13.3.2　主体的制作

本案例的主体将制作出青山与石山的对比，其中最主要的知识点是蒙版和画笔工具的应用，下面将介绍具体操作方法。

**Step 01** 在菜单栏中执行“文件>打开”命令，打开“浮岛上半部分.jpeg”文件，如图13-110所示。

**Step 02** 将其拖动到主图像中，通过自由变换调整图像的位置和大小，并将图层命名为“浮岛上半部分”，如图13-111所示。

图13-110　打开图像

图13-111　调整图像

**Step 03** 在“图层”面板中为该图层添加图层蒙版，并按Ctrl+I组合键使其反相，如图13-112所示。

**Step 04** 在工具箱中选择画笔工具，并将前景色调整为白色，如图13-113所示。

图13-112　添加图层蒙版

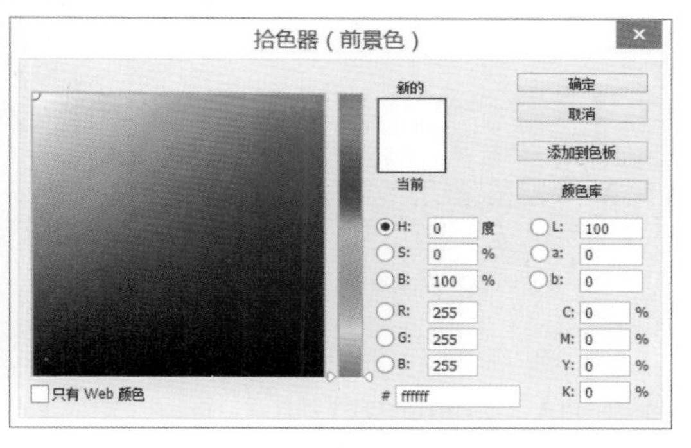


图13-113　设置前景色为白色

**Step 05** 在图像上右击在面板中选择柔边圆画笔，并设置画笔大小为200像素，如图13-114所示。

**Step 06** 在图像中细致地绘出小岛的形状，如图13-115所示。

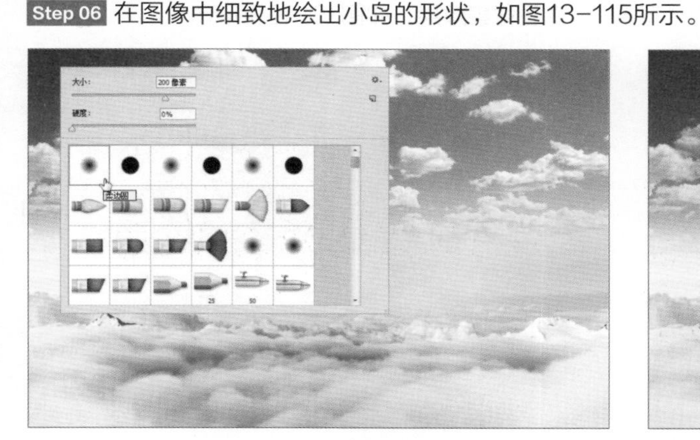

图13-114　设置画笔工具

图13-115　绘出浮岛上半部分

**Step 07** 在菜单栏中执行“文件>打开”命令，打开“浮岛下半部分.jpeg”文件，如图13-116所示。

**Step 08** 将其拖动到主图像中，通过自由变换进行垂直翻转，并将图层命名为“浮岛下半部分”，如图13-117所示。

图13-116　打开图像

图13-117　调整图像

**Step 09** 在“图层”面板中为该图层添加图层蒙版，并按Ctrl+I组合键使其反相，如图13-118所示。

**Step 10** 再次使用画笔工具将小岛部分绘制出来，注意边缘融合部分，如图13-119所示。

图13-118　添加图层蒙版

图13-119　绘制小岛下半部分

**Step 11** 在菜单栏中执行“文件>打开”命令，打开“瀑布.jpeg”文件，如图13-120所示。

**Step 12** 按照制作浮岛的方法绘制瀑布部分，至此，主体部分已经制作完成，将上述图层编组并重命名为“主体部分”，如图13-121所示。

图13-120　打开图像

图13-121　主体部分效果

### 13.3.3 添加装饰元素

最后为图像添加一些装饰元素，包括主题文字以及和水土流失相关的元素，下面将介绍具体操作方法。

**Step 01** 在工具栏中选择文本工具，在图像中输入文字，如图13-122所示。

**Step 02** 在“字符”面板中设置文字的格式，如图13-123所示。

图13-122 输入文字

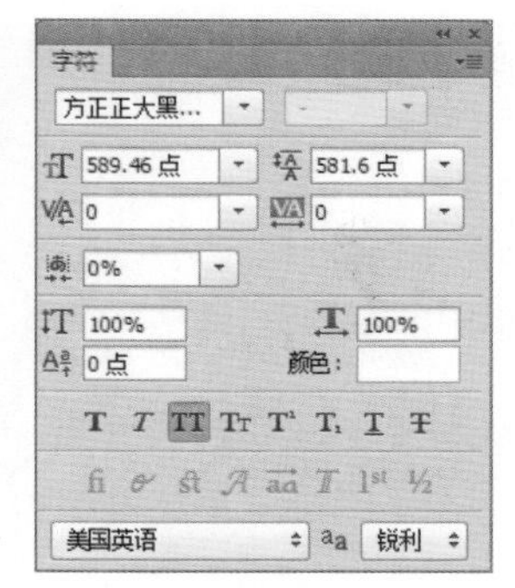


图13-123 “字符”面板

**Step 03** 在“图层”面板中双击文本图层，弹出“图层样式”对话框，对“斜面和浮雕”图层样式进行设置，单击“确定”按钮，如图13-124所示。

**Step 04** 在菜单栏中执行“文件>打开”命令，打开 “龟裂土地.jpeg”文件，如图13-125所示。

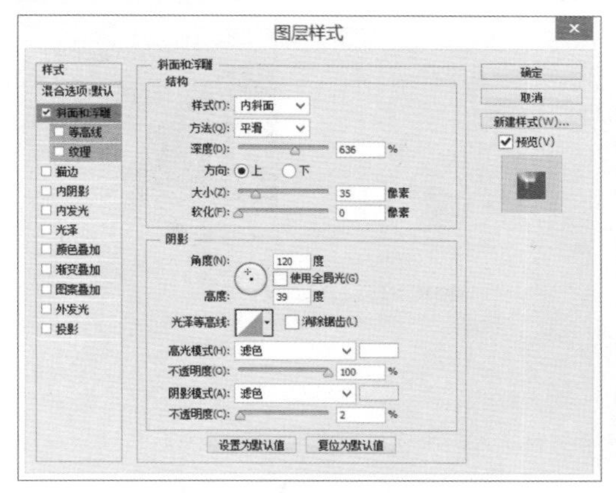


图13-124 “斜面和浮雕”图层样式

图13-125 打开图像

**Step 05** 将其拖动到主图像中，并进行自由变换调整，将图层重命名为“龟裂土地”，如图13-126所示。

**Step 06** 使用“龟裂土地”图层为文本图层添加剪贴蒙版，效果如图13-127所示。

图13-126 调整图像

图13-127 添加剪贴蒙版

**Step 07** 在菜单栏中执行“文件>打开”命令，同时打开“银杏树.png”、“白蜡树.png”、“污染.png”等文件，如图13-128所示。

**Step 08** 分别将图像拖动到主图像中，通过自由变换调整之后分别进行重命名，如图13-129所示。

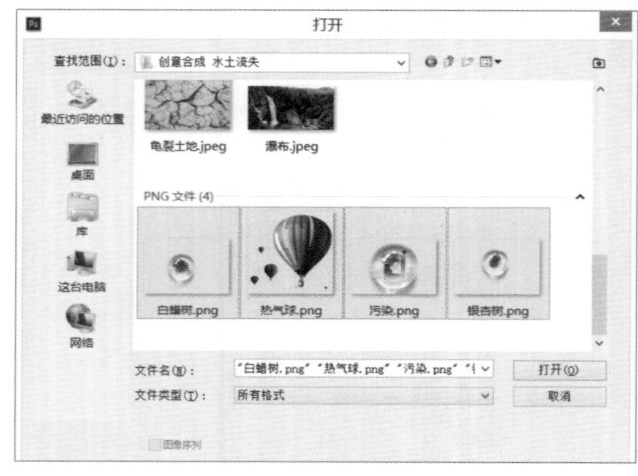


图13-128 “打开”对话框

图13-129 置入图像

**Step 09** 在“图层”面板中单击“创建新图层”按钮，并重名为“星星”，如图13-130所示。

**Step 10** 在工具箱中选择画笔工具，载入光盘中的星星画笔，设置大小为180像素，如图13-131所示。

图13-130 创建新图层并命名

图13-131 载入画笔

**Step 11** 接着在“画笔”面板中对“形状动态”和“散布”选项进行参数设置，如图13-132所示。

**Step 12** 将前景色设置为白色，接着在图像上绘制星星，绘制完成后查看最终效果，如图13-133所示。

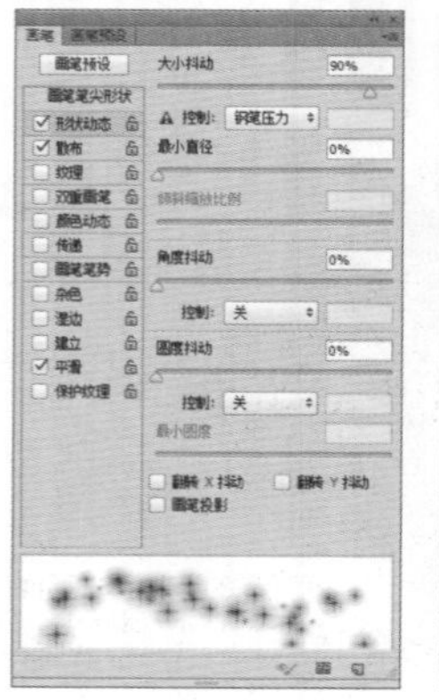

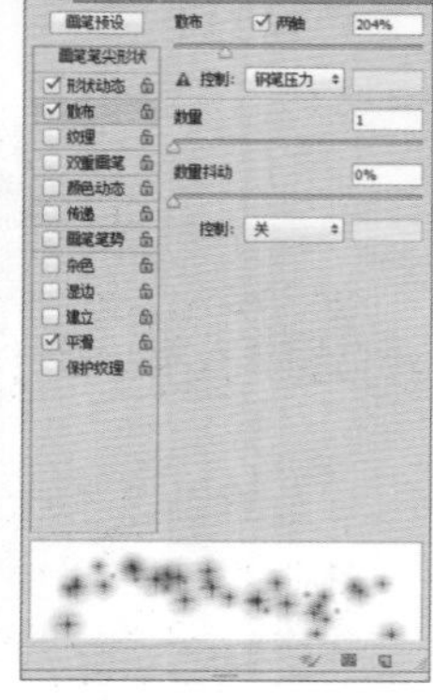

图13-132 设置画笔参数

图13-133 查看最终效果

# 平面广告设计

平面广告设计用于对产品、品牌或活动进行广告，以加强销售为目的。平面广告设计是利用视觉元素如文字或图片，来传播广告的设想或计划，并通过视觉元素向目标客户表达广告的诉求点。

**核心知识点**

❶ 掌握钢笔工具的应用
❷ 掌握图层样式的应用
❸ 掌握滤镜的应用
❹ 掌握通道抠图的方法

艺术沙发广告设计

葡萄酒广告设计

# 14.1 艺术沙发广告设计

在家具类的广告设计中，为了突出家具的卖点，我们需要将实拍家具素材与创意元素融合，使之呈现鲜明特色的同时不失美观与艺术效果。本案例通过沙发与动物自然结合，以突出沙发本身环保、舒适的特点。

## 14.1.1 沙发主体制作

首先需要将沙发的主体制作出来，使用Photoshop中各种工具或功能将沙发制作完整。本案例主要使用钢笔工具、仿制图章工具、填充、图层样式等，下面介绍具体的操作方法。

**Step 01** 打开Photoshop软件，按Ctrl+O组合键，在打开的对话框中打开“布艺沙发.jpg”素材，双击“背景”图层在打开的对话框命名为“沙发基层”，如图14-1所示。

**Step 02** 调整打开素材的大小，按下Ctrl+Alt+C组合键，打开“画布大小”对话框，设置大小为42.33×35.28厘米，单击“确定”按钮，如图14-2所示。

图14-1 打开素材

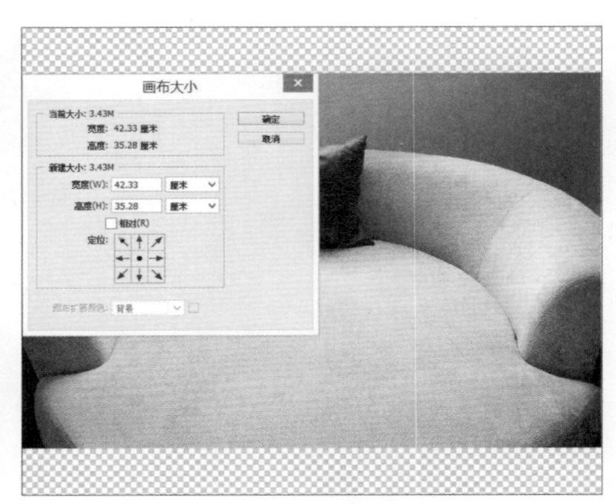


图14-2 设置画布大小

**Step 03** 按下Ctrl+Shift+N组合键新建图层并置于图层最底部，命名为“背景”。设置前景色的色号为#ae9532，按下Alt+Delete组合键填充前景色，如图14-3所示。

图14-3 新建图层并填充颜色

**Step 04** 选中“沙发基层”图层，按下Ctrl+T组合键对沙发进行自由变换，适当缩小素材，使左右和下部有空间，如图14-4所示。

**Step 05** 按下Ctrl++组合键放大至细节处清晰为止，使用钢笔工具绘出沙发右侧残缺部分，如图14-5所示。

图14-4　缩小沙发素材

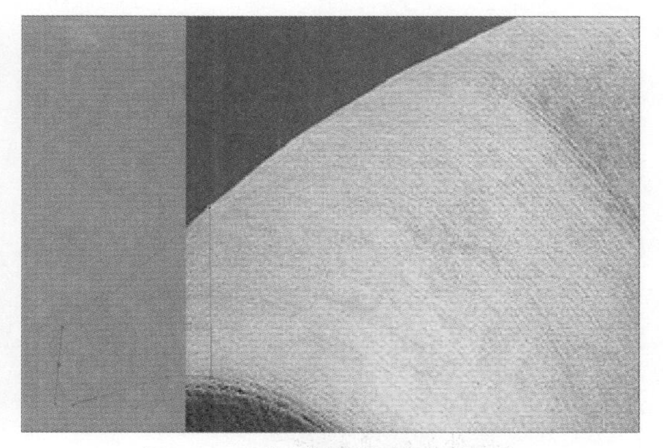

图14-5　绘制沙发右侧残缺部分

**Step 06** 绘制完成后右击路径，在快捷菜单中选择“建立选区”命令，在打开的“建立选项”对话框中设置参数，单击“确定”按钮，如图14-6所示。

**Step 07** 使用矩形选框工具右击选区，在快捷菜单中选择“填充”命令，在打开的“填充”对话框中设置内容为“内容识别”，单击“确定“按钮，如图14-7所示。

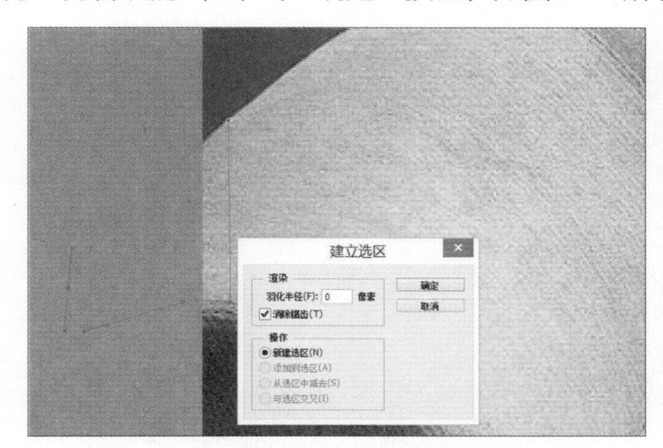


图14-6　建立选区

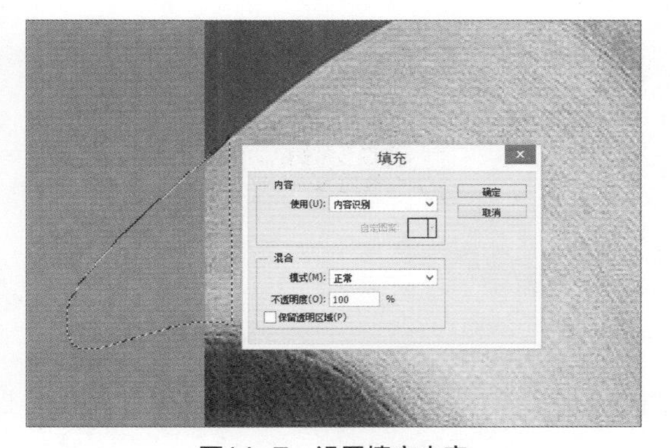


图14-7　设置填充内容

**Step 08** 继续使用钢笔工具沿着沙发右侧扶手绘制出缺失的部分，如图14-8所示。

**Step 09** 按Ctrl+Enter组合键转换为选区，使用矩形选框工具右击选区，选择“填充”命令，在打开的对话框中设置内容为“内容识别”，单击“确定”按钮，效果如图14-9所示。

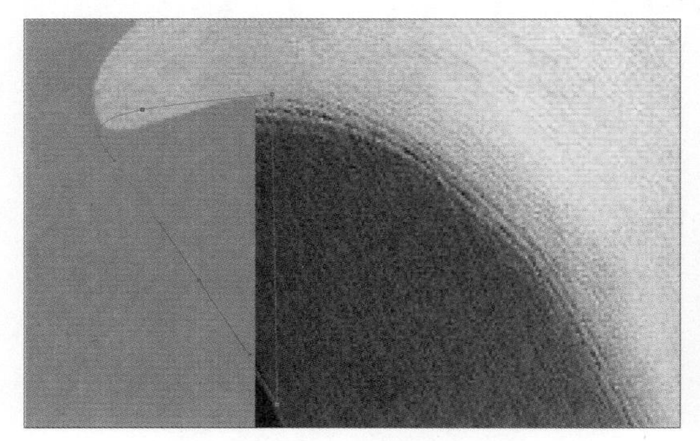

图14-8　绘制路径

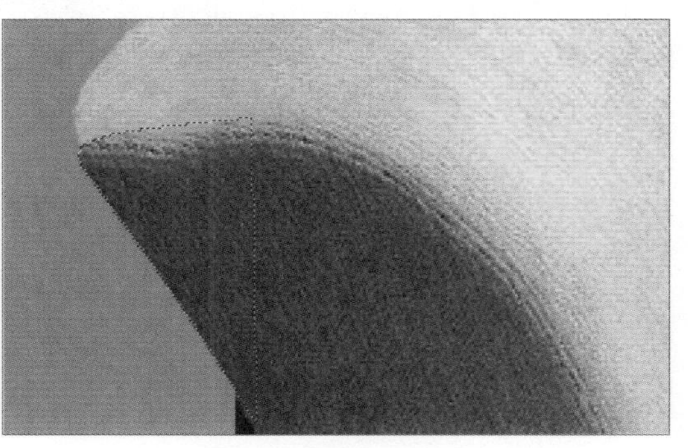

图14-9　填充选区

**Step 10** 沙发右侧扶手椅初步修补完成，如果整体效果欠佳，可以使用仿制图章工具，按住Alt键选中需要仿制的部位，然后根据情况对细节处进行刻画，效果如图14-10所示。

**Step 11** 根据相同的方法修补沙发左侧扶手缺失部分，修补后需要对其进行细微处理，达到满意的效果，效果如图14-11所示。

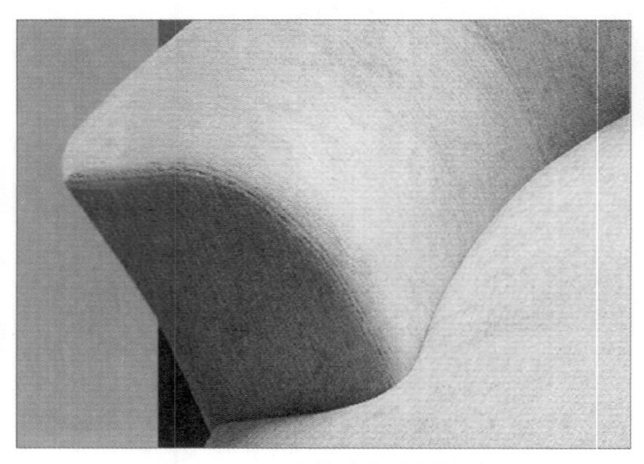

图14-10　完善沙发右侧扶手

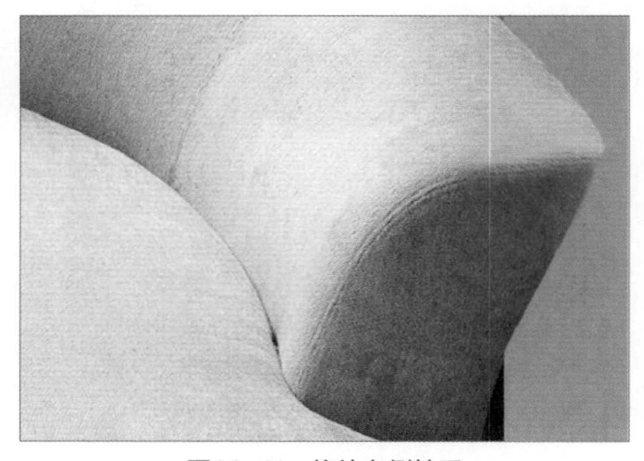

图14-11　修补左侧扶手

**Step 12** 沙发整体还缺少下部分，使用钢笔工具沿着沙发绘制路径，按Ctrl+Enter组合键转换为选区，并按Shift+Ctrl+I组合键进行反选，如图14-12所示。

**Step 13** 然后按下Delete键，删除选区中的内容，效果如图14-13所示。

图14-12　选择背景部分

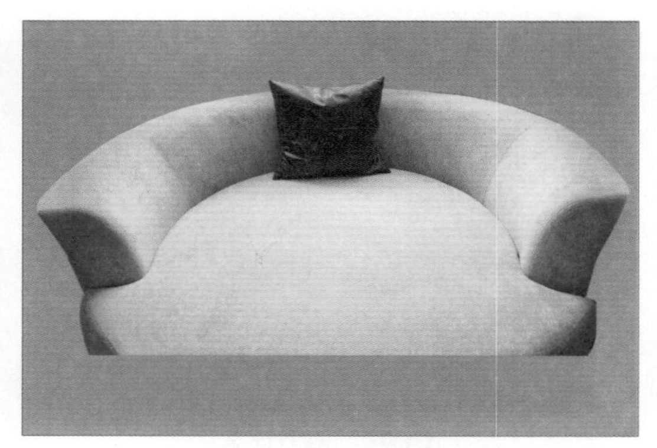

图14-13　删除背景

**Step 14** 使用钢笔工具绘制沙发下部缺少的部分，效果如图14-14所示。

**Step 15** 然后将其转换为选区。使用矩形选框工具右击选区，在快捷菜单中选择“填充”命令，在打开的对话框中设置相关参数，单击“确定”按钮，如图14-15所示。

图14-14　在沙发下部绘制路径

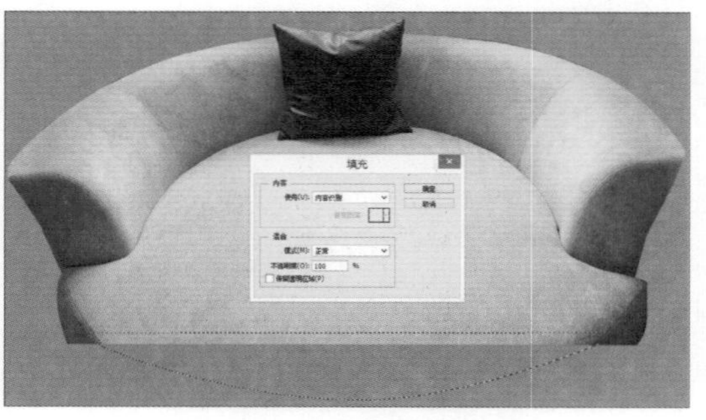

图14-15　设置填充内容

**Step 16** 按下Ctrl+Shift+N组合键新建图层，并命名为“沙发底部阴影”，使用钢笔工具绘制沙发底座的路径，如图14-16所示。

**Step 17** 选中“沙发底部阴影”图层，设置前景色色号为#6f6023，右击路径，在快捷菜单中选择“填充路径”命令，在打开的对话框中设置内容为“前景色”，单击“确定”按钮，如图14-17所示。

图14-16　绘制沙发底座路径

图14-17　填充路径

**Step 18** 使用减淡工具对填充部分两侧进行模糊化处理，效果如图14-18所示。

**Step 19** 执行“滤镜>模糊>动感模糊>”命令，在打开的“动感模糊”对话框中设置角度为-18°，距离为30像素，单击“确定”按钮，如图14-19所示。

图14-18　模糊化处理

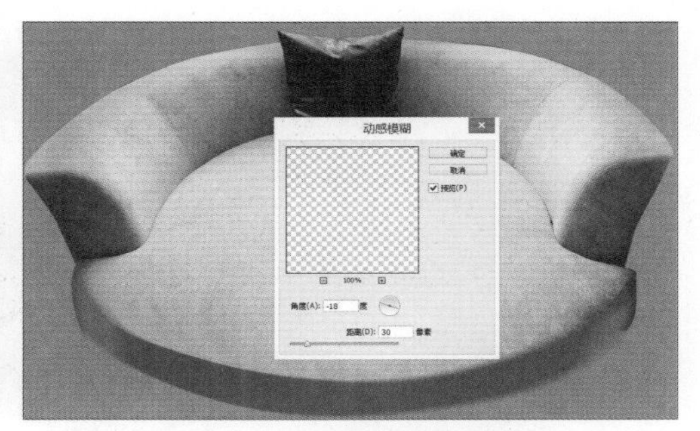


图14-19　设置动感模糊参数

**Step 20** 选择“沙发底部阴影”图层，打开“图层样式”对话框，勾选“斜面和浮雕”复选框，设置样式为“内斜面”，方法为“平滑”，大小为6像素，如图14-20所示。

**Step 21** 勾选“等高线”复选框，设置等高线的范围为43%，勾选“纹理”复选框，设置缩放为100%，深度为100%，如图14-21所示。

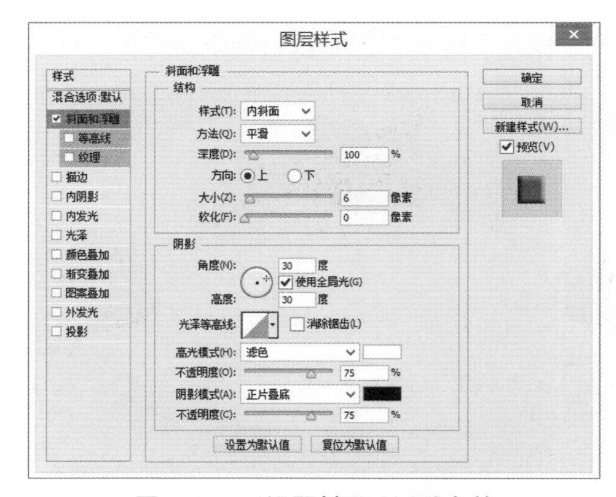


图14-20　设置斜面和浮雕参数

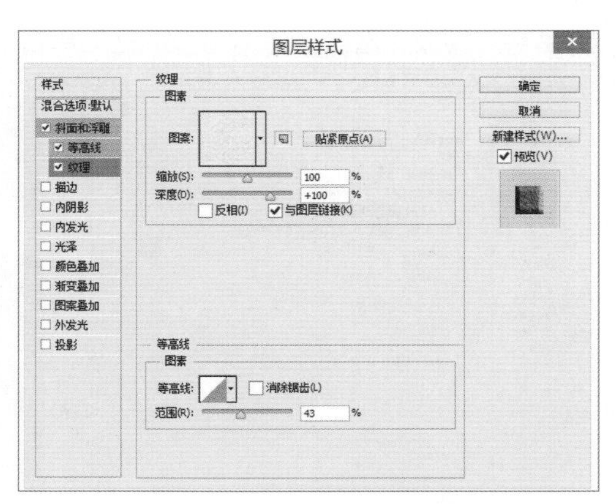


图14-21　设置等高线和纹理参数

**Step 22** 设置完成后单击“确定”按钮，查看添加图层样式后的效果，如图14-22所示。

**Step 23** 新建图层，并命名为“沙发底部高光”，使用钢笔工具沿着暗光的轮廓绘制沙发底座高光部分，效果如图14-23所示。

图14-22　查看效果

图14-23　绘制高光部分

**Step 24** 选中“沙发底部高光”图层，设置前景色色号为#5b522b，并填充颜色。使用减淡工具对填充部分两侧进行模糊化处理，效果如图14-24所示。

**Step 25** 双击“沙发底部高光”图层，打开“图层样式”对话框，添加“斜面和浮雕”图层样式，设置具体参数，如图14-25所示。

图14-24　填充高光部分

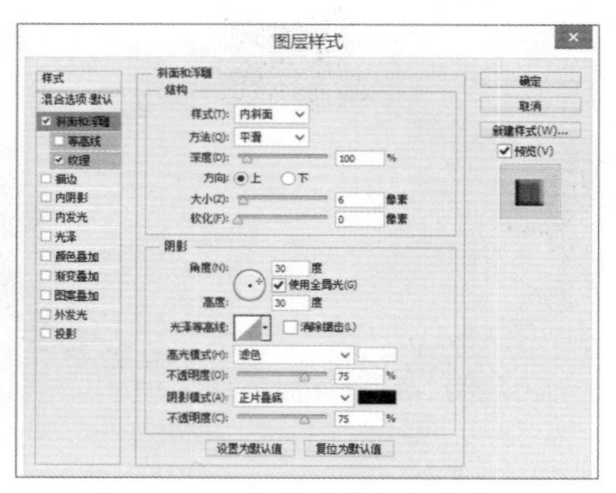


图14-25　设置斜面和浮雕参数

**Step 26** 然后再添加“渐变叠加”图层样式，设置颜色从#5e5840到#ffffff的渐变，角度为-90°，单击“确定”按钮，如图14-26所示。

**Step 27** 使用橡皮擦工具对沙发底部高光两侧部分进行修饰，读者还可以使用仿制图章工具或画笔工具对细节进行刻画，或者添加高斯模糊钝化边缘，效果如图14-27所示。按下Ctrl+S组合键进行保存。

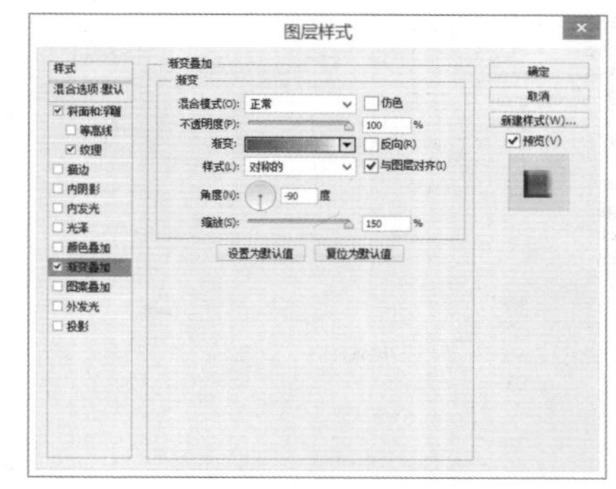


图14-26　设置渐变叠加参数

图14-27　查看沙发最终效果

## 14.1.2 背景效果制作

背景部分主要是关于自然景物，如竹林、草地等，突出沙发绿色环保的特点。本部分主要使用滤镜、透视、蒙版等功能，下面介绍具体的操作方法。

**Step 01** 按下Ctrl+N组合键，打开“新建”对话框，命名为“艺术沙发”，文档大小为2500×2300像素，单击“确定”按钮，如图14-28所示。

**Step 02** 双击“图层1”图层，改名称为“背景”。设置前景色为黑色，按下Alt+Delete组合键填充前景色，执行“滤镜>渲染>光照效果”，设置相关参数，效果如图14-29所示。

图14-28 新建文档

图14-29 添加光照效果

**Step 03** 将“竹林.jpg”素材拖入“艺术沙发”文档中，按下Ctrl+T组合键调整图片大小，使竹林中间最亮的地方在整体的中间位置，如图14-30所示。

**Step 04** 执行“编辑>变换>透视”命令，调整素材的周边控制点，对其进行变形操作，如图14-31所示。

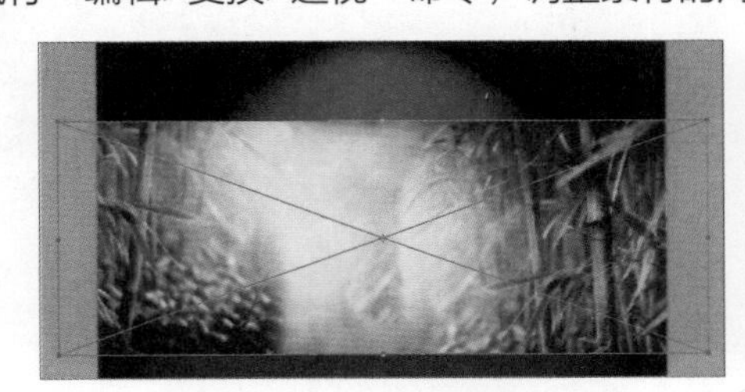

图14-30 置入并调整素材

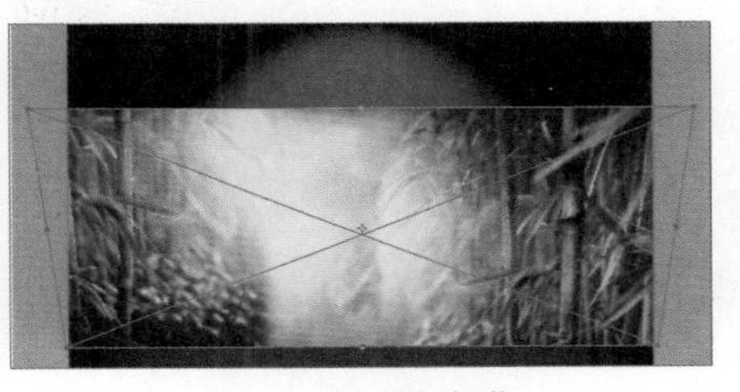

图14-31 透视操作

**Step 05** 选中“竹林”图层并右击，在快捷菜单中选择“栅格化图层”命令，使用矩形选框工具绘制矩形选区，如图14-32所示。

**Step 06** 右击选区，在快捷菜单中选择“填充”命令，在打开的对话框中设置内容为“内容识别”，单击“确定”按钮，按下Ctrl+T组合键调整图片到合适大小，效果如图14-33所示。

图14-32 创建选区

图14-33 填充选区

**Step 07** 选中“竹林”图层，设置混合模式为“滤光”，使之与背景更好地融合，如图14-34所示。

**Step 08** 为“竹林”图层添加图层蒙版，使用画笔工具，绘制出一个灯光照射区域效果。画笔工具的具体参数如图14-35所示。

图14-34 设置图层混合模式

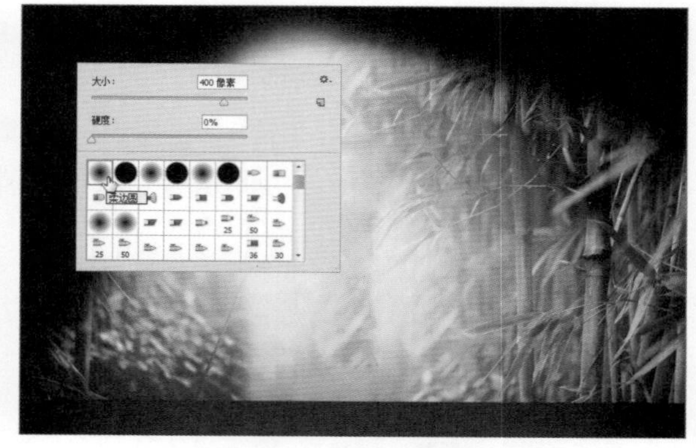


图14-35 绘制光照效果

**Step 09** 修改画笔工具的参数，对绘制的灯光照射区域进行细节微调，相关参数及效果如图14-36所示。

**Step 10** 将“木地板.jpg”素材拖入“艺术沙发”文档中，按下Ctrl+T组合键调整图片大小，并对地板进行透视调整，效果如图14-37所示。

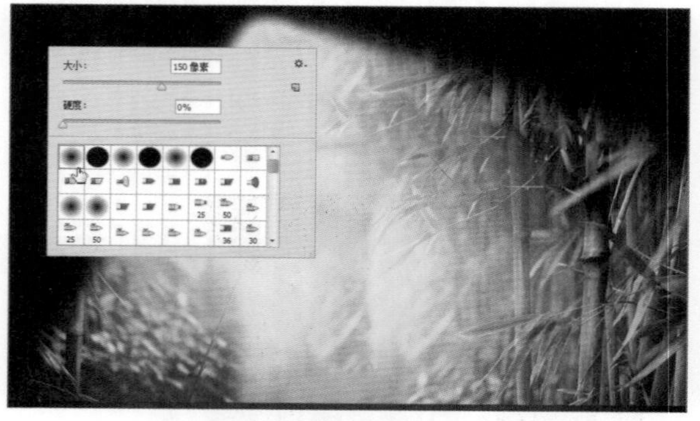


图14-36 微调光照区域

图14-37 置入素材并调整形状

**Step 11** 新建组并命名为“地板”，将“木地板”图层放于“地板”组中。选中“地板”图层，执行“滤镜>模糊>高斯模糊”命令，在打开的对话框中设置具体参数，如图14-38所示。

**Step 12** 执行“滤镜>滤镜库”命令，选择“画笔描边>喷溅”滤镜，参数设置如图14-39所示。

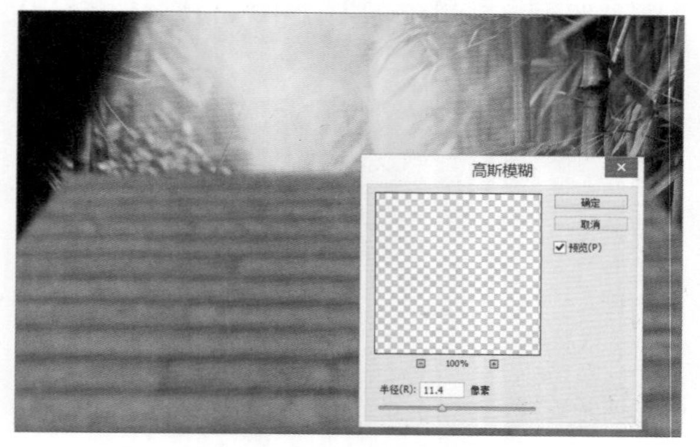


图14-38 设置高斯模糊参数

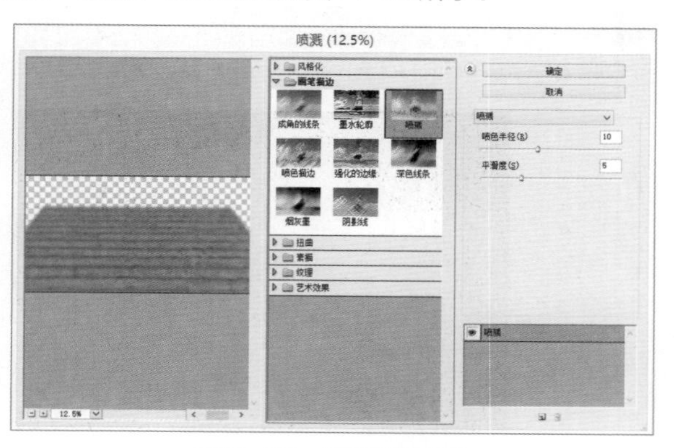


图14-39 设置喷溅参数

**Step 13** 执行“滤镜>杂色>添加杂色”命令，在“添加杂色”对话框中设置数量为11.86%，选“高斯分布”单选按钮，单击“确定”按钮，如图14-40所示。

**Step 14** 选中“地板”图层并单击“添加图层蒙版”按钮，为其添加图层蒙版，使用矩形选框工具绘制选区，如图14-41所示。

图14-40　应用添加杂色滤镜

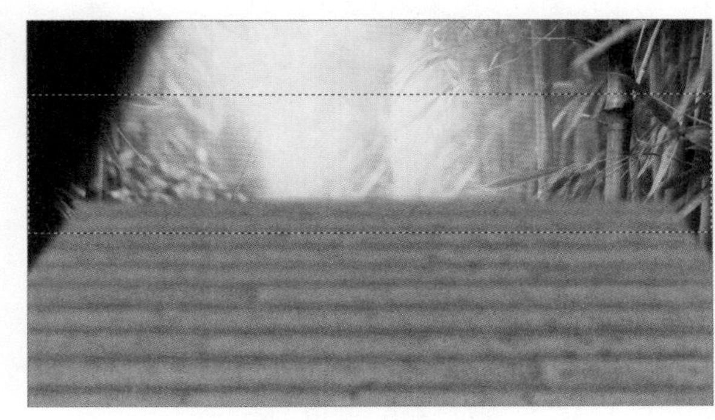

图14-41　创建选区

**Step 15** 按下Ctrl+Delete组合键填充背景色黑色，隐藏选中区域的地板，效果如图14-42所示。

**Step 16** 按Ctrl+N组合键，新建一个名为“草坪”，大小为1200×1200像素的文档，如图14-43所示。

图14-42　设置图层蒙版

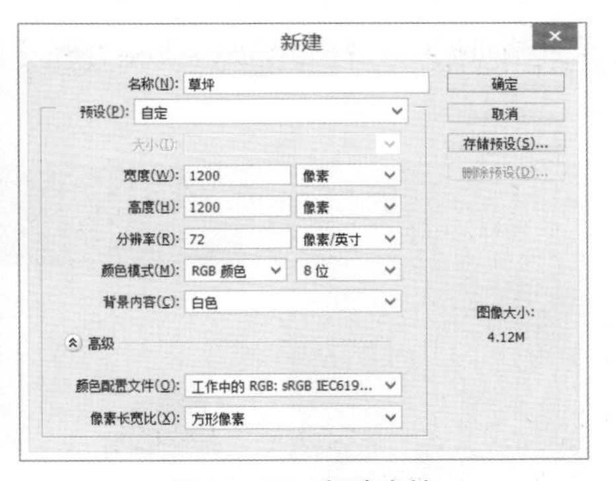


图14-43　新建文档

**Step 17** 双击“图层1”并重命名为“草坪”，设置前景色色号为#669742，按下Alt+Delete组合键填充前景色。执行“滤镜>杂色>添加杂色”命令，在对话框中设置数量33%，效果如图14-44所示。

**Step 18** 执行“滤镜>模糊>高斯模糊”命令，在打开的对话框中设置半径1像素，如图14-45所示。

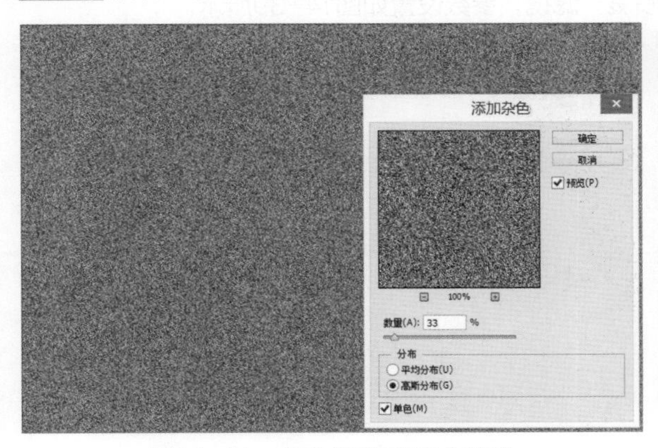


图14-44　应用“添加杂色”滤镜

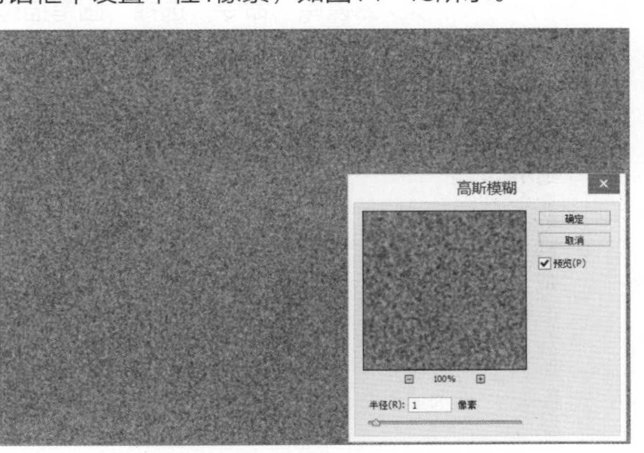


图14-45　应用“高斯模糊”滤镜

Step 19 执行“滤镜>风格化>风”命令，在打开的“风”对话框中设置方法为“飓风”、方向为“从右”，单击“确定”按钮，如图14-46所示。

Step 20 执行“图像>图像旋转>90度（顺时针）”命令，接着执行“滤镜>风格化>风”命令，在对话框中设置方法为“飓风”、方向为“从左”，如图14-47所示。

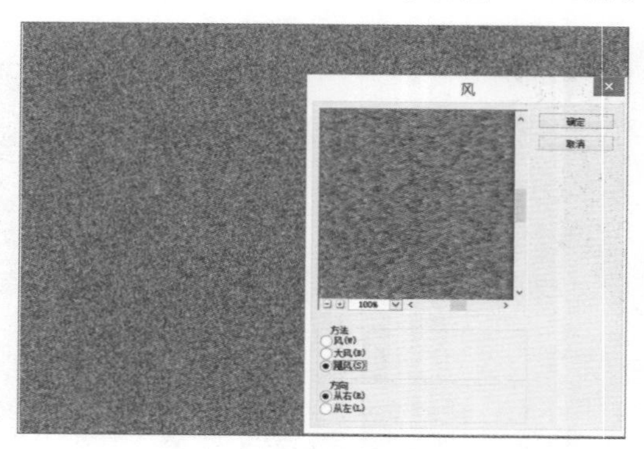


图14-46 应用“风”滤镜

图14-47 应用“风”滤镜

Step 21 执行“图像>图像旋转>90度（逆时针）”命令。按下Ctrl+L组合键打开“色阶”对话框，设置相关参数，单击“确定”按钮，如图14-48所示。

Step 22 选中“草坪”图层，将制作好的草坪直接拖入“艺术沙发”文档中，放在“地板”组中“木地板”图层上方。按下Ctrl+T组合键调整图形大小，并执行“编辑>变换>透视”命令，调整草坪视觉效果，与地板效果一致，如图14-49所示。

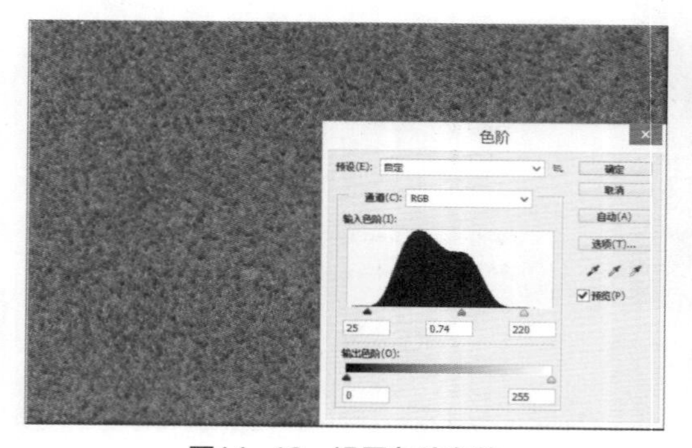


图14-48 设置色阶参数

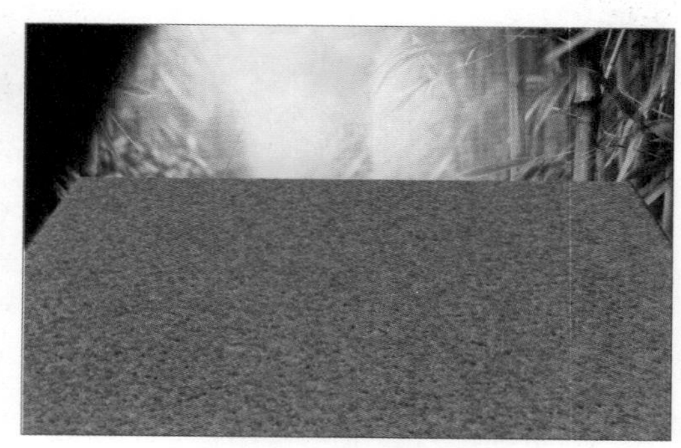

图14-49 调整草坪

Step 23 选中“草坪”图层，在图层面板中设置不透明度为50%，效果如图14-50所示。

Step 24 为“草坪”图层添加图层蒙版，使用矩形选框工具绘制选区，如图14-51所示。

图14-50 设置不透明度

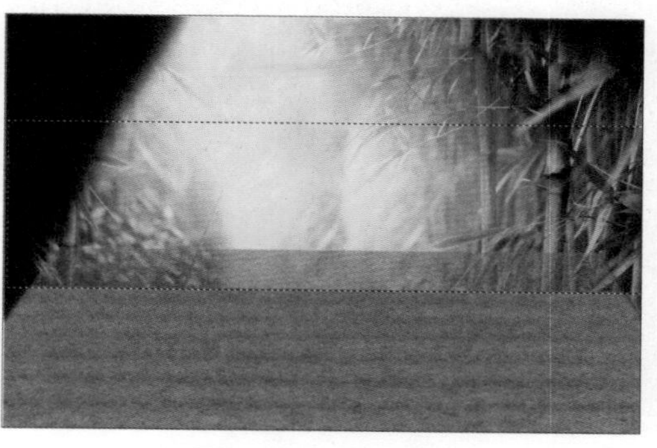

图14-51 创建选区

**Step 25** 按下Ctrl+Delete组合键填充背景色黑色，隐藏选中区域，效果如图14-52所示。

**Step 26** 首先，停用“竹林”图层的图层蒙版，然后，按下Ctrl+Shift+N组合键新建一个图层，置于“草坪”图层之上并命名为“色彩过渡”，设置前景色为色号#f7e68d，使用矩形选框工具绘制选区并填充前景色，效果如图14-53所示。

图14-52 应用图层蒙版

图14-53 绘制选区并填充颜色

**Step 27** 按下Ctrl+D组合键取消选区，选中“色彩过渡”图层，选中橡皮擦工具，设置相关参数，如图14-54所示。

**Step 28** 然后对“色彩过渡”图层进行修饰，效果如图14-55所示。

图14-54 设置橡皮擦参数

图14-55 修饰过渡区域

**Step 29** 设置“色彩过渡”图层的混合模式为“叠加”、“不透明度”为50%。启用“竹林”图层蒙版，查看整体效果，如图14-56所示。

**Step 30** 新建组并命名为“地毯纯色”，在组中新建图层，并命名为“地毯底部”。设置前景色色号为#56a831，使用矩形选框工具绘出一个矩形区域，按下Alt+Delete组合键填充前景色，效果如图14-57所示。

图14-56 设置图层混合模式

图14-57 绘制选区并填充颜色

**Step 31** 按Ctrl+D组合键取消选区，选中“地毯底部”图层，执行“编辑>变换>透视”命令，调整矩形形状，使其产生平铺在草坪上的效果，如图14-58所示。

**Step 32** 双击“地毯底部”图层，打开“图层样式”对话框，勾选“斜面和浮雕”复选框，设置样式为“枕状浮雕”、方法为“平滑”、深度为195%、方向为“下”、大小为10像素，具体参数如图14-59所示。

图14-58　调整矩形形状

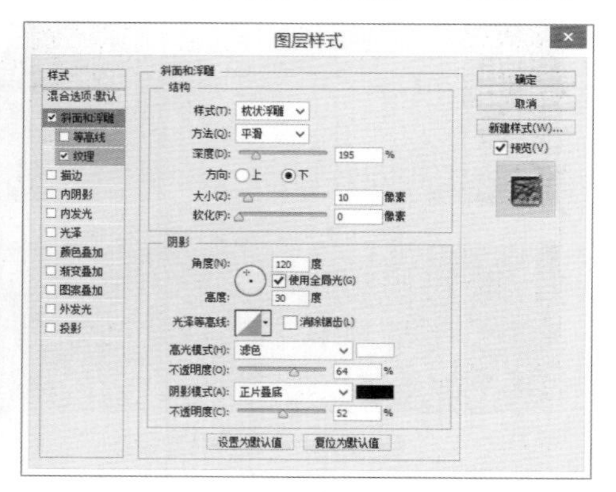


图14-59　添加“斜面和浮雕”图层样式

**Step 33** 勾选“颜色叠加”复选框，设置颜色为绿色、不透明度为30%，如图14-60所示。

**Step 34** 勾选“描边”复选框，设置大小为4像素、位置为“外部”、不透明度为77%、颜色为黑色，单击“确定”按钮，如图14-61所示。

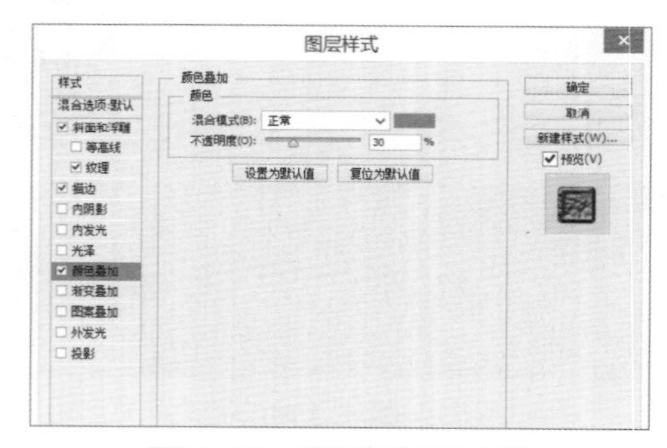


图14-60　设置颜色叠加参数

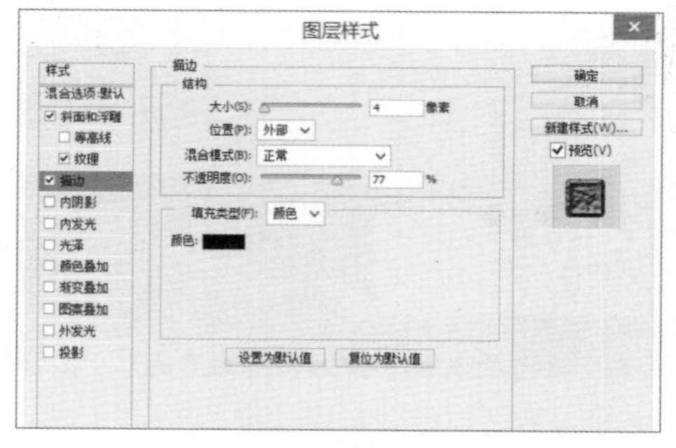


图14-61　设置描边参数

**Step 35** 设置完成后，可见绿色的矩形呈地毯效果，如图14-62所示。

**Step 36** 新建图层并命名为“地毯毛边”，选中画笔工具，打开“画笔”面板，设置相关参数，如图14-63所示。

图14-62　查看地毯效果

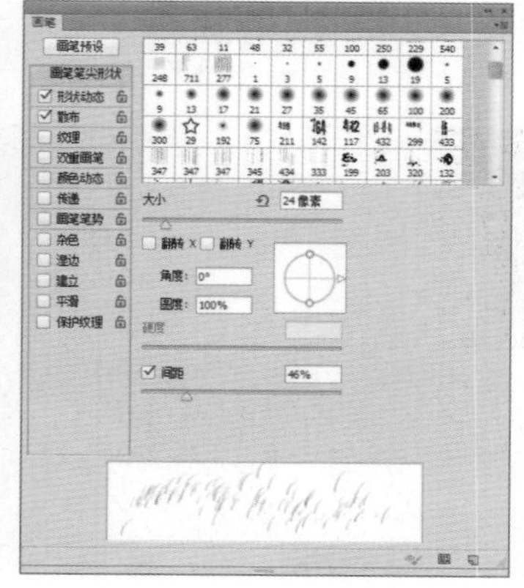

图14-63　设置画笔参数

**Step 37** 使用画笔工具对地毯边缘进行细节刻画，效果如图14-64所示。

**Step 38** 双击“地毯毛边”图层，打开“图层样式”对话框，添加“投影”效果，设置混合模式为“正片叠底”、不透明度为75%、角度为146度，具体参数如图14-65所示。

图14-64　对地毯边缘进行细节处理

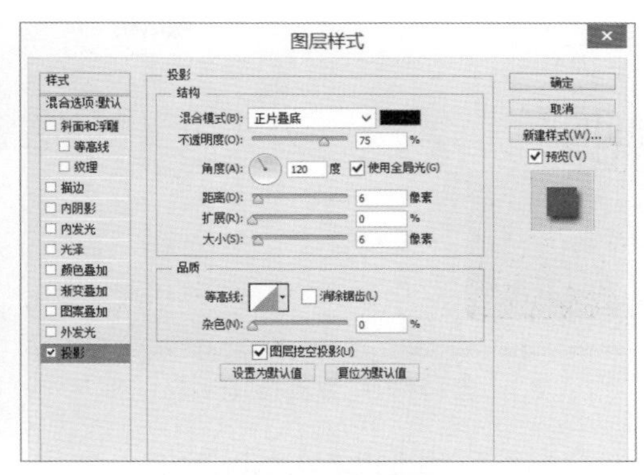


图14-65　设置投影参数

**Step 39** 根据效果使用橡皮擦工具进行微调，如图14-66所示。

**Step 40** 双击“地毯纯色”组，打开“图层样式”对话框，添加“投影”图层样式，如图14-67所示。

图14-66　使用橡皮擦工具涂抹

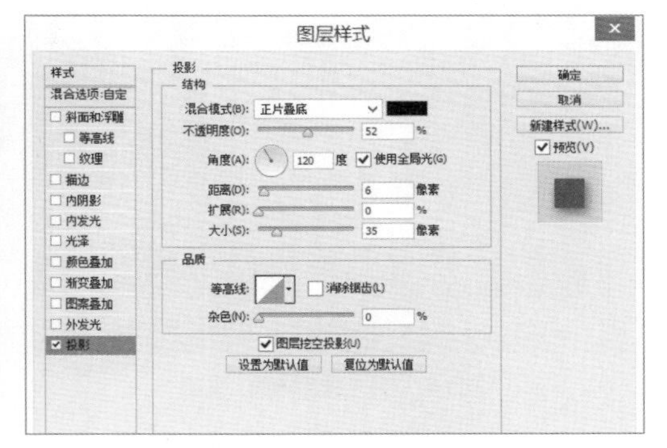


图14-67　设置投影参数

**Step 41** 新建组并命名为“地毯花纹”，在组中新建图层并命名为“树叶”。选中自定形状工具，在属性栏中设置类型为“路径”，单击“形状”下三角按钮，在打开的面板中选择树叶形状，如图14-68所示。

**Step 42** 在页面中绘制一个树叶，选用直接选择工具，调整锚点改变树叶形状，如图14-69所示。

图14-68　选择树叶形状

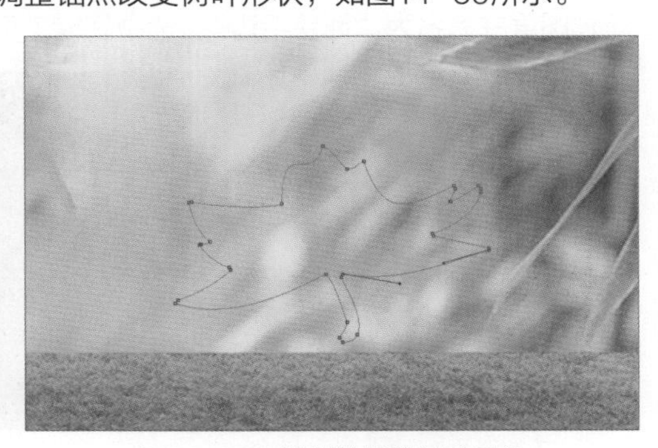

图14-69　绘制并调整树叶形状

**Step 43** 右击路径，在快捷菜单中选择“填充路径”命令，打开“填充路径”对话框，设置内容使用为“颜色”，在打开的对话框中设置颜色为白色，依次单击“确定”按钮，填充树叶形状，如图14-70所示。

Step 44 设置前景色为黑色，选择画笔工具并右击，在面板中设置画笔工具的参数，如图14-71所示。

图14-70　填充树叶形状　　　　图14-71　设置画笔工具的参数

Step 45 使用画笔工具绘制出树叶的叶茎纹路，效果如图14-72所示。

Step 46 新建图层并命名为“树叶颜色”，设置前景色色号为#9bcc7e，选择画笔工具，设置画笔工具的参数如图14-73所示。

图14-72　绘制树叶纹路　　　　图14-73　设置画笔工具的参数

Step 47 使用画笔工具为树叶上色，为了使颜色不超出树叶范围，按下Alt+Ctrl+G组合键创建剪贴蒙版，效果如图14-74所示。

Step 48 选中“树叶”图层并双击，打开“图层样式”对话框，分别勾选“斜面和浮雕”、“等高线”和“纹理”复选框，设置相关参数，如图14-75所示。

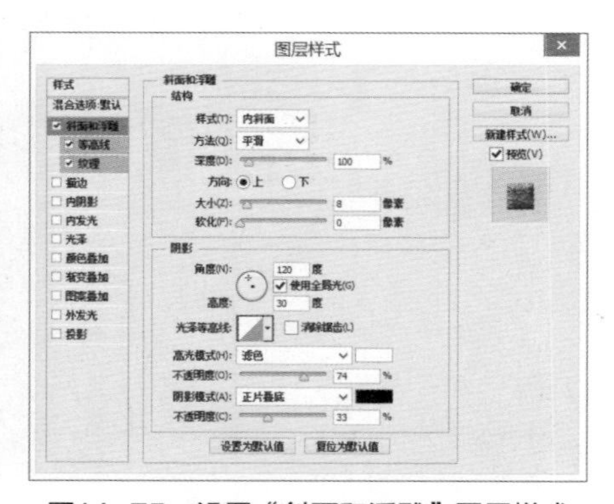


图14-74　为树叶上色　　　　图14-75　设置“斜面和浮雕”图层样式

Step 49 勾选“描边”复选框，设置大小为4像素、位置为“外部”、混合模式为“溶解”、不透明度为54%、颜色为黑色，单击“确定”按钮，如图14-76所示。

**Step 50** 根据相同的方法为树叶设置不同的形状和颜色，适当调整树叶的大小和位置，制作排列出漂亮的花纹图案，最终效果如图14-77所示。

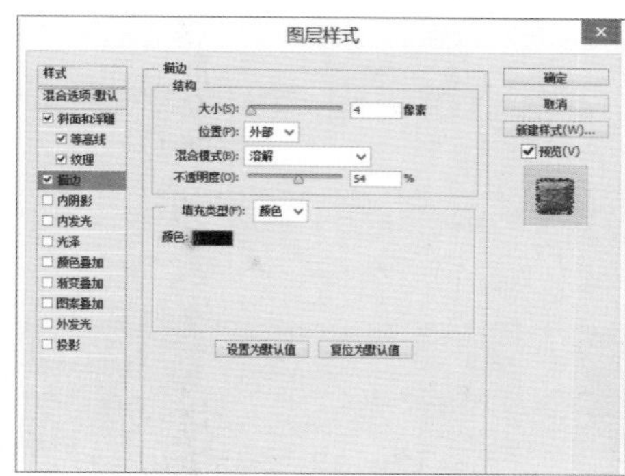

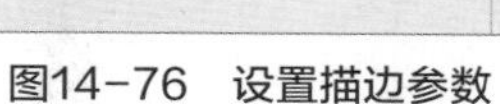

图14-76　设置描边参数

图14-77　设置其他树叶

**Step 51** 选中“地毯花纹”组，使用多边形套索工具沿着地毯边缘绘制一个选区，同时为选区添加图层蒙版，效果如图14-78所示。

**Step 52** 新建组并命名为“沙发”，将“布艺沙发.psd”的所有图层选中，直接拖入“沙发”组中，如图14-79所示。

图14-78　创建图层蒙版

图14-79　拖入沙发素材

**Step 53** 选中“沙发”组，按下Ctrl+T组合键调整其大小，并放在地毯上。双击“沙发底部阴影”图层，打开“图层样式”对话框，添加“阴影”图层样式，效果如图14-80所示。

图14-80　为沙发添加阴影

## 14.1.3 抠取猩猩和飞鸟

本案例突出沙发环保和舒适特点，将使用猩猩在沙发上舒服地躺着来体现该特点。下面将介绍使用通道来抠取猩猩和飞鸟的方法，需要特别注意猩猩毛发的处理。

**Step 01** 新建文档，将“猩猩.jpg”素材直接拖入文档中，并按两次Ctrl+J组合键复制两个图层，如图14-81所示。

**Step 02** 选择“猩猩副本”图层，隐藏“猩猩副本2”及“猩猩”图层，打开“通道”面板，选择猩猩暗光处与周围景色对比度最好的通道进行复制，这里复制绿色通道，如图14-82所示。

图14-81 置入素材

图14-82 复制绿通道

**Step 03** 按下Ctrl+L组合键打开“色阶”对话框，调整至猩猩暗光处与周围黑白对比度最好，单击“确定”按钮，效果如图14-83所示。

**Step 04** 使用画笔工具将猩猩以外的区域涂成白色，并单击“将通道作为选区载入”按钮，按下Ctrl+Shift+I组合键进行反选，如图14-84所示。

图14-83 设置色阶后效果

图14-84 将背景涂成白色

**Step 05** 返回“图层”面板中为“猩猩副本”图层添加图层蒙版，可见猩猩手上的毛发比较少，效果不是很好，如图14-85所示。

**Step 06** 显示“猩猩副本2”图层，隐藏“猩猩副本”图层。选中“猩猩副本2”图层，打开“通道”面板，选择猩猩高光处与周围颜色对比度最好的通道进行复制，此处复制红色通道，如图14-86所示。

**Step 07** 按下Ctrl+L组合键在打开的“色阶”对话框中设置参数，使猩猩高光处与周围黑白对比度最好，如图14-87所示。

**Step 08** 使用画笔工具将猩猩以外的区域涂黑，单击“将通道作为选区载入”按钮，如图14-88所示。

图14-85　查看效果

图14-86　复制红通道

图14-87　设置色阶参数

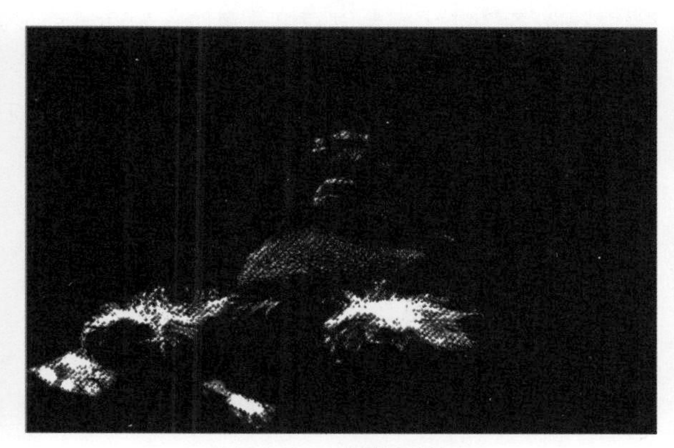

图14-88　将背景涂黑

**Step 09** 返回“图层”面板，为“猩猩副本2”图层添加图层蒙版，查看效果，如图14-89所示。

**Step 10** 显示“猩猩副本”图层，可见猩猩手上的毛发增多。至此，完成猩猩的抠取，效果如图14-90所示。

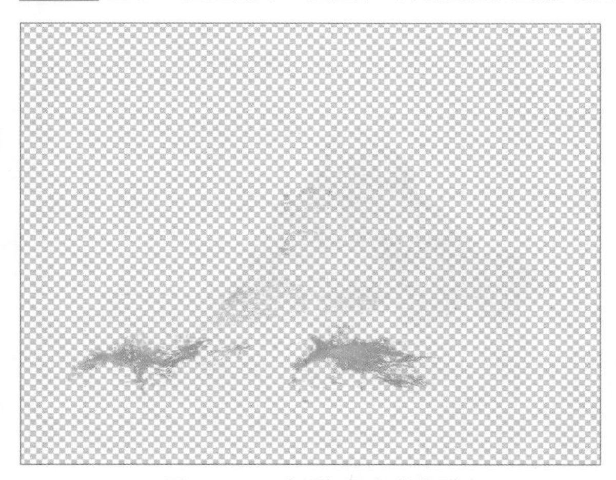

图14-89　查看抠取毛发效果

图14-90　查看抠取猩猩的效果

**Step 11** 置入“飞鸟.jpg”素材，按下两次Ctrl+J组合键复制两个图层，如图14-91所示。

**Step 12** 选择“飞鸟副本”图层，隐藏“飞鸟副本2”及“飞鸟”图层，打开“通道”面板，选择飞鸟暗光处与周围景色对比度最好的通道进行复制，这里复制绿色通道，如图14-92所示。

图14-91　置入飞鸟素材

图14-92　复制绿通道

**Step 13** 按下Ctrl+L组合键打开“色阶”对话框，设置参数直到飞鸟暗光处与周围黑白对比度最好，单击“确定”按钮，如图14-93所示。

**Step 14** 选择画笔工具，使用背景色将飞鸟以外的区域涂白，单击“将通道作为选区载入”按钮，按下Ctrl+Shift+I组合键进行反选，效果如图14-94所示。

图14-93　设置色阶参数

图14-94　将背景涂白

**Step 15** 返回“图层”面板中为“飞鸟副本”图层添加图层蒙版，可见飞鸟的身体部分没有抠取成功，如图14-95所示。

**Step 16** 显示“飞鸟副本2”图层，隐藏“飞鸟副本”图层。选中“飞鸟副本2”图层，打开“通道”面板，选择飞鸟高光处与周围景色对比度最好的通道进行复制，这里复制蓝色通道，如图14-96所示。

图14-95　查看抠取飞鸟的效果

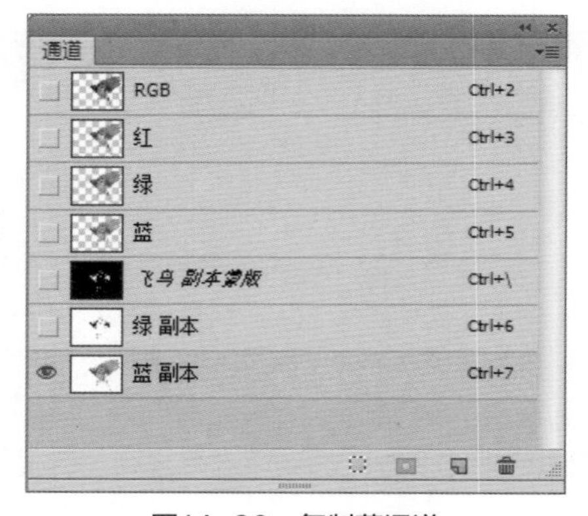


图14-96　复制蓝通道

Step 17 按下Ctrl+L组合键打开“色阶”对话框，调整参数直到飞鸟高光处与周围黑白对比度最好，如图14-97所示。

Step 18 使用画笔工具，将飞鸟以外的区域涂黑，将飞鸟涂成白色，并单击“将通道作为选区载入”按钮，如图14-98所示。

图14-97 设置色阶后效果

图14-98 将背景涂黑

Step 19 返回“图层”面板为“飞鸟副本2”图层添加图层蒙版，查看效果，如图14-99所示。

Step 20 显示“飞鸟副本”图层，查看整体效果。至此，飞鸟抠取完成，如图14-100所示。

图14-99 查看抠取效果

图14-100 完成飞鸟抠取

## 14.1.4 添加修饰元素

下面将各种修饰元素置入到本案例中，并适当进行调整即可完成沙发平面设计。在置入猩猩时，还需要处理毛发和光线。下面介绍具体操作方法。

Step 01 在抠取猩猩的文档中将“猩猩副本”和“猩猩副本2”图层拖入“艺术沙发”的文档中，按下Ctrl+T组合键调整其位置和大小，并适当进行旋转，如图14-101所示。

Step 02 新建组并命名为“毛发底层”，在组中新建两个图层，分别命名为“毛发底层1”和“毛发底层2”。选择画笔工具，打开“画笔”面板，设置画笔参数，如图14-102所示。

Step 03 选中“毛发底层1”图层，设置前景色色号为#584c44，顺着猩猩下部边缘的毛发绘制一次，然后更改前景色色号为#5f3f3d，在合适的地方补色，效果如图14-103所示。

Step 04 选中“毛发底层2”图层，设置前景色色号为#533332，然后在合适的地方补色，让整体具有层次感，效果如图14-104所示。

图14-101　置入猩猩并调整

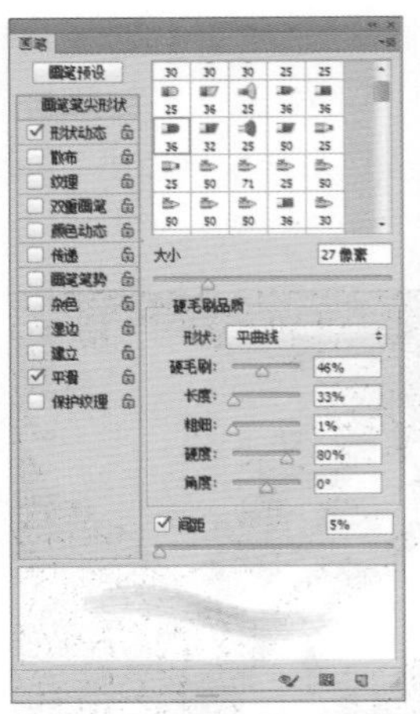


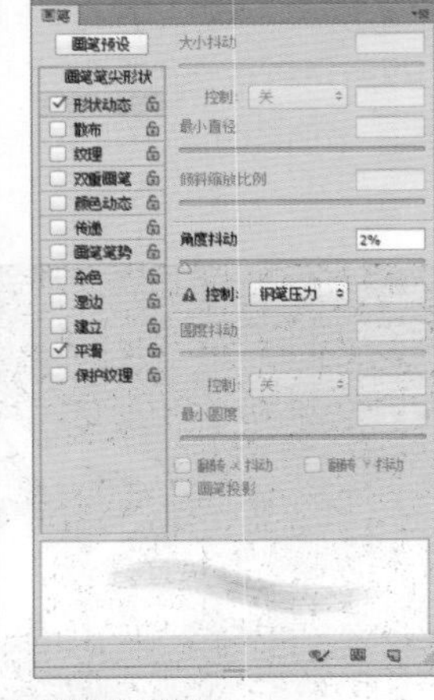


图14-102　设置画笔参数

图14-103　绘制边缘的毛发

图14-104　对边缘毛发进行补色

**Step 05** 新建组并命名为“毛发细节”，在组中新建图层，并命名为“毛发细节”。选择画笔工具，打开“画笔”面板，设置画笔参数，如图14-105所示。

**Step 06** 选中“毛发细节”图层，设置前景色色号为#d80101，顺着猩猩下部边缘的毛发绘制细节毛发，然后更改前景色色号为#fe7438，在合适的地方补色，效果如图14-106所示。

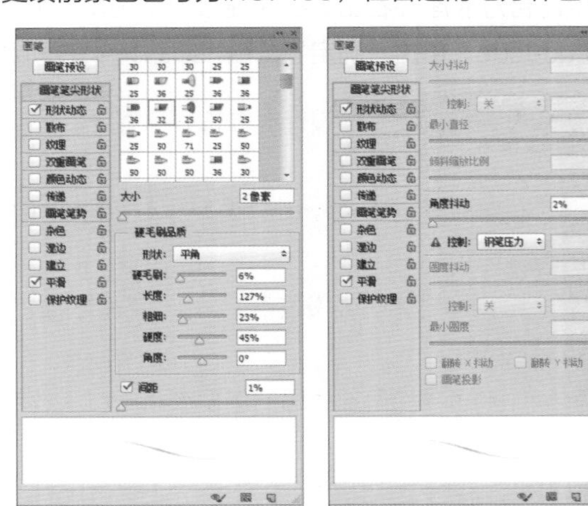


图14-105　设置画笔参数

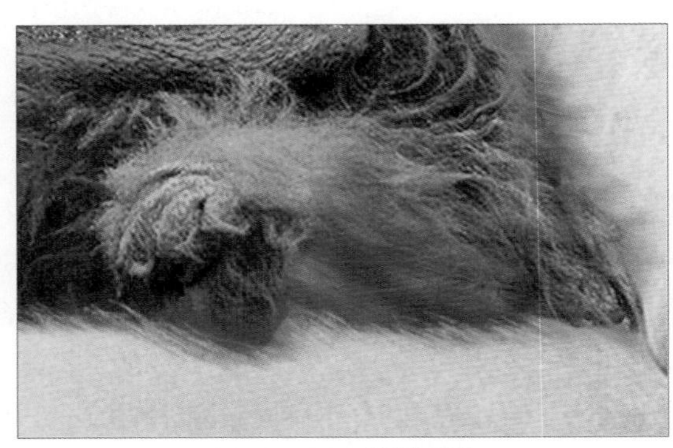

图14-106　绘制毛发

**Step 07** 按下Ctrl+U组合键打开“色相/饱和度”对话框，根据周围的亮度和颜色，调整毛发细节的亮度及颜色，具体参数设置如图14-107所示。

**Step 08** 根据相同的方法对猩猩其他毛发部分进行细节处理，整体效果如图14-108所示。

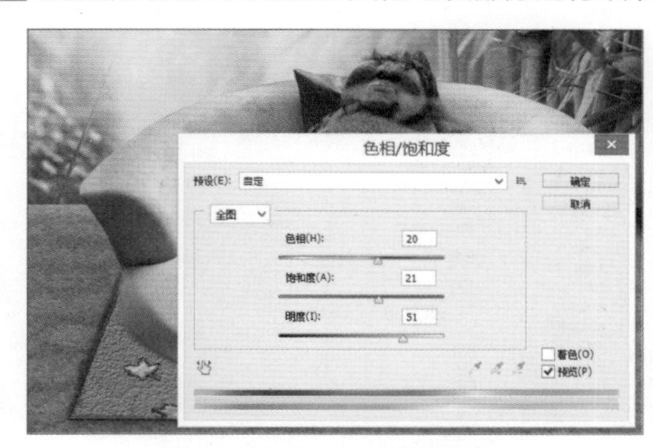


图14-107　调整毛发的亮度

图14-108　处理其他部分毛发

**Step 09** 新建组并命名为“猩猩”，将有关猩猩的所有图层全部拖入其中，如图14-109所示。

**Step 10** 选中“猩猩”组为其添加图层蒙版，使用画笔工具对猩猩整体进行微调。双击“猩猩”组打开“图层样式”对话框，为其添加“投影”图层样式，如图14-110所示。

图14-109　编组

图14-110　调整猩猩并添加投影样式

**Step 11** 选中“飞鸟副本”和“飞鸟副本2”图层拖入“艺术沙发”的文档中，并进行编组，按下Ctrl+T组合键，对飞鸟进行水平翻转，调整其位置和大小，如图14-111所示。

**Step 12** 新建图层并命名为“台灯下端”，使用钢笔工具绘制台灯底座并右击，在快捷菜单中选择“填充路径”命令，设置内容为“颜色”，在对话框中设置色号为#dcdcdc，单击“确定”按钮，如图14-112所示。

图14-111　拖入飞鸟素材

图14-112　绘制台灯下端

**Step 13** 双击“台灯下端”图层，打开“图层样式”面板，分别添加“斜面和浮雕”和“纹理”图层样式，设置相关参数，如图14-113所示。

**Step 14** 然后添加“渐变叠加”图层样式，设置颜色从#979697至#ffffff的渐变，依次单击“确定”按钮，如图14-114所示。

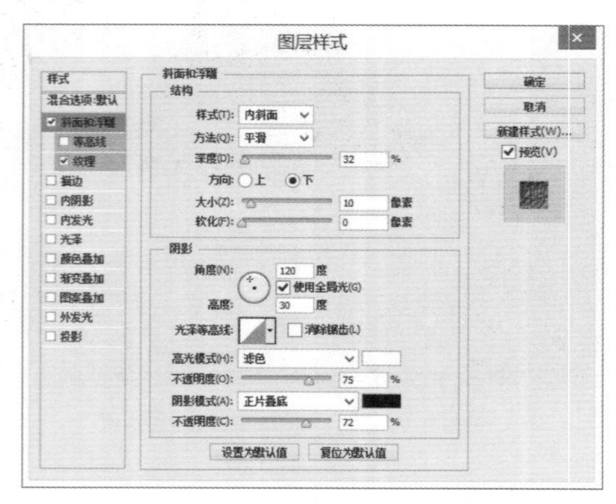


图14-113 设置斜面和浮雕参数

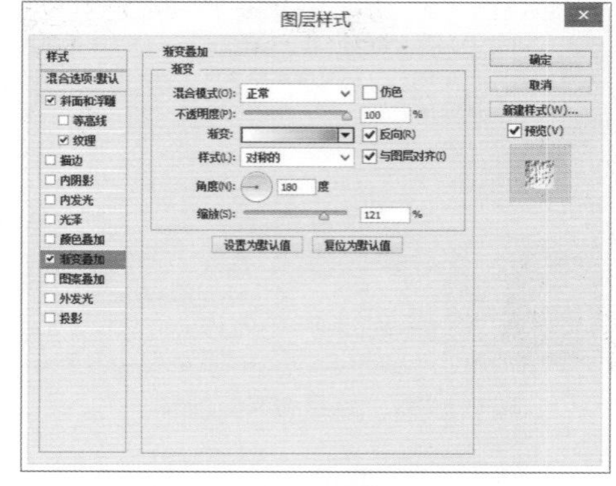


图14-114 设置渐变叠加参数

**Step 15** 新建图层并命名为“台灯下端顶盖”，使用钢笔工具绘制台灯下端顶盖，并填充色号为#bcbcbc的颜色，如图14-115所示。

**Step 16** 新建图层并命名为“灯杆竖”，使用矩形工具，绘制一个长方形，填充黑色，如图14-116所示。

图14-115 绘制台灯下端顶盖

图14-116 绘制灯杆

**Step 17** 双击“灯杆竖”图层，打开“图层样式”面板，添加“渐变叠加”图层样式，设置相关参数，如图14-117所示。

**Step 18** 制作台灯的横向灯杆，复制“灯杆竖”图层并命名为“灯杆横”，按下Ctrl+T组合键调整其方向和位置，如图14-118所示。

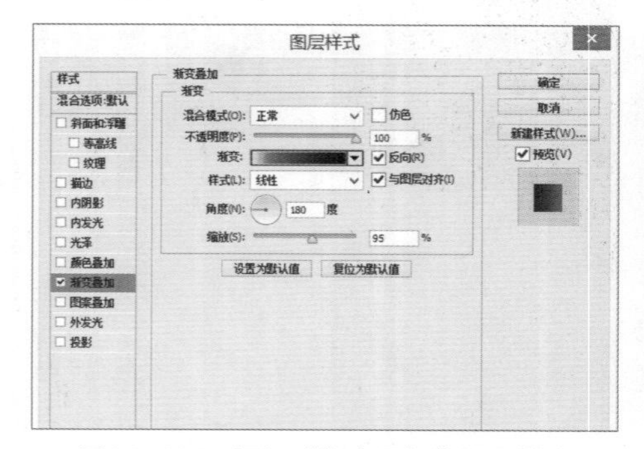


图14-117 添加“渐变叠加”图层样式

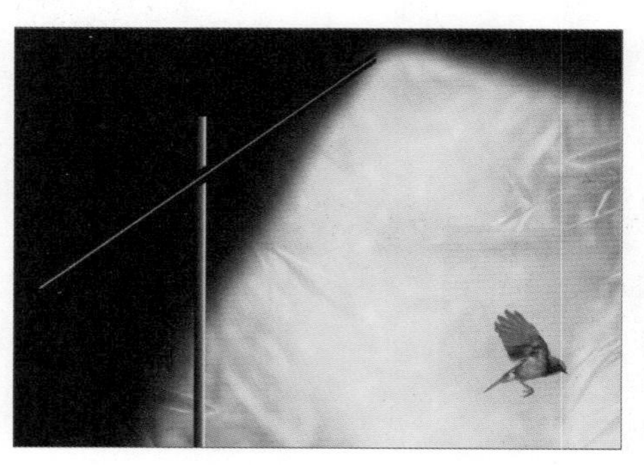

图14-118 制作横灯杆

**Step 19** 新建图层并命名为“灯扣”，使用钢笔工具绘制灯扣，并填充黑色，然后添加“渐变叠加”图层样式，具体参数如图14-119所示。

**Step 20** 选择“灯扣”图层并右击，在快捷菜单中选择“栅格化图层样式”命令，按下Ctrl+T组合键调整其形状，如图14-120所示。

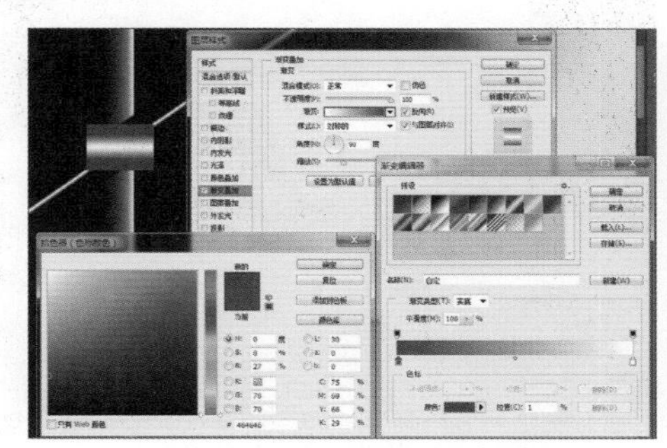

图14-119　设置渐变叠加参数

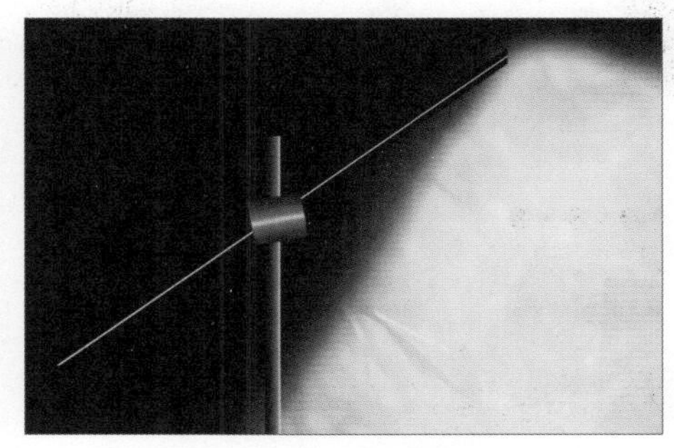

图14-120　调整灯扣形状

**Step 21** 新建图层并命名为“灯罩”，使用钢笔工具绘制灯罩路径，并填充色号为#80c269的颜色，效果如图14-121所示。

**Step 22** 双击“灯罩”图层，添加“渐变叠加”图层样式，设置颜色从#63ad28到#f9fcae的渐变，依次单击“确定”按钮，如图14-122所示。

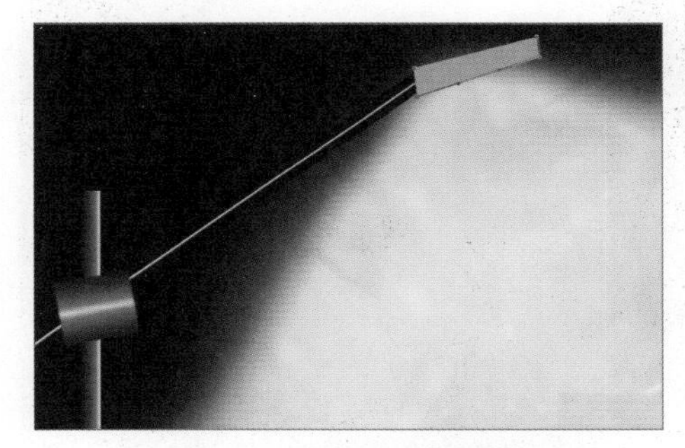

图14-121　绘制灯罩并填充颜色

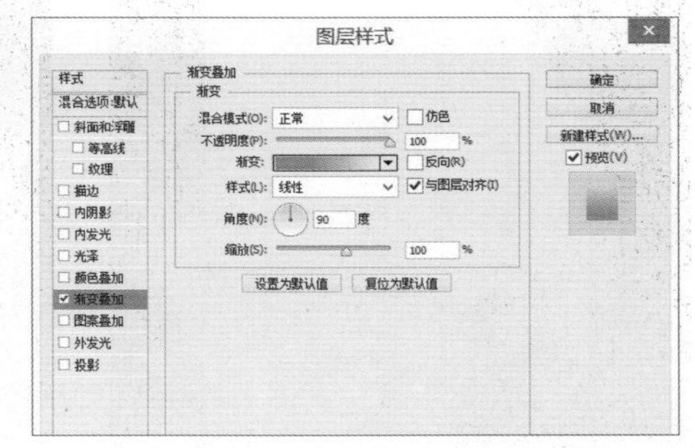


图14-122　添加“渐变叠加”图层样式

**Step 23** 再勾选“外发光”复选框，设置杂色为16%、方法为“柔和”、扩展为7%、大小为7像素，具体参数如图14-123所示。

**Step 24** 至此，整个台灯主体部分制作完成，如图14-124所示。

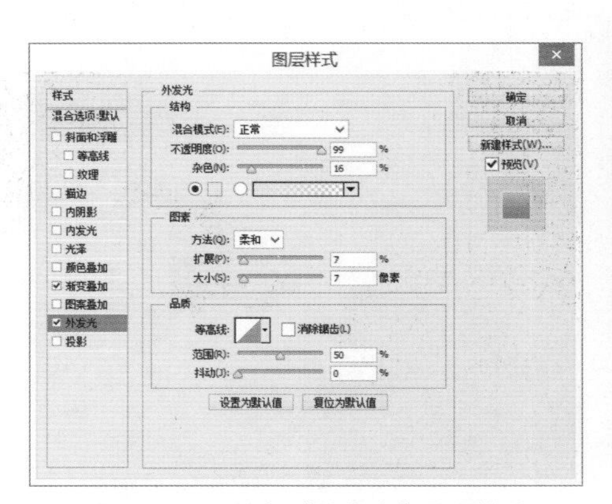


图14-123　添加“外发光”图层样式

图14-124　查看台灯效果

**Step 25** 新建图层并命名为“台灯下端光线调整”，将该图层置于“台灯下端”图层之上。设置前景色色号为#565656，选择画笔工具，并设置相关参数，如图14-125所示。

**Step 26** 根据整体光线效果，绘制出台灯底座的阴影，如图14-126所示。

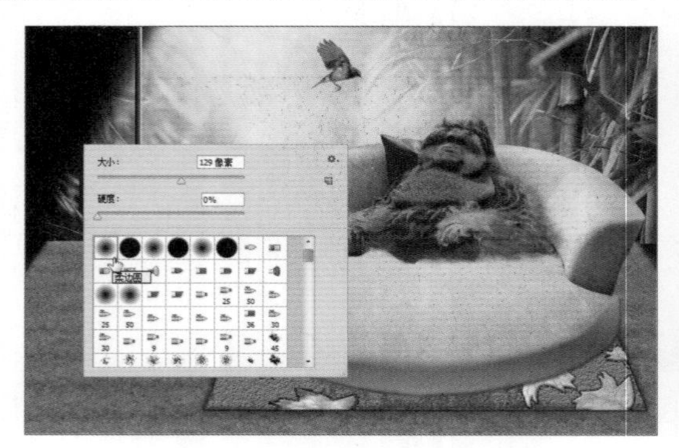


图14-125　设置画笔工具参数

图14-126　绘制台灯底座阴影

**Step 27** 新建图层置于要微调光线的图层之上，图层的名称、位置及阴影，如图14-127所示。

**Step 28** 新建图层并命名为“台灯阴影”。选择画笔工具，设置画笔工具的参数并绘制台灯在地面上的影子，如图14-128所示。

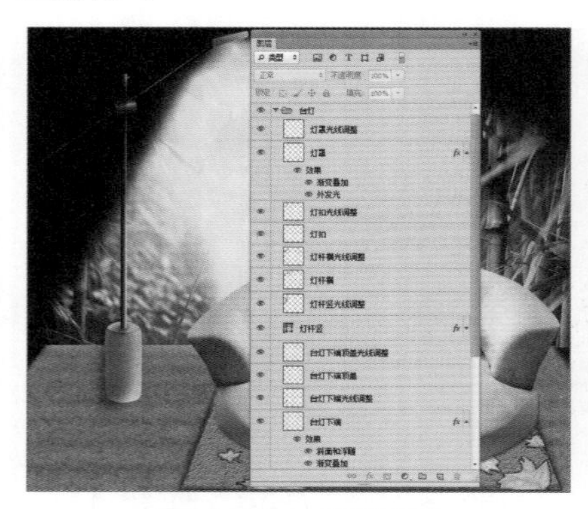

图14-127　新建图层

图14-128　绘制台灯的影子

**Step 29** 双击“台灯阴影”图层，添加“渐变叠加”图层样式，设置不透明度为83%、渐变样式为“线性”、角度为-165°、颜色从#343434到#c9ad5f的渐变，如图14-129所示。

**Step 30** 作品的整体色调偏冷，需要进行微调。单击“图层”面板中“创建新的填充或调整图层”下三角按钮，在列表中选择“色相/饱和度”选项，在打开的面板中设置色相/饱和度参数，如图14-130所示。

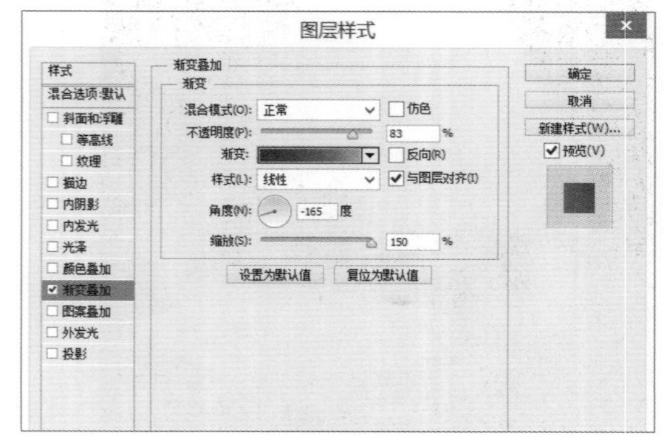


图14-129　设置渐变叠加参数

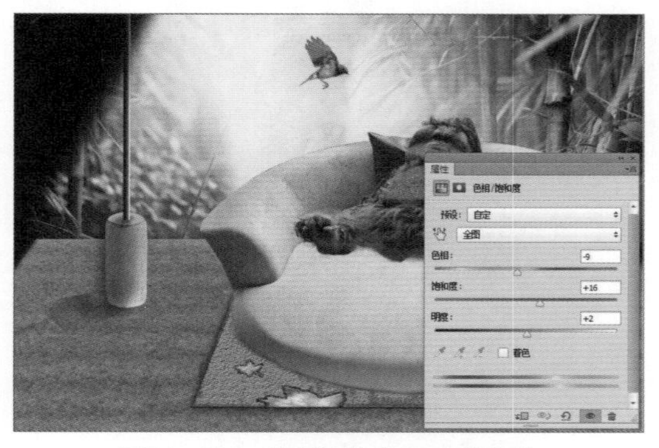


图14-130　设置色相饱和度的参数

**Step 31** 使用横排文字工具，要左下角输入相关文字，并设置文字的格式，起到点明设计主题的作用。至此，沙发广告设计制作完成，效果如图14-131所示。

图14-131　查看最终效果

## 14.2　葡萄酒广告设计

本案例以葡萄酒为主体，添加各种元素，展现出绿色、健康的理念，下面介绍具体的设计方法。

### 14.2.1　背景制作

首先是广告背景的制作，这里需要紧扣主体，选择葡萄果园为主体，同时为其添加装饰元素以丰富画面，下面详细介绍具体操作方法。

**Step 01** 打开Photoshop软件，按Ctrl+N组合键，弹出“新建”对话框，创建名为“葡萄洒广告”文档，如图14-132所示。

**Step 02** 在菜单栏中执行“文件>置入”命令，置入“果园.jpeg”文件，调整其大小，并重命名图层，同时栅格化图层，如图14-133所示。

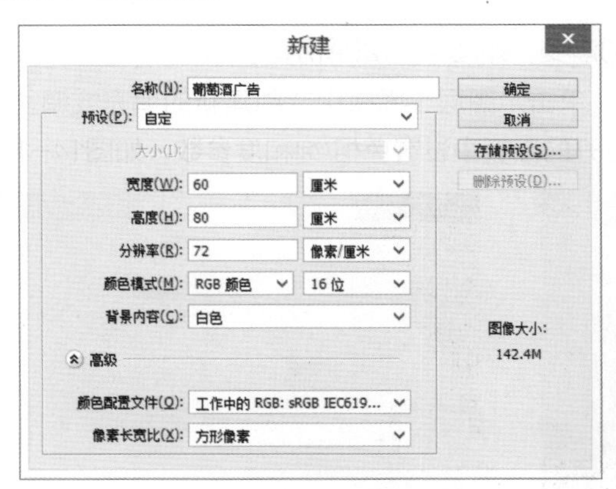


图14-132　“新建”对话框

图14-133　置入果园素材

**Step 03** 在菜单栏中执行“文件>置入”命令，置入“天空.jpeg”文件，调整其大小和位置，并重命名图层，如图14-134所示。

**Step 04** 在“图层”面板中选中“天空”图层，单击“添加图层蒙版”按钮，即可添加白色的图层蒙版，如图14-135所示。

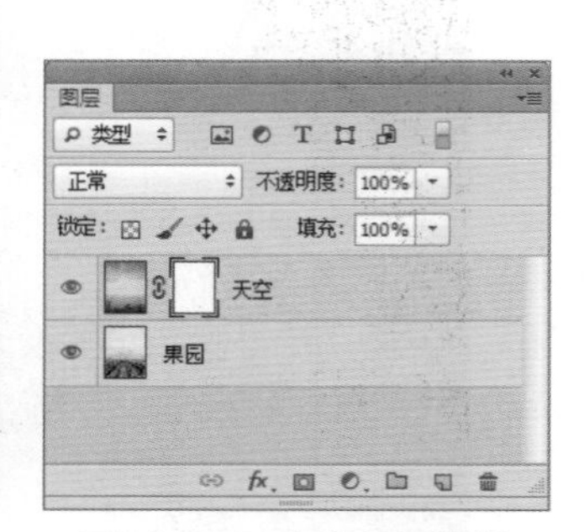

图14-134　置入天空素材　　图14-135　添加图层蒙版

**Step 05** 在工具箱中选择渐变工具，在属性栏中单击渐变颜色条，打开“渐变编辑器”对话框，设置颜色从白色至黑色的渐变，单击“确定”按钮，如14-136图所示。

**Step 06** 在属性栏单击“线性渐变”按钮后，在“天空”图层中由上向下拖曳绘制渐变线，如14-137图所示。

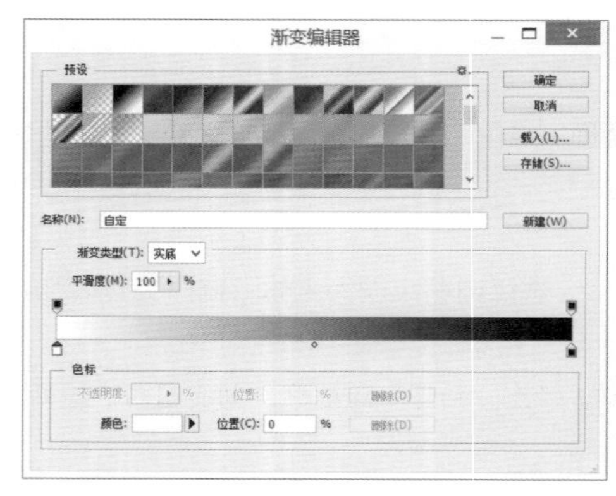

图14-136　渐变编辑器　　图14-137　绘制渐变线

**Step 07** 绘制完成之后在文档窗口中查看效果，如图14-138所示。

**Step 08** 在“图层”面板中同时选择“天空”图层和“果园”图层，按Ctrl+G组合键进行编组，组名为“背景”，如图14-139所示。

图14-138　查看效果　　图14-139　背景编组

**Step 09** 在“图层”面板下方单击“创建新图层”按钮，新建一个图层并命名为“轮廓”，如图14-140所示。

**Step 10** 在工具箱中选择油漆桶工具，并将前景色设置为黑色，为“轮廓”图层填色，如图14-141所示。

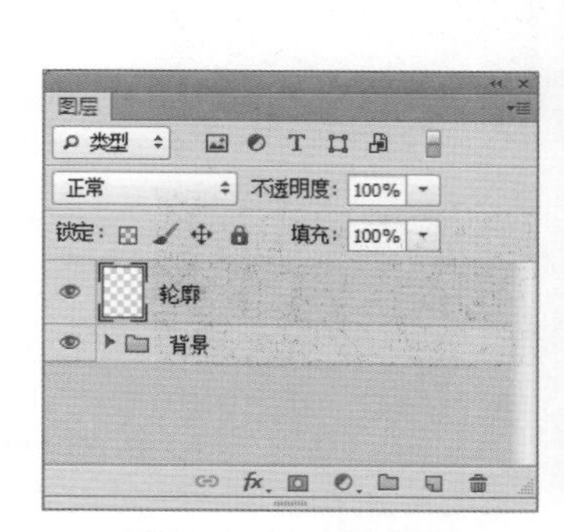

图14-140　新建图层

图14-141　填充图层

**Step 11** 在“图层”面板中为“轮廓”图层添加图层蒙版，如图14-142所示。

**Step 12** 双击蒙版，在弹出的“属性”面板中将“浓度”属性调整为100%，如图14-143所示。

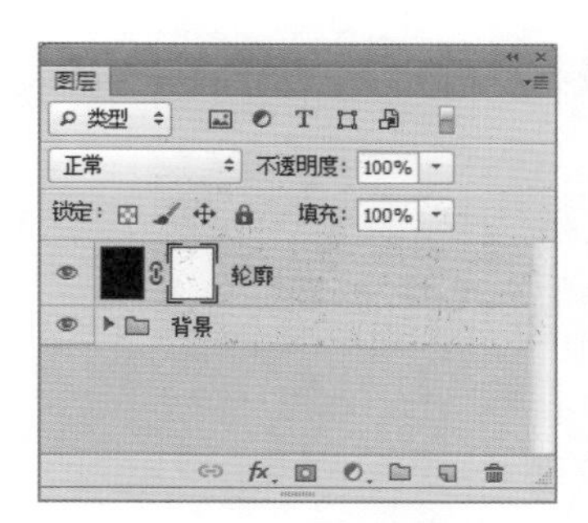


图14-142　添加图层蒙版

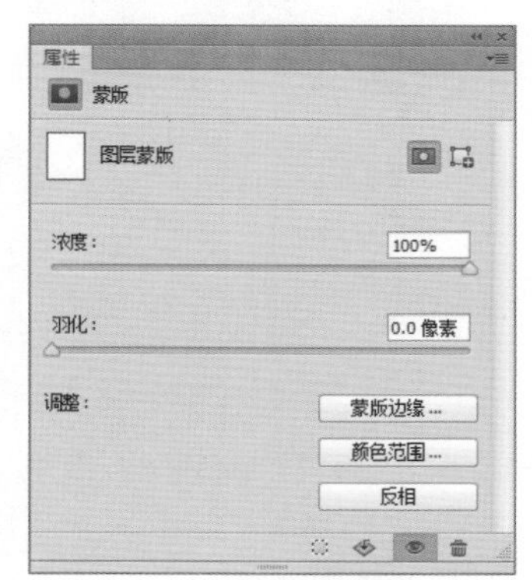


图14-143　调整图层蒙版属性

**Step 13** 按Ctrl+H组合键，显示额外内容，其中设置额外内容为网格，便于下一步的操作，如图14-144所示。

**Step 14** 在工具箱中选择椭圆选框工具，在文档窗口中绘制椭圆选区，如图14-145所示。

图14-144　显示网格

图14-145　绘制椭圆选区

**Step 15** 再次按Ctrl+H组合键取消显示额外内容，然后按Ctrl+I组合键使蒙版反相，如图14-146所示。

**Step 16** 按Ctrl+D组合键取消选区，在“属性”面板设置蒙版的羽化值，如图14-147所示。

图14-146　取消显示网格

图14-147　羽化蒙版

**Step 17** 在“创建新的填充或调整图层”列表中选择“颜色平衡”选项，然后在面板中设置参数，如图14-148所示。

**Step 18** 设置完成之后，在文档窗口查看效果图，如图14-149所示。

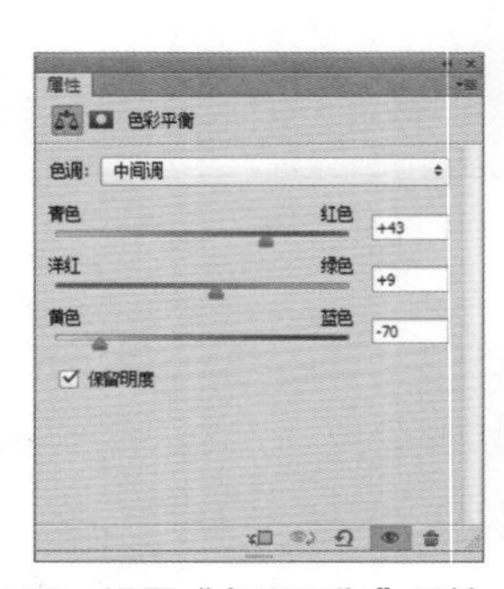


图14-148　设置“色彩平衡”属性

图14-149　查看背景效果

## 14.2.2　红酒酒瓶制作

接着是红酒酒瓶的制作，置入酒瓶后，为其创建阴影效果并添加对应的修饰元素，下面将介绍具体操作方法。

**Step 01** 执行“文件>打开”命令，打开“红酒.png”素材文件，如图14-150所示。

**Step 02** 将其拖动到“葡萄酒广告”文档中，按Ctrl+T组合键，通过自由变换调整其大小，并将图层重命名，如图14-151所示。

图14-150　打开图像

图14-151　调整大小

Step 03 在工具箱中选择椭圆工具，在属性栏中设置填充为黑色，在酒瓶的下方绘制椭圆形，并命名为“阴影”，适当调整图层的位置，如图14-152所示。

Step 04 打开“水流”素材，将其拖动到“葡萄酒广告”中，按Ctrl+T组合键，通过自由变换调整其大小，并将图层重命名，如图14-153所示。

Step 05 在“图层”面板中将“红酒”、“水流”和“阴影”图层编组并命名为“红酒”，如图14-154所示。

图14-152 创建阴影

图14-153 置入水流素材

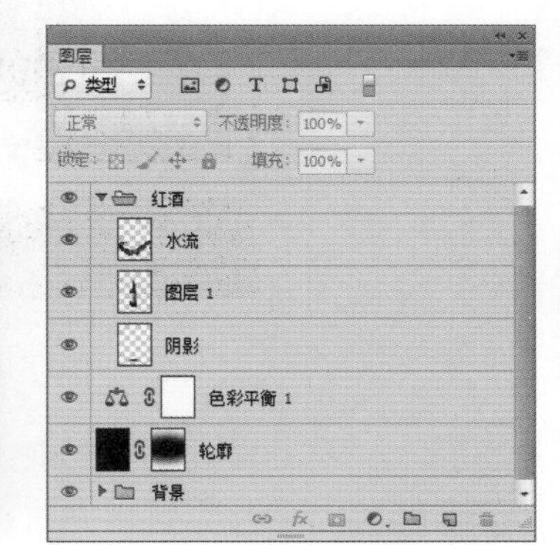


图14-154 图层编组



## 14.2.3 添加修饰元素

最后为了让画面更加丰富，将添加一些修饰元素，在选择修饰元素时需要注意围绕主题，并添加一些必要的文字说明，下面将介绍具体操作方法。

Step 01 在“图层”面板中新建组并命名为“藤蔓”，在新建组中新建3个图层，分别进行命名，如图14-155所示。

Step 02 选择“藤蔓1”图层，在工具箱中选择自定形状工具，载入光盘中的“藤蔓.csh”文件，选择藤蔓形状，如图14-156所示。

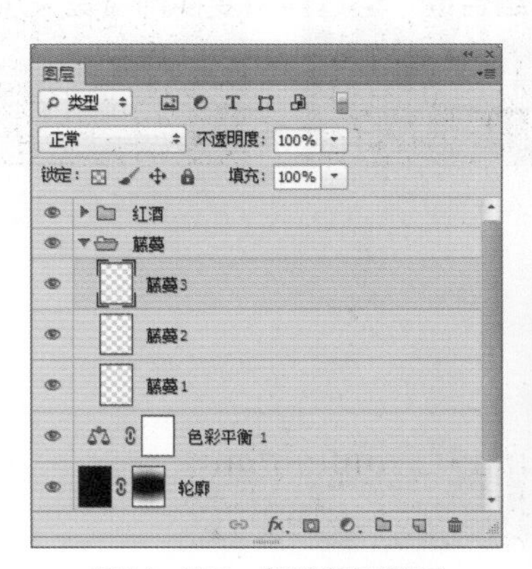


图14-155 新建组和图层

图14-156 载入藤蔓形状

**Step 03** 同时在自定形状工具属性栏中设置填充为纯色、无边框，如图14-157所示。

**Step 04** 绘制藤蔓形状并通过自由变换调整大小、方向，如图14-158所示。

图14-157　设置自定形状属性

图14-158　绘制藤蔓形状

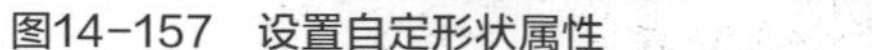

**Step 05** 以同样的方法选择不同的藤蔓形状绘制藤蔓2和藤蔓3，并进行调整大小、方向，效果如图14-159所示。

**Step 06** 在菜单栏中执行“文件>打开”命令，打开“蓝色蝴蝶.png”、“黄色蝴蝶.png”等图像，并将它们拖入图像中，同时调整大小、位置和方向，如图14-160所示。

**Step 07** 最后添加上装饰性文字以及边条等元素。至此，葡萄酒广告已经制作完毕，如图4-161所示。

图14-159　绘制其他藤蔓

图14-160　置入其他图像

图14-161　查看最终效果

# 包装与封面设计

产品包装的主要作用是在运输、储存或销售流通过程中可以有效地保护产品。包装是消费者对产品的视觉体验，是产品个性化的直接传递，也是企业形象的直观表现。

封面设计是书籍装帧艺术的重要组部分。封面设计应遵循平衡、韵律和调和的规律，突出主题，运用构图、色彩、图案等知识，从而设计出完美、典型，富有情感的封面。

本章主要通熊猫人封面和月饼盒包装两个案例的设计过程，向读者介绍Photo-shop中封面和包装设计的方法。

**核心知识点**

❶ 掌握蒙版的应用
❷ 掌握图层样式的应用
❸ 掌握选框工具的应用
❹ 掌握钢笔工具的应用

熊猫人封面

立体封面效果

月饼盒平面设计

月饼盒立体设计

# 15.1 熊猫人封面设计

熊猫人封面设计以暗色为主，体现战火的主题。在制作熊猫人封面过程中，会涉及非常多的图层，读者需要理清层次，大致分为背景、人物和光源几个层次。本案例主要用到蒙版、通道、图层样式等功能。

## 15.1.1 封面背景设计

在本案例中首先制作封面的背景，读者需要将准备的素材图片通过调整制作成战火的效果，主要使用可选颜色、曲线、照片滤镜、色相/饱和度等功能，下面介绍具体的操作方法。

**Step 01** 按Ctrl+N组合键，打开“新建”对话框，名称命名为“熊猫人封面”，尺寸为872×1200像素，分辨率为120，单击“确定”按钮，如图15-1所示。

**Step 02** 置入“天空.jpg”素材文件，调整合适的大小并移动至画面的顶部，按回车键确认，右击该图层，在快捷菜单中执行“栅格化图层”命令，如图15-2所示。

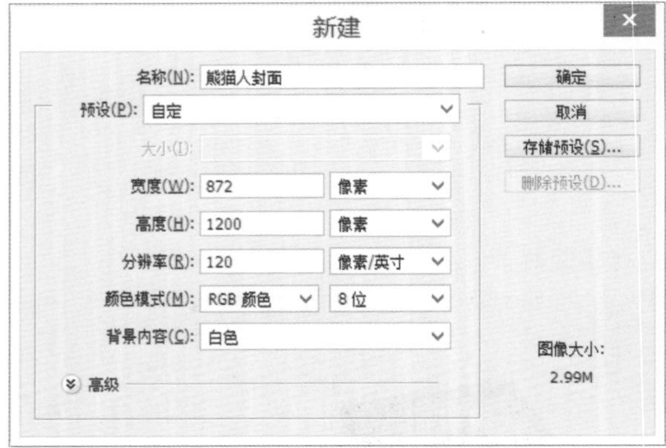


图15-1 “新建”对话框

图15-2 置入天空素材

**Step 03** 执行“滤镜>模糊>径向模糊”命令，打开“径向模糊”对话框，设置数量为10，选中“缩放”和“最好”单选按钮，单击“确定”按钮，如图15-3所示。

**Step 04** 单击“创建新的填充或调整图层”下三角按钮，在列表中选择“可选颜色”选项，在打开的面板中调整“洋红”和“蓝色”的相关参数，向下创建剪贴蒙版，如图15-4所示。

图15-3 设置径向模糊

图15-4 设置可选颜色

Step 05 在“创建新的填充或调整图层”列表中选择“色彩平衡”选项，分别调整“阴影”和“中间调”的参数，向下创建剪贴蒙版，如图15-5所示。

Step 06 在“创建新的填充或调整图层”列表中选择“照片滤镜”选项，在面板中选中“颜色”单选按钮，设置颜色为#8b5303，适当降低浓度，向下创建剪贴蒙版，如图15-6所示。

图15-5 设置色彩平衡

图15-6 设置照片滤镜

Step 07 在“创建新的填充或调整图层”列表中选择“曲线”选项，将曲线向下拖曳，适当调暗天空云朵部分，向下创建剪贴蒙版，如图15-7所示。

Step 08 在“创建新的填充或调整图层”列表中选择“色相/饱和度”选项，设置相关参数降低画面的饱和度，向下创建剪贴蒙版，如图15-8所示。

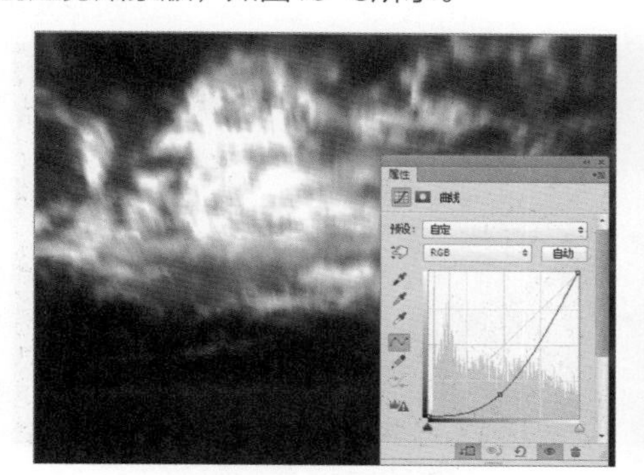

图15-7 设置曲线

图15-8 设置色相饱和度

Step 09 新建空白图层，选择画笔工具，设置前景色为#010000，在属性栏中设置画笔大小为125像素、“硬度”为0、不透明度26%”，然后涂抹天空右半部分，效果如图15-9所示。

Step 10 选中除“背景”图层外的所有图层，按Ctrl+G组合键编组，并命名为“天空”，如图15-10所示。

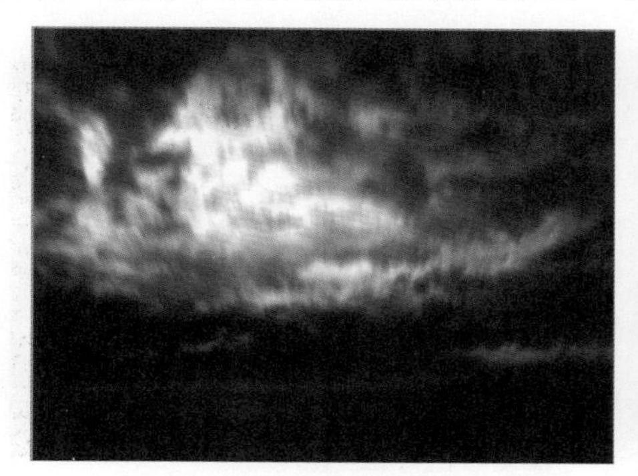

图15-9 使用画笔工具涂抹右侧

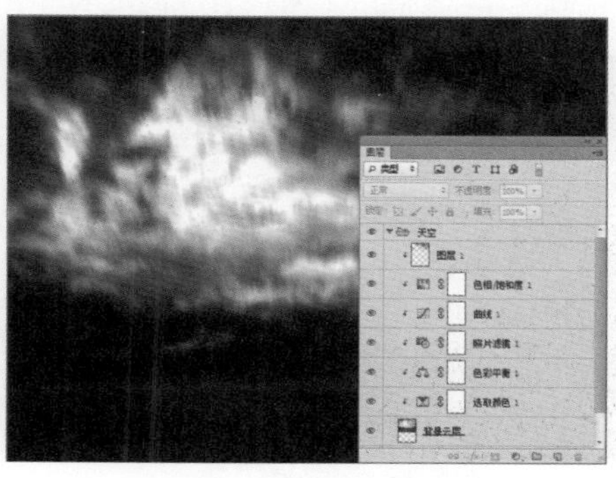

图15-10 对图层进行编组

**Step 11** 选中组图层，按Ctrl+J组合复制图层，然后按Ctrl+E组合键合并图层，按Ctrl+T组合键进行自由变换，右击控制框，在快捷菜单中选择“水平翻转”命令，再单击“添加图层蒙版”按钮，如图15-11所示。

**Step 12** 选择渐变工具，单击属性栏中渐变颜色条，打开“渐变编辑器”对话框，选择预设的“黑, 白渐变”效果，单击“确定”按钮后，从右至左水平拉出渐变效果，再选择黑色画笔在蒙版上擦除不和谐的部分，效果如图15-12所示。

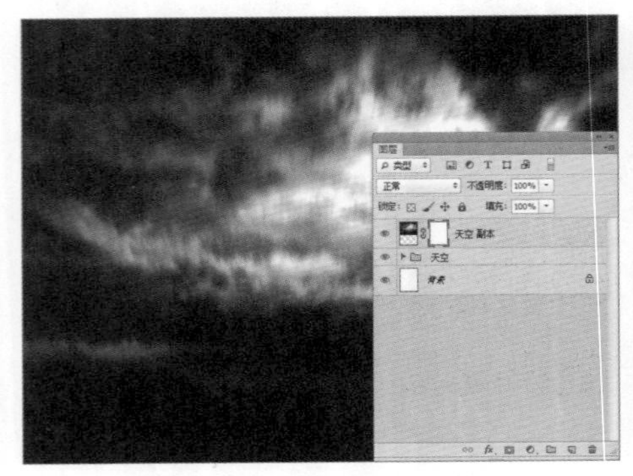


图15-11　对图层进行变换

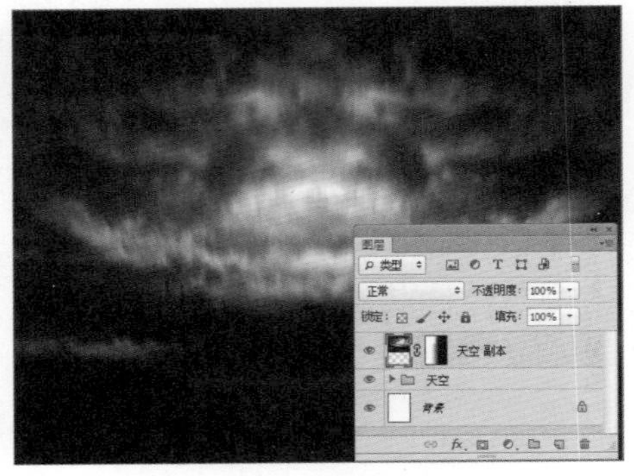


图15-12　添加渐变的蒙版

**Step 13** 将“天空 副本”图层拖曳至“天空”组中，并新建空白图层，如图15-13所示。

**Step 14** 在“通道”面板中选中“蓝”通道，并载入选区，再选择矩形选框工具，同时按住Alt键，绘制消除下方的选区，如图15-14所示。

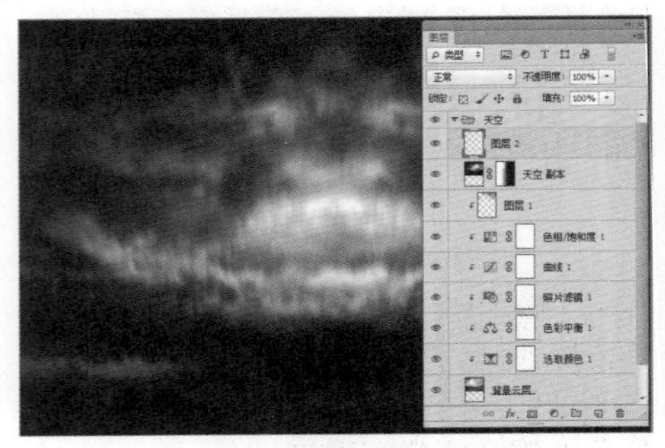

图15-13　调整图层

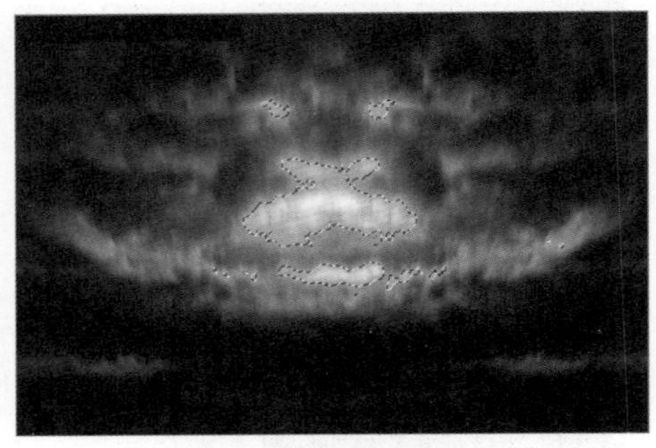

图15-14　载入选区

**Step 15** 单击RGB通道后返回到新建图层，按Alt+Delete组合键填充颜色为#ffb411，设置图层的混合模式为“强光”、不透明度为35%，如图15-15所示。

**Step 16** 在“天空”组外新建空白图层，选择画笔工具，设置硬度为0%、大小为200~300像素、颜色为#fbe300，在画面中绘制图案，如图15-16所示。

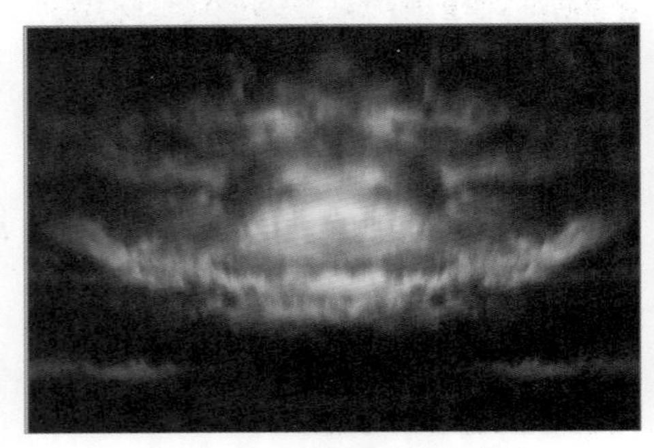

图15-15　设置图层混合模式

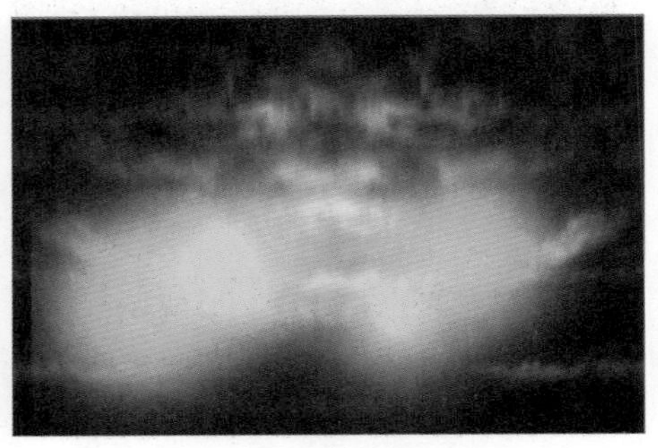

图15-16　使用画笔工具绘制图案

**Step 17** 设置图层的混合模式为“柔光”、不透明度39%，效果如图15-17所示。

**Step 18** 新建空白图层，选择画笔工具，设置硬度为0%、大小为100像素左右、颜色为#f1cd0d，绘制图案，效果如图15-18所示。

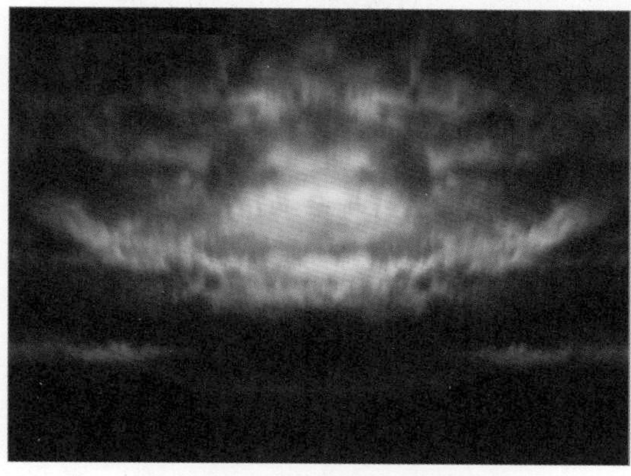

图15-17 设置图层混合模式

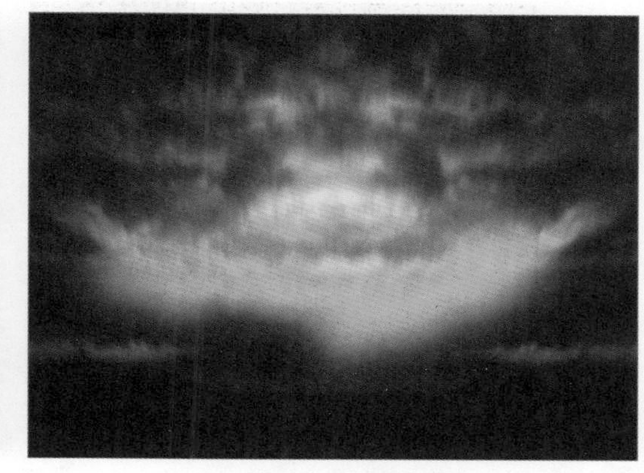

图15-18 绘制图案

**Step 19** 设置该图层的混合模式为“线性加深”、不透明度为48%，效果如图15-19所示。

**Step 20** 新建空白图层，选择画笔工具，设置硬度为0%、颜色为#ff1400，绘制图形，如图15-20所示。

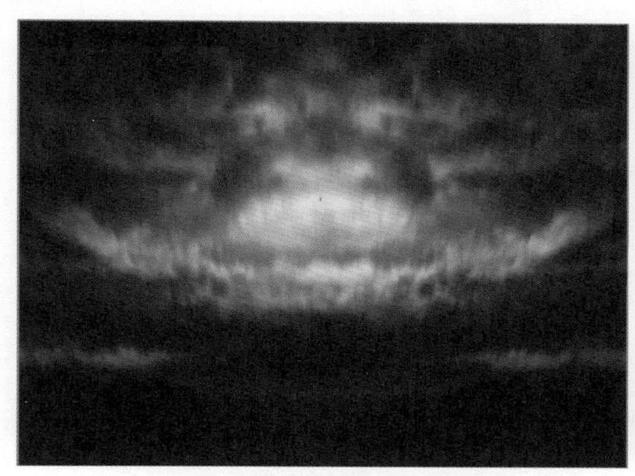

图15-19 设置图层混合模式

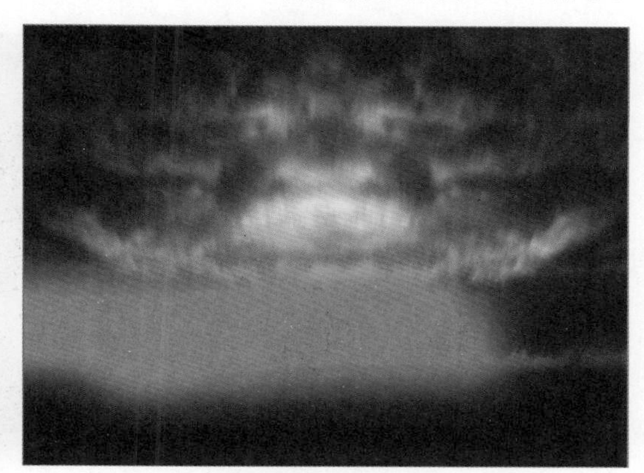

图15-20 绘制图案

**Step 21** 设置该图层的混合模式为“柔光”、不透明度为43%，并对位置进行微调，效果如图15-21所示。

**Step 22** 新建空白图层，选择画笔工具，设置硬度为0%、颜色为#d62803，绘制图形，如图15-22所示。

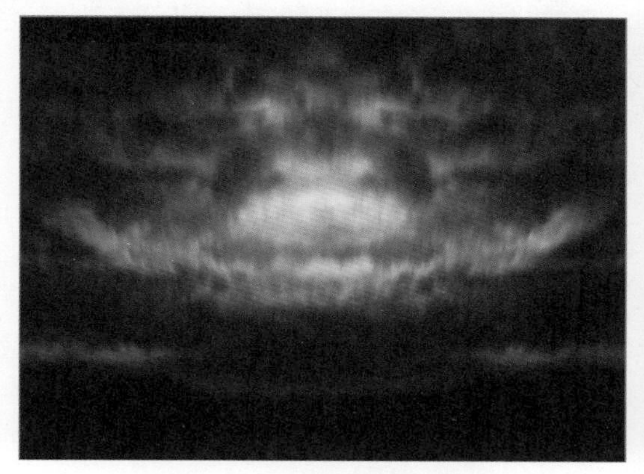

图15-21 设置图层混合模式

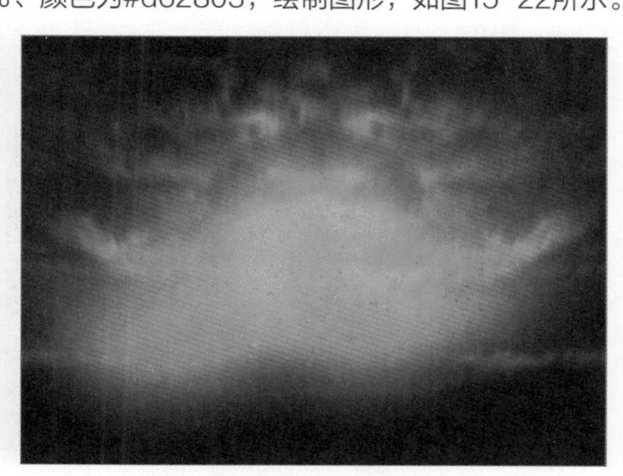

图15-22 绘制图案

**Step 23** 设置该图层的混合模式为“柔光”、不透明度为48%，并对位置进行微调，效果如图15-23所示。

**Step 24** 选中所有使用画笔工具绘制图案的图层，按Ctrl+G组合键进行编组，命名为“背景光”，如图15-24所示。

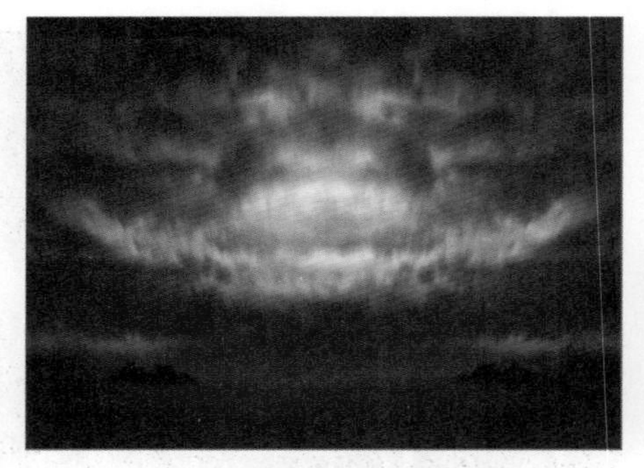

图15-23 设置图层混合模式

图15-24 编组图层

**Step 25** 在图层最上方创建图层，置入“远山.jpg”素材图片，适当调整其大小，移至中间位置，按回车键确认，右击该图层，在快捷菜单中选择“栅格化图层”命令，如图15-25所示。

**Step 26** 按Ctrl+J组合键复制“远山”图层，按Ctrl+T组合键自由变换并右击，在快捷菜单中选择“水平翻转”命令，将图像右侧向上拖曳，目的是要替换图中的石碓，如图15-26所示。

图15-25 置入远山素材

图15-26 调整复制的图像

**Step 27** 给图层新建白色蒙版，使用黑色画笔工具擦除右侧多余部分，设置画笔参数时根据实际需要而定，效果如图15-27所示。

**Step 28** 根据相同方法处理左侧图片，将“远山”图层和复制的图层进行合并，如图15-28所示。

图15-27 添加图层蒙版

图15-28 合并图层

**Step 29** 选择钢笔工具沿着山体边缘绘制路径，并建立图层蒙版，目的是去除蓝色天空，如图15-29所示。

**Step 30** 按Ctrl+Enter组合键，建立选区，切换任意选区工具，单击属性栏中“调整边缘”按钮，在打开的“调整边缘”对话框中设置“平滑”值微修边缘，最后要保证输出到图层蒙版，效果如图15-30所示。

图15-29　绘制路径

图15-30　设置后的效果

**Step 31** 在“创建新的填充或调整图层”列表中选择“色彩平衡”选项，在打开的面板中设置“阴影”和“中间调”的参数，向下创建剪贴蒙版，如图15-31所示。

**Step 32** 在“创建新的填充或调整图层”列表中选择“曲线”选项，在打开的面板中将曲线向下调整，适当调暗整个画面，向下创建剪贴蒙版，如图15-32所示。

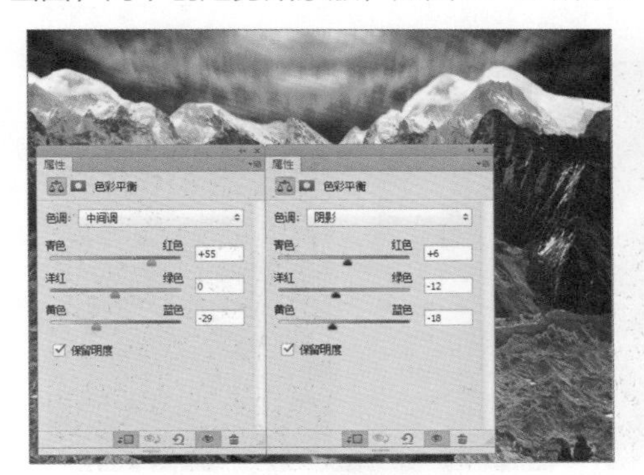


图15-31　设置色彩平衡

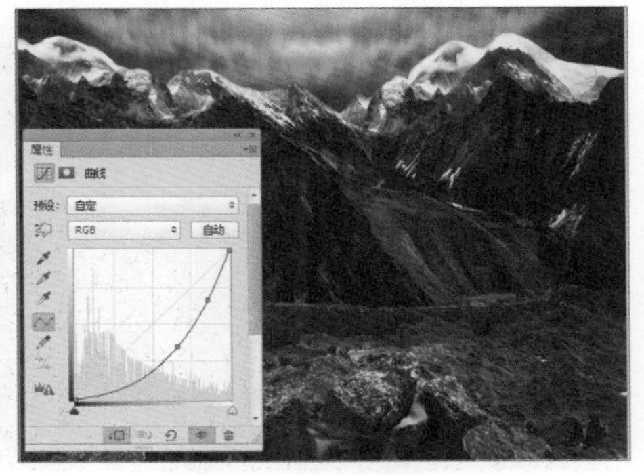


图15-32　设置曲线

**Step 33** 在“创建新的填充或调整图层”列表中选择“色相/饱和度”选项，降低饱和度的数值，向下创建剪贴蒙版，如图15-33所示。

**Step 34** 在“创建新的填充或调整图层”列表中选择“曲线”选项，为了表现战火效果再将画面调暗点，向下创建剪贴蒙版，如图15-34所示。

图15-33　设置色相饱和度

图15-34　设置曲线

**Step 35** 新建“曲线”图层，按Ctrl+Alt+G组合键向下创建剪贴蒙版，再适当调暗画面，添加反向蒙版（黑色），使用画笔工具涂抹压暗的地方，如图15-35所示。

**Step 36** 根据画面精细度可反复新建“曲线”图层进行精修；接下来新建空白图层，按Ctrl+Alt+G组合键向下创建剪贴蒙版，选择白色画笔绘制边缘高光，如图15-36所示。

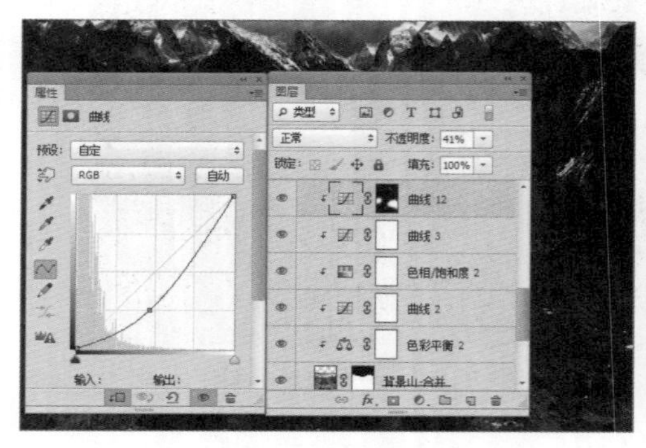


图15-35　设置曲线

图15-36　绘制边缘高光

**Step 37** 选择“远山”图层，在该图层下新建空白图层，选择画笔工具，设置硬度为0%，适当降低透明度，颜色设置为#ffd6c5，绘制边缘白色泛光，如图15-37所示。

**Step 38** 将该图层以上所有图层选中，按Ctrl+G组合键进行编组，命名“背景山”，如图15-38所示。

图15-37　绘制边缘白光

图15-38　为图层编组

**Step 39** 置入“烟雾.jpg”素材图片，并进行“栅格化图层”处理，然后选择套索工具抠出黑雾，按Ctrl+J组合键复制一份，如图15-39所示。

**Step 40** 删除素材图片，选中左边“烟雾”图层，建立白色图层蒙版，选择画笔工具，设置硬度为28%、不透明度为50%、颜色为黑色，涂抹烟雾多余部分，如图15-40所示。

图15-39　抠取部分烟雾

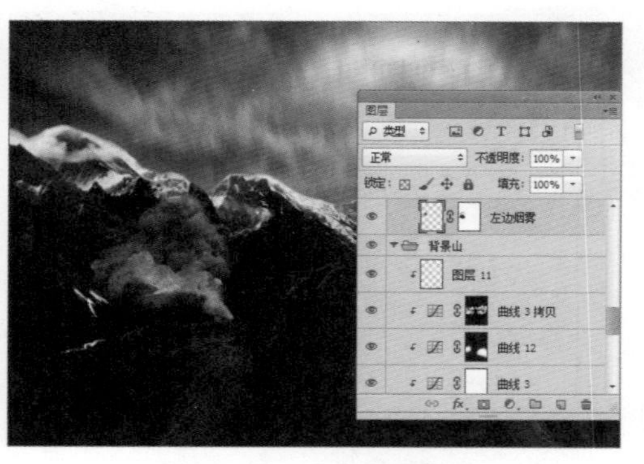


图15-40　建立图层蒙版

**Step 41** 新建“曲线”图层，并向下创建剪贴蒙版，打开“曲线”面板，调整曲线适当压暗画面，效果如图15-41所示。

**Step 42** 新建“色相/饱和度”图层，向下创建剪贴蒙版，打开“色相/饱和度”面板，降低饱和度的数值，效果如图15-42所示。

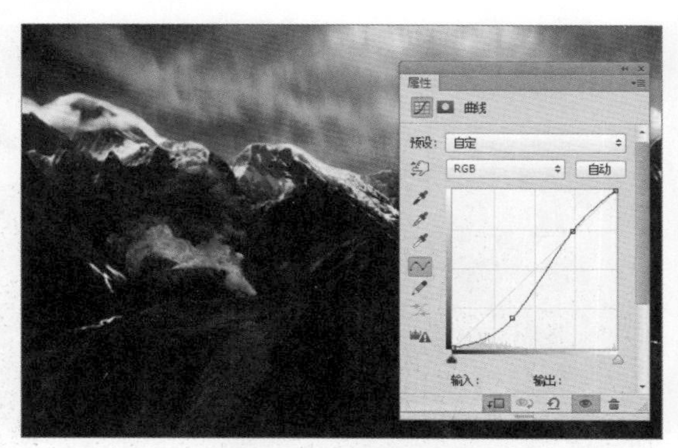


图15-41　调整曲线

图15-42　降低饱和度

**Step 43** 选中“烟雾”图层，在下方创建空白图层，设置图层的混合模式为“颜色减淡”，选择画笔工具，设置硬度为0%、颜色为#9f3d36，涂抹岩壁受光的地方，并适当降低图层不透明度，如图15-43所示。

**Step 44** 将烟雾图层以上图层进行编组，并命名为“左边烟雾”，左边烟雾制作完成，效果如图15-44所示。

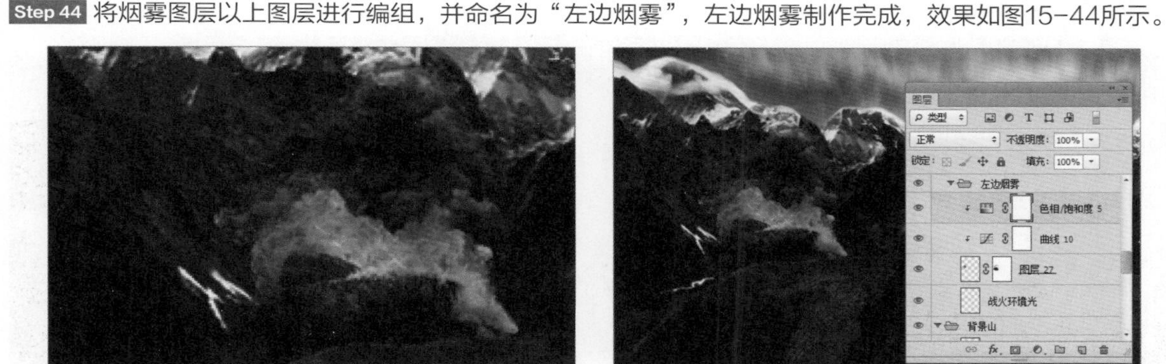

图15-43　制作岩壁的受光

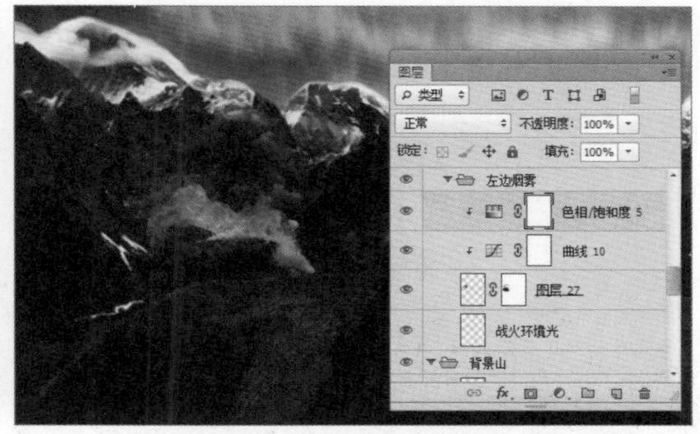


图15-44　编组图层

**Step 45** 选中右边烟雾图层，并创建图层蒙版，然后使用画笔工具擦除多余部分，如图15-45所示。

**Step 46** 新建“曲线”图层，并向下创建剪贴蒙版，打开“曲线”面板，适当调整曲线压暗画面，如图15-46所示。

图15-45　添加图层蒙版

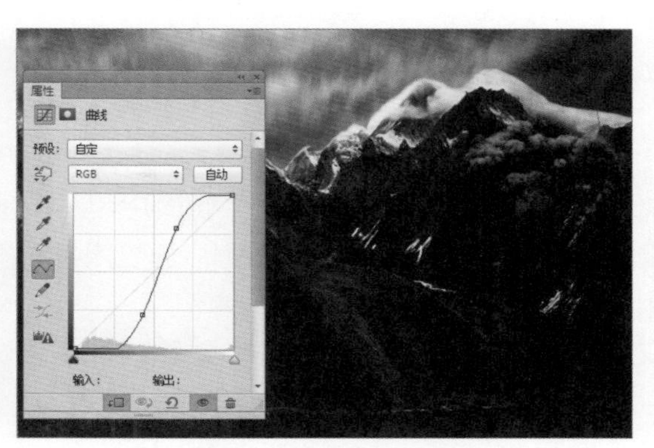


图15-46　调整曲线

**Step 47** 新建“色相/饱和度”图层，向下创建剪贴蒙版，打开“色相/饱和度”面板，稍微降低饱和度，如图15-47所示。

**Step 48** 新建空白图层，向下创建剪贴蒙版，设置图层混合模式为“叠加”，选择画笔工具，设置硬度为0%、颜色为#5b2412，在烟雾上涂抹，添加点红色，适当降低不透明度，效果如图15-48所示。

图15-47　降低饱和度

图15-48　调整烟雾

**Step 49** 在右边烟雾图层下方建立空白图层，使用画笔工具设置颜色为红色，然后在火焰附近的岩石上绘制环境影响色，如图15-49所示。

**Step 50** 为制作右侧烟雾的所有图层进行编组，然后将左右侧的烟雾图层也进行编组，并命名“背景战火”，如图15-50所示。

图15-49　绘制环境影响色

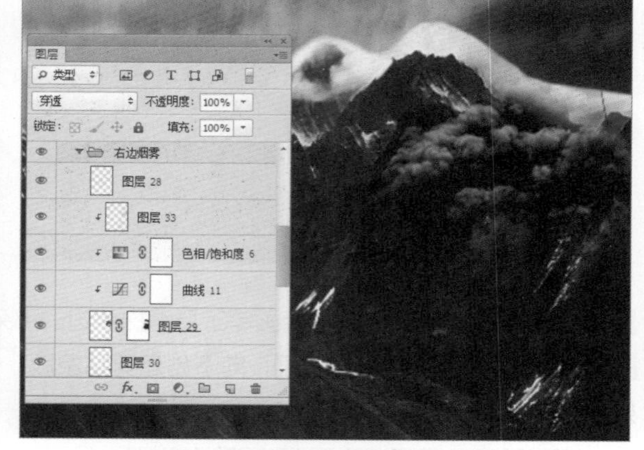


图15-50　进行编组

## 15.1.2　封面主人物设计

接下来将制作主人物，首先需要将主人物从原图像中抠取来，并将不协调的元素去除，然后通过调整图像使主人物整体色调和画面相协调，下面介绍具体的操作方法。

**Step 01** 置入“主人物.jpg”素材图片，调整其大小并移至以下合适位置，按回车键确认，并进行“栅格化图层”操作，如图15-51所示。

**Step 02** 选择快速选择工具，为主人物建立选区，通过“调整边缘”进行细调，将选区边缘更精细，然后再输出到图层蒙版中，效果如图15-52所示。

图15-51　置入人物素材　　图15-52　抠取主人物

**Step 03** 选择套索工具大致绘制出花朵选区，执行“编辑>填充”命令，打开“填充”对话框，设置使用为“内容识别”，单击“确定”按钮，如图15-53所示。

**Step 04** 选择画笔工具，设置画笔硬度和不透明度都低于10%，按住Ctrl键吸附近颜色并反复涂抹边缘，效果如图15-54所示。

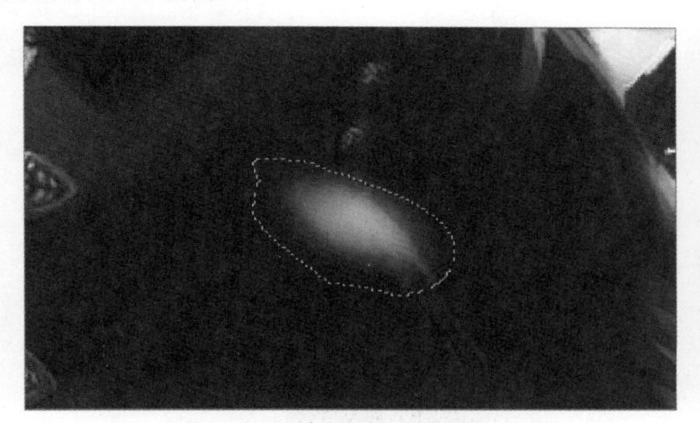

图15-53　创建选区　　图15-54　使用画笔工具进行涂抹

**Step 05** 根据相同的方法，使用画笔工具涂抹手边的那朵花，效果如图15-55所示。

**Step 06** 新建“色彩平衡”图层，向下创建剪贴蒙版，打开“色彩平衡”面板，调整“高光”的相关参数，如下图15-56所示。

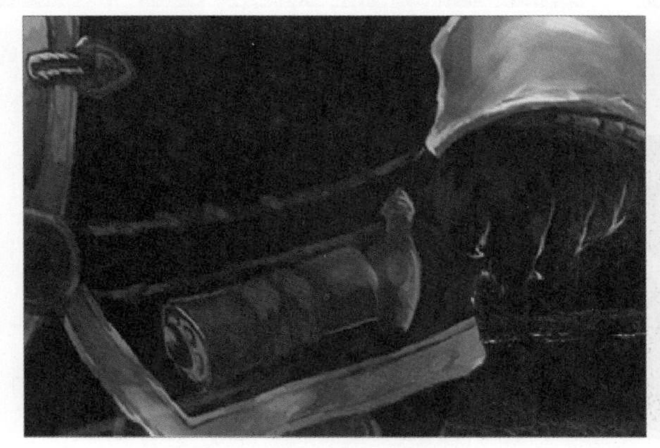

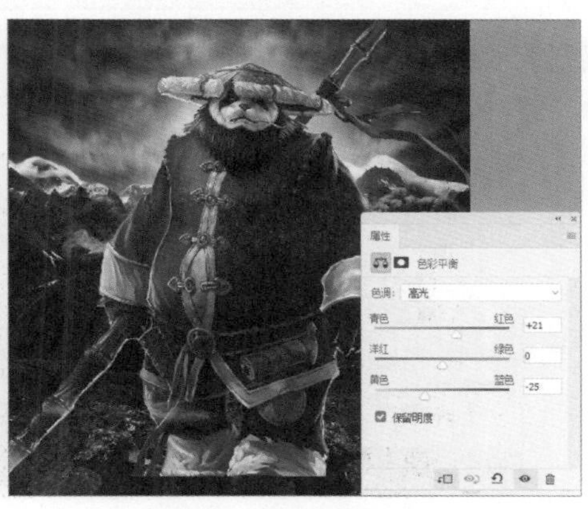


图15-55　去除手上的花朵　　图15-56　设置高光参数

**Step 07** 新建“可选颜色”图层，向下创建剪贴蒙版，打开“可选颜色”面板，调节“蓝色”的相关参数，如图15-57所示。

**Step 08** 新建“曲线”图层，向下创建剪贴蒙版，在打开的“曲线”面板，将曲线向下拖曳压暗人物，如图15-58所示。

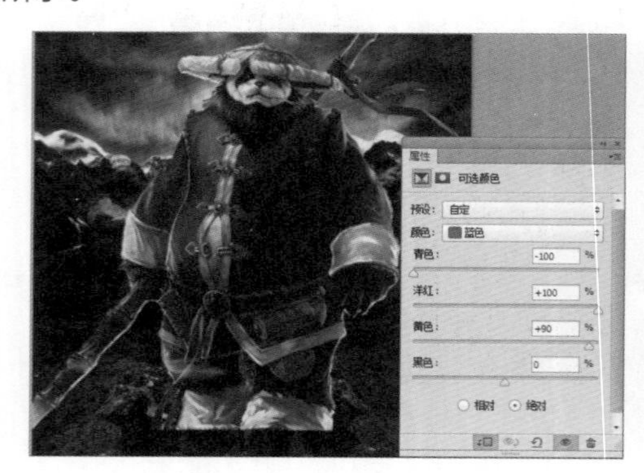

图15-57　设置蓝色参数

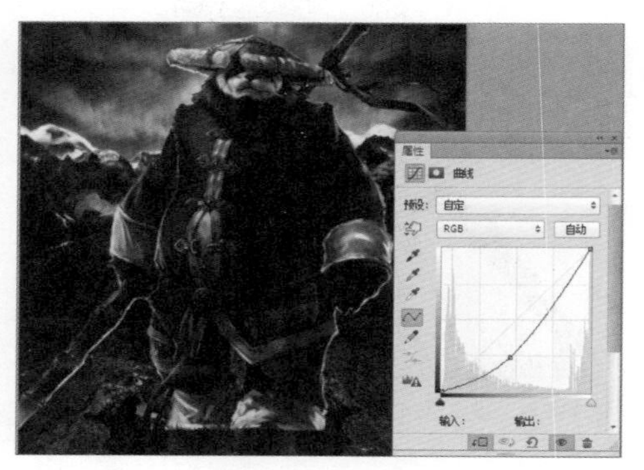

图15-58　调整曲线

**Step 09** 新建“曲线”图层，创建隐藏全部的图层蒙版，向下创建剪贴蒙版，打开“曲线”面板，提亮人物肩膀以上部分，使用白色画笔在蒙版中涂抹，如图15-59所示。

**Step 10** 新建“曲线”图层，创建隐藏全部的图层蒙版，向下创建剪贴蒙版，使用白色画笔在蒙版涂抹即可压暗人物肚子以下部分，如图15-60所示。

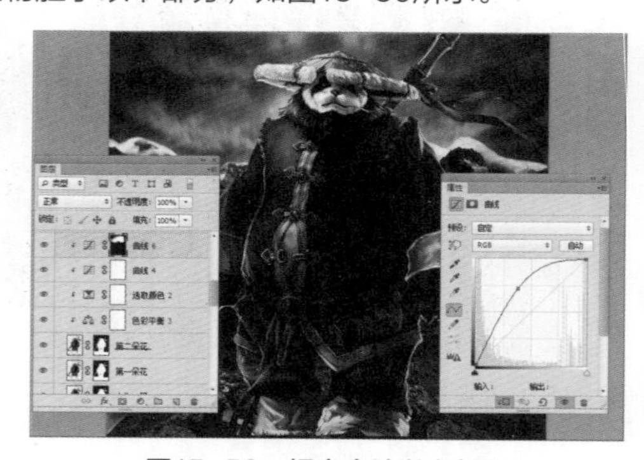

图15-59　提亮肩膀以上部分

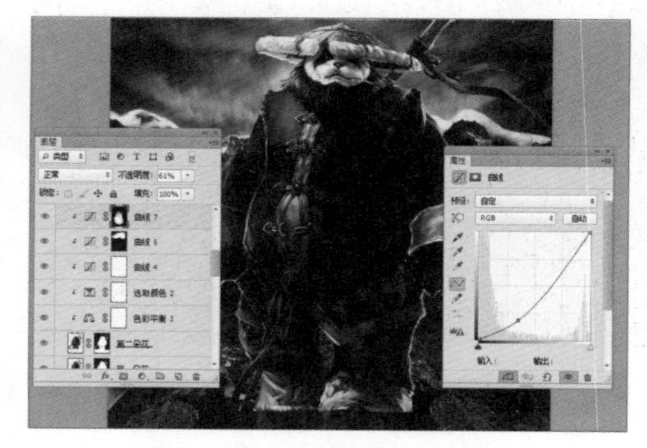

图15-60　压暗肚子以下部分

**Step 11** 新建空白图层，向下创建剪贴蒙版，选择画笔工具，设置大小为7像素、硬度为70%，绘制人物肩部以上的边缘高光，设置图层混合模式为“滤色”，如图15-61所示。

**Step 12** 新建空白图层，向下创建剪贴蒙版，选择画笔工具，设置大小为35像素、硬度为0~10%之间、颜色为#d7ad9a，绘制人物右手的边缘高光，设置图层的混合模式为“滤色”，如图15-62所示。

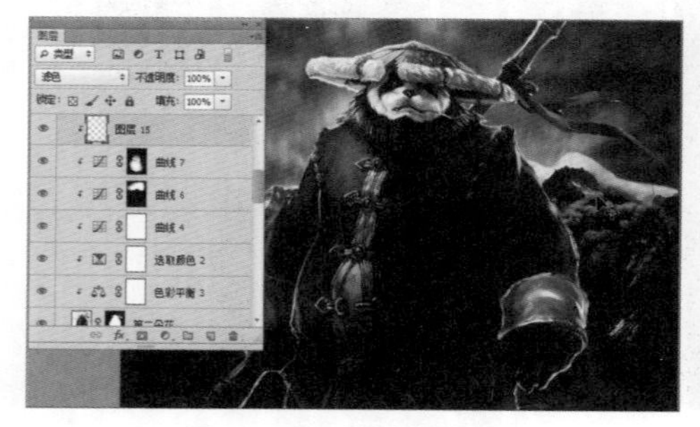

图15-61　绘制肩膀高光

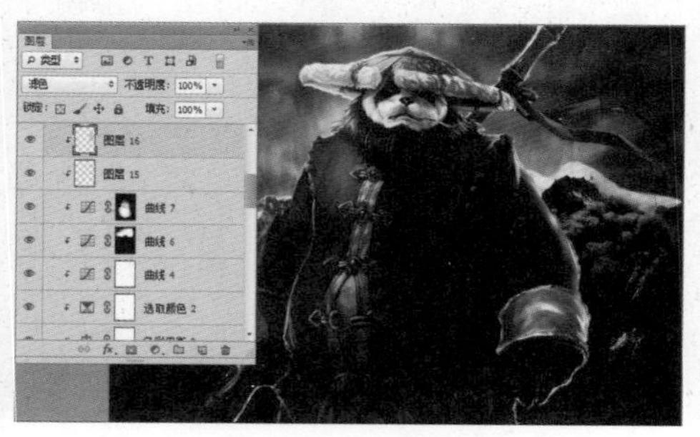

图15-62　绘制右手高光

**Step 13** 新建空白图层，选择画笔工具，设置大小为45像素、硬度为0%、颜色为#fdf2ae，绘制人物上半身边缘高光，适当降低图层不透明度，如图15-63所示。

**Step 14** 新建空白图层，选择画笔工具，设置大小35像素、硬度为70%、颜色为#fdf2ae，绘制左手高光，如图15-64所示。

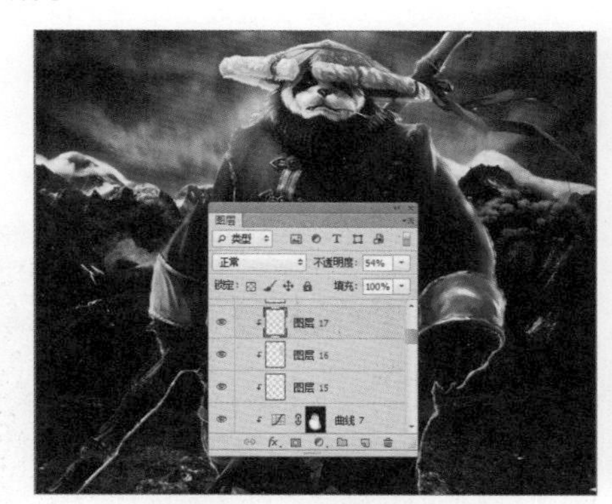

图15-63　绘制上半身高光

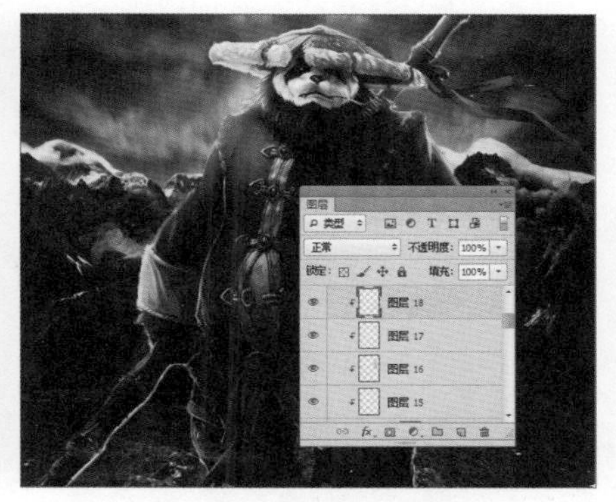

图15-64　绘制左手高光

**Step 15** 新建空白图层，设置图层的混合模式为“颜色减淡”，选择画笔工具，设置大小为50像素、硬度为0%、颜色为#a18115，绘制右手高光，适当降低图层的不透明度，如图15-65所示。

**Step 16** 将涉及人物的图层全部选中，并进行编组，命名为“主人物”，如图15-66所示。

图15-65　绘制右手高光

图15-66　进行编组

**Step 17** 在“主人物”组下方新建空白图层，选择画笔工具，设置大小为300像素、颜色为#fdb482，在人物头像边缘绘制泛光，如图15-67所示。

**Step 18** 将图层混合模式改为“滤色”，适当降低不透明度，按Ctrl+J组合键复制图层，同时将这个两个图层编组并重命名为“人物泛光”，如图15-68所示。

图15-67　绘制泛光

图15-68　主人物的效果

## 15.1.3 封面前景设计

下面需要在主人物前面添加石头和火焰元素进一步点缀画面，使其更真实。在设计前景时还需要将图像调整与本案例色彩一致，下面介绍具体操作方法。

**Step 01** 置入“山岩.jpg”素材文件，右击素材图片，在快捷菜单中选择“水平翻转”命令，调整至合适的大小，并移至下方，将图像向右上角稍微旋转，按回车键确认，如图15-69所示。

**Step 02** 选择钢笔工具沿着岩石边缘创建路径，按Ctrl+Enter组合键将路径转换为选区，添加图层蒙版，将上半部分隐藏，如图15-70所示。

图15-69　置入山岩素材

图15-70　创建图层蒙版

**Step 03** 新建“色彩平衡”图层，按Ctrl+Alt+G组合键向下创建剪贴蒙版，打开“色彩平衡”面板，分别调整“阴影”、“中间调”和“高光”色调的各参数，如图15-71所示。

**Step 04** 新建“色相/饱和度”图层，向下创建剪贴蒙版，打开“色相/饱和度”面板，适当降低饱和度，如图15-72所示。

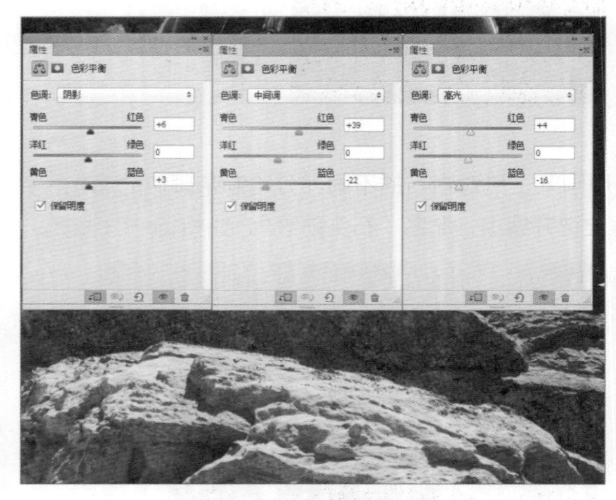

图15-71　调整色彩平衡

图15-72　调整色相饱和度

**Step 05** 新建“曲线”图层，按Ctrl+Alt+G组合键向下创建剪贴蒙版，打开“曲线”面板，将曲线向下拖曳，适当压暗画面，如图15-73所示。

**Step 06** 新建空白图层，向下创建剪贴蒙版，选择画笔工具，设置硬度为0%、不透明度为5%、颜色为#060000，在岩石上进行涂抹，再次压暗画面，如图15-74所示。

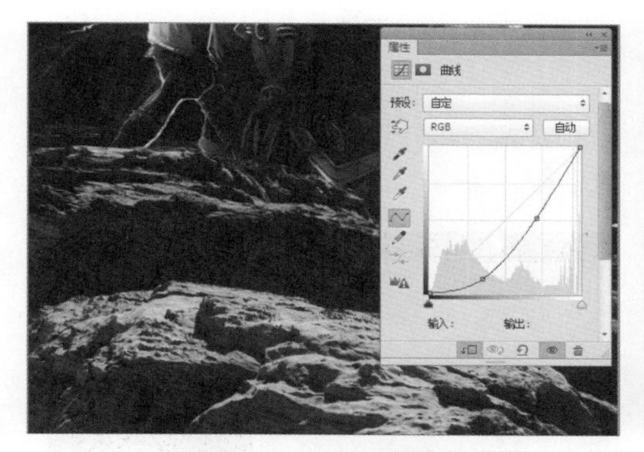


图15-73　设置曲线参数

图15-74　使用画笔工具调暗岩石

Step 07 新建空白图层，向下创建剪贴蒙版，分别设置前景色为#6c2f0a和#faed33，使用画笔工具，设置硬度为0%、不透明度为50%，涂抹山岩边缘部分，然后设置图层的混合模式为“颜色减淡”，图层不透明度为46%，效果如图15-75所示。

Step 08 新建空白图层，向下创建剪贴蒙版，选择画笔工具，设置硬度为0%、不透明度为5%、颜色为#fa5433，涂抹山岩暗的部分将其提亮一点，效果如图15-76所示。

图15-75　提亮山岩的边缘

图15-76　涂抹山岩暗的部分

Step 09 新建空白图层，向下创建剪贴蒙版，选择画笔工具，设置硬度为0%、不透明度为80%、颜色为#8a3c14，涂抹岩石的左下角和右下角，设置图层混合模式为“颜色减淡”，不透明度为33%，效果如图15-77所示。

Step 10 读者可反复新建图层，向下创建剪贴蒙版，使用画笔工具对岩石的不同部分绘制带颜色的高光，并适当设置图层的混合模式和不透明度，最后将这些图层全选并编组，命名“石头前景”，如图15-78所示。

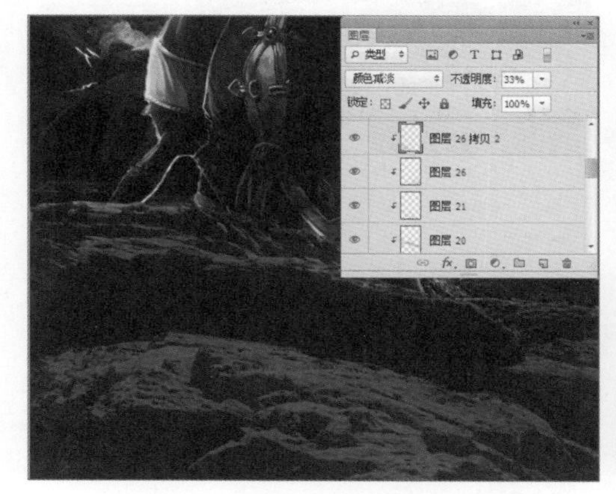


图15-77　提高岩石的下面两个角部分

图15-78　提高岩石的其他部分

**Step 11** 打开“火焰-素材.psd”素材文件，复制几个“火焰”图层至文档中，调整位置和大小，添加图层蒙版并适当进行涂抹，使画面和谐，效果如图15-79所示。

**Step 12** 全部选中“火焰”图层，按Ctrl+G组合键进行编组，然后在其上方新建“曲线”图层，按Ctrl+Alt+G组合键，向下创建剪贴蒙版，打开“曲线”面板，将曲线稍微向下拖曳，压暗火焰，效果如图15-80所示。

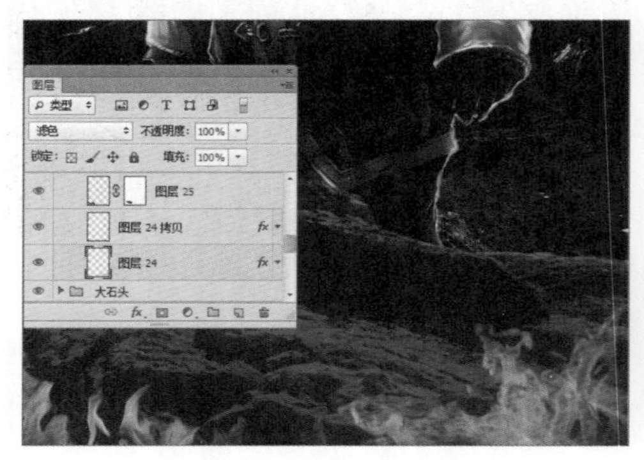


图15-79　置入火焰素材

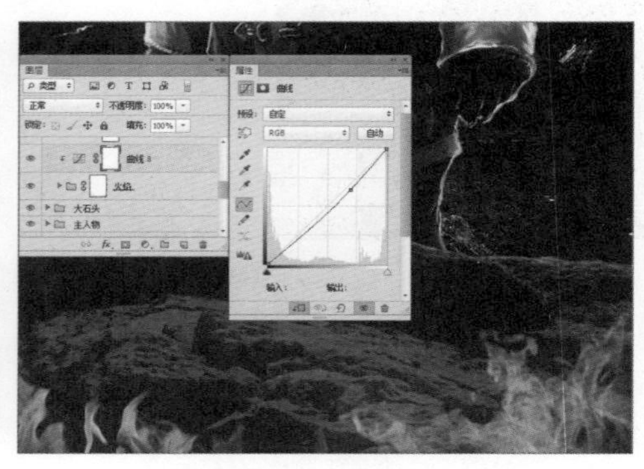

图15-80　调暗火焰

**Step 13** 新建“色阶”图层，向下创建剪贴蒙版，打开“色阶”面板，提亮火焰高光，如图15-81所示。

**Step 14** 置入“火星粒子.png”素材图片，按Ctrl+J组合键复制一层并调整位置和大小，按Ctrl+E组合键进行合并，如图15-82所示。

图15-81　设置色阶参数

图15-82　置入素材图片

**Step 15** 将火星粒子所在的图层的混合模式设置为“滤色”、不透明度为76%。新建白色图层蒙版，使用黑色画笔涂抹边缘，效果如图15-83所示。

**Step 16** 新建“色相/饱和度”图层，按Ctrl+Alt+G组合键向下创建剪贴蒙版，打开“色相/饱和度”面板，调整粒子颜色，如图15-84所示。

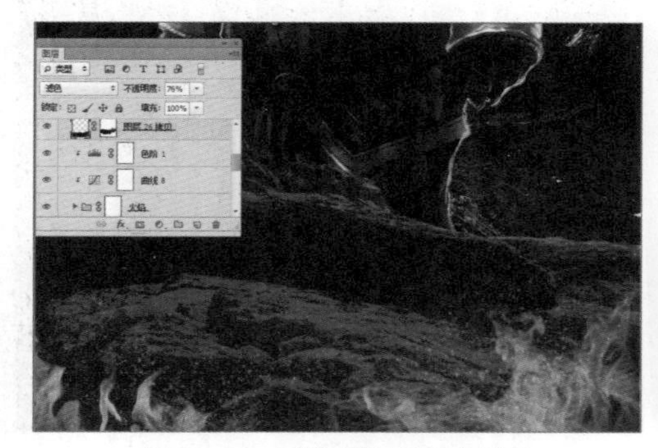

图15-83　设置图层的混合模式

图15-84　调整火星粒子的颜色

Step 17 选中所有火星粒子图层，复制一份之后按Ctrl+E组合键进行合并，更改图层混合模式为“穿透”，并复制一层，如图15-85所示。

Step 18 在“火焰”组下方新建空白图层，设置图层混合模式为“柔光”，选择画笔工具，设置硬度为0%、大小为260像素、颜色为#591310，绘制火焰渲染环境的光，效果图15-86所示。

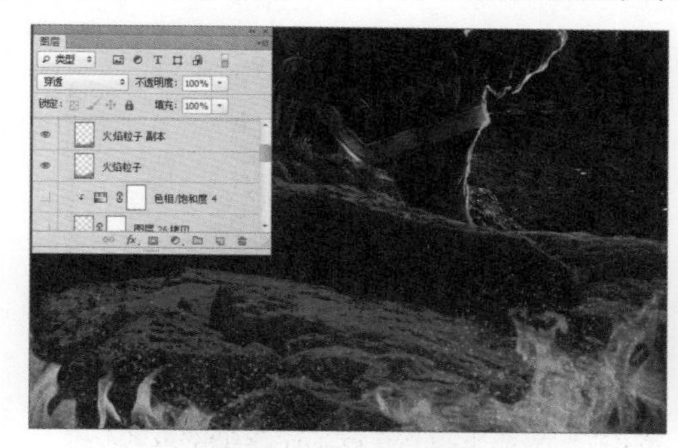

图15-85　合并图层

图15-86　绘制火焰环境光

Step 19 将该图层往上所有图层进行编组，并命名为“火焰”，如图15-87所示。

Step 20 新建空白图层，设置图层混合模式为“滤色”，选择画笔工具，设置硬度为0%、大小为260像素，绘制人物泛光，如图15-88所示。

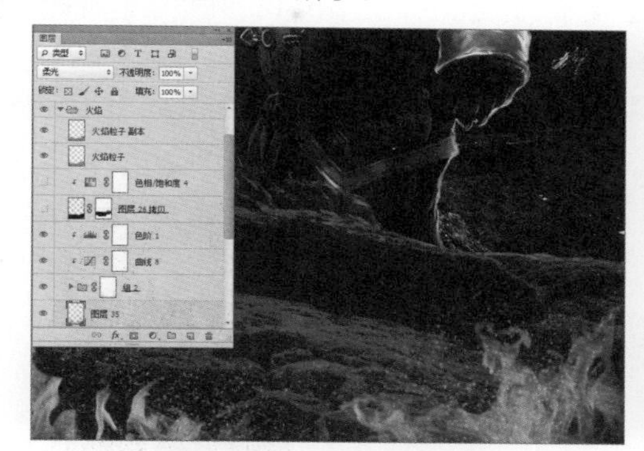

图15-87　对图层进行编组

图15-88　绘制人物泛光

Step 21 新建文字图层，输入标题文字，并设置文字的字体、字号和颜色，按Ctrl+J组合键复制一层，如图15-89所示。

Step 22 选中复制的文字图层，打开“图层样式”对话框，勾选“渐变叠加”复选框，设置颜色从左至右依次为#191919、#404040、#5d0000、#a40200、#db3400，如图15-90所示。

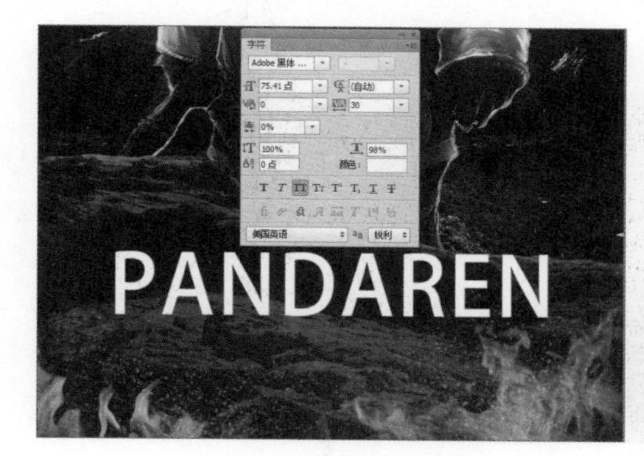


图15-89　输入文字

图15-90　设置“渐变叠加”图层样式

**Step 23** 勾选“斜面和浮雕”复选框，在“结构”选项区域中设置样式为“内斜面”、方法“雕刻清晰”、深度为155%、方向为“下”、大小为250像素；在“阴影”选项区域中设置角度和高度为20度，再设置“光泽等高线”，如图15-91所示。

**Step 24** 勾选“等高线”复选框，在右侧“图素”选项区域中设置范围为53%，再设置“等高线”，如图15-92所示。

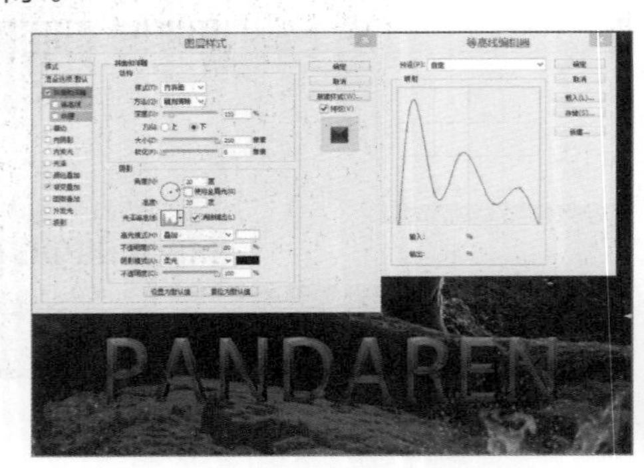


图15-91　设置斜面和浮雕参数

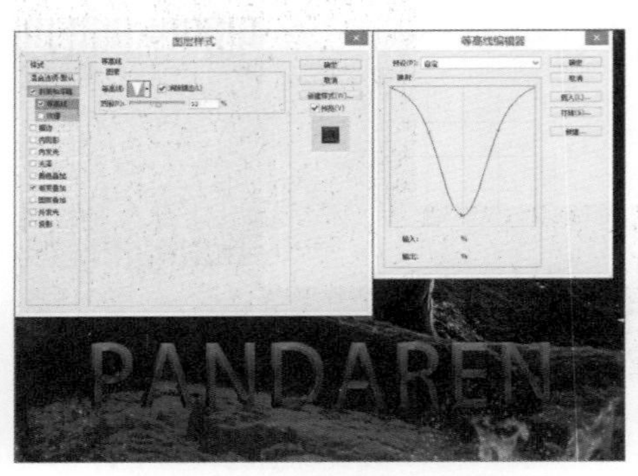


图15-92　设置等高线的参数

**Step 25** 勾选“内发光”复选框，在“结构”选项区域中设置混合模式为“颜色减淡”、不透明度为70%、颜色为白色；在“图素”选项区域中设置方法为“精确”、源为“居中”、大小为20%；在“品质”选项区域中设置范围为50%，如图15-93所示。

**Step 26** 勾选“光泽”复选框，设置混合模式为“柔光”、颜色为#afc2ff、不透明度为40%、角度为19°，距离为15像素、大小为25像素，如图15-94所示。

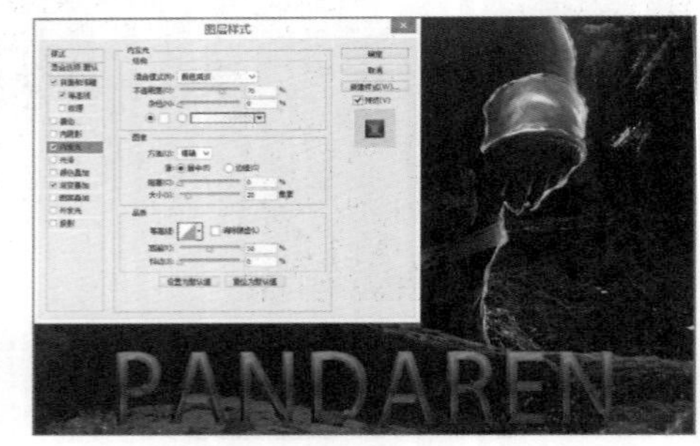


图15-93　设置内发光参数

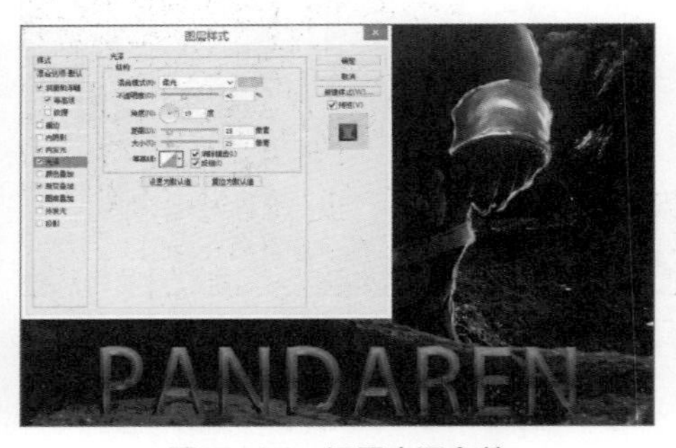


图15-94　设置光泽参数

**Step 27** 勾选“外发光”复选框，在“结构”选项区域中设置颜色为黑色、不透明度为48%；在“图素”选项区域中设置方法为“柔和”、大小为7像素，单击“确定”按钮，如图15-95所示。

**Step 28** 选择复制的文字图层，将其水平缩放2%，并与复制文字“居中对齐”，如图15-96所示。

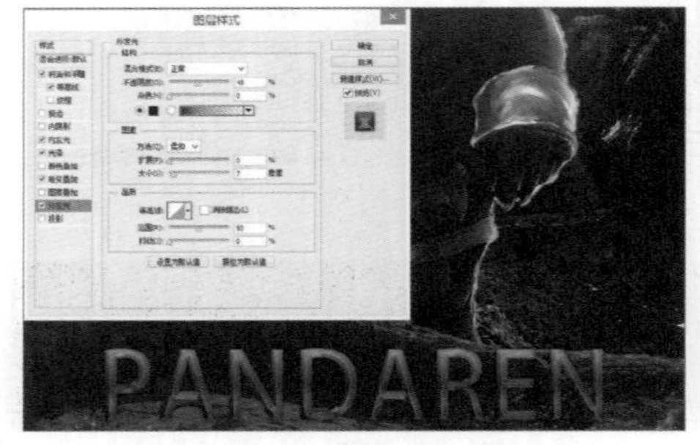


图15-95　设置外发光参数

图15-96　缩小复制文字图层

**Step 29** 选择原文字图层，打开“图层样式”对话框，勾选“颜色叠加”复选框，设置混合模式为“点光”、颜色为#600000，如图15-97所示。

**Step 30** 勾选“描边”复选框，在“结构”选项区域中设置大小为1像素、位置为“外部”、颜色为#cf1818，如图15-98所示。

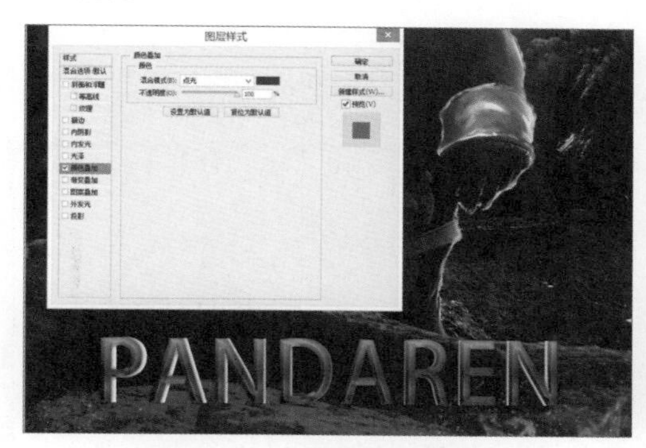


图15-97　设置颜色叠加参数

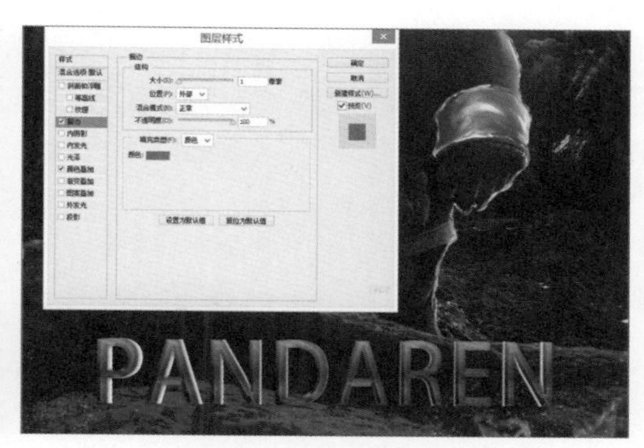


图15-98　设置描边参数

**Step 31** 勾选“外发光”复选框，在“结构”选项区域设置混合模式为“颜色减淡”、不透明度为52%、颜色为#ff0000；在“图素”选项区域中设置方法为“柔和”、大小为25像素，如图15-99所示。

**Step 32** 勾选“投影”复选框，在“结构”选项区域中设置颜色为黑色、不透明度为40%，再分别设置距离、扩展和大小等参数，如图15-100所示。

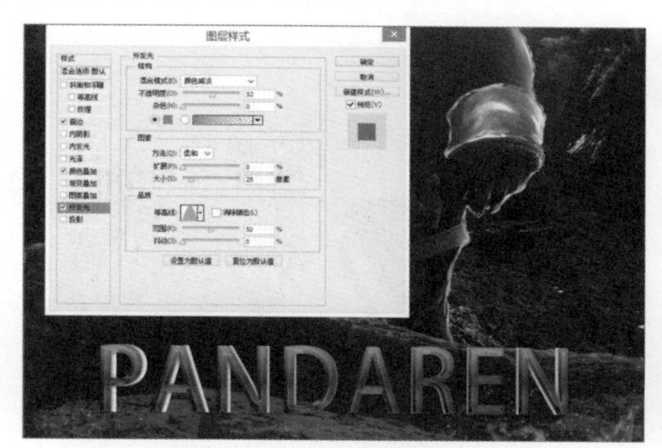


图15-99　设置外发光参数

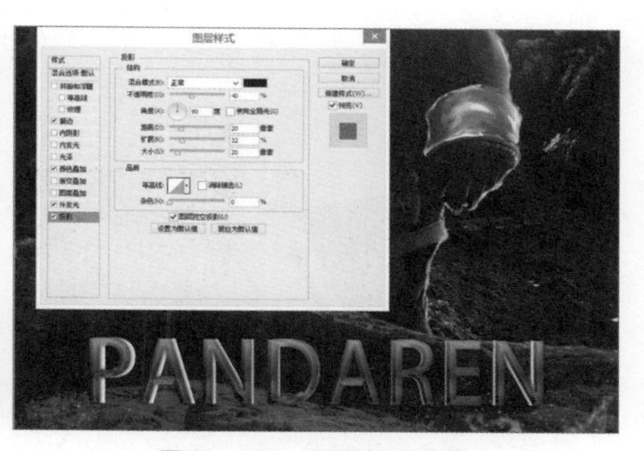


图15-100　设置投影参数

**Step 33** 选中复制的文字图层，直接再复制一份，修改文字信息，调整大小，并放在下方，如图15-101所示。

**Step 34** 至此，本案例制作完成，查看熊猫人封面的最终效果，如图15-102所示。

图15-101　复制文字并修改

图15-102　查看最终效果

## 15.1.4 书籍封面效果制作

为了让书籍封面设计效果能够真实地展出来，读者可以将设计好的封面应用在书上面，立体地展示效果，下面介绍具体的操作方法。

**Step 01** 按Ctrl+O组合键，在打开的对话框中选择“桌面.jpg”素材，单击“打开”按钮，然后执行“图像>图像旋转>逆时针90度”命令，效果如图15-103所示。

**Step 02** 选择裁剪工具，删除图像中左侧图像，按回车键确认即可，效果如图15-104所示。

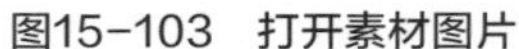

图15-103 打开素材图片

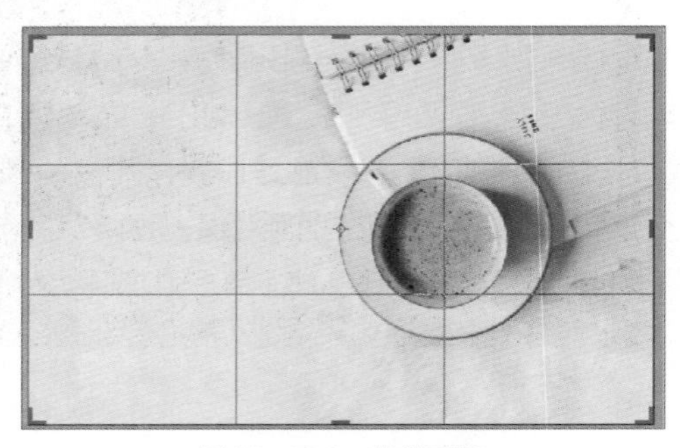

图15-104 裁剪图像

**Step 03** 置入“书本.png”素材文件，适当调整大小，然后放在画面的左侧，适当进行扭曲操作，效果如图15-105所示。

**Step 04** 使用钢笔工具沿着书本的封面创建路径，再使用直接选择工具适当进行调整，然后按Ctrl+J组合键进行复制，如图15-106所示。

图15-105 置入书本素材文件

图15-106 创建路径并复制

**Step 05** 新建图层，置入保存的封面图片并右击，在快捷菜单中选择“扭曲”命令，调整封面形状使其与书本融合，向下创建剪贴蒙版，然后按回车键确认，最终效果如图15-107所示。

图15-107 查看最终效果

# 15.2　月饼盒包装设计

包装设计的价值一定程度上体现在它的功能上，好的包装设计可以更科学、更合理地适应商品特点，迎合市场规律，满足消费者的需求。包装设计以其独特方式向顾客传达出一种消费品的个性特色和功能途径，并最终达到产品营销的目的。

## 15.2.1　月饼盒平面设计

在中秋节这个喜庆的日子里，当然不能少了月饼。本案例首先制作平面月饼盒的正面效果，采用红色为主色调，再搭配一些图案和文字，制作出富贵、喜庆的效果，下面介绍具体的操作方法。

**Step 01** 按Ctrl+N组合键，在打开的对话框中，输入名称为“包装盒设计-平面”，大小为1500×1400像素，分辨率为300像素/英寸、颜色模式为“CMYK颜色”，如图15-108所示。

**Step 02** 按照月饼盒的实际尺寸使用矩形工具绘制出包装盒平面形状，并填充红色，如图15-109所示。

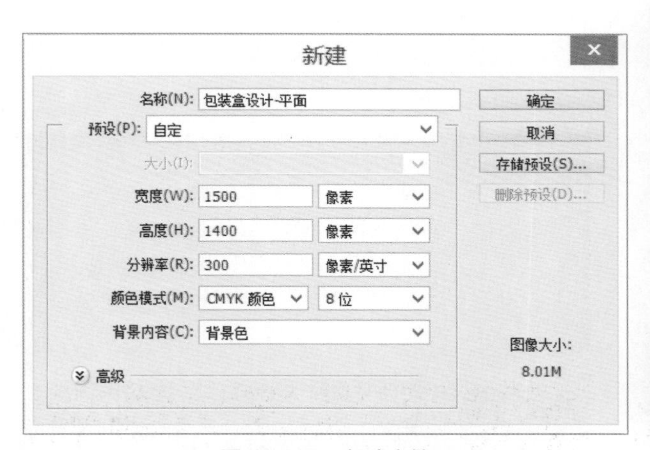


图15-108　新建文档

图15-109　绘制包装盒平面形状

**Step 03** 置入“条纹.png”素材文件，调整至合适的大小，并添加图层蒙版，如图15-110所示。

**Step 04** 选择矩形选框工具，在中间矩形的下方绘制矩形选区并填充黑色，如图15-111所示。

图15-110　置入素材

图15-111　绘制矩形并填充

**Step 05** 置入“人物.png”素材文件，调整至合适的大小，如图15-112所示。

**Step 06** 将素材移至合适的位置，对“人物”图层和矩形图层添加剪贴蒙版，如图15-113所示。

图15-112　置入人物素材

图15-113　添加剪贴蒙版

**Step 07** 复制人物素材图层，将其移至矩形的左侧位置，对复制的人物素材图层进行剪贴蒙版操作，效果如图15-114所示。

**Step 08** 选择矩形选框工具，绘制出矩形选区并填充颜色为#d2a770，如图15-115所示。

图15-114　复制图层并创建剪贴蒙版

图15-115　绘制矩形并填充

**Step 09** 选中矩形选区所在图层，打开“图层样式”对话框，添加“斜面和浮雕”图层样式，具体参数设置如图15-116所示。

**Step 10** 单击“确定”按钮，可见矩形边缘有凹凸感，如图15-117所示。

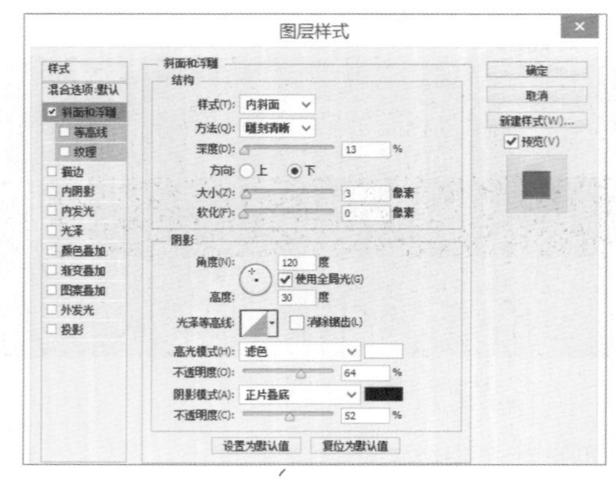


图15-116　添加“斜面和浮雕”图层样式

图15-117　查看效果

**Step 11** 使用矩形选框工具绘制矩形选区，填充颜色为#5a0000，如图15-118所示。

**Step 12** 使用矩形选框工具绘制小点的矩形选区，填充颜色为# f4e6ce，如图15-119所示。

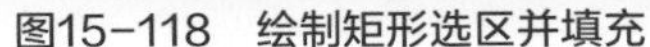

图15-118　绘制矩形选区并填充

图15-119　创建矩形选区并填充

**Step 13** 使用矩形选框工具绘制矩形选区，填充颜色为充黑色。然后将绘制的黑色矩形放置在人物和之前绘制矩形的底部，如图15-120所示。

**Step 14** 继续使用矩形选框工具，在左上角绘制矩形选区，如图15-121所示。

图15-120　绘制黑色选区并调整图层

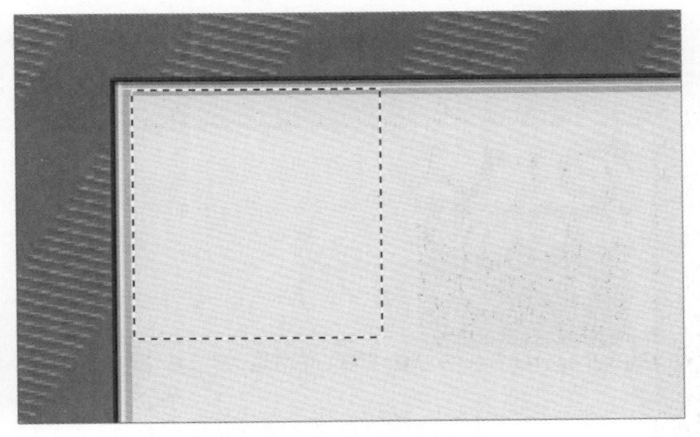

图15-121　绘制矩形选区

**Step 15** 执行“编辑>描边”命令，在打开的“描边”对话框中设置描边宽度为6像素、颜色黄色、位置为“居中”，单击“确定”按钮，如图15-122所示。

**Step 16** 对矩形描边添加“斜面和浮雕”图层样式，设置样式为“浮雕效果”、方法为“平滑”、深度为411%、方向为“上”、设置阴影角度为120°、高度为30，具体参数如图15-123所示。

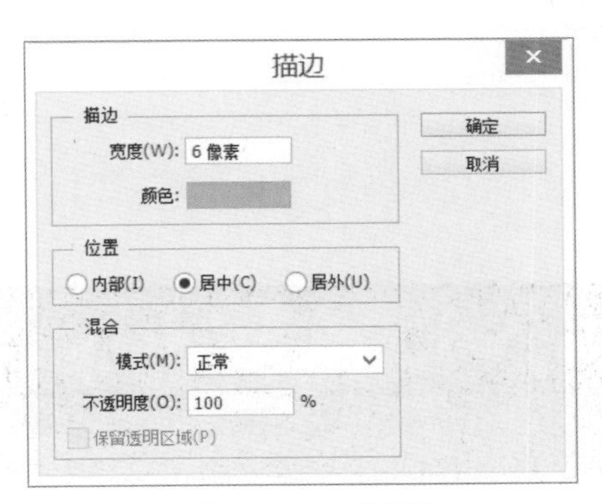


图15-122　设置描边

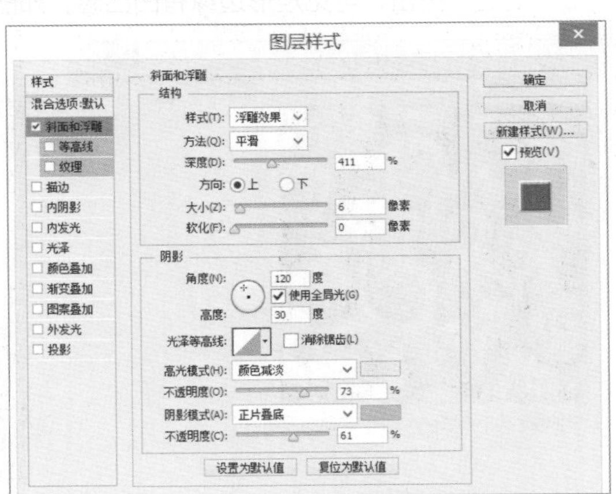


图15-123　添加“斜面和浮雕”图层样式

Step 17 单击“确定”按钮，查看为矩形添加斜面和浮雕的效果，如图15-124所示。

Step 18 选择矩形选框工具，绘制矩形选区，并填充黑色，如图15-125所示。

图15-124　查看效果

图15-125　绘制矩形选区并填充颜色

Step 19 置入“花纹2.png”素材文件，调整其大小和位置，向下创建剪贴蒙版，如图15-126所示。

Step 20 使用钢笔工具沿“花纹2”素材边缘绘制路径，按Ctrl+Enter组合键将其转换为选区，并填充颜色为#5e1000，如图15-127所示。

图15-126　置入素材

图15-127　绘制选区

Step 21 按照同样的操作制作出下半部分花纹，移至合适的位置，创建剪贴蒙版，如图15-128所示。

Step 22 复制一份方框花纹，移动到右侧，如图15-129所示。

图15-128　创建完整的花纹

图15-129　复制花纹并移动位置

**Step 23** 选择矩形选框工具，绘制矩形选区，并填充黑色，如图15-130所示。

**Step 24** 置入“横框1.png”素材文件，适当调整大小并放在置黑色矩形上方，如图15-131所示。

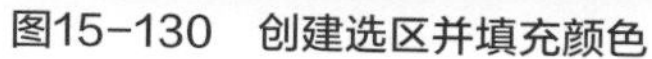

图15-130　创建选区并填充颜色

图15-131　置入横框素材

**Step 25** 选中横框1所在的图层，打开“图层样式”对话框，设置“斜面和浮雕”的相关参数，单击“确定”按钮，如图15-132所示。

**Step 26** 使用矩形选框工具在横框上方绘制线形的矩形选区，并填充颜色为#924211，如图15-133所示。

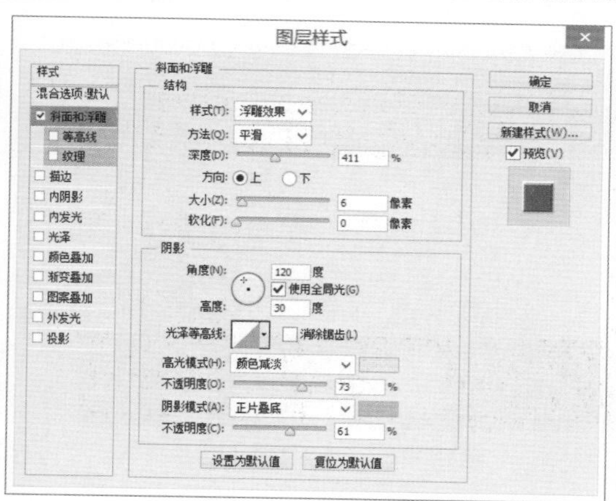


图15-132　添加图层样式

图15-133　创建矩形并填充颜色

**Step 27** 置入“横线花纹1.png”素材文件，调整素材的大小，并放在横线上方，如图15-134所示。

**Step 28** 在横线花纹上方输入文字MOON CAKE，并添加“斜面和浮雕”图层样式，如图15-135所示。

图15-134　置入素材

图15-135　输入文字

**Step 29** 根据同样的操作方式，制作横框的下半部分，效果如图15-136所示。

图15-136　制作下半部分

**Step 30** 置入“背纹2.jpg”素材文件，适当调整其大小，并放在中间位置，如图15-137所示。

**Step 31** 选择矩形选框工具，绘制矩形选区，如图15-138所示。

图15-137　置入并调整素材

图15-138　绘制矩形选区

**Step 32** 选择“背纹2”素材图层，单击“图层”面板中“添加图层蒙版”按钮，即可将选区之外的部分进行隐藏，如图15-139所示。

**Step 33** 置入“花1.psd”素材文件，将其放在矩形选区的右侧，并调整花的大小，如图15-140所示。

图15-139　创建图层蒙版

图15-140　置入花素材

**Step 34** 选择矩形选框工具，对“花1”素材绘制矩形选区，如图15-141所示。

**Step 35** 选择“花1”素材图层，单击“图层”面板中“添加图层蒙版”按钮，即可将选区之外的部分进行隐藏，如图15-142所示。

图15-141　绘制选区

图15-142　创建图层蒙版

**Step 36** 选择椭圆形选框工具，按住Shift键绘制正圆选区，再执行“编辑>描边”命令，设置描边颜色为红色、宽度为5像素。执行“编辑>填充”命令，填充黑色，如图15-143所示。

**Step 37** 置入“圆背景.png”素材文件，调整大小并放置在正圆内，如图15-144所示。

图15-143　绘制圆选区设置描边和填充

图15-144　置入背景素材

**Step 38** 置入“圆背景2.png”素材文件，调整至合适大小，放在圆内，如图15-145所示。

**Step 39** 选择钢笔工具，绘制下图所示的两处路径，并转换为选区，填充蓝色，如图15-146所示。

图15-145　置入背景素材

图15-146　绘制选区并填充颜色

**Step 40** 选择蓝色选区所在的图层，打开“图层样式”对话框，分别设置“斜面和浮雕”和“内阴影”的相关参数，如图15-147所示。

**Step 41** 置入“圆背景3.png”素材文件，调整至合适大小，并放在合适位置，如图15-148所示。

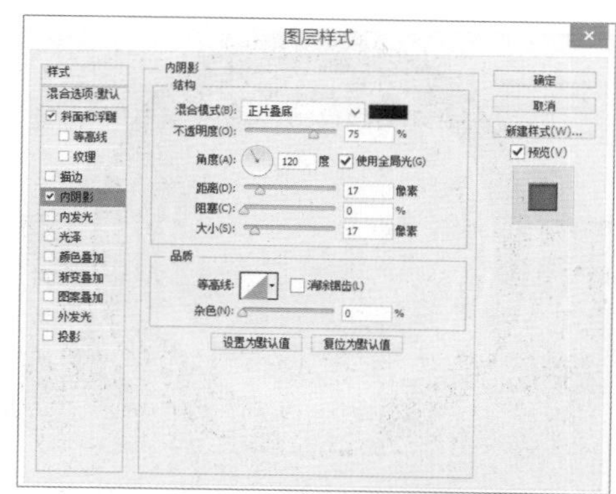



图15-147　添加图层样式

图15-148　置入背景素材

**Step 42** 选择椭圆选框工具，按住Shift键，对“圆背景3”素材创建选区，如图15-149所示。

**Step 43** 选择“圆背景3”素材图层，单击“添加图层蒙版”按钮，即可只显示选区内的内容，如图15-150所示。

图15-149　创建选区

图15-150　创建图层蒙版

**Step 44** 置入“圆背景5.png”素材文件，调整至合适大小，放置在合适位置，如图15-151所示。

**Step 45** 对“圆背景5”所在的图层添加“斜面和浮雕”图层样式，参数设置如图15-152所示。

图15-151　置入素材

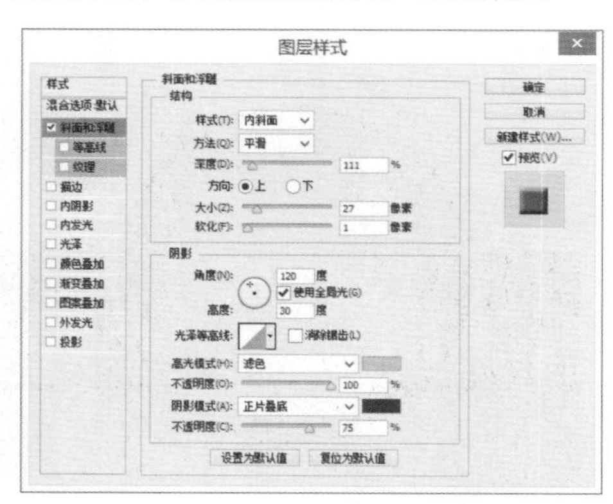


图15-152　添加“斜面和浮雕”图层样式

**Step 46** 选择椭圆工具，绘制正圆形路径，如图15-153所示。

**Step 47** 沿着圆形路径输入文字，并为文字添加“斜面浮雕”图层样式，如图15-154所示。

图15-153　绘制圆形路径

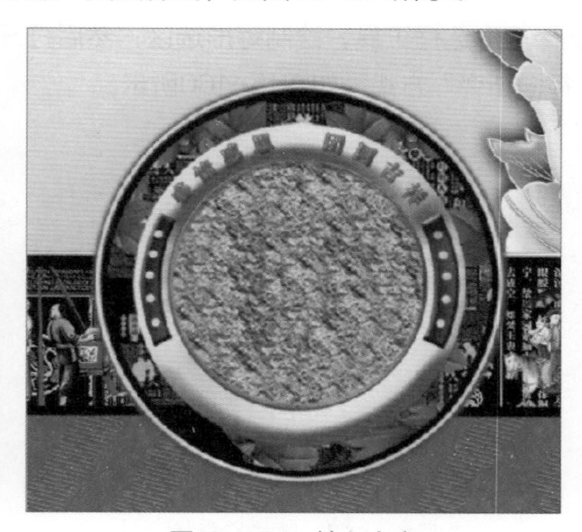

图15-154　输入文字

**Step 48** 选择椭圆选框工具，绘制正圆形选区，如图15-155所示。

**Step 49** 将选区填充颜色为#ded5d0，并对选区添加“斜面和浮雕”图层样式，如图15-156所示。

图15-155　绘制选区

图15-156　添加图层样式

**Step 50** 按同样操作方法，绘制出内圆圈，如图15-157所示。

**Step 51** 置入“龙.png”素材文件，并添加“斜面和浮雕”图层样式，调整大小并放在合适位置，如图15-158所示。

图15-157　绘制内圆

图15-158　置入龙素材

**Step 52** 选择钢笔工具，绘制路径并转换为选区，执行“选择>修改>羽化”命令，在打开的对话框中，设置半径为5像素，然后填充颜色为#750003，如图15-159所示。

**Step 53** 选择矩形选框工具，绘制矩形选区，然后打开“渐变编辑器”对话框设置填充渐变颜色，设置渐变类型为“径向渐变”方式，如图15-160所示。

图15-159　创建选区填充颜色

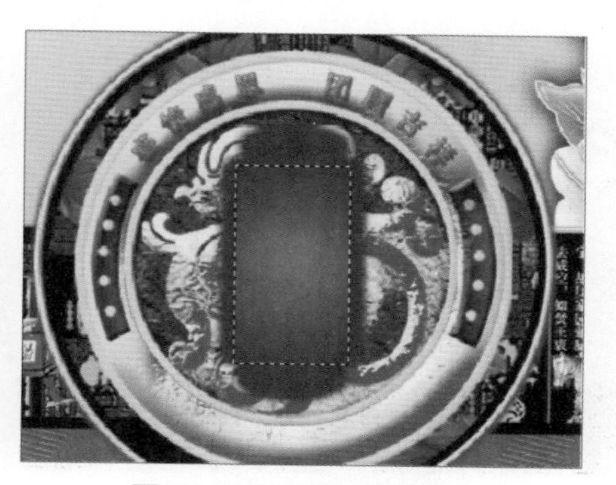

图15-160　绘制矩形选区

**Step 54** 输入“富贵有礼”文字，并为该文字图层添加“斜面和浮雕”图层样式，效果如图15-161所示。

**Step 55** 选择钢笔工具绘制路径并转换为选区，执行“选择>修改>收缩”命令，设置收缩量为5像素；执行“编辑>描边”命令，设置描边参数，效果如图15-162所示。

图15-161 输入文字

图15-162 添加描边

**Step 56** 选择椭圆工具，绘制8个圆形形状，然后合并图层，如图15-163所示。

**Step 57** 输入“尊贵精致 中秋之礼”文字，设置文字格式和颜色，如图15-164所示。

图15-163 绘制圆形

图15-164 输入文字

**Step 58** 置入“云.png”素材文件，调整大小并在右侧输入“福礼”文字，设置字体格式，如图15-165所示。

**Step 59** 置入“福礼.png”素材文件，调整大小和位置，并输入“合家团圆 中秋月饼”等文字，如图15-166所示。

图15-165 输入文字

图15-166 置入素材并输入文字

**Step 60** 至此，月饼包装盒平面制作完成，如图15-167所示。

图15-167　查看包装盒正面效果

## 15.2.2　月饼盒立体设计

包装盒平面设计完成后，下面再介绍包装盒立体的设计。首先需要抠取包装盒平面的正面区域，然后再绘制包装盒的侧面和底面，从而制作出立体的效果，下面介绍具体的操作方法。

**Step 01** 打开“包装盒设计-平面.psd”素材文件，选择矩形框选工具，在包装盒的正面绘制矩形选区，然后执行“编辑>合并拷贝”命令，如图15-168所示。

**Step 02** 置入“背景2.jpg”素材文件，调整大小和位置，如图15-169所示。

图15-168　选中包装盒正面

图15-169　置入背景素材

**Step 03** 执行“编辑>粘贴”命令，将包装盒正面进行粘贴，调整其大小，并放在画面中间位置，如图15-170所示。

**Step 04** 选中包装盒正面图像，执行“编辑>变换>扭曲”命令，拖动控制点调整形状，按回车键确认，如图15-171所示。

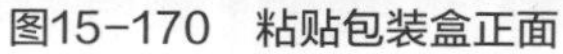
图15-170　粘贴包装盒正面

图15-171　自由变换

**Step 05** 选择钢笔工具，绘制路径并转换为选区，如图15-172所示。

**Step 06** 选择油漆桶工具，为选区填充颜色为#5c0d0d，如图15-173所示。

图15-172　绘制选区

图15-173　填充颜色

**Step 07** 根据同样的操作，绘制底部选区，选择油漆桶工具为选区填充颜色为#5c0d0d，按Ctrl+D组合键取消选区。至此，月饼盒立体设计完成，最终效果如图15-174所示。

图15-174　查看月饼盒立体效果